莎拉・蓋伊・福登 Sara Gay Forden
金瑄桓 譯



# GUCCI

精品帝國真實的慾望、愛恨與興衰，
時尚黑寡婦驚世駭俗的豪門謀殺案。

## House of Gucci

A True Story of Murder, Madness, Glamour, and Greed

# 各界好評

「很幸運能提前讀到這本書，我覺得寫得非常好。福登做了非常詳實的研究，並努力去理解古馳的每一段過去與現在，她在本書傾注了她的熱情。」——古馳集團執行長多姆尼科．狄索爾，刊於《女裝日報》

「時尚圈從未如此驚心動魄、危機四伏，古馳家族三代的事蹟以米蘭的一起行刑式謀殺案開場，揭開那個年代最火紅的品牌背後的世界。身處時尚圈的福登闡述了貪得無厭且爭吵不休的古馳家族如何失去他們的帝國，並使古馳與樂福鞋劃上等號。」——《華爾街日報》的時尚作家兼《時尚末日》的作者泰麗．阿金斯

「福登結合了家族是非及鉅額交易，產出了有趣且複雜的故事——這是一本商業書，卻會令人如讀小說般急著想看完。」——《經濟學人》

「迷幻、貪婪、情色、時尚，以及頂級品質的皮革產品，夫復何求（除了價格該打個七折）？」——《模特兒》作者麥可．葛羅斯

「本書是一部家族企業興衰的編年史，闡明只要缺乏專業管理及外部資金，即便是壯大成功的家族企業也難以生存，同時也呈現創業者後代的個性如何導致必須賣掉公司的窘境。」——《華爾街日報》

「福登筆下的故事十分複雜且難以呈現，但成果卻簡單易讀。她善於觀察特殊的細節及人物形象，並釐清了錯綜複雜的家庭關係及糾纏不清的世仇……儘管盲目單調的言論與虛榮誇張的出版品才是時尚圈的主流，福登仍毅然決然地寫出這本書。」——《國際先驅論壇報》

「《Gucci》不僅是真實的犯罪故事，同時也是商業類書籍。福登曾任《女裝日報》米蘭分社的社長，她在義大利時尚圈的人脈促成了這本詳盡記錄各種八卦的書，書中全是時尚產業的第一手記錄……同時，她也呈現了一個家族、一間公司與一個產業最私密的一面。」——《布里爾雜誌》

「即便是對商業和時尚不感興趣的讀者，也會認為本書非常值得玩味。」——《書目》

「引人入勝。」——《柯夢波丹》

致茱莉亞

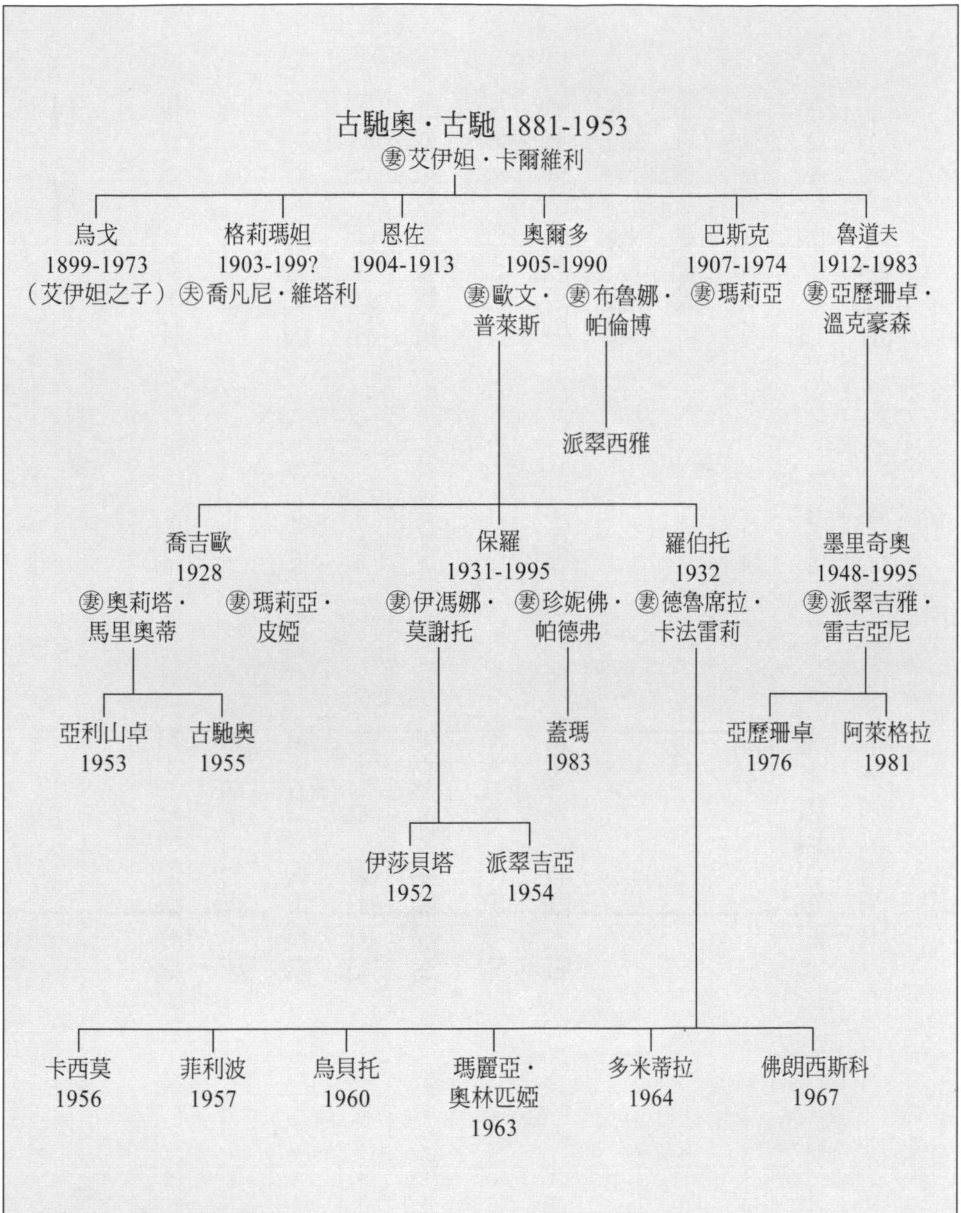
古馳奧・古馳 1881-1953
㊫艾伊妲・卡爾維利
烏戈
1899-1973
（艾伊妲之子）
格莉瑪妲
1903-199?
㊚喬凡尼・維塔利
恩佐
1904-1913
奧爾多
1905-1990
㊫歐文・普萊斯
㊫布魯娜・帕倫博
巴斯克
1907-1974
㊫瑪莉亞
魯道夫
1912-1983
㊫亞歷珊卓・溫克豪森
派翠西雅
喬吉歐
1928
㊫奧莉塔・馬里奧蒂
㊫瑪莉亞・皮婭
保羅
1931-1995
㊫伊馮娜・莫謝托
㊫珍妮佛・帕德弗
羅伯托
1932
㊫德魯席拉・卡法雷莉
墨里奇奧
1948-1995
㊫派翠吉雅・雷吉亞尼
亞利山卓
1953
古馳奧
1955
蓋瑪
1983
亞歷珊卓
1976
阿萊格拉
1981
伊莎貝塔
1952
派翠吉亞
1954
卡西莫
1956
菲利波
1957
烏貝托
1960
瑪麗亞・奧林匹婭
1963
多米蒂拉
1964
佛朗西斯科
1967

# 目錄

# 第一章

# 一命嗚呼

一九九五年三月二十七日，星期一上午八點半，朱塞佩・奧諾拉托正掃著吹進大宅門口的落葉。一如每個平日，奧諾拉托八點就會抵達他工作的大宅，首要任務就是敞開帕萊斯特羅路二十號上的宏偉木門。這棟四層樓的文藝復興風建築不僅設有套房和辦公室，且聳立於米蘭最雅致的社區，對街的賈丁尼公園內高大的雪松和白楊相間，草皮整齊、步道蜿蜒，儼然是這座煙霧瀰漫、節奏快速的城市中的寧靜綠洲。

上週末突然一陣暖風拂過了這座城市，吹散了長久以來籠罩的煙霧，也將樹上最後一些乾枯的葉子吹落。當天早上，奧諾拉托發現大宅門口滿是落葉，便趕緊在人們開始出入前將葉子掃淨。奧諾拉托過去在軍中所受的訓練並未削減他的氣概，而是培養出講求秩序及責任感的心性，五十一歲的他總是穿著俐落、裝扮得宜，斑白的小鬍子必經細心修剪，頭髮也一向短到不能再短。他是來自卡斯泰爾達恰鎮的西西里人，與許多人一樣來到北部找工作、尋求新生活，當了十四年士官的他於一九八〇年退伍，隨即決定在米蘭定居。最初幾年，他都靠著打零工過活，直至一九八九年才接下帕萊斯特羅路上看門的工作，每日騎著摩托車往返他於城內西北區與妻子同住的公寓。奧諾拉托十分溫柔，有著清澈的藍眼睛及靦腆的笑容，大宅門口總被他打掃得一塵不染，而映入眼簾那幾經拋光的六層紅色花崗岩階梯、頂端那扇閃閃發亮的玻璃門，以及門廳內光澤閃爍的石面地板，也全都反映著他的努力。門廳後方設有奧諾拉托專屬的木頭隔間，隔間的一側有著一面落地大窗，裡頭雖有桌椅，但他卻鮮少坐著，反倒喜歡忙東忙西。其實奧諾拉托在米蘭從未真正感到輕鬆自在，米蘭提供了奧諾拉托工作機會，但除此之外別無其他。義大利北部人對南部人存有的成見容易使他敏感，北部人多看他一眼都足以讓他怒髮衝冠，他雖然不改在軍中養成的習慣——極少回嘴且服從上司——但他從不低頭。

「不論下一個進門的男人是富是貴，我與他都值得同等的尊重。」這天，奧諾拉托心裡如此想著。

此時他正掃著地，抬頭看見對街有名男子。奧諾拉托今早推開大宅宏偉的門時，就曾看見這名男子，當時男子站在一輛綠色的小車後方，小車面對著賈丁尼公園，背對著奧諾拉托工作的大宅，與街道垂直地停放著。許多汽車都會沿著賈丁尼路停成一排，因為此處是米蘭市中心少數停車不收費的道路，車輛通常都會以特定的角度、面對路緣停放。當時的時間尚早，綠色小車是唯一停在附近的車，奧諾拉托的目光瞬間就被它的車牌吸引了，因為那塊車牌掛得極低，幾乎就要碰到地面。奧諾拉托很想知道那名男子到底在做什麼，他注意到對方的鬍子刮得十分乾淨，衣著不馬虎，穿著一件淺棕色的大衣，直朝著威尼斯街的方向望去，好似在等人。奧諾拉托心不在焉地摸了摸自己的禿頭，帶有幾分嫉妒地看著男子那一頭烏黑的鬈髮。

自從一九九三年七月賈丁尼路發生過一起爆炸案後，奧諾拉托便總是相當警戒。當時一輛裝滿炸藥的汽車應聲爆炸，撼動整座城市並造成五人死亡，同時也使米蘭當代藝術館慘遭炸毀，淪為成堆的水泥、鋼筋和塵土；同一天傍晚，另一枚炸彈在羅馬引爆，炸毀歷史城區的維拉布洛聖喬治聖殿。這幾起案件都被發現與先前佛羅倫斯喬治費里路所發生的那起爆炸案有關，該案同樣導致五人死於非命，且有三十人受傷，而爆炸地點上方的建築物內亦有無數件藝術品因而損毀。經追查後發現，各案的源頭皆是西西里黑手黨老大薩瓦托・里伊納，里伊納因於一九九二年涉嫌謀殺義大利專治黑手黨的檢察官喬瓦尼・法爾科內，而於一九九三年初被捕，他為了報復，便提前命人前去炸毀幾處義大利最珍貴的文化古蹟，後來他因法爾科內謀殺案及數起爆炸案，遭判兩次終身監禁。當時義大利國家警隊派出專責打擊恐怖主義的常規調查與特別行動單位，前去查訪帕萊斯特羅路附近的所有門衛，奧諾拉托告訴警方他曾看見一輛可疑的露營車停靠在公園的其中一個入口，在那之後，他便會在隔間內的便條本上記錄下每日不尋常的動靜。

「我們就是這個社區的眼睛和耳朵，我們知道每天有誰來來去去，眼觀四面、耳聽八方本就是我們工作的一部分。」奧諾拉托對著他軍中的同袍如此解釋，這些同袍路過時就會來找他喝咖啡。

為了掃除門後的最後幾片落葉，奧諾拉托轉身將右門拉向自己，此時的門半敞開著，他往門後一站，隨即便聽見樓梯上的快步，以及熟悉的聲音對他說道：「早安！」

奧諾拉托一轉身便看見墨里奇奧．古馳，他的辦公室就在上樓梯後的那一樓，他一如往常精力充沛地衝上入口的階梯，身上的駝色大衣隨風飄逸。

「大學士，早安！」奧諾拉托微笑回應道，舉起手向墨里奇奧打招呼。

奧諾拉托知道墨里奇奧．古馳是佛羅倫斯古馳家族的一員（也就是創立同名奢侈品公司的那個家族），古馳在義大利始終代表著優雅和流行，義大利人對於自己的創意及工藝傳統非常自豪，古馳與費拉格慕及寶格麗一樣，都代表著品質與手藝的保證。許多世界上最出色的設計師都出自於義大利，例如喬治．亞曼尼與吉安尼．凡賽斯，而古馳的名號則可以回溯至這些設計師都還沒出生的好幾代之前。墨里奇奧．古馳是古馳家族企業的最後一代經營者，兩年前他將古馳賣給了自己當時的合夥人，於是幾名合夥人早在那年春季就開始商討古馳的上市計畫，墨里奇奧則不再參與家族企業的任何事務，而是於一九九四年自行在帕萊斯特羅路開業。

墨里奇奧．古馳就住在附近威尼斯街上一棟豪宅，每天早上都會走路到大宅工作。他通常會在八點至八點半間抵達辦公室，有時奧諾拉托尚未敞開沉重的木門，墨里奇奧就已先用自己的鑰匙進門上樓。

奧諾拉托常幻想自己若是墨里奇奧該有多好，墨里奇奧是名多金又深具魅力的男子，他的女友高䠷纖瘦，有著一頭金髮，她曾協助墨里奇奧布置一樓的辦公室——或者說是二樓，因為會先經過六層階梯——辦公室內的陳設包含奇異的中國古董、雅致的軟墊沙發及扶手椅、色彩繽紛的窗簾，以及價值連城的畫作。她時常來找墨里奇奧共進午餐，身上總是穿著香奈兒的套裝，配上一頭又長又密、看得出幾經細心整理的金髮。對奧諾拉托而言，他們倆根本是神仙眷侶。

墨里奇奧．古馳登上頂端的臺階並準備走進門廳時，奧諾拉托看見那名頭髮烏黑的男子也跟著踏進了大門，那一刻他才意識到，原來該名男子一直在等著墨里奇奧的出現。奧諾拉托很好奇為何該名男子遲遲沒有走上樓梯，而是駐足於寬大多毛的門墊前端。他未踏足灰色的走道毯，站在了黃銅製的樓梯扶手一旁。墨里奇奧．古馳並沒有注意到後方跟著他的男子，男子也沒有出聲喊住墨里奇奧。

奧諾拉托看著男子的一隻手拉開外套，另一隻手掏出一把手槍。接著他伸直了手臂，抬起手對準墨里奇奧．古馳的背部，開始射擊。距離不到一公尺的奧諾拉托整個人僵住，驚慌失措地握著掃把，感到無能為力。

奧諾拉托聽見快速的連續三聲悶響。

奧諾拉托一動也不動，驚恐地看著一切發生。他看著第一顆子彈穿過墨里奇奧的駝色大衣，打中了他的右臂，第二發則正中他的左肩下方。奧諾拉托注意到每顆子彈穿過駝色大衣時，墨里奇奧身體的顫動，奧諾拉托心想：「電影中的人中槍時可不是這樣的反應。」

墨里奇奧十分驚愕，表情困惑地轉過身。他看著持槍的歹徒，面露不認得對方的狐疑，隨後看向歹徒身後的奧諾拉托，好似在問道：「發生什麼事？為什麼會這樣？為什麼我會遇上這樣的事？」

第三發子彈擦破了他的右手臂。

墨里奇奧．古馳發出一聲呻吟，猛然倒地，此時槍手射出致命的最後一槍，正中墨里奇奧的太陽穴。槍手隨即轉身準備離去，在瞥見奧諾拉托驚恐地盯著他時稍作停頓。

奧諾拉托看見男子烏黑的眉毛驚訝地上揚了一下，似乎沒考慮過奧諾拉托會出現在此。

槍手的臂膀仍未收回，他將槍直直地指向奧諾拉托。奧諾拉托看著槍，發現槍桿上裝了支滅音管，他看向歹徒握槍的手、又長又乾淨的手指，以及好似剛修剪過的指甲。

奧諾拉托又看向了槍手的雙眼，這一瞬間彷彿永無止境，隨後他聽到了自己的聲音。

「不要啊！」他哀號道，不停地往後縮，舉起左手彷彿想說：「我與這一切無關！」

槍手對著奧諾拉托連發了兩槍，然後便轉身朝門外跑去。叮叮噹噹的聲音傳入奧諾拉托的耳中，他意識到是彈殼落到花崗岩地板的聲音。

「太神奇了！我一點都沒感覺到痛！我從不知道原來被子彈打到不會痛！」這樣的聲音出現在他的腦海裡，他很好奇墨里奇奧是否也不會痛。

「我竟然就要這樣死了，這樣死去真是可恥，人生真不公平。」他默默地想著。

奧諾拉托隨即意識到自己竟然還站著，他低頭看了看在空中怪異晃動著的左臂，血從他的袖子滴了下來。他慢慢低下身子，輕坐在第一階花崗石階上。

「至少我沒有倒下。」他一邊想著，一邊做好迎接死亡的心理準備。他想起太太，想起在軍中的日子，想起卡斯泰爾達恰鎮的山水。此時，他突然發現自己只是受了傷，因為兩槍都射在了他的左臂，他並不會死去，一陣喜悅之情向他襲來。然而，當他轉身看向了無生氣的墨里奇奧・古馳時，卻發現墨里奇奧已經躺在頂層階梯上的血泊中——直直地躺著，好似只是摔倒了一般——墨里奇奧側向右身，頭枕在自己的右手上。奧諾拉托試著大聲呼救，卻發不出任何聲音。

幾分鐘之後，警笛的哀鳴聲越來越近也越來越響，警車在帕萊斯特羅路二十號前急煞的那一刻，警笛也停了下來。四名身穿制服的憲兵跳下車，拔出武器。

「有名男人帶著槍來過！」警察衝向他時，奧諾拉托坐在第一階石階上虛弱地呻吟道。

# 第二章 古馳家族

零星的彈殼散落一地，鮮紅的血跡猶如傑克遜·波洛克的畫作一般，噴濺在門上與入口兩側的白牆，也就是墨里奇奧躺臥的地方。對街公共花園裡的一名攤車老闆一聽見奧諾拉托的喊叫聲，便迅速地聯絡了憲兵。

奧諾拉托用右手指了指臺階上墨里奇奧一動也不動的屍體，左手則無力地垂在一旁，他對憲兵問道：「那是古馳大學士，他死了嗎？」

一名跪在墨里奇奧屍體旁的軍官用手指按住他的脖子，確認沒有脈搏後便點了點頭。墨里奇奧的律師——法比歐·佛朗西尼在幾分鐘前趕來赴約，見狀後便沮喪地蜷縮在墨里奇奧冰冷的屍體旁，接下來的四小時裡，執法人員與醫護人員不停地在他身邊來回走動、調查。隨著救護車和更多警車的到來，樓前聚集了一小群圍觀的人。醫護人員迅速地為奧諾拉托包紮傷口，在凶殺組抵達前將他送往了醫院。前來調查的是賈恩卡洛·陶里亞帝下士，他是一名身材高大魁梧的金髮警官，在凶案組具有十二年的辦案經驗。在過去的幾年裡，移入米蘭的阿爾巴尼亞人之間經常發生各種爭執，因此他主要的工作就是調查阿爾巴尼亞各大家族間的謀殺案。這是陶里亞帝第一次碰上涉及城內菁英分子的案件，畢竟並非每天都有政商翹楚被冷血地槍殺。他一抵達命案現場便開始檢查墨里奇奧的屍體。

陶里亞帝彎腰詢問：「受害者是誰？」

他的同事回答：「墨里奇奧・古馳。」

陶里亞帝抬起頭，疑惑地笑了笑，語帶諷刺地說道：「最好是啦，我還范倫鐵諾咧！」他指的是那名擁有一頭黑髮且膚色黝黑的羅馬設計師。陶里亞帝總把古馳的名字與佛羅倫斯的皮革商聯想在一起，他想不透為何古馳會在米蘭設立辦公室。

「對我而言，他就是一具屍體，和其他屍體無異。」陶里亞帝後來補充道。

他從墨里奇奧軟弱無力的手中輕輕地抽出沾有一小角血跡的剪報，並拿走死者手上依舊滴答滴答響的蒂芙尼手錶。就在他小心翼翼地翻開墨里奇奧的口袋時，米蘭檢察官——卡洛・諾切里諾趕達了現場。現場一片混亂，攝影師和記者與工作人員們吵得不可開交，其中包括了醫護人員、憲兵隊和當地警員，現場共有三支執法單位，分別為憲兵隊、民警，以及財政衛隊。陶里亞帝擔心關鍵證據會在騷亂中遭到損毀，因而確認了哪支隊伍最先抵達案發現場。義大利執法部門裡有個不成文的規定，最先抵達現場的隊伍將主責處理案件。得知憲兵隊最先到達後，諾切里諾迅速地派出警察關閉門廳大門，並在前門周圍的人行道拉上封鎖線，避免圍觀群眾靠近。接著諾切里諾走上臺階，來到陶里亞帝檢查墨里奇奧・古馳屍體的地方。

諾切里諾和其他調查人員認為，射在墨里奇奧太陽穴上的那一槍非常像黑手黨處決的方式，且傷口周圍的皮膚和頭髮都被燒得焦黑，說明是近距離射殺。

觀察了死者傷口，以及調查組用粉筆在地上勾勒出的六個彈殼後，諾切里諾說：「這是職業殺手的傑作。」

「經典的一槍斃命。」陶里亞帝的同事——安東內洛・布切也表示贊同，但令他們困惑的是過多的子彈，以及倖存的目擊者。目擊者分別為奧諾拉托和一名年輕婦女，她在凶手跑出門外時差點與之相撞，但卻沒有慘遭滅口，這實在不像是一名心狠手辣的職業槍手所為。

陶里亞帝僅花了一個半小時檢查墨里奇奧的屍體，日後卻花了三年瞭解墨里奇奧生活中的每一個細節。

陶里亞帝後來說道：「我們起初並不認識墨里奇奧・古馳這號人物，但我們後來在瞭解他一生的過程，就像是在翻閱手中的書本一樣，絲毫不放過任何細節。」

想要瞭解墨里奇奧・古馳和他的家族，就必須先瞭解托斯卡尼人的性格。與和藹可親的埃米利人、嚴謹的倫巴底人，以及令人毫無頭緒的羅馬人不同，托斯卡尼人不僅傲慢，也相當推崇個人主義。拜但丁的創作所賜，他們認為自己代表了義大利文化與藝術的泉源，尤其對自己在現代義大利起源中所扮演的角色感到驕傲不已，也因此，不少人因為他們那樣傲慢、自負且封閉的特質，而戲稱他們為「義大利裡的法國人」。在義大利小說家庫爾齊奧・馬拉帕特的著作《瑪雷戴提・托斯卡尼》或《該死的托斯卡尼人》都可以發現他們的身影。

但丁在他的著作《神曲》的地獄篇裡，便以「奇異的佛羅倫斯精神」描述菲利浦・阿根蒂。佛羅倫斯和托斯卡尼精神便是犀利、諷刺，以及隨時可以說長道短或開玩笑，而這些特質也都可以在《美麗人生》的獲獎導演和男主角羅貝托・貝尼尼身上看見。

一九七七年，《城與鄉》雜誌的作者詢問墨里奇奧的堂哥——羅伯托‧古馳，古馳家族是不是來自義大利的其他地區時，羅伯托驚訝地看著他，敞開雙臂吼道：「你乾脆問我基安蒂紅酒是不是來自倫巴底好了！我們怎麼可能不是佛羅倫斯人？」

古馳的血液中承載著佛羅倫斯商人的百年歷史。一二九三年，《正義法令》將佛羅倫斯定義為一個獨立的共和國，在麥第奇家族掌權之前，這座城市一直由二十一個不同的商人或工匠行會共同管理，這些行會的名稱至今仍能在義大利街道中看見，像是卡爾查依歐利路（鞋匠）、卡爾托拉街（文具）、泰西托樂路（紡織）、廷托里街（染坊）等等。文藝復興時期的絲綢商人格雷戈里奧‧達蒂曾寫道：「不從商的佛羅倫斯人，無法周遊世界、見識其他國家與民族，或將財富帶回佛羅倫斯，這種人沒有任何尊嚴可言。」

對佛羅倫斯的商人而言，財富是光榮的象徵，他們同時也必須承擔義務，例如資助公共建設，或住在配有絢麗花園的宮殿裡贊助畫家、雕塑家、詩人和音樂家。儘管經歷了戰爭、瘟疫、洪水與政治腐敗，他們對於美的熱愛，以及創造美的自豪感從未消失。從喬托、米開朗基羅，到如今工廠裡的工匠，都在商人的大力推動資助下，使得藝術的花朵得以恣意地綻放。

墨里奇奧的伯父，奧爾多‧古馳曾開玩笑說過：「十個佛羅倫斯人中，有九個是商人，第十個則是牧師。我們古馳家族從一四一〇年左右就開始從商，提到古馳家族的事業，梅西百貨根本就不算什麼。」古馳之於佛羅倫斯人，就像是約翰走路之於蘇格蘭人一樣，他們對於商品銷售或工藝的知識可說是無出其右。

一名前員工曾如此評價古馳家族：「他們為人單純，本性良善。但他們都有可怕的托斯卡尼性格。」

墨里奇奧的故事，要從他的祖父古馳奧・古馳說起。十九世紀末，古馳奧・古馳的父母在佛羅倫斯的草帽生意失敗後，全家便陷入了困境。古馳奧為了逃離家鄉與父親所背負的債務，便選擇在一艘貨輪上簽了字並前往英國。他在倫敦著名的薩伏伊飯店找到了一份工作，這間飯店是維多利亞時代英國上流社會的聖地。他經常對客人們身上的珠寶、精美的絲綢，以及成堆的行李感到瞠目結舌，占據飯店大廳的大皮箱、手提箱與帽盒等等，其材質皆為皮革，上頭還壓印著徽章與姓名的第一個字母。薩伏伊飯店的賓客們全是富豪、名人，或是渴望躋身上流社會的人們。威爾斯親王的情婦——莉莉・蘭特里每年都會以五十英鎊的價格租下一間套房以招待賓客，大名鼎鼎的演員亨利・歐文爵士也經常於該飯店用餐，而莎拉・伯恩哈特則聲稱薩伏伊飯店已經成為她的「第二個家」。

古馳奧的薪資低廉，工作相當辛苦，但他很快就對工作的大小事上手，這段經歷也對他往後的一生造成深遠的影響。他在工作不久後便發現，入住飯店的人都會攜帶一些昂貴的用品，用以彰顯自身的財富與地位。門僮時不時就會在鋪著地毯的長廊，以及當時被稱為「上升房間」的電梯中來回穿梭，他意識到致富的關鍵就在於那一堆又一堆的行李箱。他在青少年時期曾在佛羅倫斯的工廠接觸過皮革，因此對此相當熟悉。根據他的兒子所說，他在離開薩伏伊飯店後，便在歐洲的臥鋪鐵路公司找了一份工作，一邊乘著火車巡遊歐洲，一邊觀察富裕的旅客及他們的隨從。

四年後，古馳奧帶著他的積蓄回到了佛羅倫斯。

回到家鄉後，古馳奧愛上了鄰家裁縫師傅的女兒，艾伊妲・卡爾維利——他似乎不介意她育有一個名為烏戈的四歲兒子，孩子的父親因為得了晚期肺結核而無法與她結為連理——古馳奧在回到義大利約一年後，於一九〇二年十月二十日和艾伊妲結婚，並收養了烏戈。當時古馳奧年僅二十一歲，艾伊妲二十四歲，女方已懷上了他們的第一個女兒格莉瑪妲，孩子在他們婚後的三個月出生。艾伊妲總共為古馳奧產下五個孩子——其中一個名叫恩佐的孩子在童年時期便逝世，而除了格莉瑪妲之外，其他的孩子全是男孩——於一九〇五年生了奧爾多，一九〇七年生下巴斯克，並於一九一二年產下魯道夫。

根據古馳奧的兒子魯道夫所言，古馳奧在佛羅倫斯的第一份差事很可能是在古董店工作。後來，古馳奧到一間皮革公司工作，學習有關皮革交易的基本知識，隨後更晉升為管理階層。第一次世界大戰爆發時，古馳奧已年屆三十三，即使家中男丁眾多，他還是被徵召入伍，擔任運輸車駕駛。大戰結束後，古馳奧在佛羅倫斯當地的皮革工藝製造商弗蘭西底下工作。他在那裡學習如何挑選生革、鑽研鹽漬和鞣製等技術，並學會如何處理不同類型與等級的皮革。古馳奧很快便成為弗蘭西皮革羅馬分公司的經理，但因為妻子艾伊妲拒絕帶著孩子離開佛羅倫斯，古馳奧於是獨自前往羅馬任職，並在每個週末定期回家。從那時起，古馳奧開始嚮往在佛羅倫斯開展自己的事業，專門服務懂得欣賞精緻皮革的當地客戶。一九二一年的某個星期日，古馳奧和艾伊妲在佛羅倫斯散步時經過了新葡萄園路，這條狹窄的小巷連接著托納波尼路，以及阿諾河岸的哥爾多尼廣場，此時，古馳奧注意到巷子裡有間店鋪正在出租。他們因而開始討論承租店鋪的可能性，最終靠著古馳奧的積蓄，以及向一名友人借來的資金，古馳奧夫婦成立了第一間「古馳奧・古馳皮革專賣店」，也就是日後古馳獨資企業的前身。一九二一年時，公司附近正好是佛羅倫斯最高檔的路段——位置極佳的托納波尼路，能夠招攬到古馳奧的目標客群。十五到十七世紀之間，當時最有錢有勢的大家族，包括斯特羅齊家族、安蒂諾里家族、薩塞蒂家族、巴托利尼—薩林貝尼家族、卡坦尼家族，以及斯皮尼—費羅尼家族，紛紛沿著托納波尼路搭建豪宅，而豪宅的一樓自十七世紀開始也陸續開起了各種高級餐廳和商店。其中位於八十三號的賈可薩咖啡廳便是於一八一五年開張，直至今日仍持續供應手做糕點和飲品給時髦顧客享用；賈可薩是義大利皇室的供應商，也是尼格羅尼調酒的發明人，這款酒以他們的常客尼格羅尼伯爵為名。古馳店鋪的對面則是於一八二七年開張的多尼餐廳，這間餐廳為佛羅倫斯的貴族家庭供應膳食，同時也是女性俱樂部，與之相對的則是專為男性開設的賽馬會。多尼餐廳隔壁是墨卡德里花店，同樣也為佛羅倫斯的貴族效力。其他仍持續營業至今日的店家還有販賣高級威尼斯布料的盧貝里、英國香水專賣店、憑藉令人口水直流的松露三明治打響名號的普羅卡其酒吧，以及富裕的歐洲旅人會下榻的德朗德瑞斯酒店，而不遠處位於帕里昂路的轉角上，則是英國老牌旅行社托馬斯庫克。

起先，古馳奧從托斯卡尼製造商及德英兩國購入高品質的皮革製品，再轉賣給湧入佛羅倫斯的旅客。古馳奧只挑選價格合理、材質堅固耐用且做工精細的皮包及行李袋，如果沒有中意的商品，他便會特地訂製。古馳奧嚮往高貴優雅的風格，其穿著打扮總是無可挑剔，偏好平整西裝及高級襯衫。

古馳奧的兒子奧爾多回憶道：「他的品味非常高尚，而我們全都繼承了這份堅持。他賣出去的每件商品，都看得見他的影子。」

古馳奧在店鋪後面設立了一間小工作室，他在此處製作自己的皮革製品，用以替補從外面批來的貨物，同時也開始提供皮件維修服務，而這項業務為古馳奧帶來許多利潤。他僱用當地工匠負責修補工作，而有關古馳奧家的「產品耐用、售後服務佳」這樣的名聲也很快地傳播開來。幾年後，古馳奧跨越米開朗基羅的天主聖三橋，在阿諾河另一側的圭洽迪尼濱河路開了間更大的工作室。古馳奧麾下的六十名工匠經常奉命熬夜趕工，才追得上日益增多的訂單。

阿諾河南方的奧特拉諾區工廠林立，這些工廠利用河流的水力推動各種機具，以處理和編織羊毛、絲綢及錦緞。在這片工業區中，緊鄰河岸的大道以及向南延伸的大街小巷，都迴響著敲打和切鋸木材、清洗和拍打羊毛，以及切割、縫製、打亮皮光的聲音。古董商、裱框師傅，以及其他各種工匠也都落腳於此。阿諾河對岸的共和廣場一帶已成為佛羅倫斯的商業和金融重心，回顧中世紀時，控管整座城市逐漸興起之工藝經濟的商會便將總部設立於此。

古馳奧的孩子長大成人後紛紛投入家族企業，唯一的例外是志不在此的烏戈。奧爾多最有商業頭腦；綽號「弱雞」的巴斯克雖然負責生產，但他其實更喜歡在托斯卡尼鄉間狩獵，因此沒事便往鄉下跑；綽號「大嘴巴」的格莉瑪妲則和古馳奧雇用的一名年輕業務助理一起顧櫃檯。當時魯道夫的年紀尚小，以至無法在店裡工作，但他在年紀稍長後，便對加入家族企業嗤之以鼻，轉而追逐自己的電影夢。

古馳奧嚴格管教自己的小孩，要求他們用正式的「您」取代「你」來稱呼他，他也要求孩子們謹遵餐桌禮儀，並用餐巾當作教鞭，隨時抽打不守規矩的孩子。倘若古馳奧一家在佛羅倫斯城外、聖卡夏諾附近的鄉村小屋渡過週末，那麼星期日早上古馳奧就會親自將馬拴上雙輪馬車，載著艾伊妲和孩子們一起穿過田野到教堂參加彌撒。

古馳奧的孫子羅伯托・古馳提到：「他的個性非常鮮明，散發出的氣場更是令人敬而遠之。」為求節儉，古馳奧曾經要求切火腿時要盡可能切得越薄越好，以減緩食材消耗的速度，他的精神因此深深烙印在孩子們的心中，例如奧爾多就曾經拿礦泉水空瓶去裝自來水，這件事也蔚為家族奇談。當然，古馳奧也有自己的樂趣，其中之一就是盡情享用艾伊妲在家庭餐桌上端出的托斯卡尼佳餚。年輕時為貧窮所困的古馳奧，在晚年大肆地享受美食，而艾伊妲美味的家常料理也使他們夫妻倆發福不少。

「我永遠都忘不了他的哈瓦那雪茄，還有那條他束在腰上、看似沒有尾端的金錶鍊。」羅伯托如此描述道。

古馳奧盡量將烏戈和其他親生孩子一視同仁，但烏戈本人似乎不願融入這個家，以及走上父親和弟妹們相同的人生道路。烏戈身形魁梧且態度強勢，因此弟弟們為他取了「惡霸」的這個稱號。烏戈對投入家族企業興趣缺缺，古馳奧因此替他找了一份工作，讓他到其中一名富裕的顧客——利維男爵家裡做事，對方是一名成功的地主。烏戈到男爵名下位於佛羅倫斯郊區的一座農場擔任助理，這樣的安排正合這名年輕氣盛的小夥子的意，很快地，已婚的烏戈便開始炫耀自己有多成功。古馳奧當時迫切地渴望能盡快還清年輕時的欠款，因而決定向烏戈借錢，然而烏戈自己其實也正處於財務危機中，因為他有一名揮霍無度的情婦。窘迫的烏戈不願承認自己沒有錢可以出借，因此答應了父親的請求；同一時間，古馳奧也向銀行申請了預付款來償還他積欠朋友的借款。之後，古馳奧還完銀行的預付款，並答應烏戈會連本帶利地定期還錢，但他卻有所不知，烏戈因為羞於向父親承認自己不如口中所說的那般成功，而從男爵的錢箱偷了七萬里拉（大約如今的三塊五美金），這在當時可是一大筆錢。烏戈依約給了父親三萬里拉（一塊五美金），接著便帶著在當地小劇院跳舞維生的舞者情人一起失蹤，長達三個星期都不見人影。

男爵向古馳奧表示他懷疑烏戈偷了自己的錢，使得古馳奧終於清償債務的喜悅瞬間粉碎。古馳奧不敢相信自己的兒子會出此下策，但仔細回顧事實與線索後，他認定這是唯一的真相，因此便和男爵達成協議，每個月償還一萬里拉（五十分美金）。

烏戈在其他方面也讓父母大失所望。一九一九年，年輕的貝尼托・墨索里尼成立了法西斯戰鬥團，也就是法西斯黨的前身。一九二二年，墨索里尼成功當選議會成員，而國家法西斯黨當時在全義大利已有三十二萬名成員，其中包括公務員、實業家和記者。或許是為了表達對父親的抗議，烏戈加入了法西斯黨並成為當地官員，進一步利用他的職權威嚇男爵和附近的居民，並時不時帶著自己的酒肉朋友去索討食物。

同一時間，古馳奧正努力讓自己的事業步上軌道，卻依舊面臨著重重難關。一九二四年，開業後已經過了整整兩年，一些曾讓古馳奧賒帳的供應商開始要求付款，另一方面，由於部分客戶尚未結清欠款，使得這名年輕商人沒有足夠的現金以支付帳單。某天深夜，古馳奧向家人及最親近的員工召開了一場祕密會議，淚眼婆娑地宣布自己即將被迫歇業。

格莉瑪妲的未婚夫喬凡尼・維塔利回憶道：「堅忍不拔的古馳奧，竟然消沉得像是被宣判了死刑。古馳奧說：『除非奇蹟發生，否則我們連多開一天店都辦不到。』」身為當地的土地勘察員，喬凡尼和古馳奧一家早已相當熟識，他更曾經和烏戈及奧爾多上同一所天主教大學——卡斯特雷提大學。

喬凡尼在父親的建築公司上班，為自己和格莉瑪妲存了一筆錢，他因此決定向古馳奧伸出援手。古馳奧謙卑地接受了喬凡尼的金援，並打從心底感激自己的女婿拯救了這間小企業。接下來的幾個月，古馳奧順利還清向喬凡尼借的錢，生意也逐漸好轉，他著手擴建工作坊，並鼓勵工匠們開始設計原創商品。他挑選了幾名技巧精湛的師傅，組成一支創意團隊，專門製作高級小山羊皮包、麂皮包、兩側有襯料的望遠鏡收納袋，以及各式行李箱，而設計靈感就來自他在薩伏伊飯店工作時曾見過的格萊斯頓包。其他商品還有駕駛用袍收納袋、鞋盒、床單收納袋等等（該年代的上流人士會在旅遊時隨身攜帶自己的床單）。

由於生意興隆，古馳奧於一九二三年在帕里昂路開了另一間店，並在接下來幾年內著手擴展位於新葡萄園路的店鋪。公司地址因此經歷多次更改，最後一次的門牌號碼為四十七至四十九號，該處現在則是范倫鐵諾與亞曼尼精品店。

奧爾多從一九二五年開始進入家族企業工作，當年二十歲的他負責駕駛貨運馬車，遞送包裹給留宿在當地旅社的顧客。同時他也負責部分簡單的店務，協助清潔並整理環境，最後才加入銷售和商品陳設的行列。

奧爾多從一開始就非常懂得如何在工作中找樂子，除了發展自己的銷售技巧之外，他與年輕貌美的女顧客間的每一次互動，都會演變成令人怦然心動的調情。年輕俊秀的奧爾多身形精瘦，有著湛藍的雙眼和深邃的臉孔，加上他那溫暖的微笑，深深吸引著踏入店內的年輕女顧客。也因為他的魅力為店內帶來許多助益，古馳奧對他和客戶之間曖昧的舉動便選擇睜一隻眼、閉一隻眼。然而古馳奧放任的態度並不長久，其中一名頗富聲望的顧客——希臘的流亡公主艾琳在某天登門拜訪，並要求私下和古馳奧會談，古馳奧默默地護送她走進辦公室。

「您的兒子最近在和我的僕人約會，如果情況無法改變，我只能解僱她了，我必須為她負起責任。」艾琳公主厲聲責備。

古馳奧不願限制奧爾多的交往對象，但他也不願得罪重要客戶，因此，他將兒子叫進辦公室，要求他解釋來龍去脈。

歐文・普萊斯和奧爾多最初是在佛羅倫斯的英國領事館櫃檯相識，她也曾代表女主人造訪古馳的店鋪。歐文來自英國鄉下，有著明亮的雙眸和一頭紅髮，身為木匠的女兒，她接受過女裝裁縫訓練，一直嚮往能到海外從事侍女工作。歐文害羞謙虛的舉止、如樂聲般的英國口音，以及單純的個性，令奧爾多深深著迷。奧爾多說服歐文私下會面，很快便發現她在安靜的外表下藏著冒險犯難的精神，兩人迅速地墜入愛河，並經常消失在托斯卡尼鄉間，展開甜蜜的約會。奧爾多很快便意識到，他與歐文的這段感情並非兒戲，因此當古馳奧和艾琳公主質問奧爾多時，他便宣布自己打算和歐文步入婚姻，而這回答也令古馳奧和艾琳詫異不已。

「從今以後，您不用再為歐文掛慮。她屬於我，而我會照顧好她。」奧爾多英勇地向公主保證，但他沒有告訴他們，當時歐文已經懷孕了。

奧爾多將歐文帶回家交由姊姊格莉瑪妲照顧，且小倆口在這段期間內還是經常到鄉間祕密約會。隨後，奧爾多跟著歐文回到英國拜訪她的家人，兩人在一九二七年八月二十二日結為夫妻，婚禮舉辦在英國村莊奧斯沃斯特里的一間小教堂，靠近歐文的家鄉西費爾頓，與什魯斯伯里相距不遠；當年，奧爾多二十二歲，而歐文十九歲。兩人的長子喬吉歐生於一九二八年，奧爾多總稱他為「我的愛子」。次子保羅於一九三一年出生，三子羅伯托則於一九三二年出生。然而，這段婚姻並非一帆風順，雖然兩人的甜蜜時光總令夫妻倆小鹿亂撞，但要在佛羅倫斯建立家庭可是另當別論。首先，這對新人和古馳奧及艾伊妲住在同一個屋簷下，因此歐文必須配合義大利家庭的生活方式，並屈服於古馳奧嚴厲的行事風格；他們所有人擠在古馳家位於弗賽亞廣場的老舊公寓，這棟公寓靠近舊城牆的聖弗雷迪亞諾入口。直到夫妻倆搬遷至佛羅倫斯城外郊區的喬凡尼布拉提街的自宅後，緊繃的氣氛才稍微緩和一點。歐文將自己奉獻給三個兒子，奧爾多則更加投入家族事業。然而，歐文從沒學好義大利文，又為自己害羞的個性所苦，導致她在交友上屢遭挫敗。隨著奧爾多在工作上擴展自己的視野，在家相夫教子的歐文越來越有控制慾，甚至經常充滿怨氣。

「奧爾多對人生充滿熱情，但不論他想做什麼，歐文都會潑他冷水。」奧爾多的姊姊格莉瑪妲回憶道：「她拒絕和他一起出去任何地方，總是用照顧孩子當作藉口，她變得完全不像他當初愛上的那個女人。」

古馳奧和艾伊妲最年輕的兒子魯道夫對於加入家族企業絲毫不感興趣，即使哥哥姊姊們都在新葡萄園路的店鋪櫃檯幫忙，他依然不改自己的志向，一心想要參與電影演出。

「我生來就不是當老闆的料，我想要演電影。」年輕的魯道夫（家人都叫他「夫夫」）向父親抗議，而老古馳奧聽了這番言論總是直搖頭。

古馳奧無法理解為何魯道夫會有這種想法，他試圖勸退小兒子的天真幻想。一九二九年的某日，古馳奧派當時十七歲的魯道夫到羅馬遞送包裹給一名重要客戶。在廣場大酒店的大廳，義大利導演馬利歐・卡麥里尼注意到了這名俊秀的年輕人，邀請他參與試鏡。不久後，一封電報便送達佛羅倫斯的古馳家，向魯道夫確認此一邀約。當古馳奧讀到這封電報時，他怒不可遏。

古馳奧對魯道夫大發雷霆：「你瘋了！電影業充滿瘋子！也許你會很幸運地獲得五分鐘的名氣，但你很快就會被大眾遺忘，再也沒有工作，到時你要怎麼辦？」

然而，古馳奧意識到魯道夫早已下定決心，最終依舊放行讓他前往羅馬參加試鏡。當時的小魯道夫還習慣穿著短褲（這是年輕男孩們的日常裝束），但為了此次試鏡，他向哥哥奧爾多借了一條長褲。試鏡結果非常成功，卡麥里尼對魯道夫賞識有加，讓他參與了《軌道》的演出；《軌道》是義大利電影業早期的經典之作，講述一對年輕戀人的故事，這對戀人最後決定在軌道旁的便宜旅館殉情。魯道夫的表情細膩且豐富，非常適合當年的非寫實電影，在出演《軌道》之後，魯道夫以喜劇角色聞名，他誇張的表情和滑稽的舉止讓觀眾聯想到查理・卓別林。魯道夫以墨里奇奧・德安科拉作為自己的藝名，雖然他曾與年輕女演員安娜・麥蘭妮一起演出《最後一個人》，兩人甚至傳出戀愛緋聞，但他演藝生涯晚期的電影都不如早期成功。

魯道夫剛出道時，曾在其中一部戲的片場注意到一名飾演配角的活潑金髮女演員，她是亞歷珊卓·溫克豪森，藝名為珊卓瑞福，在當年的時代背景下，她的活潑灑脫十分與眾不同。亞歷珊卓的德裔父親在化學工廠工作，母親則來自瑞士義大利語區的拉第家族，靠近盧加諾湖北岸的盧加諾市。魯道夫迷上亞歷珊卓後，兩人恰巧有機會在《共度黑夜》這部早期的有聲電影中演對手戲。《共度黑夜》描述一名有冒險精神的年輕女演員不慎走錯旅館房間，最後意外鑽進陌生男子被窩的故事，而這名男子由魯道夫飾演，不論戲裡戲外，男主角都無可救藥地愛上了這名可人兒。劇中的臥室戲碼最終發展成真實的愛情，一九四四年，亞歷珊卓和魯道夫在威尼斯舉行浪漫的婚禮，魯道夫錄下整場婚禮，包括夫妻倆乘坐小船劃破潟湖水面以及在晚宴舉杯慶祝的浪漫畫面。他們的兒子生於一九四八年九月二十六日，他們將他命名為墨里奇奧，用於紀念魯道夫的藝名。

一九三五年，魯道夫還在努力發展自己的電影事業，無心加入家族企業，此時，墨索里尼入侵衣索比亞，就連相距甚遠的義大利也深受牽連，古馳奧的生意因此遭受嚴重打擊。國際聯盟開始對義大利展開貿易制裁，全球共有五十二個國家拒絕對義大利出口商品，古馳奧無法從國外進口高級皮革和其他材料，使得精品皮包和行李箱缺乏原物料。古馳奧擔心自己的小企業會崩解，就像多年前父親的草帽生意一樣，據傳他因此決定改造工廠為義大利國軍製造皮鞋，以維持公司運作。

除此之外，古馳奧也和其他義大利企業家一樣，開始嘗試其他替代方案——古馳奧的鄰居精品商薩瓦托·菲拉格慕便是在貿易禁令的黑暗時期開發出該品牌的不少經典鞋款，菲拉格慕不放過任何一種可能性，軟木塞、拉菲草，甚至糖果包裝紙中的玻璃紙都成為他製鞋的材料。而古馳則盡其所能地從義大利各地收購皮革，並從聖十字聖殿的一間製革廠購入油性皮革作為原料（用於製造皮革的小牛犢來自琪雅納谷地，被關在畜棚餵養以避免牛皮損傷，其生皮經過鹽漬及魚骨油處理後，會使皮革變得柔軟光滑，任何表層刮傷都會奇蹟似地消失）。油性皮革很快成為古馳的招牌，古馳奧同時也開始導入其他材料，包括拉菲草、柳條以及木頭，盡其所能降低產品的皮革用量，以布料編織物拼貼皮革做出特色產品。古馳奧從那不勒斯訂製一種特殊編織的麻料，並用這種素材開發出一系列輕盈、堅固又極具特色的行李袋，成功成為古馳的暢銷產品。古馳奧在此時設計出古馳的第一個印花，亦是現今知名的雙G印花的前身，他在皮革天然的棕色表面上壓印出一系列相連的深棕色小菱形，不論如何翻轉布料，印花看起來都不會改變。同時，古馳奧也積極開發皮包和行李箱以外的產品線，他發現皮帶或皮夾等小型配件能夠吸引那些不想購買大型商品的顧客，並為公司帶來額外的收入。

同一時間，奧爾多走遍義大利與歐洲其他地區，想看看大眾對他們的商品是否感興趣。他首先在羅馬得到了正面回饋，接著陸續在法國、瑞士和英國受到肯定。這項調查讓他確信，只在佛羅倫斯開店會使其發展受到限制，既然有這麼多顧客願意遠道而來，那為何不直接將古馳的產品帶到顧客面前呢？有了這個念頭，他開始嘗試說服父親在其他城市開店。

古馳奧並不認同這個想法，駁斥道：「你有想過風險嗎？我們要去哪裡籌到這筆龐大的經費？你看哪間銀行會願意為我們提供資金！」

古馳奧雖然在家族會議中抨擊奧爾多的每一個想法，卻暗地裡找來銀行行員，表達自己願意支持奧爾多的計畫，而奧爾多也終於能夠如願以償。一九三八年九月一日，也就是第二次世界大戰前的十二個月，古馳進駐羅馬一棟名為格里宮公寓的歷史建築並開張營業，地點位於風雅的康多提大道二十一號。當時這條街還只有一間寶格麗珠寶店，以及專門製作高級襯衫的恩里柯・庫奇，他們的客戶包含溫斯頓・邱吉爾、戴高樂以及義大利皇室——薩伏依家族。

早在電影《生活的甜蜜》於一九六〇年上映時，奧爾多就認定義大利首都是世界菁英們最愛的旅遊勝地之一，因此就算父親一看見鉅額帳單就直搖頭，奧爾多仍不惜一切代價，堅持將古馳的店鋪打造成能吸引富人與上流人士的據點。這間店一共有兩層樓，採雙玻璃門設計，門上的把手以象牙雕刻成橄欖層層堆疊的樣式。

奧爾多的第三個兒子羅伯托回憶說：「這些把手的設計仿自新葡萄園路的店鋪大門，也是古馳最早的標誌之一。」

巨大的桃花心木玻璃櫃內陳列著古馳的商品，樓下擺放著手提包和配飾，樓上則是禮品與行李箱。一樓的地板鋪著葡萄酒色的油地氈，樓梯及二樓銷售區的走廊則鋪著同色的地毯。奧爾多帶著歐文和孩子們搬到了羅馬，並在店鋪樓上的三樓與四樓租了一套公寓。歐文原先將孩子們帶回她的英國老家，但在戰爭爆發後，他們便決定移居到義大利。戰爭開始時，盟軍視羅馬為不設防城市，因此沒有發動猛烈的轟炸。奧爾多在此期間設法營業並保持獲利，男孩們動身前往由愛爾蘭修女所開辦的學校，而歐文則在學校裡和一群愛爾蘭牧師共同協助盟軍戰俘逃離拘禁。然而在戰爭的最後幾週，盟軍的飛機開始轟炸城郊地區的鐵路調車場，奧爾多隨即帶著歐文和孩子們移動到鄉下，但後來市政官要求他們繼續開門營業，因此他們最終還是被迫返回羅馬。

古馳家族在戰爭期間四散奔逃。烏戈於一九二二年參與了法西斯軍隊的遊行，並主責管理托斯卡尼區的法西斯主義發展。魯道夫平時隨部隊行動並擔任藝工隊成員，搬演他早年在默片和有聲電影中曾經擔任過的丑角。而巴斯克則在結束短暫的兵役後，獲准回到佛羅倫斯的工廠，監督戰爭用鞋的製造。

戰爭結束之際，歐文因工作表現而獲得表彰。此外，她對義大利親家也相當忠誠，當她得知烏戈遭英軍俘虜，被關押在義大利特爾尼城時，她先是利用人脈為大伯爭取了較好的待遇，後來又進一步進行協議，成功使烏戈被釋放，歐文還和奧爾多前往威尼斯營救投降後隨軍滯留的魯道夫。

對於義大利而言，修復重建需耗費許多時間。德國人撤退時炸毀了佛羅倫斯的眾多橋梁，包括米開朗基羅的天主聖三橋，古馳家族沿著圭洽迪尼濱河路而建的工廠因此遭到隔絕，迫使他們另尋生產皮製品的新廠址。與此同時，古馳奧也害怕新的民主政府會因為烏戈的前法西斯成員的身分，扣押他的公司股份作為懲戒，因此古馳奧找了一天和烏戈促膝長談，表示願意以土地與金錢換取他手中的股份。最後烏戈接受提議並自立門戶，在博洛尼亞成立一間皮革工作坊，除了為家族企業提供產品之外，也為城市中的女性們製作精美的皮包與配件。

雖然魯道夫的演藝事業也曾一度經營得有聲有色，但戰後的電影業產生了劇變。早期的有聲電影逐漸取代啞劇，而富有現實主義風格的羅塞里尼、維斯康提、費里尼等新生代年輕導演，也不再像以前的導演習慣聘用表演誇張的演員。魯道夫背負著養家餬口的重擔，在亞歷珊卓的勸說下，他終於開口詢問父親自己能否回到家族企業工作。奧爾多從一開始便主張讓公司成為家庭事業，因此從旁勸說父親讓魯道夫重操舊業，畢竟隨著業務內容擴大，奧爾多和古馳奧自然也需要更多的協助。古馳奧最初安排魯道夫在帕里昂分店幫忙，而事實證明魯道夫對於女性顧客具有很大的吸引力，她們對於古馳店裡這名親切又英俊的銷售人員而感到興奮不已。

有些大膽的顧客會好奇地問他：「你真的不是墨里奇奧．德安科拉嗎？你和他長得簡直一模一樣！」

而他總會一邊眼神閃爍著光芒，一邊風度翩翩地鞠躬答道：「女士，我並不是您口中的那個人，我的名字是魯道夫．古馳。」

古馳奧默默觀察他的兒子魯道夫長達一年，對他的表現感到相當滿意。魯道夫敬業且有決心，對於許多工作上的問題都相當用心，證明了他足夠忠實且可靠。一九五一年，古馳奧邀請魯道夫夫婦搬到米蘭，以管理位於蒙特拿破崙大街新開幕的店。蒙特拿破崙大街介於米蘭市中心與馬特歐堤大道之間，是米蘭的主要購物大道，其兩側皆是高級的珠寶、裁縫與皮革商店等等，與佛羅倫斯的托納波尼路和羅馬的康多堤大道齊名。米蘭的藝文愛好者經常聚集在轉角的古巴塔餐廳，而古馳的新分店也開始轉型以迎合客群。

與此同時，奧爾多在羅馬開店的賭注也成功得到了回報。戰後的美國與英國軍隊，紛紛前往羅馬購買古馳的手工皮包、皮帶和錢包作為紀念，其中最熱銷的商品為滾輪行李箱，其外層包覆著古馳特製的麻織布料，裡頭則附有衣架，美軍與英軍皆使用此款行李箱以運送他們的制服。起初佛羅倫斯的生意落後羅馬分店，但隨著大量的美國遊客湧入義大利參觀名勝古蹟，並在優雅高貴的商店裡消費，佛羅倫斯的生意便逐漸迎頭趕上。很快地，維持生產與需求同步成為古馳的首要問題。一九五三年，古馳奧決定在河畔對面的奧特拉諾區開設另外一間工廠，這間工廠位於嘉黛耶街的一棟歷史建築內，並成為古馳於一九七〇年代重要的生產基地。嘉黛耶街的範圍從聖靈廣場向南延伸，因其於十三、十四世紀用來染羊毛的大缸而得名。

古馳奧買下的大宅原先是一間賣毛氈和羊毛織物的店家，在十五世紀末時，一個名叫波茲的家族在此處建造了寬敞的宮殿；一九四二年，當時的紅衣主教，同時也是佛羅倫斯大主教——佛朗西斯科．納里收購了宮殿，這位主教便是但丁曾在《神曲》中提及的那位，而這座宮殿在接下來的兩個世紀則成為眾多外交盛事的舉辦場所；十九世紀以來，這棟大宅在幾個佛羅倫斯的大家族之間輪流轉，直到一九五三年被古馳奧．古馳買下才終於穩定了所有權。房裡的牆上有許多古老的壁畫，其中最為精緻的一路延伸至二樓大工作室的天花板，通常古馳的工匠會在此處切割光滑的油性皮革，製成優雅的皮包，一樓大廳的拱型天花板下則有另一批工匠負責製作行李箱。

隨著需求漸增，古馳奧自然也聘用了更多的年輕學徒，並在資深工匠的帶領下，將他們培養成專業的高級皮革工匠。每支團隊皆由初級學徒及經驗豐富的專家組成，並且均會分配一個工作檯。每名工匠都有一枚印著古馳徽印以及專屬識別碼的胸針，該識別碼正是他們早晚打卡時所使用的號碼。一九七一年古馳家族在佛羅倫斯郊區增設了一間現代工廠，工人數量翻倍至一百三十人。

托斯卡尼的皮匠們視古馳為最佳雇主，無論市場如何擺盪不定，他們都能獲得公司提供的終身保障。

作為嘉黛耶分店的年輕學徒，卡羅．巴奇用他那熱情、輕快的托斯卡尼口音說道：「在古馳工作就好比得到一份政府部門的工作，一錄取就知道這輩子會不愁吃穿。一般員工可能會因為工作減少而擔心自己被裁員，但在古馳工作卻有著滿滿的安全感。因為古馳擁有把商品賣出去的自信，因此古馳的產線從未停過。」在嘉黛耶分店工作十一年後，巴奇和其他工匠一樣，創立了自己的皮革加工公司，至今仍為古馳供貨。

另外一名長期在古馳工作的員工但丁．法拉利回憶道：「我們每天會在早上八點到八點半之間報到，十點則是休息時間，但如果資深工匠看到我們在工作檯下摸索著帕尼尼，那麼他肯定會向上舉報。不僅是因為浪費時間，手更會因此變得油膩而傷害到皮革。」

皮革工匠的工作主要是負責準備皮料和組裝袋子。在那個年代，準備皮料也意味著清理珍貴皮料的內部，因為這些皮料往往還附著動物的組織，有些工匠會負責裁剪皮料，有些工匠會為了讓接縫更薄且更容易縫合，而使用特殊的工具沿著邊緣打薄，這種工法稱作「削薄」。

但其實負責組合袋子的工匠們才是真正的藝術家，他們必須從頭到尾組合整個袋子，有時需要將一百個零件拼接在一起才能完成，平均需耗時高達十小時。

法拉利收藏了一本由黑色紙板裝訂而成的筆記本，他在筆記本仔細地畫下每個手提袋的款式，並逐一編號以保存記錄。他解釋道：「每名工匠都必須對自己的工作負責，他們的工號會編寫在每個袋子裡，一旦產品有缺陷，就會退回到所屬的工匠手中。與那種有人負責做口袋、有人負責縫袖子的專業分工生產線不同。」「除了縫紉機，工匠們只需要一張桌子、一雙靈巧的雙手和一顆聰明的腦袋。」法拉利說道。

多數時候，古馳家族的成員會負責設計，但他們也鼓勵工匠們在家族的監督與認可下開發新的款式。

代號簡稱「〇六三三」的竹節包或許就是這樣誕生的，雖然這款皮包的設計師、出品時間等詳實記錄並不存在，但時尚史學家奧羅拉．菲奧倫蒂尼在協助建立古馳的企業檔案庫時，認為這款皮包約於一九四四年製造。大戰前夕，在政府頒布貿易禁運令的背景之下，竹子取代了原本的材料進口至義大利。有人認為第一個竹節包是由奧爾多與資深工匠共同研發而成，其以皮革製成的手柄部分，可能是奧爾多參考了自倫敦旅遊時所帶回的皮包，這款皮包獨特的形狀受到馬鞍的側面所啟發。不同於古馳以往柔軟、結構簡單的設計，這款皮包因為其材質堅硬且形狀像是個箱子，而顯得更加獨特。竹子在熾熱的火焰上由手工塑形，賦予了產品獨特亮眼的外觀。幾年後，在導演羅伯托．羅塞里尼於一九五三年所執導的《遊覽義大利》中，年輕的英格力．褒曼便背著古馳的竹節包和雨傘出現在鏡頭前。

古馳家族也與旗下的工匠們培養出私人交情，他們會待在工作室裡，親切地叫著工人們的名字，或愉快地拍拍老工匠的背，關心他們的家庭狀況。

羅伯托說：「我們知道每一名工匠的名字、他們的孩子、他們遭遇到的問題，以及讓他們快樂的大小事。當他們要購車或是繳房屋的頭期款時，他們會來尋求協助。畢竟我們吃的是同一鍋飯，雖然其中有些人的勺子很明顯比較大。」他不好意思地補充道。

巴斯克．古馳是工廠的負責人，他會騎著當時風靡一時的摩托車在佛羅倫斯閒晃，而嘉黛耶街的工廠員工也能藉由在窄牆間來回嗡嗡反射的引擎聲，判斷他抵達的時間。

法拉利回憶道：「我們常說：『天啊，他到了！』巴斯克就像名心理學家，能察覺一個人對自己所做的事是否真的抱有熱忱。」

工匠們和古馳家族的關係可謂愛恨交織，儘管他們以工作為傲，並為自己制定了高標準，但他們依舊會不斷努力、超越自我，就為了聽見古馳奧、奧爾多、巴斯克或魯道夫說一句：「做得好！」

一九四九年的春天，奧爾多參加了倫敦的第一屆工業貿易博覽會以尋求更多機會。他發現了一個以豬皮為主題的展區，並深深被豬皮漂亮的薑黃色澤所吸引。他委託英格蘭的製革師——霍爾登先生做了幾張皮革，並詢問將部分皮料染成像是藍色或綠色的可能性。

皮匠說：「好吧，朋友，我們從沒這樣試過，但要是你有意願，我們可以試看看。」奧爾多後來回憶道：「他之後拿出了六張深淺不一的皮革，搖了搖頭，說：『我們覺得成品很糟，你們自己看看吧！』」

根據家族成員的說辭，霍爾登先生是日後古馳的招牌特色——斑紋豬皮革的重要推手。正如前述，鞣製第一張斑紋豬皮的過程中其實出現了問題，打製出了較深且略為突起的斑點。

「等等，這看起來很新潮。」奧爾多將訂購的皮革製成了袋子。不管他的決定是否真如旁人所說，是因為節儉而捨不得浪費原料，這個決定確實為公司創造了另一個具指標性的款式，並在日後證實了該圖樣因難以複製而成功遏止許多的仿冒品。豬皮對於古馳至關重要，奧爾多甚至在一九七一年直接收購了製革廠。戰後幾年，奧爾多利用了巧妙的行銷技巧，將古馳的品牌名聲遠播至全球。但年紀漸長的古馳奧希望於佛羅倫斯深耕，不願讓奧爾多野心勃勃的計畫危害到現有的成就，因此他對兒子的想法提出了挑戰。

古馳奧的右口袋放著懷錶，因此他將單手插進左口袋，一邊煩躁地抽著哈瓦那雪茄，一邊伸出一隻空手問道：「你有資金嗎？如果有，你才可以去做自己想做的事。」

雖然嘴上這麼說，古馳奧心底還是十分認可奧爾多的經營天賦。羅馬分店蓬勃地發展，就像《甜蜜的生活》裡所演的一樣，好萊塢明星時不時就會現身在首都，為古馳吸引更多的顧客。雖然古馳奧和奧爾多還是會因為擴張計畫而激烈爭吵，但古馳奧終會逐漸讓步，並私下向銀行申請金援來支持兒子的計畫。

同一時間，奧爾多將眼光放遠至紐約、倫敦與巴黎等海外據點。他的想法是：「為什麼要等顧客找上門，而不乾脆主動出擊呢？」他似乎不擔心計畫的資金，儘管古馳奧有所保留，奧爾多始終相信自己的想法會得到回報。

憑藉與身俱來的行銷天賦，奧爾多承襲了父親對品質的追求，創造出「價格會受世俗遺忘，品質卻會深烙人心」的座右銘。他將這句話以金色字樣壓印在豬皮革上，並巧妙地展示在店鋪內。

奧爾多還提倡了「古馳概念」，意指透過風格與色彩的和諧達成品牌的一致性，並提高辨識度。馬廄與馬匹因此成了古馳品牌的創意來源，而馬鞍所使用的雙縫線、馬鞍袋的綠紅色相間織帶、馬鐙以及馬勒等配件都成了古馳的招牌特色。為了迎合菁英客戶並塑造出高品質的形象，行銷天才奧爾多創造出古馳家族是中世紀宮廷貴族馬鞍工匠的神話，商店裡陳列著馬鞍用具和馬術配備以增添故事的豐富度，部分陳列品甚至開放出售。直到如今，神話還繼續著，古馳家族成員和資深員工依舊聲稱古馳家族從很早以前就是宮廷裡的馬鞍工匠。

一九八七年，格莉瑪妲向採訪記者表示：「我希望將真相公諸於世，我們從來都不是馬鞍工匠，我們只是來自佛羅倫斯聖米尼亞托區的一個家族。」根據佛羅倫斯家族史，來自聖米尼亞托的古馳家族早在一二二四年就以律師和公證人的身分活躍於地方，不過根據歷史學家菲奧倫蒂尼的說法，這個故事依舊很有可能是經過美化的版本。

古馳家族的徽章上有著一個藍色的輪子和一朵玫瑰，金色的旗幟上印著紅色、藍色和銀色的直條紋——羅伯托花了一筆錢設計徽章，並將象徵優雅詩歌和領導力的玫瑰與輪子融入商標。最初的版本是男僮一手拿著行李箱，一手拿著皮革的旅行包，而隨著古馳日趨成功，昔日的男僮也由身穿盔甲的騎士取而代之。

一九五〇年初，古馳的皮包或手提箱可以彰顯擁有者的高雅風格與品味。不久後成為英國女王的伊麗莎白公主、艾蓮納・羅斯福、伊莉莎白・泰勒、葛雷斯・凱莉，以及約翰・甘迺迪的夫人——賈桂琳・鮑維爾都曾到訪古馳的佛羅倫斯分店。許多魯道夫在演藝生涯結識的電影明星也都成了他的顧客，包括貝蒂・黛維斯、凱瑟琳・赫本、蘇菲亞・羅蘭，以及安娜・麥蘭妮。

曾是零售商的資深商人、現任尼曼・馬庫斯的高級時尚總監——瓊・堪納回憶道：「二戰後的幾年間，義大利成了高級奢侈品的集散地，舉凡像是手工皮鞋、手提袋和高級金飾都包括在內。」

「古馳是歐洲最早出現能夠象徵社經地位的品牌，在歷經了如此多之後，人們都很想炫耀，而當時我也是第一次認識古馳這個名字。人們認為在那裡，真的能用錢買到品質。」

同時，第一批義大利的設計師也深獲認可。一九二三年，一名年輕的佛羅倫斯貴族喬吉尼・巴提斯塔・喬凡為美國的百貨公司開設了採購辦事處，在戰爭末期管理一間盟軍禮品店，並於一九五一年二月在自己的家鄉舉辦了一場時裝秀。他將活動時間定在巴黎時裝秀之後，邀請了著名的時尚記者和美國採購員，像是波道夫・古德曼百貨、班・奧特曼百貨，以及艾瑪格寧百貨等大廠的人員都現身秀場。記者們對時尚又耐穿的設計讚不絕口，採購員也紛紛打電報回報公司以申請更多資金。喬凡的秀場成為義大利的第一場成衣時裝秀，璞琪、卡普奇、葛拉辛、范倫鐵諾、蘭切蒂、米拉・舍恩，以及祈麗詩雅等品牌紛紛在彼提宮白廳的閃亮吊燈下粉墨登場。

第三章

# 前進美國

美國人對於義式設計的興趣與日俱增，奧爾多因此決定要把古馳帶進美國，尤其要帶進紐約。美國人是古馳最捧場的客戶，他們喜歡古馳的手工製皮包，以及飾品的品質和樣式。奧爾多不斷勸說古馳奧讓他在紐約開一間店，但古馳奧卻沒打算掏錢出資。

古馳奧憤怒地說道：「你想出生入死就去，但別指望我會幫你付錢！想去找銀行就去，看看他們會不會為了你奮不顧身！」但他的態度隨後又緩和下來：「或許你是對的，畢竟我已經老了，我就是古板到覺得只有自家的菜園才能種出最好的菜。」

奧爾多不用再繼續聽下去，就知道古馳奧其實已經算是答應他了。他去了紐約一趟，在那個年代搭飛機去紐約必須經過羅馬、巴黎、夏農與波士頓，因此這趟旅程花了他將近二十個小時。奧爾多在當地找到一名律師——法蘭克・杜甘，他表示可以為奧爾多的計畫提供協助。之後奧爾多便帶著魯道夫和巴斯克再訪紐約，並在進城時興致勃勃地領著他的兄弟在第五大道上來回遊逛，手舞足蹈地向他們介紹那些高雅的店家。

奧爾多問道：「你們想不想讓大字樣的古馳招牌在這條時髦的大道上出現呢？」他們於是在第五大道旁的東五十八街七號開張，他們的小店在五十八街上有著兩面展示的櫥窗。透過杜甘的協助，他們設立了古馳在美國的第一間公司——古馳集團股份有限公司，初始的資本額為六千美元。這間新的古馳公司也授權美國市場使用古馳的商標，這也是此商標唯一一次授權在義大利之外的地方使用，古馳與後續的國外營運公司訂定的皆是特許加盟協議。

奧爾多發了一封電報到佛羅倫斯給古馳奧，通知古馳奧他們兄弟已任命他為這間新設公司的名譽總裁。

古馳奧氣炸了。

古馳奧回了封電報給他的兒子：「現在馬上回家！你們這些孩子真是瘋了！」他痛斥他們既愚蠢又不負責任，並提醒他們自己還沒有過世，威脅他們如果繼續做這樣魯莽的事情，便要剝奪他們的繼承權。奧爾多面對父親的疑慮及威脅，不僅不以為意，甚至還在古馳奧過世前安排他到紐約看一看新的店鋪，古馳奧後來對紐約分店的開幕熱衷到彷彿這個點子是由他而起，他甚至對朋友們說這完全就是他的點子！

「喔，司令！」古馳奧的朋友和他說話時都會如此叫他，這是前皇室在位時以全國性命令授予他的勳位名銜，「您真是高瞻遠矚！」

格莉瑪妲回憶道：「還好他生前有發現奧爾多的想法其實並非天馬行空。」

當時古馳奧七十幾歲，其人生可說是了無遺憾——他的事業正全速前進，古馳不論在美國或義大利都大受好評，而他的三個兒子也都相當認真地工作，孫兒們總有一天也會在家族事業中出一份力。古馳奧會在每個孫兒出生時說：「拿一塊皮件給他聞一下，這味道將會是他的未來。」

古馳奧鼓勵喬吉歐、羅伯托和保羅跟自己的兒子們一樣，去商店裡包裝和運送包裹，因為他堅信學習業務的不二法門便是從基層做起。魯道夫的兒子墨里奇奧當時住在米蘭，還只是個小男孩，並沒有被正式納入古馳的家庭教育體系中。

一九五三年，就在奧爾多正式啟用紐約分店的第十五天，古馳奧在十一月的一個晚上因為心臟病發而猝死家中，當時七十二歲的古馳奧正準備和艾伊妲去電影院，艾伊妲因為疑惑古馳奧怎麼還沒準備好便上樓查看，卻發現他一動也不動地躺在廁所的地板上，醫生說他的心臟就像支老舊的手錶般停了下來。兩年後，他摯愛的妻子也以七十七歲的年紀隨他一起離開人世。古馳奧．古馳從一名貧困的洗碗工變為百萬富翁，其事業也在兩個大陸聲名大振。他的兒子們延續了他開創的帝國，他也因為逝世而免於面對那些慘烈的家族衝突，這些衝突在幾年後成為古馳家族間的惡習，然而設下先例的其實是古馳奧自己，他經常讓兒子們彼此競爭，相信如此能刺激他們表現得更好。

保羅回憶道：「他會挑起兒子之間的爭端，挑戰他們展現出自己體內流淌的血統。」

古馳奧也造成了家族的第一次重大分裂。格莉瑪妲是家中最長的孩子，也是唯一的女兒，但古馳奧卻因為性別而排除了她對公司的繼承權。古馳奧過世時，格莉瑪妲五十二歲，她在古馳奧的商店盡心盡力地服務多年，而她的丈夫喬凡尼更曾在一九二四年古馳面臨破產時拯救了公司。然而，老古馳奧卻將一個不成文的訊息傳給了他的兒子們，那就是沒有女性可以獲得公司的繼承權。格莉瑪妲直到她的兄弟們不願讓她參與公司決策時才發現此事，同時，她也心灰意冷地發現兄弟們平分了古馳公司，而自己卻只繼承了一間農舍、幾筆土地和一點錢。

數年後，她的姪子羅伯托承認：「這個想法很過時，我根本沒見過成文的相關規約，但我父親跟我說沒有任何女人可以擔任古馳的合夥人。」

和兄弟們協議未果後，格莉瑪妲找了一名律師以爭取她應得的權利，最後卻徒勞無功。後來她說當時她在法庭聽證會時誤解了一個關鍵問題，導致她不小心將她對古馳財產的繼承權拿來換取了和解，這件事也讓她難過了好些年。

她說：「我見證了公司從無到有，我真正想要的只是為公司的發展盡一份力。」她過去從沒想過，她鍾愛的兄弟們會如此占她便宜。

羅伯托在數年後說道：「她是沒有得到公司的股份，但她有拿到其他的資產，雖然公司的市值無庸置疑地在日後大幅地增值了。」

兒子們對古馳奧的離世感到憂喜參半。雖然他們想念古馳奧既可靠又目標明確的領導，但這也是他們頭一回可以追求自己的目標，他們依這些目標及他們擅長的業務將公司分成了三個領域。奧爾多經常四處奔波，他終於可以心無旁騖地實現自己想要擴展古馳海外業務的夢想；魯道夫監督著米蘭的店鋪；而巴斯克則負責營運位在佛羅倫斯的工廠。他們彼此之間相當和諧，魯道夫和巴斯克讓奧爾多按照自己的意思做事，除非他們覺得奧爾多的作為太過偏離古馳奧所留下的價值觀和方針，不然他們鮮少持反對意見。

奧爾多讓歐文住進他蓋的寬敞別墅，位於貝塔奇別墅的隔壁，據說墨索里尼的情婦克拉拉·貝塔奇就曾住在這棟大宅裡。別墅位於充滿田園風情又綠意盎然的拉木強路上，這條蜿蜒進羅馬郊區山丘的道路，如今已成為羅馬城中頂級住宅的所在地。奧爾多為了替古馳開疆闢土而往返歐洲和美國，因此幾乎不常待在別墅裡，雖然他和歐文又過了好一陣子才離婚，但他們的關係早已名存實亡。奧爾多物色了一名他先前在康多提大道的店鋪曾雇用的櫃姐，前往紐約擔任他的助理，名為布魯娜·帕倫博，她有著一頭深色的長髮，神似火辣的義大利女演員珍娜·露露布莉姬妲。她後來成為奧爾多的伴侶，並住進了奧爾多位於西五十四街二十五號的小公寓，就在現代藝術博物館的對面。起初他們的同居相當低調，奧爾多非常寵愛布魯娜，不僅買許多昂貴的禮物送她，也會與她分享古馳事業穩健擴展的喜悅。然而，每當奧爾多央求布魯娜與他四處旅行時，布魯娜卻總是猶豫不決，布魯娜對於自己身為奧爾多的情婦而感到相當不自在。多年後，奧爾多和布魯娜在美國結婚了，即便歐文從未同意要和他離婚。婚後，布魯娜才願意偶爾陪著奧爾多出席一些派對和開幕活動，而奧爾多則會以「古馳太太」來介紹她。

與此同時，魯道夫在經營米蘭分店之際，設計出了古馳最昂貴的手提包和金屬設計。

佛朗西斯科·吉塔迪回憶道：「魯道夫的品味獨到，那些鱷魚皮手提包上的18K金扣環都是由他設計，他就是喜歡這些東西。他花了很多時間在這上面。」佛朗西斯科在古馳工作了十八年，並於一九六七年至一九七三年間替魯道夫經營米蘭分店。

魯道夫曾經是名演員，作為三個兄弟中最風雅的人，他也總是打扮得像名演員。他會穿著森林綠或金黃這類特殊顏色的天鵝絨外套，搭配光滑亮麗的絲質領巾，到了夏天，他則會穿上高雅的亞麻布製西裝和俏皮的草帽。

此時此刻的巴斯克已開始在佛羅倫斯的工廠生產他自己設計的產品，同時監督著奧爾多的兒子保羅，他從一九五二年起就在工廠裡工作。巴斯克閒暇時最喜歡做的事情就是打獵，他五花八門的獵槍收藏和藍寶堅尼為他贏得了「夢想家」的美名。

奧爾多變成古馳奧的三個兒子之中負責推動業務的人，雖然他也總會尋求兄弟們的同意，但大部分的重要事項都由他決定。

吉塔迪回憶道：「奧爾多做事前總想取得整個家族的同意。」他又說道：「他可能會發想出一個點子，但最終往往會透過家族會議來做出決策，只不過他們也通常會讓他照自己的想法做事，因為他的直覺總是對的，尤其是在展店的選址方面。」

奧爾多經常往返美國和歐洲，他在一九五九年將羅馬分店移至康多堤大道八號，目前在該店對面的是歷史悠久的古希臘咖啡館，距離著名的西班牙階梯也僅有幾步之遙。一九六〇年，他在第五十五街轉角的聖瑞吉酒店裡開了一間新店，為了確保古馳得以首次直接座落在第五大道上。隔年古馳又在義大利的溫泉之鄉蒙泰卡蒂尼、倫敦的舊龐德街，以及棕櫚灘上的鳳凰木廣場打開新店的大門。古馳在巴黎的第一間店也於一九六三年在芳登廣場旁的聖奧諾雷市郊路開幕，第二間店則是於一九七二年在聖奧諾雷市郊路旁的皇家路開張。

奧爾多不斷鞭策著自己，每年渡假的時間都不會超過三、四天。他一年至少會橫跨大西洋十二次，在倫敦和紐約都買了公寓，後來也買了一棟位於棕櫚灘岸邊的房產，是他曾說過「唯一能讓他真正感到放鬆的地方」。每當朋友問起他的嗜好時，他都笑而不答，他甚至連在某個星期天前往棕櫚灘時，都會找個理由進到店裡翻看文件或是檢查商品。奧爾多每二至三週都會與魯道夫和巴斯克在佛羅倫斯討論業務，在佛羅倫斯已經沒有房產的奧爾多，會住在托納波尼路上的德拉威樂飯店，該飯店從一九五〇年代初期開業至今，已經可以與同城市的易克斯爾和葛蘭德大飯店這兩間更老牌的高級酒店平起平坐。

奧爾多和他的父親一樣，也鼓勵他的兒子們參與家族事業。托歐文的福，奧爾多的幾個兒子都能說出流利的英文，他們甚至會叫奧爾多「爹地」。奧爾多帶著老么羅伯托前往紐約協助五十八街分店的開幕，羅伯托這一去就待了將近十年，直到一九六二年為了要在家族企業的總部設立新的行政部門和展示廳才又回到佛羅倫斯。羅伯托也於一九六〇年代末期在布魯塞爾開了公司的第一間特許加盟店，這項投資相當成功，也在日後成為古馳發展美國加盟事業的典範。他在佛羅倫斯設立了顧客投訴部門，專門解決客戶使用古馳的商品或服務時所遇到的一切問題。奧爾多越來越依仗羅伯托，他會暱稱羅伯托為「桑尼」。

羅伯托在一九五六年與德魯席拉・卡法雷莉結婚，卡法雷莉來自一個高貴的羅馬家庭，舉止優雅且信仰虔誠，是一名有著藍眼睛的娟秀淑女。他們共有六個孩子，依序為卡西莫（一九五六年生）、菲利波（一九五七年生）、烏貝托（一九六〇年生）、瑪麗亞・奧林匹婭（一九六三年生）、多米蒂拉（一九六四年生）與佛朗西斯科（一九六七年生）。溫順又老實的羅伯托是奧爾多最保守也最尊重雙親的兒子，保羅後來因為羅伯托一絲不苟的舉止和信仰而稱他為「牧師」，甚至連奧爾多有時都覺得桑尼的作風實在有些陰沉。羅伯托和德魯席拉會帶著孩子在夏季的那幾個月住在巴加扎諾別墅，這是德魯席拉在佛羅倫斯郊外的家族住宅，到了冬天他們便會搬回城中的公寓居住。

羅伯托回憶道：「我們邀請奧爾多來我們的鄉村別墅吃午餐或晚餐時，他會抬頭看著那些懸掛在飯廳的聖母畫像，然後對我說：『我的天啊！羅伯托，我彷彿到了一座公墓！』」

喬吉歐曾短暫地跟著羅伯托去了紐約，還帶了他的第一任妻子奧莉塔・馬里奧蒂，奧莉塔也是他兩個孩子亞利山卓（一九五三年生）和古馳奧（一九五五年生）的母親。奧莉塔會在他們兄弟租下的小公寓裡，煮一大鍋義大利麵當作晚餐，用義大利最典型的家庭傳統餵飽整個家族。不過紐約忙不迭地的步調和不得不籠罩在父親陰影下的生活，讓喬吉歐感到暗無天日，因此他很快便回到義大利，一邊接管著羅馬分店，一邊照顧著他的母親，他會開船載母親去附近的聖托斯特凡諾港享受海上假期。

奧爾多於一九七四年雇用的歐洲公關總監暨國際時裝搭配師——香朵・斯賓斯卡回憶道：「喬吉歐是個非常膽小的人，而他爸爸鮮明的個性把他給壓垮了。」

和古馳奧一樣，奧爾多是名嚴厲且控制慾強的父親。十四或十五歲時的保羅在某次犯了錯，奧爾多便送走了保羅的狗以懲罰他，保羅在狗失蹤後傷心欲絕，哭了整整一個星期。羅伯托也同意這樣的說法：「我父親對兒子確實比對員工還要嚴厲許多。」

然而，在成年後第一個背離家族的孩子，居然是喬吉歐。撇除他害羞的個性不談，喬吉歐相當有志氣，而他也因此觸怒了他的父親和叔叔魯道夫——他在一九六九年時與後來成為他第二任妻子的古馳女銷售人員瑪莉亞·皮婭，一起開設了自己的古馳時裝店，位於羅馬的伯格尼那大道，與康多提大道平行且向南的第一條街。喬吉歐的時裝店與古馳其他分店的理念有些差異，他在店中配置了較為低價的配飾和禮物品項以迎合年輕的顧客群，而他和瑪莉亞·皮婭也發展出自己的手提包和飾品產線，且都在古馳的工廠生產。喬吉歐的叛逆行徑簡直就像是要造反，雖然與後來發生的家族失和相比根本微不足道。

當記者問起喬吉歐的狀況以及他開的第二間羅馬分店時，奧爾多答道：「他現在是家族的害群之馬！他已經完全脫離正軌，不過他會回歸家族的！」奧爾多所言不虛，雖然喬吉歐和瑪莉亞·皮婭一直經營著古馳時裝店，但該店仍在一九七二由家族所收購。

奧爾多的次子名叫保羅，少年時期的他曾在羅馬分店協助客戶，後來則在佛羅倫斯闖出了自己的一片天。許多人認為奧爾多的三個兒子中最有創意的就是保羅，他在叔叔巴斯克管理的廠區裡工作時發現了自己的設計天賦。保羅把自己的構想付諸實行後，很快便做出了一整個系列的商品。保羅知道他那風風火火又專制的父親有多難相處，且他在佛羅倫斯改進自己的設計也相當自得其樂，因此起初他不想前往紐約。他在一九五二年與名為伊馮娜·莫謝托的當地女孩結婚，育有兩個女兒，分別是一九五二年生的伊莎貝塔，以及一九五四年生的派翠吉亞。

和哥哥們相比，保羅較缺乏對父親的敬重，也較不懂得如何與父親相處，他非常憎惡父親專橫的態度。保羅年幼時在羅馬分店工作的經驗，對他而言是一種屈辱，因為他只能面對那些大人物和名流顧客，並勉為其難地笑臉迎人。為了反抗古馳奧的規矩，他甚至留起了八字鬍，只因為他的祖父討厭男人的臉上有任何的毛髮。

保羅一有自由設計和發展新產品的機會便大放異彩，設計出了公司首批的高級成衣。他在佛倫羅斯的住處附近蓋了一間鳥舍，裡頭放了大約兩百隻信鴿，他會在閒暇時飼養這些信鴿，後來他也把鴿子和獵鷹的圖樣帶到了他所設計的圍巾上。奧爾多也早就意識到，要讓保羅對家族俯首聽命，不是一件容易的事。

古馳的老員工佛朗西斯科・吉塔迪說道：「保羅很喜歡馬，所以奧爾多總會跟保羅說他是一匹純種良馬，只可惜無法任人騎乘。」

奧爾多的企圖心、精力、點子彷彿無窮無盡。他在紐約時，如果沒有要趕去新店的開幕式或接受採訪，就會在早上六點半到七點半之間起床，並和布魯娜在五十四街的公寓裡一起享用早餐。布魯娜會替他打理一切，準備好他的食物並清洗他的髒衣服。奧爾多會在吃完早餐後前往古馳的紐約分店（或任何他所在之處的分店），門市內所有人員的名字他都叫得出來。

他親自指導負責銷售的員工，說道：「不要跟客人說：『我可以為您效勞嗎？』拜託你們！一定要說『早安，女士』或是『早安，先生』。」

在進辦公室接起來自另一個大陸的電話之前，奧爾多會先檢查商品庫存和展示品。有一次奧爾多在造訪某間古馳的加盟門市時，以手指抹過展示架並發現上頭沾滿灰塵，他便馬上解除了該店的加盟契約。

奧爾多日以繼夜地思索新產品、新店址，以及新的銷售策略，白天時他會在辦公室裡來回踱步，到了晚上則會在臥房裡走來走去，只有在需要做筆記時才會停下。

某名前員工回憶道：「他簡直就是間一人市場研究公司。」

香朵．斯賓斯卡回憶道：「他總會以旅行家的步伐衝進店裡，三步併作兩步地躍上羅馬分店內的階梯，而員工們見到他後便會立刻簇擁而上。」

奧爾多堅信自己和員工們都是為了那樣值得尊崇的價值而努力，也認為大家應以此自豪。透過不移的信念和無私的奉獻，奧爾多凝聚起員工的向心力，他對待員工就像是對待家人一般，也因此贏得了員工們死心塌地的付出和生死不渝的忠誠，這是義大利的家族企業常見的管理模式。

一名前員工回憶道：「他會承諾員工們許多好處，藉此激勵替他工作的人們，而員工們也會因此非常努力。不過有些人最後還是會從幻想中清醒過來，並發現即便做牛做馬一輩子，也不可能真的成為古馳家族的一員，況且在那個年代的公司根本不曾規畫任何的員工認股權。」

奧爾多的個性善變又極端，他時而是一名溫暖、慈愛的照顧者，時而又是一名嚴厲、蠻橫的暴君。

恩莉卡．皮禮回憶起早年在康多提分店工作的經歷：「我在二十一歲時替奧爾多工作，他對我來說就像是父親或是年紀大一些的兄長。」皮禮說自己曾在需要幫忙時尋求奧爾多的協助，她在買第一間公寓時曾問奧爾多能否借她一筆錢當頭期款，而奧爾多也欣然同意。

皮禮又說：「他對我非常嚴格，他會在我犯錯時對我大吼，讓我難受到哭出來。然而，他總是很樂意與我們相處，他是會和員工們打哈哈的人，也非常喜歡大笑。」

奧爾多的個性如孩童般逗趣且狡黠，他會在難纏的顧客面前表現得八面玲瓏，私底下卻取笑他們。這樣的行為讓員工們感到相當尷尬，難以好好地面對客戶，使得古馳的顧客服務變得越來越糟糕，甚至還因此上了報紙的頭版。

在倫敦的一場正式晚宴中，曾有名英國女人無意間詢問奧爾多「為何古馳家族的人丁如此興旺」，奧爾多爽朗地答道：「因為在義大利，我們一大早就開始做愛！」隨後他細細品味著那名女士大驚失色的神情。

奧爾多好女色且情人眾多，公司內曾傳言他甚至讓其中一名情婦住進他在羅馬郊區的豪華公寓，並在門廳建置了可以直通情婦臥房的私人通道，以便他不知不覺地避開情婦的傭人或孩子。奧爾多調情時毫不害臊，他喜歡用接吻的方式招呼他喜歡的時裝編輯。奧爾多知道要如何表現得風度翩翩，他從未忘記最支持古馳的就是女性顧客。

恩莉卡・皮禮笑著回憶道：「他就是個無賴，他深知每個落在棕櫚灘富家女手上的吻，都將是手提包的銷售保證！」

奧爾多深諳如何用美化過的事實來傳達自己的理念，就連古馳曾製造過、有關馬鞍的光榮歷史，他都能說得繪聲繪影。古馳的前執行長多姆尼科・狄索爾，早在還是一名年輕律師時就和奧爾多熟識，他起初受任於古馳家族，後來則是受任於公司。狄索爾回想起許多奧爾多不經意的言論，其實都不合邏輯且與客觀事實背道而馳。

狄索爾說：「如果他剛從雨中走出來，便有可能在與你四目相對時說外頭正風和日麗，他就是這種人。」

奧爾多在憤怒時來回踱步的速度會比平常更快，他會將雙手交叉在胸前，用幾根手指不停地搓著自己的下巴，並發出哼聲：「恩哼，恩哼，恩哼！」他的臉會在他情緒爆發時變成紫紅色，血管會從脖子上隆起且雙眼會突出，接著他會用拳頭捶打桌子，並砸壞他手邊的東西。有一次奧爾多無意間將自己的眼鏡打碎，當他發現眼鏡壞掉後，便一次又一次地將眼鏡往桌上猛砸。

奧爾多會咆哮道：「你根本不瞭解奧爾多·古馳！我決定好的事情就是要順著我的意！」曾有名前員工表示自己在奧爾多暴怒時，看見熨斗和打字機在空中飛舞。

奧爾多身上或多或少都有他父親古馳奧節儉的影子。奧爾多在紐約時，不論是獨自或與員工一同用餐，都很喜歡去聖瑞吉酒店地下的員工餐廳，享用一客一點五美元的午餐。奧爾多也會光顧普姆漢堡店和施拉弗特餐館，他會在施拉弗特餐館點總匯三明治和蘋果派享用。另一樣奧爾多喜歡的餐點是魯賓斯熟食店的烤牛肉三明治，該店位於五十八街上的紐約分店對面。一頓二十一俱樂部或卡拉維爾酒店的昂貴午餐對奧爾多而言，就已經是一件不得了的事，有時人們也常覺得他一毛不拔的個性有些本末倒置。

羅根·賓特利·萊斯納回憶道：「奧爾多會斤斤計較記者會午宴的開胃菜花費，卻又花大把鈔票撥打跨洋電話討論午宴邀請函的事宜。」萊斯納是奧爾多於一九六八年請到義大利負責經營媒體關係的美籍作家，也是古馳在該職缺第一個任用的職員。

奧爾多的行頭總是無懈可擊，他會身穿匠心獨具的義大利手工西裝和襯衫，展示出相當高雅的形象。他會在冬季戴上寬沿紳士帽，身穿羊絨大衣和藍色西裝外套，並搭配灰色的法蘭絨褲子；夏季時，則會選擇版型俐落的淺色亞麻西裝和莫卡辛鞋。奧爾多起初對古馳自家的樂福鞋漠然置之，因為古馳使用的大多是來自倫敦的翼紋款式，他更偏愛的是傳統的義式風格。在那個時代，人們認為莫卡辛鞋對男性而言太過陰柔。到了七〇年代中期，奧爾多為了使穿搭盡善盡美，一定會穿上光鮮亮麗的馬銜釦樂福鞋。奧爾多也時常將花朵別在西裝的翻領上，萊斯納回憶道：「他的西裝總是有點太過合身，他這個人就是有點太過光彩奪目。」

佛羅倫斯的聖馬可學院曾授予奧爾多經濟學的榮譽學士學位，而奧爾多也將學位的光環發揮得淋漓盡致——在義大利時，奧爾多喜歡別人稱他為「大學士」。一九八三年，紐約市立大學研究生學院暨大學中心，授予奧爾多榮譽人文學博士學位，因此當他身處美國時，便喜歡旁人叫他「奧爾多博士」。

奧爾多努力不懈地開設新店。在比佛利山莊的羅迪歐大道成為時髦的購物街以前，奧爾多便早已選定百廢待舉的羅迪歐大道作為新的展店地點，並於一九六八年十月開設了一間高雅的新店鋪，同時舉辦了一場眾星雲集的時裝秀和招待會。位於北羅迪歐大道人行道內側的比佛利山莊分店，專為明星設計，該店有間種滿植物的開放式涼亭，能讓百無聊賴的丈夫在等待妻子之際，欣賞來往的加州女孩。其宏偉的玻璃門和青銅門在開啟後可以通往店家雅致的內部，室內鋪有翠綠色的地毯，並有八盞吊燈提供照明——這些吊燈的靈感來自義大利畫家喬托，由穆拉諾玻璃和佛羅倫斯的黃銅製成。魯道夫甚至雇用了一組攝影人員來記錄該店的開幕式。

就在比佛利山莊分店開幕的前一年，古馳長久以來的願望終於實現，那就是在佛羅倫斯的托納波尼路上展店。托納波尼分店是古馳迄今最典雅也最華貴的分店，具有精緻的臨街大門、淡色調的裝潢、長毛的地毯、光潔的胡桃木展示架、低調沉穩的鏡子，以及一臺以皮革內襯、綴滿紅綠色織帶的電梯，用來載運家族成員和員工們往返四層樓的銷售空間和辦公室。古馳家族在羅伯托的辦公室安裝了一堆監視系統，讓他從辦公室觀看銷售樓層的每一個角落，羅伯托輕笑著回憶道：「我能看見每一個地方，但是三年後工會又要我把監視器拆掉，他們說這是對員工隱私權的侵害。」

古馳在托納波尼分店開幕時要求銷售人員穿著制服，男性員工須穿著白色襯衫、黑色西裝外套和領帶，以及黑灰色相間的條紋西裝褲；女性員工則須在冬天時穿著三件式的酒紅色裙子套裝，並在夏天時穿著米色裙裝。女銷售人員不會穿著古馳的莫卡辛鞋，而會穿著一般的高跟鞋——在那個時代，讓員工穿著提供給客戶的款式是件極不恰當的行為。

托納波尼分店的開幕原先訂在一九六六年十二月，卻因為同年十一月一場著名的水災而延期，當時阿諾河氾濫的河水溢出河床，並淹沒了佛羅倫斯，使得部分價值連城的藝術品和歷史檔案毀損，許多當地商家和辦公室的積水都有一、兩公尺深。洪水警報在一九六六年十一月四日的早晨響徹佛羅倫斯，當時家族中身處佛羅倫斯的只有格莉瑪妲的丈夫喬凡尼、羅伯托、保羅和巴斯克。

為了確保商品完好無虞，他們一同將價值數千元的庫存和商品從新葡萄園分店的地下室拿到二樓。

喬凡尼回憶道：「當時還要再過幾週才能將東西搬進托納波尼分店，因此全部的商品都還在新葡萄園路那邊。」

他們把最後一批貨物從地下室拿到二樓時，腳下的地毯已經開始隆起、冒泡，等到他們搬完時，水已經淹到了腰部。

保羅回憶道：「整間店看起來糟糕透頂，但我們保住了九成的存貨。幸好托納波尼分店的裝潢計畫還有幾個月才會開始，因此也省下了一筆重新裝潢的費用，總而言之，我們算是逃過一劫。」

值得慶幸的是，嘉黛耶街上的工廠因為地勢較高而幾乎沒有損失。洪水雖然退去，但訂單仍不斷湧入，即便工廠的匠人持續加班也無法趕上訂單的進度。古馳家族很快便意識到企業需要擴展，因此於一九六七年在佛羅倫斯郊區的斯坎地其鎮買下一塊地設新廠。格莉瑪妲的丈夫喬凡尼受命為不斷成長的「古馳帝國」建造新廠，這將是一座具有設計、生產和儲存設備的現代化工廠，占地約一萬三千平方公尺。為了公司每兩年舉辦一次的世界員工大會，奧爾多也想過要興建住宿和會議空間，不過這些設施從來都沒有成真。

在義大利藝術家維多里奧・亞內羅的協助下，魯道夫在一九六六年設計出另一個經典——古馳印花絲質方巾。某天，摩納哥的葛雷斯公主走進米蘭分店，魯道夫趕緊從辦公室下樓問候公主，並帶她四處參觀，最後魯道夫向公主說想要送她一個禮物。

她猶豫了，不過魯道夫相當堅持，因此她說道：「好吧，如果你這麼堅持，那就送我一條圍巾如何？」

葛雷斯公主不知道古馳幾乎沒設計過圍巾，只有一些約莫七十平方公分的小方巾。因為那些方巾上頭都印著纏繞樣式、火車圖案或印度風格的花紋，因此魯道夫覺得不適合拿來送給公主。不知所措的魯道夫想爭取一些時間，因此問公主是否有特別想要的圍巾種類。

公主回答：「我也不清楚，不如就有花朵圖案的圍巾好了？」

魯道夫一籌莫展，思緒萬千。

他帶著怡人的笑容說道：「公主，我們正好在設計一款圍巾，我向您保證，您會在圍巾完成後第一個拿到！」

隨後魯道夫送她一個竹編的手提包並向她告別。公主剛走出店門口，魯道夫便打電話給他在當演員時認識的維多里奧・亞內羅，說道：「維多里奧，你可以馬上來米蘭一趟嗎？發生了一件超棒的事情！」

亞內羅從鄰近的庫尼奧省抵達米蘭後，魯道夫向他描述葛雷斯公主到訪的經過。魯道夫對他的朋友說：「維多里奧，我需要你設計一條塞滿花朵的圍巾！我不要線型的樣式，我要滿版的設計。我希望任何人從任何角度看到這條圍巾時，眼中只有花朵。」

亞內羅承諾魯道夫自己會嘗試，隨後便帶來了如魯道夫設想中那般花團錦簇的完整底稿。亞內羅找了米蘭北邊的科莫地區中頂尖的絲印師——菲羅，希望他可以將底稿圖樣印在約莫九十平方公分（三十六平方英吋）的布料上。菲羅曾開發出一種類似絲網印刷的技術，可以在布料上印製超過四十種顏色，而色相卻不會相互混雜。魯道夫在圍巾製作完成後，親手將成品交給了葛雷斯公主。儘管圖樣原稿和成品圍巾至今仍不知去向，但亞內羅設計的花卉樣式卻推進了古馳絲製品系列的發展，該樣式後來也用於古馳的服裝、手提包、飾品，甚至是珠寶的設計上，比花卉系列產品小一號的迷你花卉系列也大受歡迎，數年後，花卉樣式更為古馳擴展出了便服市場。從此以後，亞內羅每年都會為古馳設計兩到三款的新圍巾。

六〇年代中期，見多識廣的菁英階級開始看見古馳，他們認為古馳的商品品質一流、高雅不凡且具有實用性。不過讓古馳在世界各地成為身分地位象徵的品項，不是古馳的主打商品，而是一款低跟的樂福鞋，其鞋面上有著經典的金屬製馬銜釦設計。同款男鞋是型號為一七五的經典低跟莫卡辛鞋，而更加優雅的同款女鞋很快也跟著出品。

羅根・賓特利・萊斯納回憶道：「那時的古馳還不算眾所皆知。」他接著又說：「上流社會對古馳知之甚詳，但中上層階級卻不太瞭解古馳，而讓古馳大鳴大放的就是那雙低跟的樂福鞋。」

該款女鞋最初在五〇年代早期發想，其設計是根據一名工人的建議，該名工人的親戚正好從事製鞋產業，該鞋款在投入生產後，便以相當於十四美元的價格在義大利販售。古馳開始在紐約分店販售這些樂福鞋時，細跟高跟鞋正風靡一時，因此該鞋款很少人購買。當時的人們認為這些樂福鞋相當怪異，不過時髦的女性族群很快便愛上了這款設計別致、穿戴舒適且價格實惠的低跟莫卡辛鞋。

原版的古馳女莫卡辛鞋是由柔韌的皮革製成，鞋面綴有馬銜釦和兩條突起的縫線，在腳趾處收束並在末端變寬，公司內部使用的型號為三六〇。這個版本在一九六八年做了小幅度的修正，型號為三五〇，這款鞋成為人們口中可以代表身分地位的鞋款，使得同行爭相效仿。三五〇型的設計較為華麗，其特點為一條嵌進層壓式皮革後跟的細金鍊，以及嵌在鞋面的同款金鍊；該鞋款有七種顏色，包含特殊的粉米色和淡杏仁綠。《國際先驅論壇報》曾以一大張照片及長篇幅的報導讚揚三五〇型的首次亮相，該報備受尊崇的時尚評論家希貝・多希寫道：「古馳新出品的莫卡辛鞋，值得讓你為此去上一趟羅馬。」

一九六九年，古馳在美國的十間分店每年可以銷售約八萬四千雙鞋，光是紐約分店一年就能賣出兩萬四千雙。當時，古馳和服裝設計師艾米里歐・璞琪是少數能在紐約展店的義大利品牌，艾米里歐憑藉著喬吉尼舉辦的白廳時裝秀，讓自家品牌五彩繽紛的印花圖樣聲名大噪，新潮的紐約客也常說著「古馳—璞琪」的流行語。

古馳的莫卡辛鞋熱潮不斷，一直持續到七〇和八〇年代初期，令部分觀察家感到疑惑。露華濃公司的時任資深副總裁保羅・伍拉德是莫卡辛鞋的愛好者，他也對古馳能在現局之上再創潮流感到非常驚訝，伍拉德在一九七八年對《紐約時報》說道：「那就只是一款義大利的便士樂福鞋。」

奧爾多每次看見義大利富商的妻子穿著古馳的莫卡辛鞋四處旅行時，就覺得這款鞋已經開始大行其道。該款低跟鞋（低於二點五公分）既舒適又百搭，不論搭配裙子或長褲看起來都非常時髦。

古馳的樂福鞋款定價為三十二美元，對消費者而言，想購買能代表身分地位的商品，這是最實惠且最出眾的選擇。當時的時尚專欄作家尤珍妮亞・謝帕德寫道：「古馳的樂福鞋就是身分地位的象徵，對於留心衣裝和穿著華麗的女性而言，這早就不是個祕密。」這款鞋穿起來既舒服又適合工作場所，外觀時尚且價格公道，很快便盛行於祕書和圖書館員之間。不過新的問題也伴隨著這項成功而來。

萊斯納回憶道：「有太多祕書和女銷售人員開始進店購買莫卡辛鞋，把我們的常客擠到一旁，他們為此感到相當不悅。」

為了解決這個問題，奧爾多想出了一個絕妙的點子，他和聖瑞吉酒店磋商後協議兼併他們的雪茄店及附帶的書報攤，並在一九六八年秋季將原先的空間轉變為鞋類精品店。這間鞋店賦予紐約的女性上班族充足的試穿空間，也讓第五大道的主店鋪更有餘力服務他們的老客戶。

華盛頓特區的國會人士和說客也開始穿上古馳的樂福鞋，國會廳外的走廊也因此有了「古馳峽谷」的外號。一九八五年，在一場由黛安娜．佛里蘭策畫的展覽中，紐約大都會藝術博物館展出了古馳的樂福鞋，至今仍是該博物館的永久館藏。

因為男士們也希望能以古馳的樂福鞋作為身分象徵，因此古馳替男性族群重新設計了一款樂福鞋。法蘭克．辛納屈為了擴充他約莫四十雙的古馳鞋類收藏，而請他的祕書到新開幕比佛利山莊分店買一雙莫卡辛鞋時，該店甚至還沒開始營業。古馳也設計了男用的皮帶、珠寶、豆豆鞋，以及一款被古馳稱為「文件攜帶包」的手提包——雷德．斯克爾頓就有一套栗色的鱷魚皮手提包，彼得．塞勒斯也有一個鱷魚皮製的公事包。勞倫斯．哈維則是委託古馳製造冰桶和一個「酒吧公事包」，裡頭備有可以收納瓶罐的內部嵌件，而小山米．戴維斯甚至買了兩張白色的真皮沙發，款式就和比佛利山莊分店裡擺設的沙發一樣。古馳的男性名人顧客包含運動員吉姆．金百利、尼爾森．杜布爾德、赫伯特．胡佛三世、查爾斯．雷夫森，貝利．高華德參議員和影星喬治．漢彌爾頓、湯尼．寇蒂斯、史提夫．麥昆、詹姆斯．葛納、葛雷哥萊．畢克，以及尤．伯連納。

在古馳的皮包和鞋子成為公認的身分地位象徵後，他們也開始涉足成衣的業務，並開啟一場長達數十年的考驗。六〇年代中期，保羅設計出第一批古馳的成套服裝，以皮衣或是綴以皮革的品項為主。古馳於一九六八年在比佛利山莊分店的開幕式展示了他們的第一批洋裝。其中一件長袖A字裙由絢爛的真絲製成，裙子上的花卉印花有三十一種不同的顏色，三條掛在珠母貝領扣上的金鍊，凸顯了哥薩克式的領口和開叉的前襟，而素色的花卉紋樣也將領子、袖子和下擺清楚劃分；另一款裙子則以狀似馬蹄鐵的銀色鈕釦為賣點。一九六九年，古馳推出第一款圍巾裙，由四條印有古馳經典花卉及昆蟲圖樣的圍巾所組成。

一九六九年夏季，古馳首次推出品牌專屬的「雙G」紋章面料。有別於古馳舊有的麻布料菱形印花，此次重大革新則是將兩個字母G以上下顛倒且左右相反的方式放置，並排列成菱形的圖樣。當時有一整個系列的行李箱都採用了這款新的面料，並以時下著名的豬皮修飾，內部設計也與路易威登同時期推出的產品十分相似，設有女用的梳妝盒及男用的盥洗用品袋。史密松學會邀請奧爾多前往華盛頓特區接受該學會授予的獎項，古馳也在該學會的時尚工作坊向群眾展示新款行李箱。為了推廣該款行李箱，古馳讓男女模特兒帶著印有雙G紋章的公事包和手提包走上伸展臺，同時讓他們身穿與行李箱相同紋章的褲子和裙裝，該場時裝秀最終獲得了觀眾如雷的掌聲。

一九六九年七月，古馳於羅馬的艾塔莫達時裝周，展示了公司第一批發展成熟的服裝系列。新的系列既輕便又實穿，奧爾多希望女性們不只是在特殊場合穿著古馳的衣服，而是天天都穿著古馳的衣服。

奧爾多說：「雅致的服裝是一種禮貌。只在每週三或週四表現得謙和有禮不行，如果妳是個講究的人，就應該要天天都講究。若妳不是，那就另當別論。」

這系列的服裝包含一件搭配皮革束腰襯衫的輕便金色粗毛呢長褲套裝、一件狐狸皮裙襬和吊帶的晚禮服、活潑的短裙、直筒的連衣裙，以及一套能用腰部的鉤扣組合在一起的麂皮文胸和短裙。

《國際先驅論壇報》的時尚專欄作家尤珍妮亞・謝帕德對此系列的新款服裝讚譽有加，尤其其中一款連肩袖的黑色皮製雨衣，以及一條藍紅色相間的帆布皮帶，該皮帶還能與古馳最受歡迎的手提包款式相互搭配。謝帕德也特別誇獎了新款的琺瑯珠寶，以及一款錶面飾有孔雀石及虎眼石的手錶。

時至七〇年代初，古馳的產品從下至五美元的鑰匙圈，上至價值數千元且重量將近一公斤的18K金鏈式皮帶都有。在往後的十年間，古馳商品的多樣性更是多到令人眼花撩亂。

羅伯托回想道：「走進古馳的商店後想空手而歸是一件困難的事，因為每個人都可以在不同的價格區間裡找到自己想要的商品。除了內衣褲之外，古馳應有盡有，客人不論在何種場合都能一身古馳，不論是待在家、出外釣魚、騎馬、滑雪、打網球、打馬球，或甚至去深海潛水都沒問題。我們在當時已經有了超過兩千多種的不同品項。」

七〇年代時的古馳，已經在兩個大陸上成為身分地位的象徵。當古馳的第一間特許加盟店在羅伯托的緊盯之下，於布魯塞爾開始營運之際，全世界的主要首都已有十間由古馳總公司所有的分店。由於古馳經典的時髦風格實在太受歡迎，約翰・甘迺迪總統甚至因此稱奧爾多為「美國第一任義大利大使」。

# 第四章 年少輕狂

魯道夫低聲嘶吼：「小心點，墨里奇奧。我早就打聽過那個女孩的消息了，我可是一點都不喜歡她。我的消息來源告訴我，她既庸俗又野心勃勃，是個滿腦子都是錢的拜金女。墨里奇奧，她不適合你。」

墨里奇奧勉強讓自己保持冷靜，重心在雙腳間轉換，他滿腦子只想趕快逃離這間房間。他討厭正面衝突，更別提對象還是自己專橫跋扈的父親。「爸爸，我離不開她，我愛她。」他回答。

「愛！」魯道夫嗤之以鼻。「重點不是愛不愛的問題，重點是她覬覦我們的財富。但她休想得逞！你給我忘了她！你不如規畫一趟去紐約的旅程吧？那裡的女人多得是！」

墨里奇奧強忍著憤怒的淚水，接著說：「自從媽媽過世後，你從來就沒有為我想過！」他的怒火一發不可收拾。「你從來就只在乎生意，你從來沒有想過我到底在乎什麼，或是我有什麼感受，你只想要我當個聽命行事的機器人。可是，到此為止了，爸爸！不管你喜歡或不喜歡，我一定要娶派翠吉雅！」

魯道夫默默地看著自己的兒子，驚訝得目瞪口呆，害羞且溫順的小墨里奇奧從來沒有頂嘴過。他看著墨里奇奧轉身離開房間並飛奔上樓，身上散發出一股魯道夫從沒見過的決心。墨里奇奧決定打包行李遠走高飛，既然與父親爭辯無濟於事，而他也不打算放棄派翠吉雅，他決定和魯道夫斷絕往來。

魯道夫對著墨里奇奧的背影大吼：「我會取消你的繼承權！你聽到了嗎？你一毛錢都拿不到，她也一樣！」

一九七〇年十一月二十三日晚上是他們第一次相遇，派翠吉雅·雷吉亞尼紫羅蘭色的雙眸和嬌小的身形令墨里奇奧深深著迷。對墨里奇奧而言，這是場一見鍾情的戀愛；對派翠吉雅而言，這只是她征服米蘭最有名望的單身漢的第一步，也是她打入義大利最耀眼的豪門的開端。當時墨里奇奧二十二歲，而派翠吉雅二十一歲。

這是墨里奇奧在朋友維多利亞·奧蘭多的社交宴會中首次亮相，墨里奇奧幾乎每個人都認識。奧蘭多家族的公寓位於賈丁尼路，是一條位於繁華的市中心且種滿行道樹的華麗大道，許多米蘭的富豪企業家都住在這條大道上。一到夏天，這群朋友就會相聚在聖瑪格麗塔的利古里亞海灘，該地位於米蘭以西約三小時的車程。他們會相約在當地知名的科沃公共澡堂，該澡堂附設海景餐廳和迪斯可舞廳，許多當紅流行歌手都曾在此演出，包括派蒂·帕佛、米爾娃，以及喬凡尼·巴迪斯帝。

當時的墨里奇奧沒有喝酒也沒有抽菸，其閒聊社交的能力也有待改進。又高又瘦的他從沒認真與誰交往過，只在青少年時期談過幾場戀愛，因為魯道夫總會迅速地勸退墨里奇奧有關男歡女愛的念頭，並且不只一次地告誡墨里奇奧只能和家世良好的女孩互動。

那天晚上，墨里奇奧身穿無翻領的怪異燕尾服，拿著酒杯，心不在焉地和另一名家族企業顯赫的少爺交談，眼睛卻不由自主地注視著正和朋友暢聊的派翠吉雅。他原本覺得這是個枯燥乏味的夜晚，直到派翠吉雅踏入了房間。派翠吉雅亮紅色的洋裝凸顯了她玲瓏有致的身材，令墨里奇奧無法將視線從她身上移開。深色的眼線和濃密的睫毛膏襯托出她紫羅蘭色的雙眸，這雙媚眼三不五時便轉向墨里奇奧，接著又悄悄地飄回原處，彷彿完全沒意識到自她抵達現場後，這名有著深金色垂肩長髮的年輕男子便一直注視著她。然而，她對墨里奇奧可說是瞭若指掌，因為住在同個屋簷下的維多利亞早告訴過她有關墨里奇奧的一切。

終於，墨里奇奧傾身靠近他的朋友，悄聲耳語道：「那名身穿紅色洋裝、看起來酷似伊莉莎白・泰勒的女孩是誰？」

朋友微笑地答道：「她的名字是派翠吉雅，是米蘭交通大亨佛南多・雷吉亞尼的女兒。」這名朋友順著墨里奇奧的視線望向那件紅色洋裝，停頓了一會兒後，耐人尋味地補充道：「她今年二十一歲，我記得她現在還單身。」

墨里奇奧從沒聽過雷吉亞尼家族，並且也不擅長向女生搭話，畢竟通常都是女生主動靠近他，但他鼓起了勇氣，一路走到房間另一頭——派翠吉雅和她的朋友正在聊天的地方。到了飲料桌前，他才終於想到開場白。墨里奇奧遞給派翠吉雅一杯用細長玻璃杯裝的潘趣酒。

「為什麼我好像從來沒有見過妳？」墨里奇奧問道。在遞出冰涼的玻璃杯時，他的指尖拂過派翠吉雅的手指，這是他確認對方有沒有男朋友的方式。

「我猜你只是從來沒有留心過。」派翠吉雅故作靦腆地反駁，她那深色的睫毛往下一垂，接著又抬起那雙紫色的眼眸，緊盯著墨里奇奧的臉。

「有人跟妳說過妳長得像伊莉莎白・泰勒嗎？」他問道。

派翠吉雅發出傻笑，即使她以前曾聽過一樣的臺詞，這個形容仍讓她感到受寵若驚。她對墨里奇奧投以意味深長的凝視。

「我敢保證我比她好看多了。」派翠吉雅挑逗地噘起珊瑚紅的雙唇，更深一階的紅凸顯著她嘴唇的輪廓。

墨里奇奧全身一陣酥麻，震驚又入迷的他目瞪口呆地凝視著派翠吉雅，眼神陶醉且興奮。墨里奇奧急著想說點什麼，尷尬地問道：「那個……妳、妳、妳父親是做什麼的？」他發現自己的結巴，窘迫得臉紅了起來。

「他是個卡車司機。」派翠吉雅嘻笑著答道。她望著墨里奇奧困惑的神情，這聲竊笑便又轉為爽朗的大笑。

墨里奇奧聲音顫抖地問：「但是……我以為……他不是做生意的嗎？」

「你真傻。」派翠吉雅興奮地笑出聲，內心知道她不只成功吸引了墨里奇奧的注意力，也迷住了他的心。

「一開始我根本不喜歡他，當時我已經和別人訂婚了。但是當我和未婚夫解除婚約後，維多利亞告訴我，墨里奇奧深深愛著我，事情就這樣一點一滴地開始累積。即使他後來犯了許多錯，他還是我最愛的人。」派翠吉雅如此回憶道。

據派翠吉雅當時的朋友所言，她從不避諱承認自己想嫁個有錢人，而且還必須是名門貴族。其中一名朋友說道：「當時派翠吉雅正在和我一名十分有錢的實業家朋友約會，但因為她的媽媽認為對方的家族姓氏不夠響亮，派翠吉雅就和他分手了。」

墨里奇奧和派翠吉雅開始與另一對情侶進行四人約會，這對情侶也是屬於聖瑪格麗塔的那群朋友。不久，派翠吉雅就發現墨里奇奧不如她想像得那般好得手。

墨里奇奧的母親亞歷珊卓在他五歲時就過世了，他在父親寵溺卻又嚴格的教養下長大成人。當魯道夫和亞歷珊卓夫妻兩人準備開始享受米蘭的新生活時，亞歷珊卓的健康狀況每況愈下，家族的親密友人說她在剖腹產下墨里奇奧後，子宮就出現了一顆腫瘤，後來癌症蔓延到了全身，而她漂亮的臉蛋和身形也逐漸憔悴。亞歷珊卓住院後，魯道夫經常帶著小墨里奇奧到醫院探訪，直到亞歷珊卓最後於一九五四年八月十四日與世長辭。醫院報告將死因歸納為肺炎，當時的她只有四十四歲。她在臨終前懇求當年四十二歲的魯道夫答應自己，不會讓墨里奇奧叫其他女人為媽媽。魯道夫大受打擊，悲傷地告訴朋友們亞歷珊卓帶給他人生中最快樂的幾年，如果她沒有這麼早離開，他們一家三口還會經歷更多快樂的日子；雖然他們夫妻倆的關係並非總是和睦順利，但魯道夫還是十分重視亞歷珊卓。

儘管艾伊妲認為小墨里奇奧需要一名母親，魯道夫仍拒絕再婚或尋找其他女性伴侶。雖然魯道夫仍會不時和早年演員生涯時期認識的女人約會，但他總會為這些關係設下清楚的界線，深怕會占用自己陪伴墨里奇奧的時間，或者讓他心生嫉妒。據魯道夫所言，每當墨里奇奧抓到父親在和其他女人說話時，他都會緊緊拽著父親的大衣外套。圖利雅是一個性格單純且堅定的年輕女孩，來自佛羅倫斯鄉村，她當時是墨里奇奧的家庭教師，並在亞歷珊卓離世後繼續協助魯道夫撫養幼子。在墨里奇奧離家許久後，圖利雅依然留下來照顧魯道夫。儘管圖利雅和墨里奇奧相當親密，卻從來沒有成為他的繼母，因為魯道夫決不允許這件事情發生。

墨里奇奧和魯道夫住在蒙佛提街一處十層樓高的明亮公寓，蒙佛提街是一條斜窄的街道，沿路排滿了壯觀的十八世紀大宅和商店。魯道夫喜歡這間公寓，不只是因為這裡離古馳的店鋪相當近（走路便能到達），更是因為公寓的對面就是區政府和警察總部。當年義大利豪門和富翁的綁架案盛行，能住在警察機構對面令魯道夫備感安心。這棟公寓並不大，空間正好足夠魯道夫、墨里奇奧、圖利雅，以及魯道夫的私人司機暨助理法蘭科・索拉利四人居住。其裝潢和家具富有品味，但不會太過氣派，因為魯道夫並不打算過度鋪張。每天早上，魯道夫會穿上他光鮮亮麗的西裝，與墨里奇奧、圖利雅和法蘭科一同享用早餐，接著他會步行幾個街區到蒙特拿破崙大街的古馳店鋪。傍晚，他會回家用晚餐，並嚴格要求墨里奇奧要在桌邊等他用完餐。如果墨里奇奧的朋友在用餐時間打電話來，圖利雅會負責接電話。

「小少爺現在正在用晚餐，無法接電話。」圖利雅會如此回應，而這讓墨里奇奧感到惱羞。

晚餐後，墨里奇奧會趕緊去和朋友會合，而魯道夫則會待在地下室——這裡是他的個人電影工作室，他喜歡在這裡反覆觀賞自己以前的無聲電影，並緬懷那段與亞歷珊卓共度的光彩日子。然而，為了家族生意，魯道夫還是頻繁地行旅四方，使得墨里奇奧在成長過程中經常感到孤單與難過。

母親的死也深深重傷了墨里奇奧，許多年後，他還是無法說出「媽媽」這兩個字。每當他想向父親問起有關母親的事時，他總是稱呼她為「那個人」。魯道夫經常在地下室操作一臺老式剪接機，把所有他能找到有關亞歷珊卓的影片片段拼湊起來，好讓墨里奇奧認識媽媽的樣子——這其中包括他們一同演出的默片場景、威尼斯婚禮的錄影，以及墨里奇奧和媽媽在佛羅倫斯鄉間玩耍的影片。魯道夫一點一滴地製作出一部有關於古馳家族的長片，將其取名為《我生命中的電影》，這部影片成為魯道夫畢生的心血，他後來花了許多年的時間持續修改與剪輯。

某年的星期日早上，魯道夫邀請墨里奇奧全班一起到埃馬努埃萊二世拱廊行人徒步區的安巴夏特利電影院，一起觀賞他這部傳記電影的首映，當時就讀於私立小學的墨里奇奧約莫九、十歲。電影院距離魯道夫家不遠，只有短短的步行距離。這是墨里奇奧第一次見到母親的另外一面，螢幕上那名光彩耀眼的年輕女演員、浪漫無比的年輕新娘，以及快樂幸福的年輕母親——她是墨里奇奧的母親。電影放映結束後，墨里奇奧和爸爸魯道夫走過幾個街區回家，一到家，墨里奇奧便一頭栽進起居室的沙發，啜泣著喊道：「媽媽！媽媽！媽媽！」他反覆哭喊著，直到自己哭不出來為止。

墨里奇奧年紀稍長後，依據家族傳統，魯道夫指望他在放學後及週末的時間到店裡工作。他將墨里奇奧指派給蒙特拿破崙大街分店的其中一名師傅——布拉吉塔先生，墨里奇奧向他學習如何做出大師級的產品包裝。

當時負責管理米蘭分店的佛朗西斯科．吉塔迪說：「布拉吉塔先生的包裝總是非常精美。就算你只是買了一個兩萬里拉的鑰匙圈，他也會幫你包裝得像是卡地亞的珠寶一樣。」

因為魯道夫的占有慾很強，因此他和墨里奇奧的關係既緊繃又排他。魯道夫深怕墨里奇奧會遭到綁架，因此就連墨里奇奧在外騎腳踏車，他都會命令法蘭科開車跟在後頭。到了週末和假日，他們父子倆會到魯道夫在聖莫里茲一點一滴買下的別墅渡假；多年來，魯道夫將他穩定成長的古馳股份收益，用於購買蘇維塔山丘上的一片地產，蘇維塔原本是聖莫里茲最荒涼隱僻的一帶，但後來魯道夫在此建造了一棟鄉村別墅，占地超過一萬八千平方公尺。飛雅特汽車集團的主席吉亞尼·阿涅利、名指揮家赫伯特·馮·卡拉揚，以及阿迦汗四世都在此添購渡假豪宅，據聞阿涅利甚至曾向古馳家族提議要購入他們的房產。魯道夫將自己蓋的第一間木屋取名為「Suvretta Chesa Murézzan」，這句瑞士方言的意思是「墨里奇奧之家」。魯道夫親自到附近的山谷挑選蜜桃色的石材，並運送至建地作為外牆建材，他將家族徽章高高地懸掛於屋簷下，牆面上還有象徵佛羅倫斯的百合花飾。在魯道夫蓋完第二棟房子之前，「墨里奇奧之家」一直是他們父子倆的渡假小屋。第二棟小屋名叫「安哥拉之家」，於幾年後落成，地點在山丘的更高處，有木造陽臺及裸露在外的木樑，得以在此俯瞰景色如畫的恩嘎丁山谷。自此之後，「墨里奇奧之家」便成了傭人的宿舍，而該棟房的起居室則改為大型的放映室，讓魯道夫播放自己最喜愛的電影。魯道夫之後又將注意力轉移到隔壁的一間小木屋，這間木屋的老式窗板上有著手繪的花朵圖樣，前院的草坪上則種著藍色的小花。這間小木屋建於一九二九年，名為「青鳥之家」，該木屋的住戶正是多年來陸續出賣聖莫里茲地產給魯道夫的老婦人。魯道夫認為青鳥之家非常適合自己在晚年安養時居住，因此長期經營和這名老婦人的關係——他三不五時便登門拜訪，與老婦人一邊喝茶，一邊聊天，消磨整個下午。

魯道夫透過限制零用錢的方式，教導墨里奇奧金錢的價值。當墨里奇奧到了可以開車的年紀，魯道夫便為他買了一輛芥末黃的尤利亞，這是愛快羅密歐的熱門車款，一輛堅固耐用、配備頂尖且馬力強大的汽車，國家警察有許多年都訂製這款車作為勤務車，因此全義大利都將這款車和警方聯想在一起。然而，這輛車並不是墨里奇奧夢寐以求的法拉利。魯道夫也為墨里奇奧制訂了嚴格的宵禁，要求他在學校上課日於午夜前回到家。父親獨裁又神經質的個性令墨里奇奧深感害怕，因此他十分抗拒向父親要求任何事物。墨里奇奧的真心好友及夥伴比他大十二歲，這名好友是魯道夫的司機路易吉·皮洛瓦諾，魯道夫於一九六五年雇用他，到外地出公差時皆由他擔任駕駛。當年墨里奇奧只有十七歲，每當他的零用錢用完時，路易吉都會再給他一些錢；當他因為違停被開罰單時，路易吉會幫他付清罰單；而當他想帶女生出去約會時，路易吉會借車給他，並幫他搞定魯道夫。

在墨里奇奧準備前往米蘭天主教大學進修法學之前，魯道夫擔心自己的孩子會因過度信賴他人而受騙，於是便要墨里奇奧坐下，父子兩人促膝長談。

「墨里奇奧，你永遠都不可以忘記，你是古馳家族的人，你與眾不同。會有很多女人向你和你的財富伸出魔爪，你千萬要小心，有些女人會利用像你這樣的年輕男人來開展自己的事業。」

當時奧爾多負責監控美國分部的擴展情況，因此每到夏天，魯道夫便會把墨里奇奧送到紐約為伯父奧爾多工作，然而同一時間，墨里奇奧的同儕卻能在義大利海灘的渡假村悠遊。墨里奇奧向來不會讓魯道夫擔心，直到他去賈丁尼路參加派對的那一天。

一開始，墨里奇奧不敢向父親魯道夫提起派翠吉雅，並且每晚依舊一如往常地和父親用餐。然而，魯道夫仍開始感受到墨里奇奧的不耐煩，他因而特意放慢步調，盡其所能地拉長用餐時間，而墨里奇奧也因此顯得更坐立難安。待魯道夫用完餐，墨里奇奧會立刻飛奔離開餐桌，前去和派翠吉雅會面。據一名墨里奇奧的朋友所言，派翠吉雅是墨里奇奧的「袖珍版維納斯」。

「你要去哪裡？」魯道夫會大聲疾呼問道。

「和朋友出去。」墨里奇奧則會含糊帶過。

接著，魯道夫會到地下室的放映室繼續剪接他的傑作。當魯道夫一遍又一遍地看著老舊的黑白膠卷時，墨里奇奧則奔向了「紅精靈」的懷抱——派翠吉雅會獲得這個暱稱，是因為他們相識當天她身上穿的紅色洋裝，她則稱呼他為「阿墨」。他們倆經常在市中心的聖塔露西亞餐館吃晚餐，這間居家風的餐館後來也成為墨里奇奧多年來最愛的餐廳，墨里奇奧會漫不經心地咀嚼，而派翠吉雅則會大快朵頤，享受著私房義大利麵和燉飯，同時好奇著他為何胃口不佳。直到後來，派翠吉雅才發現墨里奇奧一天要吃兩頓晚餐——他必須先在家和父親吃第一頓飯，再和她一起吃第二頓飯。墨里奇奧徹底拜倒在派翠吉雅的石榴裙下，她雖然只比他年輕幾個月，看起來卻比他更熟稔世道，經驗也更豐富。即使他也注意到，她那黑暗且充滿魅力的造型其實是在化妝鏡前花費數小時的結果，他也毫不在乎。派翠吉雅年輕時的風格便已如此浮誇造作，也因此他們的朋友經常問墨里奇奧，如果派翠吉雅拿下假睫毛、披頭散髮並脫掉高跟鞋，他還會看上她的哪一點？但不論如何，墨里奇奧深深愛著有關她的一切，第二次約會時，他就向她求婚。

魯道夫花了一些時間才察覺墨里奇奧的改變。有一天，他拿著電話帳單去找兒子，他大叫道：「墨里奇奧！」

墨里奇奧在隔壁房聽見後，驚愕地回答：「怎麼了，爸爸？」

他將頭探進父親的書房的同時，魯道夫問道：「這些電話都是你打的嗎？」

墨里奇奧紅著臉，不發一語。

「墨里奇奧，回答我。看看這些電話帳單！實在是太離譜了！」

墨里奇奧嘆了口氣，知道是時候該坦白了。他一邊走進房間，一邊接著說：「爸爸，我有個女友，而且我很愛她，希望和她結婚。」

派翠吉雅的母親是希爾瓦娜・巴比里，有著一頭紅髮，家庭身世單純，從小就在父親位於摩德納的餐館裡幫忙——摩德納是艾米利亞和羅馬涅區的一個小鎮，距離米蘭以南不到兩小時車程的距離。派翠吉雅的父親佛南多・雷吉亞尼，是一間總部位於米蘭的運輸企業的創始人，他在路過小鎮時，經常在巴比里家族的餐館裡吃午餐或晚餐。同樣來自艾米利亞和羅馬涅區的他，不僅對從小吃到大的家鄉菜情有獨鍾，也喜歡看著老闆漂亮的紅髮女兒在桌前與收銀機前忙進忙出的身影。儘管他已經五十多歲，並且也有家室，但他的目光還是離不開當時未滿十八歲的希爾瓦娜，而這名紅髮少女則認為雷吉亞尼的長相神似克拉克・蓋伯。

希爾瓦娜回憶道：「他當時對我展開殷勤且懇切的追求。」兩人因此開始了持續多年的婚外情。她說於一九四八年十二月二日出生的派翠吉雅，其實是雷吉亞尼的女兒，但因為婚約在身的緣故，他們父女倆無法相認。不過派翠吉雅在談起自己的童年時，總會稱呼雷吉亞尼為繼父。希爾瓦娜為了要給女兒一個姓氏，嫁給了當地一個姓「馬丁內利」的男人，並跟著她的克拉克．蓋伯來到了義大利的商業之都。

希爾瓦娜堅稱：「我一直都是一個男人的情人、小老婆和妻子，而且也只屬於他一個人。」她和派翠吉雅搬進了位於托塞里一棟半工業區的小公寓，離雷吉亞尼的貨運公司總部不遠。

多年以來，雷吉亞尼的事業如日中天——布洛特公司是以四名創始合夥人名字的首字母縮寫而來，他們在戰前集資買了第一輛卡車，雖然德國軍隊沒收了他們的卡車，但雷吉亞尼在戰後重建公司，並一次又一次地買下合夥人的股份，最終成為了布洛特公司全權的經營者。而他也常對慈善事業慷慨解囊，成為米蘭商界和宗教界備受尊敬與推崇的人物，並贏得了「會長」的稱號。一九五六年二月，雷吉亞尼的妻子因癌症逝世，同年底，希爾瓦娜和派翠吉雅搬進了雷吉亞尼位於賈丁尼路舒適的住所。幾年後，雷吉亞尼便悄悄地娶了希爾瓦娜，並收養派翠吉雅。

希爾瓦娜和派翠吉雅發現，住在雷吉亞尼家裡的不只她們，還有恩佐。一九四五年，雷吉亞尼的親戚因無法照顧孩子，便轉而將孩子交由雷吉亞尼收養並撫養。當時年僅十三歲的恩佐性格乖戾，桀驁不馴，面對新來的陌生人特別反感。

雷吉亞尼告訴男孩：「希爾瓦娜是你以後的老師。」

恩佐向父親抗議道：「她能教我什麼？她很無知，甚至還會犯文法的錯。」

恩佐和派翠吉雅的相處也時常有齟齬，兩個孩子經常吵架，雷吉亞尼家的生活變得令人難以忍受。希爾瓦娜在舊式嚴規重罰的教育下長大，她試著壓制恩佐，卻總以失敗收場，因此最後還是找了雷吉亞尼商量。

希爾瓦娜告訴他：「佛南多，他不聰明，在學校的表現也不好。」雷吉亞尼因此將恩佐送去了寄宿學校。另一方面，派翠吉雅對他的新父親和新家庭感到興奮不已，也獲得了雷吉亞尼的寵愛。她相當崇拜自己的父親，稱呼他為「爸比」。派翠吉雅十五歲時，他送她一件白色的貂皮大衣作為生日禮物，而派翠吉雅也會在女子學院的同學面前炫耀她的新衣——那是一所位於米蘭東部的女子學校，靠近米蘭的音樂學院。十八歲生日時，她發現家門口停著一輛蘭吉雅跑車，上頭綁著巨大的紅色緞帶，她開心地和雷吉亞尼開著有關宗教的玩笑。

「爸比，如果耶穌基督真的永垂不朽，為什麼還要為祂豎立雕像呢？」她如此開玩笑道，雷吉亞尼則會以怒聲低吼回應。「爸比，復活節時你彎腰親吻的木頭基督像曾經是一棵樹！」派翠吉雅會用雙手摟住爸爸的脖子，而雷吉亞尼則會和她鬥嘴爭論。

「爸爸，星期天我會和你一起去教堂！」

雷吉亞尼溺愛派翠吉雅，而希爾瓦娜則負責教育她。希爾瓦娜一路將她從摩德納帶到米蘭，而現在則輪到派翠吉雅採取下一步行動——她必須嫁進城裡最好的家庭。派翠吉雅活生生地體現了希爾瓦娜的野心，但汽車、皮草和其他象徵身分之物都使派翠吉雅身邊的流言蜚語變本加厲，他們竊竊私語著她母親簡樸的出身，取笑派翠吉雅高調的作風，這讓她常在夜深人靜時向母親哭訴。

派翠吉雅嗚咽地說：「他們有什麼東西是我沒有的？」希爾瓦娜訓斥她，提醒她曾經在托塞利街小公寓的生活都已成為過去。

希爾瓦娜說道：「哭是沒有用的，人生是一場戰鬥，而妳必須迎戰。唯一重要的就是物質，別聽那些充滿惡意的話語，他們不認識真正的妳。」

派翠吉雅高中畢業後，進入一所翻譯學校。她天資聰穎，學習能力強，但她卻偏愛玩樂。同學們說她總到早上八點才晃晃悠悠地走進教室，脫下華麗的皮草外套，而前一晚的水鑽晚禮服還穿在身上。

希爾瓦娜搖頭說道：「她每天晚上都會出門，出門前會先到客廳和我們道別，她會將大衣緊緊地按在胸前，說一聲：『爸爸，我要出去了。』而佛南多會看一看手錶，回覆道：『好，但我十二點十五分會鎖門，如果妳到時還沒回來，就要睡在門前臺階上了！』等她離開後，佛南多便會看著我說：『妳們母女倆是不是把我當白痴，我知道她為什麼要緊緊地把大衣裹在胸前。妳不該讓我們的女兒穿成這樣出門！』每次都這樣，總把錯推到我的頭上。」

雖然派翠吉雅對課業不上心，但她不僅會說義大利語，也精通英語和法語，佛南多對她卓越的表現讚不絕口，同時她也因其行事作風而在米蘭聲名大噪。

過去曾與之熟識的友人表示：「我第一次見到派翠吉雅是在朋友的婚禮上，她身穿一件漂亮的淡紫色紗裙，但紗裙下卻什麼都沒有穿。這在當時簡直是一樁醜聞！就算墨里奇奧受他父親嚴格管教，我們這群人也都清楚派翠吉雅是什麼樣的女性，但我們也很清楚墨里奇奧根本不想聽這些，他已經無可救藥地愛上她了。」

墨里奇奧對派翠吉雅的愛情宣言，著實令魯道夫嚇了一跳，他說道：「憑你這個歲數？你還年輕，還在求學，甚至還沒開始接受家族企業的培訓。」他一邊訓斥，墨里奇奧一邊靜靜地聽著。魯道夫知道哥哥奧爾多的兒子們沒人能勝任古馳的管理職，而奧爾多肯定也已意識到這點，因此他想培養墨里奇奧，讓他有朝一日能承擔重任。

「那個幸運的女孩是誰？」魯道夫忐忑不安地問兒子，而墨里奇奧也如實告訴了他。但其實對象是誰對魯道夫而言根本不重要，他只希望整件事能風平浪靜，希望墨里奇奧會對這個女孩失去興趣。

或許在魯道夫眼裡，沒有一個女人配得上墨里奇奧。有段時間他一直希望墨里奇奧能娶他的青梅竹馬瑪莉娜・帕爾瑪，她的父母在聖莫里茲的魯道夫家附近有一棟房子，瑪莉娜小時候經常和墨里奇奧玩在一塊，但後來嫁給了一個名叫斯塔夫羅斯・尼阿喬斯的男人。

莉莉安娜・科倫坡回憶道：「她可能是魯道夫認為配得上墨里奇奧的人。」科倫坡先是魯道夫底下的員工，之後則成為墨里奇奧忠實且可靠的祕書。「瑪莉娜的出身良好，且魯道夫也認識她的父親，因此他總幻想著有一天他們兩個年輕人會走在一塊，結為連理。反觀派翠吉雅，魯道夫對這個女孩就沒這麼瞭解。」

墨里奇奧和派翠吉雅交往六週後，發生了一段小插曲，使得衝突一觸即發。派翠吉雅邀請墨里奇奧和她一起去聖瑪格麗塔渡過週末，她父親在那裡有一棟兩層樓的小別墅，其中有一個鮮花盛放的陽臺，可以站在樓上往下俯瞰著水面。房裡擺放著優雅的威尼斯雕刻品，這棟房子也是派翠吉雅和朋友聚會的場所。

希爾瓦娜回憶說：「那棟房子就像個港都，人潮絡繹不絕，佛南多會帶著佛卡夏麵包回來，而我則會做好滿滿一盤的小三明治，那些三明治在幾個小時內就會被一掃而空。」

然而，派翠吉雅不在意那個週末有多少人在這間房子，她只在意那個沒出現的人。她打電話到墨里奇奧家想知道他發生什麼事，沒想到墨里奇奧竟親自接了電話。他羞赧地告訴她：「我跟我爸爸說我想去，但是他不准。」

派翠吉雅對他畏縮的態度感到既憤怒又驚愕。

「你已經是個成年人了，難道什麼事都要經過爸爸媽媽的同意嗎？我們對彼此都有感覺，讓你來陪我游泳是犯了什麼罪嗎？你難道就不能來一天嗎？」

在星期天時，墨里奇奧還是赴約了，他答應父親當晚會回家，但派翠吉雅在晚餐時勸他留下來過夜。魯道夫在得知墨里奇奧不回家後便打了通電話，接電話的是希爾瓦娜。電話裡的魯道夫暴跳如雷，執意要和派翠吉雅的父親通話。電話換到佛南多．雷吉亞尼手上後，墨里奇奧的父親怒吼道：「我很不高興我兒子和你女兒之間發生的事，你女兒讓墨里奇奧從課業中分心了。」

雷吉亞尼試著讓魯道夫冷靜下來，但魯道夫打斷了他。

「夠了！告訴你女兒離墨里奇奧遠一點！我知道她只是覬覦我兒子的錢，但她永遠都得不到，永遠！你聽懂了沒？」

佛南多．雷吉亞尼無法在面對辱罵時處之泰然，魯道夫的言語深深地冒犯了他。他開口反駁：「你懂不懂什麼是禮貌啊？這個世界上不只你一人有錢好嗎？我女兒絕對有自由去見她喜歡的人，我信任她和她的感受，要是她想見墨里奇奧．古馳，她當然可以去見。」雷吉亞尼咆哮著，接著狠狠地掛下話筒。

墨里奇奧聽到對話後，羞愧難當。雖然當晚他還是和派翠吉雅去海灘上的迪斯科舞廳跳舞，但他始終沒辦法盡興。第二天早上天還未亮，墨里奇奧就先悄悄地離開，駕車返回米蘭。墨里奇奧忐忑不安地打開父親書房的實木門，而魯道夫就坐在那張巨大的古木書桌後，他惡狠狠的眼神逼得墨里奇奧不得不大步離開了家門。

不到一小時後，墨里奇奧和他的大行李箱出現在賈丁尼路三號門前的臺階，箱子上有古馳標誌性的綠紅條紋，接著他按響了派翠吉雅家的門鈴。派翠吉雅開門時看見沉重的行李箱和墨里奇奧悲傷的藍眼睛，感到驚愕不已並睜大了雙眼。

墨里奇奧嗚咽著說：「我失去了一切。我父親已經瘋了，他剝奪了我的繼承權，還說了些侮辱我們倆的言論，我甚至沒辦法將那些話說出口。」

派翠吉雅靜靜地抱著他，輕撫他的頭，接著伸直雙臂，環抱著他的脖子，對墨里奇奧展開笑靨。

她說：「我們就像羅密歐與茱麗葉，還有他們的家庭——蒙特鳩與凱普萊特。」她捏了捏他的手臂，試圖安撫他顫抖的身子，接著輕輕地親吻了他。

墨里奇奧用憂心忡忡、近乎抱怨的聲音說：「我現在該怎麼辦，派翠吉雅？我身上沒有一毛錢。」

派翠吉雅的目光變得嚴肅，她一邊將墨里奇奧拉進客廳，一邊說道：「跟我來，我父親很快就會回來，他挺喜歡你的，我們應該和他談談。」

佛南多將小倆口請進了書房，那是一間簡單且優雅的房間，有著許多書架、一張古色古香的木桌、兩張輕巧的扶手椅和一張沙發。儘管他對魯道夫的侮辱感到相當不悅，但他還是喜歡墨里奇奧的為人。

墨里奇奧低聲說道：「我和我父親意見分歧，所以我離開了家也放棄了家族企業。我現在還在求學，也沒有工作。但我愛上了你的女兒，雖然我現在沒有什麼能夠給她，但我還是想娶她。」

佛南多認真地聽著，並進一步詢問墨里奇奧和魯道夫鬧翻的事情。他相信眼前這個男孩所說的話，包括他與他父親的爭吵以及他對派翠吉雅的感情，同時他也很同情墨里奇奧的處境。

佛南多小心翼翼地措辭，對墨里奇奧說：「我會給你一份工作，也會為你敞開家門。條件是你要完成學業，和我女兒也要保持距離，我不接受你們倆在我的地盤裡有任何不正當的行為。一經發現，剛才所說的一切都隨之取消。」佛南多面色嚴厲地看著這個男孩，墨里奇奧默默地點了點頭。

「至於結婚，這還得看情況。一來是我還在因為你父親對我的態度而困擾，二來是我想確定你們倆都想清楚了。今年夏天我會帶著派翠吉雅遠行，如果你們兩個到時還相愛，我們再來考慮這件事。」

此後的日子成為他成年生活的模式。過去魯道夫總是批評他、限制他，如今墨里奇奧選擇結束他與魯道夫的關係，並在派翠吉雅和她的家庭中找到庇護與力量來源。對雷吉亞尼夫婦而言，墨里奇奧天真善良、敏感脆弱，他們很歡迎這個男孩進入自己的生活，將他從暴躁無理的魯道夫手中拯救出來。接下來的幾個月裡，書房裡的沙發變成了墨里奇奧的床，白天他為雷吉亞尼揮汗工作，晚上則埋頭刻苦學習。

這對年輕情侶同住一個屋簷下的消息如野火般傳遍了米蘭的社交圈，派翠吉雅的朋友們抱著滿腹的疑問，詢問她與男友同居的感想。派翠吉雅謹慎地扮演自己的角色。

「爸爸甚至盡量不讓我們在走廊上擦身相遇。」她嘴上如此抱怨道，卻對聽眾如此熱衷關心他們的事而感到開心。她噘嘴說道：「我根本見不到墨里奇奧，他白天和爸爸一起工作，晚上還要準備考試。」

墨里奇奧在經營運輸業方面學習有成的同時，魯道夫則因無法接受墨里奇奧的離開而苦苦沉思，他無法接受墨里奇奧為了一個女人而放棄眼前的大好機會，但魯道夫依舊無法放下身段向兒子尋求和解。魯道夫不斷懷念起與墨里奇奧共進晚餐的時刻，他每天在辦公室待得越來越晚，只吩咐廚師為他留一份飯菜，通常只是一盤水果和奶酪。在他的兄弟奧爾多和巴斯克因擔心他們的父子關係破裂而來訪時，魯道夫很快就插話，不讓他們繼續往下說。

他尖聲吼道：「我再也沒有像那樣的傻瓜兒子了，明白了嗎？」

派翠吉雅後來說道：「墨里奇奧的父親從來都不是因為我是派翠吉雅・雷吉亞尼而拒我於千里之外，而是因為我帶走了他心愛的兒子。那是墨里奇奧第一次違抗他的命令，因此他對此無法理解。」

同一時間，雷吉亞尼與派翠吉雅一起環遊世界。一九七一年九月他們返家時，派翠吉雅和墨里奇奧比以往的任何時候都更加相愛。佛南多公司的經理向佛南多表示墨里奇奧是個認真工作、腦筋靈活的人，不曾因困難而退縮，甚至還曾在碼頭的卸貨櫃從事體力活。墨里奇奧對於公司的大小事也相當上心，認真協調貨運司機的工作行程。回家沒幾天，雷吉亞尼便把女兒叫到書房裡。

他對女兒說道：「好吧，你們倆的行為舉止讓我相信你們對彼此是認真的，我同意妳和墨里奇奧的婚事。可惜魯道夫依舊固執又頑強，如此下去，他會失去自己的兒子，而我則會多一個兒子。」

婚禮日期訂在一九七二年十月二十八日，在希爾瓦娜謹慎的監督下，婚禮的準備如火如荼地展開，而當魯道夫意識到墨里奇奧不會放棄派翠吉雅時，他決定採取更激烈的抗議。一九七二年九月底的一個早晨，他去見了米蘭的紅衣主教科倫坡，但他此行的目的不是為了尋求精神慰藉。紅衣主教辦公室外有座氛圍陰鬱的挑高大廳，魯道夫在米蘭大教堂後的一樓大廳中等了許久，並在那裡向主教訴說了請求。

他請求著紅衣教主，說道：「閣下，我需要您的幫助，我兒子和派翠吉雅・雷吉亞尼的婚事可萬萬不能成真啊！」

紅衣主教科倫坡問到：「有什麼理由嗎？」

魯道夫聲音顫抖地說道：「他是我唯一的兒子，他的母親過世了，我只剩下他這個家人。派翠吉雅・雷吉亞尼不是適合他的女人，我很害怕這件事。現在，您是唯一能夠阻止他們的人了！」

紅衣主教聽著魯道夫娓娓道來。

最後，主教起身，示意這次的會面告一個段落，並說道：「很抱歉，倘若他們彼此相愛並願意結為連理，我也無法阻止他們。」主教一邊說，一邊引導魯道夫走向大門。

魯道夫變得孤僻，終日思念自己失去的兒子。與此同時，墨里奇奧卻像重獲新生，他甚至獲得了米蘭天主教大學的法律學位。寄宿在雷吉亞尼家的期間，墨里奇奧發現自己的世界並非圍繞著父親轉動，他變得更加成熟，更能掌握自己和未來，儘管他的未來已經和家族企業脫鉤也無妨。墨里奇奧過得很好，他很享受和派翠吉雅的父親一起工作，並且日漸喜愛這名父親。另一方面，雷吉亞尼家也相當喜愛這名兒子，墨里奇奧甚至會在私底下稱呼佛南多為「鬍子老爹」，因為他有著粗短的灰色八字鬍。

其中一名朋友甚至驚訝地說道：「墨里奇奧甚至曾公開說自己很喜歡為卡車卸貨！那幾年義大利的學生運動蓬勃地發展，米蘭和其他城市的鬧區都有遊行、械鬥和催淚瓦斯彈。墨里奇奧雖然沒有參與學生運動，但派翠吉雅就是他的抗爭，他找到了屬於自己的獨立運動。」

然而，墨里奇奧對自己的所作所為仍有些許不安。就在他和派翠吉雅結婚的前幾天，他前往建於十四世紀、富麗堂皇的米蘭主教座堂向神父告解。墨里奇奧踏進崇高、莊嚴且陰暗的正廳，往牆邊的告解室走去。他喜歡隱身在群眾之中，感受自己輕聲迴盪的腳步聲，以及從鑲嵌玻璃傾瀉而下的朦朧光線。

「神父，請原諒我，我有罪。」墨里奇奧低聲說道，雙膝跪在告解室裡裝有軟墊的長椅上，眼前是一面褪色的酒紅色簾幕。他低下頭，靠在十指緊扣的雙手上。

他繼續說道：「我違背了十誡之一，我沒有尊崇我的父親，我要違背他的意願結婚了。」

建於十四世紀的聖母平安堂是一座紅磚教堂，位於二十世紀所建的米蘭法院大樓後方的一處庭院中，庭院裡種滿了樹。依循義大利婚禮的傳統，希爾瓦娜將教堂的長椅鋪上酒紅色的天鵝絨，並以野花束點綴。岳父大人雷吉亞尼大手筆租了一輛古董勞斯萊斯，用以護送女兒抵達會場，教堂另外還有六名身著燕尾服的接待員引導賓客入場。典禮結束後，於桑賽波爾克羅會的走廊間有簡單的接待會，接著五百名賓客便動身前往米蘭花園協會享用晚餐——這間社交俱樂部充滿著動感的音樂與戲劇化的聚光燈，在二十三年後，古馳便是在此憑藉著現代時尚東山再起。

墨里奇奧和派翠吉雅的婚禮是年度社交盛事，但墨里奇奧的親戚卻一個也沒到場。派翠吉雅的家庭知道魯道夫反對這樁婚事，因此沒有邀請他們。當天稍早，魯道夫命令自己的司機路易吉載他到佛羅倫斯，當然，這趟旅程只是魯道夫在裝模作樣。路易吉回憶道：「整座城市彷彿都在慶祝這場婚禮，魯道夫唯一能做的就是離開這座城市。」

派翠吉雅的親朋好友將大教堂擠得水洩不通，墨里奇奧的賓客卻只有他的教授和幾名學校的朋友，伯父巴斯克則送了他一只銀色花瓶以示祝賀。

派翠吉雅相信魯道夫總會想通，她安慰墨里奇奧：「別擔心，阿墨，船到橋頭自然直，等到有孫子孫女可以抱時，你父親自然就會與你和解。」

派翠吉雅說得沒錯，但她並沒有聽天由命，而是主動向奧爾多展開遊說。奧爾多向來強烈支持古馳企業應該由家族成員掌管，並一直默默地觀察自己的侄子，而墨里奇奧勇敢對抗父親的決心也令他刮目相看。奧爾多意識到自己的兒子們都沒有意願跟隨他到美國分部，也沒有克紹箕裘的志向——羅伯托與妻子和孩子們都定居在佛羅倫斯；喬吉歐在羅馬自立門戶，開設了兩間精品店；而保羅則在佛羅倫斯為巴斯克工作。

一九七一年四月，奧爾多向《紐約時報》暗示自己正在尋找外部繼承人，因為他自己的兒子在家族企業中各司其職且無法抽身，奧爾多聲稱自己有名年輕且即將從大學畢業的侄子，並有意訓練他成為繼承人。「也許在他遇見某個毫無吸引力的女孩並成家之前，我會讓他挑戰成為我的繼任者。」這份聲明顯然是奧爾多給墨里奇奧的暗示，再明顯不過了。

奧爾多動身與魯道夫會談。

「魯道夫，你已經超過六十歲了。墨里奇奧是你唯一的兒子，他是你的寶貝。聽我說，派翠吉雅並沒有那麼壞，而且我相信她是真心愛他。」奧爾多仔細端詳著魯道夫，而魯道夫則以嚴峻的瞪視自我防衛。奧爾多意識到，要讓這對父子重修舊好，他必須要下猛藥。

他厲聲說道：「夫夫！別傻了！我告訴你，如果你不讓墨里奇奧回家，你最後就會變成一個孤獨又悔恨的老男人。」

墨里奇奧已經離家兩年，雷吉亞尼家為新婚夫婦倆提供了一間於米蘭市中心杜里尼路上的溫馨公寓。當天晚上，墨里奇奧返回公寓吃晚餐時，派翠吉雅對他露出謎樣的微笑。

派翠吉雅說道：「我有好消息要告訴你——你父親明天想要見你。」墨里奇奧臉上的表情又驚又喜。

「這都要感謝你的伯父奧爾多，還有我。」派翠吉雅一邊說，一邊雙手環抱他。

第二天，墨里奇奧步行穿越幾個街區，往父親的古馳辦公室走去，擔心著彼此見面時究竟要說些什麼。然而，墨里奇奧的擔心毫無必要，他父親站在門口，溫暖地問候他，彷彿什麼事都沒發生一樣——典型的古馳家作風。

魯道夫面露微笑：「墨里奇奧！你還好嗎？」

他們都沒提及之前的爭吵以及那場婚禮，但魯道夫卻問起派翠吉雅的事。

「你和派翠吉雅想不想搬到紐約？你伯父奧爾多想邀請你過去幫忙。」墨里奇奧聽了，眼睛為之一亮。

墨里奇奧欣喜若狂，這對年輕的佳偶在一個月內便搬家到紐約，魯道夫為夫妻倆安排了一間三流旅館，讓他們在找到公寓前暫時有個地方棲身。雖然派翠吉雅對於來到曼哈頓感到興奮不已，但她對旅館卻興致缺缺。

「你是古馳家的人，但我們卻得住得像鄉下人？」派翠吉雅向墨里奇奧抱怨。第二天，她便決定搬進聖瑞吉酒店的一間套房，這間酒店位於第五大道和五十五街的交叉口，距離古馳店鋪只有幾步路。後來，他們搬進了奧爾多的其中一間出租公寓，住了大約一年，最後派翠吉雅在奧林匹克大廈找了一間高級公寓，這棟有著青銅色玻璃的摩天大樓，是由希臘船王亞里斯多德歐·納西斯所建造。派翠吉雅喜歡大門行李員優雅的模樣，以及能夠俯瞰第五大道的落地觀景窗。

「噢！阿墨，我想住在這裡！」派翠吉雅的雙臂環繞著墨里奇奧，而墨里奇奧則因為房仲在場而羞赧得臉紅。

他抗議道：「妳瘋了嗎？我要怎麼告訴我父親，說我想要在曼哈頓買一間頂層豪華公寓？」

「好吧，如果你沒有勇氣做這件事，就由我來。」派翠吉雅如此反駁道。

當派翠吉雅告訴魯道夫他們的計畫時，魯道夫氣得火冒三丈，他對她說：「妳想要毀了我！」

派翠吉雅卻只是冷靜地反駁：「如果你仔細想想，就會發現這其實是一筆很棒的投資。」

魯道夫搖了搖頭，但答應派翠吉雅他會再想想。兩個月後，派翠吉雅得到了她想要的公寓，公寓面積共兩層樓，大約一百四十八平方公尺。她在牆壁貼上灰褐色的仿真皮革，在房間中擺滿有煙燻玻璃的家具，並在沙發和地板鋪上獵豹及美洲豹的皮。派翠吉雅非常享受紐約生活，雇了一輛專屬司機車在紐約市區悠遊，車牌上寫著「墨吉雅」。她曾在電視節目的專訪中坦承，自己寧願「坐在勞斯萊斯裡哭泣，也不願坐在腳踏車上笑」。一年又一年過去了，派翠吉雅陸續收到其他贈禮，包括第二間位於奧林匹克大廈的公寓套房、她想在該處蓋房子的一塊阿卡普科山坡地、康乃狄克州的櫻桃園，以及一間位於米蘭的複合式頂層豪華公寓。

魯道夫會如此慷慨，是因為義大利的習俗——兒女通常會在成婚前和父母住在一起，而在兒女結婚後，父母便會為新人預備住處。這項結婚禮物有各種形式，可以是家中的一個空間、一棟公寓，或甚至一整棟的獨立住宅。較富裕的家庭甚至會額外贈送兒女一套渡假別墅或海外房產。

墨里奇奧和派翠吉雅新婚時，魯道夫因為派翠吉雅而與墨里奇奧鬧不合，因此這對新人搬進了雷吉亞尼父親在米蘭準備的公寓。派翠吉雅曾為此十分苦惱，她認為他們有權獲得更多，因此在魯道夫和墨里奇奧和解後，他們陸續接收了奧林匹克大廈公寓及其他房產，這些都是魯道夫為了重修舊好所做的努力。而派翠吉雅認為魯道夫會釋出善意，也是在向她為墨里奇奧所做的一切表達感謝。

派翠吉雅回憶道：「魯道夫對我越來越慷慨，每個禮物都是他默默表達感恩的方式，感謝我為我的丈夫帶來幸福，更感謝我與奧爾多交涉成功。」

然而，不論是在紐約的公寓、阿卡普科的山坡地、康乃狄克州的農莊，或甚至米蘭的頂層高級公寓，全都不在派翠吉雅的名下。古馳家在列支敦斯登有間海外控股公司，名叫凱特費股份有限公司，這間疑似為了避稅而設的公司，持有上述所有房產的權狀；將家族資產納入控股公司的名下，是有效防止財富外流的方法——假設家族中的某名媳婦離開家族，想爭取任何房產的所有權都十分困難，因為這些財產名義上雖然是「送」給她的，產權卻歸控股公司所有。

當時派翠吉雅正與墨里奇奧處於熱戀之中，又因魯道夫的慷慨贈與而興高采烈，因此並不怎麼留意所有權的問題，而是致力於扮演好妻子及好母親的角色。他們的大女兒亞歷珊卓出生於一九七六年，以墨里奇奧母親的名字命名，這個決定令魯道夫深感歡欣，而在那之後，二女兒阿萊格拉也於一九八一年出生。

「我們就像是碗豆莢裡的兩粒豆子，對彼此忠貞不渝，並為彼此帶來平靜與祥和。他讓我主導家中的大小事，包括我們的社交生活和女孩們的事情。他熱切的關注、愛慕的眼神與豐富的禮物，彷彿要把我淹沒……他什麼都聽我的。」派翠吉雅如此說道。

為了慶祝阿萊格拉出生，墨里奇奧大手筆地買了一艘六十四公尺長的三桅遊艇，這艘船名叫「克里奧爾號」，曾經屬於希臘大亨斯塔夫羅斯・尼阿喬斯。水手說這艘船是世界上最美的船，然而當墨里奇奧和派翠吉雅第一次看到克里奧爾號時，其船身幾乎支離破碎。墨里奇奧以相對便宜的價格——少於一百萬美金——買下這艘船，賣家是丹麥的毒品勒戒中心，當時對方已經無法再使用這艘船。墨里奇奧將遊艇從丹麥修船廠運到義大利拉斯佩齊亞的利古里亞港，以便進行初步的維修，他打算將克里奧爾號修復回它原本美麗的樣貌。

克里奧爾號原名為「維拉號」，富裕的美國地毯商亞歷山大・考區朗，於一九二五年委託知名的英國造船商坎伯與尼可森製造這艘船，維拉號是當時最大型的雙桅縱帆船之一，然而這艘雙桅縱帆船的歷史卻與悲劇息息相關。考區朗因癌症早逝，其繼承人在他死後很快便把船賣了，維拉號經歷了多次的轉讓及改名，直至大戰後，英國海軍宣告這艘船退役，才讓它回歸一般的商用遊艇市場。一九五三年，斯塔夫羅斯．尼阿喬斯愛上了這艘船，便從一名德國商人手中將之買下並重新修復，改名為克里奧爾號。因為尼阿喬斯非常討厭睡在甲板下層（他總害怕自己會在睡夢中溺斃），因此他將原本的小甲板室改造成由柚木和桃花心木建成的寬大廂房，其空間大到足以容納一間主臥室和一間工作室。不論尼阿喬斯是否相信水手之間所流傳的「改船名會招致噩運」——克里奧爾號已經改名三次了——悲劇最終依舊降臨在他的身上。一九七〇年，尼阿喬斯的第一任妻子尤吉妮亞在克里奧爾號上服藥自殺身亡；數年後，他的第二任妻子緹娜——尤吉妮亞的妹妹——同樣也在船上自殺。尼阿喬斯在傷痛之中開始對這艘船心生厭惡，從此再也不曾踏上這艘船。尼阿喬斯將船賣給了丹麥海軍，而海軍則將船轉交給了毒品勒戒中心，最後，墨里奇奧於一九八二年買下克里奧爾號。

克里奧爾號修復完成後，派翠吉雅對於悠閒的水上之旅感到興奮不已，但同時她也擔心尼阿喬斯妻子的慘死會使這艘船過於晦氣，身為占星師和靈媒的忠實客戶，派翠吉雅說服墨里奇奧和靈媒芙莉達一起上船，以驅除依附在船上的惡靈。當初眾人將船移至陸地上維修，並安置於拉斯佩齊亞船廠的機庫內時，這艘船儼然一隻擱淺的老鯨魚。在他們踏上船時，芙莉達要求所有人退後，其中也包含用手電筒引導他們參觀的兩名工作人員。她神情恍惚，沿著甲板緩慢地走近中央船艙，接著走進其中一條走廊，嘴裡不停喃喃自語著一些旁人聽不懂的話。派翠吉雅、墨里奇奧和兩名船員遠遠地跟在後頭，互相交換著充滿懷疑的眼神。

突然，芙莉達喊道：「開門，開門！」墨里奇奧和派翠吉雅疑惑地看向對方，因為他們正身處一條空曠的走廊上，並沒有任何一扇門。然而，那些西西里籍的船員們卻突然臉色鐵青，因為該處在重建前確實有一扇門。他們一群人繼續跟在芙莉達身後，她在船艙裡來回走動、喃喃自語，接著又突然在廚房附近停下腳步。

她大叫：「離我遠一點！」西西里籍的船員們紛紛驚恐地看著她，接著轉頭望向墨里奇奧。

「那就是發現尤吉妮亞屍體的地方。」船員低聲說道。忽然一陣冷風吹進船艙內，眾人頓時不寒而慄。

「這是怎麼一回事？」墨里奇奧大喊道，想搞清楚這股寒冷的氣流從何而來。克里奧爾號位於封閉的建築物內，周遭沒有打開的門窗，因此不可能會有流通的氣流。此時，芙莉達終於從恍惚中回過神來。

她說道：「克里奧爾號的惡靈已經被驅逐了，尤吉妮亞的亡魂允諾我從現在開始，她會保護克里奧爾號和船員的安全。」

# 第五章 家族對抗

墨里奇奧年輕時在米蘭攻讀法律，那時的「古馳帝國」正以驚人的速度飛速地擴張。一九七〇年，奧爾多在第五大道和第五十四街的東北角開設了一間引人注目的新店，為古馳迎來了嶄新的十年盛景。古馳的新店取代了原本位於第五大道六八九號的米勒鞋店，奧爾多找來韋斯伯格與卡斯楚建築公司，該公司以翻修紐約時尚購物街上的頂級店鋪而聞名。建築師運用了大量的玻璃、進口的石灰華，以及被處理成類似青銅的不鏽鋼，將原本這棟法國文藝復興風格的十六層樓建築，改造成具有現代感的大樓。

為了進一步擴展事業，奧爾多四處尋找籌措資金的管道，他召集古馳於一九七一年時的董事會成員們，要求重新審查已故父親所訂下的老規矩——公司的所有權不該落入家族以外的人手中。

「我認為我們應該讓公司部分的股票在市面上流通，我們現在的公司市值約為三千萬美元。」奧爾多說道，而他的兄弟們則靜靜地聽著。「我們可以賣掉百分之四十的股份，剩下的百分之六十則留在美國的公司，如果我們上市的股價是每股十塊美元，我敢保證一年後肯定會翻倍成二十塊。」他興高采烈地說著。

「現在的時機正好，古馳不僅在好萊塢是地位和時尚的象徵，連商人和銀行家也都開始有同感！我們必須不落人後，追上其他同業的步伐。此時可以運用這筆資金在歐洲和美國等固有市場獨占鰲頭，同時進駐日本以及其他的遠東國家。」奧爾多繼續說道。

董事們聚集於位在托納波尼路的古馳店鋪樓上的辦公室內，魯道夫和巴斯克隔著偌大的核桃木桌久久對視，儘管奧爾多口若懸河，他們倆仍沒被說服，守舊的兩人並不明白哥哥雄心壯志背後的價值，古馳的事業已使他們豐衣足食，他們可不想置衣食父母於風險之中。最後，他們以三分之二的多數否決了奧爾多的提議，並決議百年內不得將公司的任何股份賣給家族成員以外的人。奧爾多一如既往地沒浪費時間生悶氣，他的行事作風就是勇往直前，正如他一直教導他兒子們的那樣。

「別再糾結，繼續努力，不要回頭。忍不住就哭出來，但出手不要停下來。」他總會對著兒子們狂吼道。

奧爾多說「出手不要停下來」的意思是「快行動並想辦法應對」，而他也正這樣做著。奧爾多加速擴張古馳的事業版圖，古馳於一九七一年在芝加哥、費城與舊金山先後展店，並於一九七三年開設了在紐約第五大道上的第三間分店，毗鄰第五大道六九九號的古馳鞋店，專門銷售流行服飾，而位於街角的第五大道六八九號則專售行李箱和飾品。隨後他也開了古馳的加盟店，分別設於舊金山和拉斯維加斯的瑪格寧百貨內。奧爾多無論在檯面上或檯面下都大力誇讚古馳的強大優勢，那就是

「古馳是一間完全歸家族所有的企業」。

「我們就像是一間義大利小餐館，全家人都在廚房裡忙活著。」奧爾多曾說道。此時，奧爾多也終於實現了他的夢想——為古馳進一步地開疆闢土，打進日本等遠東國家的市場。日本人在多年前便曾蜂擁至義大利和美國的古馳店鋪搶購，然而起初，連最具商業頭腦的奧爾多都低估了日本顧客對古馳業績的影響力。

「某天我正在羅馬分店為一名日本男子服務，但奧爾多趁那名男子不注意時對我招了手，他說道：『過來！妳就不能去做點有用的事嗎？』」恩莉卡・皮禮如此回憶道。

皮禮對著老闆做了個鬼臉，並搖了搖頭。那名男子當時正打量著一系列鴕鳥皮製的糖果色皮包。

「那些皮包真的很醜，但那就是六〇年代的那種復古風格。」皮禮回憶道。「那名男子一直盯著那些皮包看，還發出『呃哼、呃哼、呃哼』的咳嗽聲，我告訴奧爾多我想有始有終，於是便回到男子的身旁，最後他竟一口氣買下了大約六十個皮包！那是我們在當時從未見過的最大單筆交易！」皮禮說道。

奧爾多馬上改變了對日本人的看法，他曾在一九七四年對《紐約時報》說過：「日本人真是品味絕佳！」

「我叮囑我的員工們，日本人是顧客中的貴族！」奧爾多在一九七五年時，對另一名記者如此說道。「他們雖然長得不太好看，但現在，日本人無庸置疑就是貴族！」後來奧爾多甚至訂下了一條新的規矩，要求銷售人員只能賣一個皮包給同一個客人，他說日本顧客每次都會到古馳店鋪購買大量的皮包，回到日本再以翻好幾倍的價格轉售，奧爾多也因此意識到自己絕對得找個方法讓古馳直接進駐日本。

某天，奧爾多收到了日本企業家石垣山本的提案，對方提議在日本合資開店，如此關鍵且長久的關係，為古馳在遠東國家鋪出一條康莊大道。一九七二年，山本遵循古馳的特許經營協議，在東京開了古馳的第一間遠東分店；透過與山本的合夥，古馳的第一間香港分店也於一九七四年開張，此時的「古馳帝國」在全球已有十四間直營店及六十間特許經營店。

短短的二十年內，奧爾多將原本僅價值六千美元的公司及薩佛伊廣場飯店內的小店，擴展成橫跨美國、歐洲及亞洲的閃亮帝國。古馳最大的據點為紐約，分別有三間店座落在第五大道的五十四街與五十五街之間，《紐約時報》因此描述該處彷彿是座「古馳城」。

七〇年代中期，奧爾多的理念從早期「客戶永遠是對的」轉變為蠻橫強硬的態度，也因此迅速地引起了各方注意。奧爾多訂下專屬於古馳的規定，並無視其他同業的做法，例如他不接受任何退貨與退款，也不提供折扣，顧客最多只能在購買商品後的十天內持發票換貨；反觀其他的奢侈品品牌，如蒂芙尼與卡地亞，在購買商品後的三十天內都能全額退款。任何人若想以支票付款，均須待銷售人員打給銀行並確認支票可以兌現，若當時恰逢週六，銷售人員便會為顧客保留商品，並待週一銀行確認支票可用後再將商品寄出。古馳的銷售人員也時常抱怨店內的老規矩——每日營業結束後，員工必須輪流抽石子，而作為籤筒的帽子內會放著許多白石子與一顆黑石子，抽中黑石子的員工就必須在經過搜身後才能離開。

最令顧客惱火的是，奧爾多堅持每天十二點半至一點半都必須關店吃午餐，這是他自一九六九年就訂下的規矩，其實這個習慣承襲自義大利，至今多數的古馳店家仍會在下午一點至四點間休息。

「人們會在店外排隊，並敲著門要我們開店，而我則會看一看手錶，告訴他們：『還要再等五分鐘。』」佛朗西斯科・吉塔迪回憶道，他於七〇年代中期負責管理多間紐約分店。

奧爾多表示，他曾實驗過輪流午休的制度，但他更喜歡全部員工一起共進午餐，如此不僅能延續他最自豪的家族式管理，更能避免銷售人員因輪流用餐而使服務減緩的可能性，奧爾多也說過，他不希望客人在進到店裡時找不到他們最喜歡的銷售人員。

「我們可以錯開部分員工的午餐時間，但有些人並不希望到下午才能吃午餐，所以我決定每個人都在同一個時間吃午餐，顧客們應該也能夠體諒。」奧爾多曾向《紐約時報》解釋道。這麼做不僅沒有影響到生意，似乎還增加了古馳的聲望。

「古馳的魅力究竟為何？」《紐約時報》如此問道，並描述起一九七四年十二月時，顧客們在櫃檯前排成三列的場景：「當時奧爾多在櫃檯用手指著知名馬銜圖樣的藍領帶，穿著貂皮大衣和緊身的藍色牛仔褲，眉開眼笑。」聖誕節期間，奧爾多會親自在櫃檯為顧客們在包裝紙上簽名，可說是門庭若市。

顧客們持續湧入古馳店鋪，卻又紛紛忿忿不平地離去。其中一個原因是因為奧爾多習慣雇用義大利知名大家族的子女，然而他們卻都缺乏工作經驗；奧爾多會用紐約光鮮亮麗的工作機會吸引他們，並出借他在店家附近承租的公寓供他們起居，但因為工時長、薪水低，且奧爾多又嚴格控管他們撥打長途電話回鄉的時間，這些未經世事的年輕人因此一個個變得越來越粗魯，對待顧客也不再重視禮節。有時候他們會在客人的背後竊笑，或以義大利語捉弄、嘲諷，與奧爾多的行為一般無二——他們都認為顧客聽不懂義大利語。

「我的古馳故事比你的更誇張」已成為紐約特定圈子相互較勁的方式。時至一九七五年，古馳的服務已然成為最受熱議的話題，連《紐約》雜誌都為此寫了四頁的封面報導，並以「紐約最無理的店家」為標題，該文的作者米米・謝拉頓寫道：「古馳的員工都精通鄙視、羞辱和冰冷的眼神，明目張膽地宣告顧客的一文不值。」儘管顧客遭受了無理的對待，謝拉頓表示：「然而顧客仍會回頭，並願意支付相當可觀的價錢。」

奧爾多同意接受謝拉頓的採訪後，謝拉頓反而有些害怕，她知道某些圈子的人都將奧爾多稱為「皇帝」。有人領著她到一間陰暗的辦公室，四周都是灰褐色的牆壁，奧爾多繞過半圓形的大桌子前去迎接她，此時眼前的這名男子，已經與十五年前那名戴著深色眼鏡的靦腆青年大相逕庭，不再是那個在古馳羅馬分店內的簡陋辦公室首次接受記者採訪的奧爾多。

他的衣著散發著獨特的藍光，身上是明亮的風信子藍亞麻西裝、淺灰藍的襯衫和少許紅色點綴的蔚藍色領帶，凸顯了他如青花瓷般的雙眸及粉嫩的膚色，他神采奕奕地對謝拉頓鞠躬。

「我完全措手不及，根本沒準備好面對如此魅力爆棚、熱情洋溢、精力旺盛且保養得宜的七十歲老人，他遠比四周的環境更光彩耀人。」謝拉頓寫道。

他以歌劇表演般的風格講述著古馳五百年的歷史，不斷變換聲音進行角色扮演，包括他們差點以製作馬鞍起家的故事，並再三強調古馳對自家商品品質的自豪，以及對細節的關注。

「一切都必須很完美，即便是店牆上的磚都要能讓古馳為之自豪！」奧爾多一邊揮手，一邊說道。

儘管奧爾多的個性迷人且討人喜歡，謝拉頓仍總結出古馳勢利的臭名是由上至下的影響，她在報導的最後寫道：「古馳店家的蠻橫無理，無疑地反映出奧爾多・古馳的自豪，然而，他的驕傲卻是他人眼中的自大。」而奧爾多卻一點都不感到生氣或被冒犯，反而非常激動，他認為這篇文章對古馳而言是極佳的宣傳，甚至還送花給謝拉頓聊表謝意。

奧爾多持續開新店的同時，也努力開發新的商品。他回到家族的會議室，敦促兄弟們應該考慮販售古馳品牌的香水，而魯道夫和巴斯克則持續拖拖拉拉。

「我們的本業是製作皮件，哪懂香水？」巴斯克抗議道，他認為奧爾多過於衝動，需要有人為他踩煞車。

「香水是奢侈品市場中新的必爭之地，我們多數的客戶都是女性，每個人都知道女性熱愛香水，如果我們能夠製作出有口碑的昂貴香水，我們的客戶絕對會買帳。」奧爾多堅持地說道。

巴斯克和魯道夫勉為其難地屈服於奧爾多，於是古馳香水國際股份有限公司便於一九七二年誕生了。實際上，奧爾多發起的香水事業有雙重的動機，一方面是他確信香水是極具潛在獲利的商品，且多樣化的經營能補強公司僅有皮革商品的缺點；另一方面，他也想透過新成立的香水公司將自己的兒子們帶入家族事業中，同時無需給他們過多的實權。奧爾多的這項提議並沒有被他的另外兩個兄弟反對，巴斯克對此提議漠不關心，畢竟他沒有公開的繼承人；而魯道夫當時正為了墨里奇奧的婚姻安排而與他起爭執，因此他非常生氣且不願讓兒子在新公司裡分一杯羹。

古馳至關重要的另一項產品則啟發於一九六八年，當時奧爾多遇見了名為塞弗林・溫德曼的男子。溫德曼從小便在困苦的環境中長大，因而造就出「凡事先下手為強」的人生哲學，生為東歐移民之子的溫德曼在十四歲時便失去雙親，隨後則在他姊姊所在的洛杉磯及歐洲兩地生活。十八歲時，他開始在現已停業的手錶批發商——尊皇底下工作，而溫德曼也認為鐘錶業必定能讓他過上好日子。

遇見奧爾多時，溫德曼正代理著法國的手錶品牌艾力士・百特麗，並在美國四處銷售。過去溫德曼已在紐約與第五大道上的各大珠寶業會過面，舉凡卡地亞及梵克雅寶等等，此次再訪美國的他決心要與在希爾頓飯店開會的古馳代表會面。當時由於溫德曼不熟悉如何操作大廳的按鍵式電話，因此不小心直撥至奧爾多的專線，而使溫德曼大吃一驚的是，奧爾多竟然親自接了電話，隨後兩人便開始交談。

「奧爾多那時候正在等某人打給他，為他介紹女孩子，我則因為使用大廳的電話而難以暢所欲言，因此他以為我在拖延時間。」溫德曼回憶道。

溫德曼表示：「奧爾多並非是個很有耐心的人，而且他不明白為何打電話來的人遲遲不切入重點。」最後，奧爾多直接以佛羅倫斯方言爆粗口，內容大概是：「你他媽的到底是誰？」

溫德曼完全聽得懂奧爾多所說的話，因為他當時正好在與一名佛羅倫斯的女子交往。

「我可不是能接受你說這種話的人，所以我把這句話原封不動地還給你。」溫德曼說道。

「你又他媽的到底是誰？」溫德曼說。

「你在哪裡？」奧爾多大吼道。

「樓下！」溫德曼吼了回去。

「很好！你怎麼不上樓好讓我把你打到屁滾尿流？」

於是溫德曼大步地走上樓，準備要先發制人。

「接著他抓著我，我也抓著他。然後我們看著彼此，開始大笑，這就是我與奧爾多和古馳的起點。」溫德曼說道。

之後奧爾多與溫德曼的關係不僅止於業務，他們倆互相扶持，並且經常鬥嘴，奧爾多成為溫德曼的人生導師，而溫德曼則成為奧爾多的伯樂。

一九七二年，奧爾多頒給溫德曼一張許可證，准許溫德曼以古馳之名生產並經銷手錶，後來溫德曼便在加州爾灣建立起自己的公司，名為塞弗林鐘錶股份有限公司，並於往後的二十五年間，將古馳的鐘錶推上業內的頂尖。憑藉他的銷售智慧及多變且鮮明的個性，溫德曼設法進入向來排外的瑞士製錶市場，嚴格把關所有的生產及經銷流程，並確保能在每次的貿易展覽會占一席之地，以獲得業內的認可。古馳後來成為全球第一的時尚品牌，也進而成為瑞士鐘錶業不可或缺的一員。

「世界上每間大型鐘錶公司都至少有一款熱賣的型號，其中少數幾間或許會有兩款，而我們公司卻有十一款！」溫德曼說道。

在許可證之下發行的第一支古馳手錶是型號為二〇〇〇的經典款，溫德曼與美國運通合作，以前所未見的直郵廣告進行宣傳，使得古馳手錶的銷量一飛沖天，原本僅售出五千多支，到了隔日便已直逼二十萬支，後來甚至因兩年內銷售破百萬支而被記載進《金氏世界記錄大全》。而知名的女用「手環錶」也隨即推出——將錶盤鑲在金鍊上，而扣在錶面上的圓環則有各色可供更換——古馳手錶不僅使溫德曼一夜致富，也讓奧爾多賺進了大把鈔票，因為他握有高達百分之十五的權利金，至今仍是相當可觀的比例。

「如果你到威斯康辛州的奧斯科施提及古馳，人們一定會說：『噢！他們也有賣錶喔！』」溫德曼說道。

溫德曼將自己固有的聰明才智轉化成生意頭腦，不久後便租下一架私人噴射機，用於往返他在倫敦的辦公室及瑞士的生產工廠，盡己所能地活用每一天。雖然他可能已成為保守的瑞士鐘錶製造業內的眼中釘，但此時全世界最頂級的餐廳及飯店都會為他敞開大門，他們會努力提供別出心裁的服務，以博得溫德曼慷慨的小費。

溫德曼持有古馳歷來唯一頒發的手錶生產許可證長達二十九年。九〇年代後期，古馳的鐘錶業務的年銷售額約為兩億美元，其中權利金約為三千萬美元，這筆錢成為古馳關鍵時期的重要收入。溫德曼因此發了大財，他在加州、倫敦、巴黎和紐約都蓋起豪宅，後來甚至在南法買下一座城堡。

七〇年代時，有一事造成了古馳所有權分配的劇變——巴斯克於一九七四年三月三十一日死於肺癌，享年六十七歲。根據義大利的繼承法，巴斯克手中的股份（全公司的三分之一）將由他的遺孀瑪莉亞接手，他們倆並沒有生孩子。為了將公司的所有權保留在家族成員手中，奧爾多和魯道夫向瑪莉亞提議要購買她的股份，而她也一口答應，這令他們鬆了一口氣；此時的奧爾多和魯道夫已成為「古馳帝國」的控股股東，各持百分之五十的公司股份，這樣的持股比例將會深深地影響古馳的未來。魯道夫依舊固執地與墨里奇奧針鋒相對，拒絕考慮將公司的股份分給墨里奇奧；而奧爾多則認為，是時候讓兒子們加入古馳的母公司，因此他將百分之十的股份分給了他的三個兒子，喬吉歐、保羅和羅伯托因此各分得百分之三點三的股份。奧爾多是名慷慨且公平的父親，毫不在乎自己可能因此失去指揮公司的權利——現在，他的任一個兒子都能與魯道夫聯手，以百分之五十三點三的股份在家族董事會議中形成多數。與此同時，奧爾多和魯道夫共同設立了多間境外的控股公司，並將自己持有的古馳股份存於其中，位於巴拿馬的世界先進製造公司由奧爾多所有，而英美開發研究公司則屬於魯道夫。

鐘錶業務幾乎一飛沖天之際，古馳最初開展的香水業務卻岌岌可危，其所需的經費和技術都超出了家族的能力範圍，然而奧爾多卻不願放棄。一九七五年，他將香水公司正式命名為古馳香水公司，並授權古馳的第一張香水研發及經銷許可證給梅嫩公司，古馳香水公司的所有權由奧爾多、魯道夫，以及奧爾多的三個兒子平分，每人各持百分之二十的股份。

奧爾多和他的兒子們都暗自覺得，魯道夫握有百分之五十的古馳總公司股份，與他對公司的貢獻根本不成比例。奧爾多打算在古馳香水公司底下發展新的業務，藉此獲取更多的利潤。為了達到這個目的，奧爾多為香水公司保留了與總公司相同的權利，可以開發及經銷古馳總公司新產線的皮包和配件。奧爾多想助羅伯托一臂之力，因為羅伯托有一家六口要養，因此奧爾多任命他為古馳香水公司的總裁，由羅伯托・古馳在佛羅倫斯負責監控與銷售，而奧爾多則在紐約管理開發。新一系列的產品被命名為「古馳收藏配件系列」，其中包含化妝盒與手提包等等，全都以加工處理後的帆布所製成，印有兩個字母G所組成的圖案，加上棕色或深藍色的豬皮古馳字樣點綴，並搭配網狀的條紋，人們又將該系列稱為「帆布藏品系列」。「帆布藏品系列」的生產成本低於古馳的手工皮革皮包及配件，其設計宗旨是要將古馳的名號推展至更廣泛的顧客族群，希望香水店及百貨公司將化妝盒和手提包與香水擺在一起銷售。

「古馳收藏配件系列」於一九七九年推出，立意良善且經過深思熟慮，同時也似乎與時代並進，然而最終卻成為了顛覆公司與家族的推力，該系列上市的那一刻，古馳便等同於失去了品質的保證。羅伯托在「古馳收藏配件系列」下加入越來越多的商品，例如打火機和原子筆，使得古馳香水子公司的獲利很快便超過了母公司。當時古馳大部分的商品都透過直營店和特許經營店進行銷售，但在奧爾多的同意下，名為瑪麗亞・曼妮蒂・法羅的女商人也開始批發「古馳收藏配件系列」供更多零售商販賣，曼妮蒂・法羅曾經營過艾瑪格寧百貨的古馳特許店，並且也是佛羅倫斯人，她不僅具有經商的天分，對成功也充滿了渴望，因此很快便以「古馳收藏配件系列」的批發管理在美國的零售圈闖出名號。曼妮蒂・法羅對生產和零售的流程非常熟稔，因此「古馳收藏配件系列」的批發業績在短短幾年內便從零增長為四千五百萬美元，她會直接從位於佛羅倫斯的古馳母公司買進大批的帆布包，並銷售至全美國的百貨公司和專賣店。起初她只有八十個銷售據點，直到古馳於一九八六年從她手中奪走該項業務前，瑪麗亞・曼妮蒂・法羅每年平均會售出六十萬件商品，其中包含三萬個帆布行李袋，暢銷品項的價位甚至高達一百八十塊美金。她橫跨全美兩百多座城市販售，針對「古馳收藏配件系列」有超過三百位的零售商客戶，總零售額超過一億美元。一九九〇年底，全美有超過一千間店在銷售古馳的帆布包。

「我嘗試要打進那些因為不常旅行，而不敢踏入旅行包專賣店的客群。」曼妮蒂・法羅如此解釋道。

八〇年代末期，由於「古馳收藏配件系列」大規模地透過百貨及化妝品櫃檯銷售，使得專業採購人員開始將古馳與雜貨的形象聯想在一起。

該系列同時也加劇了另一個現象——仿冒品猖獗。仿冒便宜的帆布包比仿冒手工的皮革包容易許多，也因此品質低劣的假貨很快便充斥在市場中，印有雙G字樣的皮夾和配有紅綠飾條的皮包無處不在，塞滿了佛羅倫斯的店家、市場，以及美國大城市的廉價配件店。此時，奧爾多意識到仿冒品必定會危及公司的存亡。

「女人怎麼會想看到自己剛購入的昂貴手提包，在三個月後就出現了仿冒品？」奧爾多在《紐約》雜誌中提到。

古馳下定決心要長期與仿冒商打法律戰，光是一九七七年，古馳便在六個月內提起了三十四起訴訟案，其中包括要求停產印有古馳字樣的衛生紙。其實早在幾年前，古馳就曾對美國聯合百貨公司提起訴訟，因為他們在麵包上印有「Gucci Gucci Goo」的字樣。奧爾多並未與印製「Goochy 帆布購物袋」的製造商糾纏，因為他覺得如「咕嘰」的諧音很可笑，但後來面對委內瑞拉仿冒的古馳鞋、邁阿密仿冒的古馳短袖汗衫，以及墨西哥的古馳仿冒店時，奧爾多就笑不出來了。

「許多喜歡貪小便宜的名人，例如墨西哥前總統的太太，他們都曾到墨西哥城的古馳仿冒店購買瑕疵品，再到真正的古馳紐約分店維修，然而我們只會告知他們那些是假貨。」羅伯托·古馳曾於一九七八年在《紐約時報》上如此說道。

光是一九七八年上半年，古馳便透過法律沒收了大約兩千個手提包，並清算了十四間義大利仿冒商。然而，就在古馳進行名譽之爭的同時，卻忽略了家族權力關係中潛藏的最大危機。創新古怪的保羅對於自己未能在公司中扮演更重要的角色感到沮喪，因而時常與叔叔魯道夫起爭執——保羅提供給公司的創意方針及商業策略都會向叔叔會報，然而魯道夫自視為公司的創意總監，因此他並不歡迎保羅的建議和批評。儘管在奧爾多將百分之三點三的股份送給保羅後，保羅的不滿情緒便一度緩和，但他卻開始利用股東的權利，將他對於設計、生產及行銷的想法搬到家族董事會的檯面上。

保羅當時與妻子和兩個女兒漸行漸遠，並結交了新女友珍妮佛·帕德弗，她是個身材豐滿、金髮碧眼的英國人，她的夢想是成為歌手，她不僅頗有幽默感，且剛結束第一段失敗的婚姻。然而，由於保羅與伊馮娜過去是在羅馬天主教會結婚，因此要離婚更是難上加難（或者說是近乎不可能）。為了與珍妮佛結婚，保羅與珍妮佛於一九七八年私奔至海地並成為當地居民，他們在五年後生下一個女兒，取名為蓋瑪。

巴斯克於一九七四年死後，保羅就掌管了佛羅倫斯外的斯坎地其工廠。保羅會從玻璃隔間的辦公室向內監督訂貨部，訂貨部的牆上掛滿了時鐘，顯示著全球古馳分店所在地的時間；從隔間的其中一扇窗戶向外望，能看見採購部的員工及公司下訂的紡織品和珍貴皮料，舉凡印尼和北非的鴕鳥皮與鱷魚皮、波蘭的野豬和家豬皮、蘇格蘭的羊絨，以及成匹印有雙G字樣的布料，這些布料皆產自俄亥俄州的托雷多，並送至泛世通公司經過特別的防水處理；穿過大廳另一頭的是公司的設計工作室，工作室的牆上釘滿了各式色環及布料樣品，以及手提包、扣環、手錶、桌巾及瓷器的素描；保羅的辦公室還有一面窗戶，能將外頭的田園風光一覽無遺——托斯卡尼的鄉村景致是成片的高麗菜田、幾處別墅和數棵落羽杉，以及遠處高低起伏的亞平寧山脈。

辦公室樓下就是工廠，縫紉機颼颼大作而裁切機也砰砰作響，全背對著牆上用來排出黏膠臭氣、不停嗡鳴的風扇；工匠們在廠內的一處角落熟練地掄起煤氣噴槍，火焰將堅硬的竹節燒得又黑又軟，以製成古馳知名手提包的微彎提把；來回滾動的四輪推車載滿各階段未完成的產品，有些尚需膠合，有些尚需縫紉、切割、裝飾，或固定至其他物件上。尚未引入任何現代化的皮革切割和壓製機具之前，工匠們採用的是與嘉黛耶街和圭洽迪尼濱河路上的古馳工廠相同的技術，而每件商品在經過檢查後，都會置入白色的法蘭絨包裝紙中準備裝運，至今古馳仍會這麼做。

對於看著保羅每日穿梭於托納波尼路辦公室和斯坎地其工廠的工匠和銷售人員來說，保羅是個熱情洋溢、討人喜歡且非比尋常的人物，他不僅擁有取之不進、用之不竭的創意，還總是穿著一件印有古馳字樣的寬鬆長褲跑來跑去。他的員工們很快便意識到保羅與他的父親很像，總是時而狂喜，時而盛怒，每結束一場成功的發表，他就會轉身對他的設計助理說道：「雖然他們在為我鼓掌，但我知道是你的功勞。」然而當助理與他產生矛盾時，保羅又會將滿手的草稿扔向助理的臉，然後走出房間。

保羅在托斯卡尼山丘看似祥和且令人著迷的生活，不過是將波瀾掩蓋於平靜之下。事實上，保羅認為公司缺乏遠見和規畫，並且非常看不起他的叔叔魯道夫。他認為魯道夫根本缺乏組織的能力，反觀他的父親則是天生的領導者，只不過缺乏適當的建議。

「我叔叔是名好演員，但作為商人，他就是個垃圾。他知人善任，但卻不是領導者的料，反觀我父親則完全相反，他是天生的領導者，但身邊的顧問卻都是廢物。」保羅有次說道。

保羅每天都會從佛羅倫斯寫信向住在米蘭的叔叔魯道夫抱怨，保羅覺得古馳應該為了招攬更年輕且更時髦的顧客，而發放許可證生產並銷售更便宜的商品，他也認為古馳應該複製喬吉歐在羅馬分店的成功，另闢一系列的新店。然而保羅對於古馳事業發展的想法不僅未受到推廣，還迅速地遭到駁回，因此保羅便運用自己在家族董事會上的地位，針對公司的財務狀況提出了尷尬的問題——保羅表示古馳在全球的銷售突飛猛進，佛羅倫斯的工廠也終日以全速生產，而古馳在世界各地雇用了數百名員工，公司卻似乎總是沒有多餘的資金。他與珍妮佛結婚的那一年，美國公司宣布創下了營業額記錄，高達四千八百萬美元，卻完全沒有任何盈餘，這怎麼可能呢？保羅大聲地質問，此外，他還覺得自己和兄弟們每月收到的津貼根本不足以維持生活。事實上，奧爾多一直以來都給予兒子們低薪，希望他們謙遜有禮且安分守己，他會不時發放獎金讓兒子們開心，「讓孩子們高興一下吧！」月底時，奧爾多總會一邊愉悅地這麼說，一邊默默地在他們的支票上多寫點錢。

看不見的收益成為家族內部更大的疑慮，魯道夫將此一結果歸咎於奧爾多對擴張公司的渴望。成立古馳香水公司所費不貲，魯道夫又僅擁有該公司百分之二十的股份，因此他個人的獲利有限，其餘的百分之八十皆進了奧爾多和他兒子們的口袋；另一方面，保羅與他的兄弟們都對於魯道夫握有母公司百分之五十的股份感到忿忿不平，因為他們認為母公司根本是奧爾多一手建立。保羅的抱怨信逐漸在米蘭的桌上堆積如山，魯道夫也漸漸失去了耐心。

七〇年代末期，一件古馳員工們眼中的平常事引發了全面衝突。這一天，保羅到托納波尼路上的店鋪後，將其中一個魯道夫最喜歡的手提包移出了展示櫥窗，因為沒有人在設計這款皮包時問過他的意見。魯道夫在發現櫥窗的變動時，立刻便想知道是誰如此大膽亂動了他的櫥窗展示品，得知真相後，他勃然大怒。不久後，魯道夫便在一場新聞發表會上公開譴責了剛離開的保羅，隨後又在佛羅倫斯的設計辦公室開會時，將手提包一一扔出，有些甚至飛出窗戶落在草皮上。隔天早上，警衛發現工廠的門戶大開，廠裡與廠外的地上滿是皮包，警衛認為是公司遭了小偷，後來這也成了古馳的奇聞軼事。

「一切一如往常，這樣的事情時常發生。」一名前員工回想起飛來飛去的皮包，如此說道。

然而保羅批評的信件和無理的行為已超出魯道夫忍耐的極限，魯道夫生氣地與他的姪子在電話上對質，並叫保羅到米蘭見他。員工領著保羅到魯道夫在蒙特拿破崙大街的辦公室後，魯道夫便單刀直入。

「我已經受夠你的無禮！我跟你的關係就到此為止！如果你在義大利活不下去，那最好滾回紐約替你父親工作！」魯道夫大吼道。

保羅也不甘示弱，要求要看公司的帳本，「我是古馳的經理兼股東，我有權知道公司的情況！進到這裡的數百萬美元到底都到哪裡去了？」保羅回吼道。

保羅打給他的父親，聲稱魯道夫妨害了他在公司的權益，削減了他身為設計經理的職權，並在未向他諮詢的情況下擅自做主。奧爾多作為長期以來的和事佬，他選擇將問題先置於一旁，並邀請保羅到紐約替他工作。

「你需要休息一下，保羅。美國是個能夠安居樂業的好地方，你可以在這裡負責所有的配件和設計，珍妮佛也會喜歡紐約，或許這裡會讓她的歌唱職涯大有斬獲。」奧爾多在電話的另一頭慈祥地說道。保羅和珍妮佛都很興奮，奧爾多送了一間步行五分鐘便能抵達第五大道店鋪的公寓給兩人，任命保羅為美國古馳的行銷副總暨總經理，並給予他管理階層該有的薪水。欣喜若狂的保羅頓時充滿了各種新點子，準備要好好開發這看似無窮無盡的美國市場，當時是一九七八年。

一九八〇年，奧爾多在第五大街六八五號對面的五十四街上開了一間吸引人的新店，該處原為哥倫比亞影業大廈，於一九七七年被奧爾多收購。該棟建築一共有十六層樓，工人們將一至四樓清空，僅留下電梯等基本設施供樓上的租戶通行，光是在打通的區域加裝鋼筋和混凝土樑柱以支撐建築結構就花了一百八十萬美元。該店最大的特色就是寬敞的中庭，其中庭兩側各有一臺透明電梯，透明電梯間懸掛了一張巨型壁毯，壁毯為一五八三年所織的《巴黎的審判》，原是要送給法蘭西斯科一世・德・麥地奇的贈禮。店內的一至三樓則同樣出自紐約的建築師韋斯伯格與卡斯楚之手，主要採用玻璃、石灰華和雕塑用青銅設計；店內一樓主要展示手提包和各種配件，二樓陳列男仕產品，三樓則擺滿女仕產品，直至一九九九年古馳現在的管理階層接手翻修前，店內的基本陳設一直都沒有太大的變動。

奧爾多在該店投資超過一千兩百萬美元，店內的四樓為羅馬人朱利奧・薩維奧所設計的古馳藝廊，光置於其中的藝術收藏就花費了大約六百萬美元。奧爾多數年來致力於將藝術與商業結合，他曾和幾名朋友一同參與另一名友人——義大利男高音盧奇亞諾・帕華洛帝的演場會，在看完表演後，奧爾多舉辦了一場驚喜的義大利麵晚宴，而這樣的活動也逐漸從非正式的聚會演變成既定的聯歡晚會，例如一九七八年，唐・帕斯夸勒與貝弗利・希爾斯的初次合作演出，古馳就贊助了晚宴及表演結束後的時裝秀。

奧爾多聘請了麗娜・羅塞里尼以接待臨店的重要貴賓，麗娜是倫佐・羅塞里尼的妻子，而倫佐則是導演羅伯托・羅塞里尼的兄弟。奧爾多深信強大的人際關係會是古馳最好的廣告，正如人們所述，麗娜・羅塞里尼與紐約各界的關係良好，時常會為藝廊迎來貴客——她會親切地將客人帶至柔軟的灰褐色沙發，一旁戴著白手套的服務人員則會在石灰華的桌子放上咖啡或香檳，眾人會一同在藝廊欣賞德・奇里訶、莫迪利亞尼、梵谷、高更和其他藝術家的畫作真跡，同時挑選著限量版的古馳首飾或皮料珍貴且鑲有18K金的手提包，價格至少都介於三千至一萬兩千美元之間。

「你可能會問說，在這個經濟蕭條的時代，究竟要去哪裡找會買這些東西的人？」奧爾多在新店開幕的前一天在《女裝日報》上說道。「我對美女有個論點，這世上只有百分之五的女人是真的美，而願意買這些東西的人也一樣，雖然世上只有百分之五的人願意花錢買這些東西，但這百分之五的人就足以讓我們眉開眼笑了。」奧爾多繼續說道，回答著自己的問題，他預測到一九八一年八月時，美國古馳的業績便將高達五千五百萬至六千萬美金。

保羅最喜歡的工作之一就是親自將古馳的鍍金鑰匙交給貴賓，這同樣也是奧爾多的主意。貴賓必須持有鑰匙才能進到古馳藝廊，而古馳總共只會發放不到一千支的小金鑰，也因此，古馳的小金鑰立即成為紐約特定圈內的必得之物。

古馳逐漸成為社會地位與時尚的公認尖端，其高級形象深深烙印在美國人的心中。在尼爾・賽門於一九七八年拍攝的《加州套房》中，所有角色拿的都是古馳的行李箱，且該戲的對話中也多次提及了古馳；一九七九年，為了拍攝《曼哈頓》的其中一個場景，伍迪・艾倫也曾在第五大道上閃閃發亮的古馳櫥窗前擺弄著攝影機；隆納・雷根總穿著古馳的莫卡辛鞋，而他的太太南西・雷根平時也總提著古馳的竹節包，並在特別的場合搭配緞子鞋和串珠的晚宴包；某次演員薛尼・鮑迪至非洲旅遊，在記者問他踏上祖先的土地有何感想時，他輕蔑地瞥了一眼記者，回應道：「穿著古馳的鞋踏上去，感覺很棒。」這成了全球家喻戶曉的玩笑話；一九七八年，在《紐約每日新聞》週日版上，八卦專欄作家蘇茲曾將彼得・鄧琴譽為「成人管弦樂團指揮中的古馳」；而《時代雜誌》則曾在一九八一年將福斯小型四人座汽車的設計評論為「看起來不像汽車，反而更像隻古馳鞋」。

保羅在紐約享受生活的同時，他的叔叔並沒有忘記姪子過去針對他的種種。魯道夫對奧爾多輕率的解決方式十分不滿，他讓保羅離開了義大利的職位，卻沒有任何的通知或提供任何替補的人選，而此時的墨里奇奧剛重獲魯道夫的青睞，魯道夫無法接受保羅比自己的兒子在公司更有地位。一九七八年四月，魯道夫親筆寫信通知保羅，會將他從義大利的公司解職，因為保羅並未善盡他在佛羅倫斯工廠的職責，這也等同是對奧爾多的宣戰，魯道夫表明一切已經超出自己的容忍極限。

保羅在某天早上正準備出門前往第五大道的店時收到了信，然而這封信並沒有嚇到他，反而使他更加堅決。「如果他們要來殺我，我就會先殺了他們。」保羅對珍妮佛說道，他發誓要透過父親的權力毀掉魯道夫在公司的地位。保羅認為古馳香水公司在公司中的地位日漸重要，再加上「古馳配件收藏系列」的獲利可觀，而魯道夫又僅握有其中百分之二十的股份，這必會削弱魯道夫談判的力量。

然而問題在於，保羅與父親相處得並不好。墨里奇奧努力地迎合奧爾多，而保羅卻時不時與奧爾多起衝突。他們父子倆越常並肩工作，便越常對彼此感到失望。奧爾多非常專制，喜歡隻手遮天，凡事總有自己明確的想法。

「我完全沒有權力，什麼都做不了。」保羅抱怨道。

為了做點變化，保羅在手提包內塞滿了五顏六色的包裝薄紙，而非原先使用的白色薄紙，卻引起了奧爾多的不滿。「你不知道這會退色嗎？你這個白痴！」奧爾多大吼道。

保羅數次將已下訂卻延遲送達的原物料退貨時，奧爾多也會怒氣沖沖地說道：「我們與這些供應商已經合作多年，你不能這樣對待他們！」

兩人在廣告預算和商品型錄方面也多有分歧，奧爾多習慣以口耳相傳的方式推銷古馳。保羅唯有在櫥窗展示方面獲得奧爾多的認可，直到他雇用了一名年輕火辣的櫥窗女郎，奧爾多在女郎到職的首日便解除了保羅的該份職務。論社會地位，奧爾多是古馳家族中唯一在紐約稱得上有頭有臉的人物，新聞界將他封為「古馳的精神領袖」，只有奧爾多受惠於古馳的時尚旋風。

保羅完全不能忍受父親專橫的行事作風，並開始認真思量該怎麼辦。回到佛羅倫斯的這個選項自然是想都不用想，而他在紐約其實已經建立起一定的朋友圈和人脈，保羅因此開始探索以個人名義發展的可能性，然而家人們很快便得知了他的計畫。

「奧爾多，你那個白痴兒子到底想做什麼？」魯道夫從斯坎地其的辦公室打給奧爾多，對著電話狂吼道。魯道夫從許多當地的供應商口中得知，保羅為了自己「PG收藏」的產線而與他們接洽，這件事並非是空穴來風，「PG收藏」不僅設計風格、產品價格及送貨日期都已底定，其經銷通路的計畫也規模龐大，根據一份報告顯示，保羅甚至想把商品打入超級市場。

奧爾多掛斷電話後臉色鐵青，保羅完全錯算了父親的反應，奧爾多並未與保羅站在同一陣線對抗魯道夫，反而對兒子大發雷霆。即便奧爾多與魯道夫經常吵架，但每當要守護公司時，他們倆就會團結一心，此刻的他們都將保羅視為古馳聲譽及成就的威脅。奧爾多憤怒地一拳打在桌上，他對保羅付出了那麼多，卻得到這樣的回報。

奧爾多打電話要保羅到第五大道分店的辦公室，整棟房子都因他的怒吼而震動。

「白痴！你被開除了！你竟然愚蠢到要來與我們競爭！愚蠢至極！我已經沒辦法再護著你了！」

「你為什麼要任由他們扼殺我？我只是想讓公司更好，沒有要毀了公司！如果你開除我，我就會成立我自己的公司，到時候我們就知道誰才是對的！」保羅吼了回去。

他衝出店後，打給了律師斯圖亞特・史佩塞。幾天後，報紙上就載滿了新商標「PG」登記的新聞。

不久後，父親的資遣信就到了——一封由董事會寄出的掛號信，日期寫著一九八〇年九月二十三日。保羅得知自己在公司待了二十六年卻沒有遣散費後，決定再次對簿公堂，他對義大利母公司提起訴訟，也因此使得魯道夫更確信保羅是個潛在的危脅。家族成員們為此在佛羅倫斯召開了一次董事會，保羅並未受邀參加，董事會批准動用八百萬美金與保羅打官司。一直以來想置身於家族紛爭之外的喬吉歐參與了此次的董事會，羅伯托也同樣到場參與，他認為保羅這次實在太過一意孤行，因此事前曾試圖勸說哥哥：「你不能既是我們的一員，又要與我們競爭。如果你想參與，那就要遵守遊戲規則。你不能在與公司對抗的同時又待在公司裡，如果你想要走自己的路，那就把股份都賣了吧！」

保羅對於各方的壓力感到憤恨不平，他說：「每個人都在保護自己在公司內的利益，我不明白為什麼我就不能這麼做。」

儘管墨里奇奧並不是公司的股東，但在魯道夫的力保之下，墨里奇奧得以出席此次會議。此前魯道夫被診斷出患有前列腺癌，因此儘管他在公司中依然相當活躍，仍希望墨里奇奧能盡快脫穎而出。

「你一定要用盡全力打倒保羅。」魯道夫私底下曾對墨里奇奧透露心聲。「你一定要快速又徹底地將他擊潰，他正在危及我們所擁有的一切，而我沒辦法永遠都在這裡守著。」此時的魯道夫已經將近七十歲，且正接受密集的化療以抑制癌症。

隨後古馳立即採取行動對付保羅，公司聘用了多名律師，並立即通知所有過去由保羅接洽的經銷許可人，告知所有在保羅・古馳名下進行的商品經銷均會遭到封鎖。魯道夫親自寫信給公司的所有供應商，表示任何人只要與保羅有生意上的來往都會被除名。與此次行動相比，先前與仿冒商的衝突根本只是小打小鬧，家庭衝突已升級為全面的貿易戰。這場家族戰爭將於往後十年揭開一般家族企業不為人知的一面，包括不斷變化的聯盟關係、突如其來的反叛及各種和解，報章媒體將之敘述為「阿諾河上的家族風雲」，實則更讓人聯想到馬基維利筆下文藝復興時期的佛羅倫斯。

第六章

# 保羅反擊

隨著古馳組起防禦並劃定戰線後，保羅追求自我品牌的心也越來越堅定不移。保羅於一九八一年發起進攻，他提出首起訴訟以確保使用自己的名字作為品牌名的權利，至一九八七年他總共對父親及古馳公司提出了十起訴訟。他的父親與叔叔阻礙他與供應商簽約，保羅就在海地開發潛在的產線，生產自己的各種設計，家族甚至發現保羅在海地生產古馳的仿冒品。

與此同時，奧爾多與魯道夫為古馳香水公司的日益壯大屢次發生衝突。儘管魯道夫承認自己之所以擁有現在的生活，很大一部分都要歸功於奧爾多，但他也很嫉妒哥哥的自信及權勢，並且渴望著哥哥所擁有的一切。魯道夫的才幹與奧爾多根本無法相提並論，但他仍十分抗拒且厭惡奧爾多對公司的控管，且魯道夫也擔心他的獨子墨里奇奧在公司缺乏實權。

與保羅的鬥爭之初，魯道夫試圖宣示自己對公司的控制權，但事實上他手中的權力正逐漸消逝。魯道夫隨後想明白了奧爾多的計策，看清奧爾多要將古馳品牌大部分的收益都轉入古馳香水子公司中，因為魯道夫只握有該公司百分之二十的股份，而墨里奇奧更是一無所有。魯道夫逼迫奧爾多分更多的香水股份給他，但遭到拒絕。

「我找不到任何理由要我的兒子們將股份交給你。」奧爾多說道。魯道夫並未成功取得香水公司更多的股份，因此他試圖以別的方式影響全局。

他聘用了一名在華盛頓事業有成的年輕義大利籍律師——多姆尼科．狄索爾，若不算上保羅，狄索爾是魯道夫遇見第一個敢起身反抗奧爾多的人。狄索爾出身於羅馬，他的父親是名義大利南部卡拉布里亞區奇羅小鎮的陸軍大將，由於父親的職業需求，狄索爾年幼時便與家人周遊義大利各處，從小就知道世界遠不僅止於貧窮與黑手黨肆虐的卡拉布里亞。狄索爾於羅馬大學取得法律學位後，接受了好友比爾．麥格恩的建議，決定申請至哈佛法律學院一同攻讀碩士學位，而哈佛大學不僅錄取了狄索爾，還提供他獎學金，聰穎機靈、雄心勃勃且積極進取的狄索爾很快便將美國視為機遇之地。

「我愛死美國了。」狄索爾後來說道。「這與我的個性有關。我這一輩的義大利人成天只想著『媽媽』和『義大利麵』，但對我來說，美國的一切既新鮮又刺激。」他時常引用一項研究向朋友表示，美國的有錢人多數是白手起家，反觀歐洲的有錢人則多數生於有錢人家，狄索爾意識到自己的抱負及精力，在擁有各種機會的美國完全是如魚得水，同時他也很高興能與母親距離千里之遙，因為據狄索爾所述，他的母親固執己見且控制慾極強。

「在美國人的思維中，離家去上大學是一種成年禮。」狄索爾說道。「我還記得我大一時住在可怕的戴恩樓（後來搬到斯托利樓）。某次媽媽來找我，她四處看看後便對我說：『家裡的房間我都幫你整理好了。』但那一刻我竟一點都不想回家！」

「狄索爾百分之兩百是個美國人。他從一個相對封閉的社會搬到一個較為開放的社會中，如今的他與其說是個義大利人，更像是個美國人，他對美國的熱愛尤其能凸顯這一點。」狄索爾的老同事艾倫·塔托說道。艾倫·塔托至今仍是古馳內部的法律顧問。

狄索爾相當認真學習，並於一九七〇年完成碩士學位，曾短暫在紐約為佳利律師事務所工作，隨後與著名的科文頓·柏靈律師事務所一同搬往華盛頓特區。他在喬治城的N街上有一處公寓，對面恰好是參議員約翰·甘迺迪過去住的地方。狄索爾與妻子伊蓮娜·勒維特於一九七四年六月的一次相親中相遇，狄索爾立刻便愛上了對方淡藍色的眼睛、鮮明的性格，以及她身為白種新教徒盎格魯撒克遜後裔的價值觀，狄索爾覺得和伊蓮娜在一起就猶如深入了美國的核心。

狄索爾當時三十歲，比伊蓮娜年長了七歲，但狄索爾依然徹底愛上了對方。「他迷人、瀟灑又細心。」伊蓮娜說道，這名在國際商業機器公司前途可期的女子也對狄索爾努力的決心印象深刻，畢竟科文頓·柏靈律師事務所每年只會接受一名同職等的外國籍律師。兩人相遇後不久，狄索爾就將伊蓮娜介紹給正巧前來華盛頓特區待上六週的父母，狄索爾的母親也立刻就喜歡上了伊蓮娜，並將此事告知狄索爾。一九七四年八月，狄索爾向伊蓮娜求婚，隨後兩人便於十二月在國家大教堂區內的聖奧爾本斯主教堂結婚，狄索爾繫上領帶、身著燕尾服，而伊蓮娜則穿著她母親結婚時的禮服。

後來狄索爾通過了律師資格考，並加入M街上年輕、有活力且蒸蒸日上的派博律師事務所（現名為翰宇國際律師事務所），該事務所廣獲讚譽且從事眾多國際業務，令狄索爾備感興趣。隨後狄索爾下定決心要成為事務所的合夥人，然而要在這三百名律師齊聚且逐漸壯大的事務所完成此目標可是相當競爭，但狄索爾依然努力不懈、精益求精。

「與事務所合夥成為我的首要目標，我比任何人都努力工作，從沒有要求休息，我樂此不疲。」狄索爾說道。

一九七九年狄索爾正式成為公司的合夥人，並發展成一名稅務律師，稅務是當時的外籍律師最難涉入的領域，他開始協助在美國尋求擴展的義大利公司，為事務所迎來眾多賺錢的業務。

隔年狄索爾就在米蘭遇見了古馳家族，那時狄索爾正好與米蘭著名的律師朱塞佩・塞納教授保有聯繫，某天，塞納便邀請狄索爾一同前去參加古馳的家族會議。當天家族成員們圍著狹長的會議桌依派系而坐，律師則自成一組，共三組人馬在會議室中間形成一個三角形——奧爾多及他的兒子和顧問在一邊，魯道夫、墨里奇奧和他們的顧問坐在另一邊，而狄索爾和塞納則坐在會議室的最前端。會議剛開始時，狄索爾可說是漫不經心，一直低頭看著桌下的報紙。隨著會議過程逐漸白熱化，塞納擔心自己會一事無成，便請狄索爾幫忙主持會議，而狄索爾也答應了。

狄索爾是不說廢話、做就對了的那種人，他不僅沒被古馳的名號嚇唬到，一開始反而還覺得這家人並無特別之處。儘管狄索爾在業內稱得上聰明絕頂且小有成就，卻仍缺乏幾分優雅和俐落，在美國縱然可以靠實績成功，但想涉入義大利的生意及人際，仍需依靠家族背景和社會地位——在義大利人的觀念中講求的是對的名字、對的地址、對的朋友和對的風格，總之就是要面面俱到。古馳的家族成員打量著狄索爾，看著他雜亂叢生的鬍鬚、不合身的破舊美式西裝，以及搭配白襪的黑皮鞋。而正當熱情洋溢的奧爾多要開口時，狄索爾卻直截了當地說道：「現在並非輪到您發言，古馳先生，請靜待您的發言時間。」魯道夫驚嘆又敬佩地張大眼睛，散會後，魯道夫在眾人離開時將狄索爾拉到一旁，並立刻聘用他，完全無視他身上廉價的西裝及白襪。

「任何敢那樣頂撞奧爾多的人，拜託一定要來為我效力！」魯道夫興奮地說道。魯道夫與狄索爾聯手，一同發起合併古馳香水公司與總公司的計畫，此舉若成功，魯道夫能擁有「帆布藏品系列」百分之五十的掌控權，而非原先的百分之二十。

魯道夫的舉動徹底激怒了奧爾多，某日，奧爾多將保羅召入他位於棕櫚灘的辦公室，並要求保羅在股東大會上宣誓效忠，奧爾多想藉此釐清魯道夫的態度。當天無法與會的魯道夫中斷了狄索爾在佛羅里達礁島群的假期，要求狄索爾代為出席。奧爾多狹長的辦公室正中間擺了一張奧爾多的辦公桌，三人於是圍著辦公室最裡面的小會議桌而坐。

保羅可不想幫父親的忙，他對公司及家族的忠誠已被他所見的不公不義消耗殆盡，保羅對奧爾多表示，如果父親願意讓他以個人的名義發展，他就會將票投給父親。

「你都不讓我有喘息的空間，怎麼能指望我幫你一起對抗魯道夫呢？」保羅猛然起身，一邊激動地來回走動，一邊對父親說道。「如果我不能在公司內發揮，那我當然要向外發展，是你開除了我，我可從沒說過自己想被開除。」保羅憤怒地說道。

奧爾多的步伐越走越快，他無法接受自己的兒子竟然想逼他就範，他朝著自己的辦公桌走去，情緒瞬間失控，一手拎起辦公桌上離他最近的東西——保羅設計的古馳鉛水晶菸灰缸。

「你這個王八蛋！」奧爾多一邊怒吼，一邊將菸灰缸朝辦公室另一頭的保羅扔去，菸灰缸砸在會議桌後方的牆，水晶碎片灑了保羅和狄索爾一身。

「你瘋了！你為什麼不照著我說的話做？」奧爾多面頰通紅，脖子兩側的血管全都隆起，他吼道。

此次事件打碎了保羅與家族達成協議的妄想。那一刻，他下定決心要扳倒古馳家族，保羅意識到家族堅決地與他對抗，他要讓所有家人知道他們鑄下了大錯。

然而，奧爾多並不樂見衝突。從商業的層面來看，衝突消耗的是公司寶貴的資源與精力，且會造成社會的負面觀感；就奧爾多個人而言，與兒子衝突令他相當難過，奧爾多一直深信家族的力量，迫切地想與保羅和解。因此，他決定嘗試休戰，邀請保羅和珍妮佛到他位於棕櫚灘的家裡作客，與他和布魯娜共度一九八一年的聖誕節至一九八二年的新年假期。他們父子倆以古馳家族的風格熱情地向對方打招呼，彷彿兩人間什麼都沒發生過，而奧爾多也打電話給人在米蘭的魯道夫——他首先送上了節慶的祝福，隨後便馬上切入正題。

「夫夫，在與保羅長談後，我想他已經願意回歸我們，我們應該為這場鬥爭畫下句點了。」他們兩人都同意開給保羅一個職缺，並於一月開始正式實行，同時他們也徹底改變了「古馳帝國」的結構——將原母公司與旗下古馳香水公司等所有子公司整併，整併後的古馳集團於米蘭上市。奧爾多的三個兒子分別占有公司百分之十一的股份，百分之十七的股份則由奧爾多所有，同時，他們也任命保羅為主公司的副總裁，並設立握有授予經銷許可權的新部門，同樣由保羅擔任該部門的主管。他能重新以古馳的名義核准過去已簽發的特許協議，同時他也獲得連本帶利的遣散費及年薪十八萬美元的工作約，以上條件看似滿足了保羅想要的一切。根據協議條款，雙方得放棄所有控訴，且保羅也得放棄以他個人名義所設計及銷售的所有商品。

保羅仍相當遲疑，隨後他也得知自己的設計提案必須經由董事會核准，而董事長正是魯道夫，證實他並非多慮。然而，保羅仍決定接受條件，並於二月中簽署了合約。可惜休戰並未維持太久。

一九八二年三月，古馳董事會召見保羅，要求保羅帶一份他已簽約的產品線清單，並上呈他對古馳新部門產品線的新構想。保羅努力地準備資料，但會議結果並不如他預期，董事會否決了他的所有提案，並表示他所提出的低價產品概念與公司的利益衝突。保羅嘗到前所未有的難堪，覺得自己被擺了一道，而狄索爾則矢口否認公司企圖誤導保羅，並細數保羅過去的行為對公司造成了多大的危害。

董事會不久後便取消了保羅為公司設計的權力。儘管保羅是董事會的一員，卻無權實現自己的設計，他在收到遣散費的三個月後，又再次遭到解雇，保羅說道：「我覺得自己就像個傻子，叔叔提供的合約和保證根本全都一文不值。」

一九八二年七月十六日，那場廣為人知的董事會在佛羅倫斯托納波尼路古馳店鋪樓上的辦公室展開，情勢劍拔弩張。保羅在公司內已不具有營運的相關權力，但他運用股東的身分不斷地左右公司的業務決策，奧爾多、喬吉歐、保羅、羅伯托、魯道夫、墨里奇奧及其他公司董事圍坐在胡桃木桌邊，會議室內的氣氛比夏天的熱浪還要逼人。奧爾多坐在狹長會議桌的最前端，右邊坐著羅伯托，左邊坐著魯道夫，而保羅則坐在會議桌的另一端，右邊坐著喬吉歐，左邊坐著墨里奇奧。

奧爾多宣布會議開始後，便請祕書宣讀前次確認過的會議記錄。接著，保羅要求要發表一段聲明，立即引起現場的竊竊私語及側目。

「是嗎？你有什麼想說的？」奧爾多不耐煩地問道。

「我想說，作為公司的董事，但我卻無權瀏覽公司的帳簿及文件，因此在會議繼續下去之前，我想先釐清我現在的立場究竟為何。」保羅說道。

他的語音未落就被否決的吼叫聲打斷。

「在香港領公司錢的兩名神祕股東是誰？」保羅脫口而出，引來更多的吼叫聲。

保羅注意到祕書多姆尼科·狄索爾停下了會議記錄。

「你為什麼沒把我的問題寫下來？我要求於會後取得本次會議的記錄！」保羅大聲叫嚷著。狄索爾環顧會議室，發現現場沒人覆議，他因而保持不動。保羅見狀便從公事包中拿出一臺錄音機，按下錄音鍵，開始背誦他的不滿，接著他又將他的問題列表往桌上一扔，吼道：「而且我要這些全都寫入會議記錄中！」

「把那個鬼東西關掉！」奧爾多對著保羅怒吼，而喬吉歐則伸手想搶下保羅的錄音機，爭奪的過程中不小心弄壞了錄音機。

「你瘋了嗎？」保羅對著喬吉歐大喊。

奧爾多繞過桌子跑向保羅，墨里奇奧也跳起身，他以為保羅會衝向喬吉歐或奧爾多，因此便從背後扣住了他們的頭，牽制著其中一人。奧爾多衝向保羅，並試著搶過保羅手中的錄音機，保羅的臉頰在混戰中被劃出了一道嚴重的傷口，不斷地滲血，眾人在見到血跡後頓時靜了下來，墨里奇奧和喬吉歐也鬆開了保羅。保羅隨即拎起公事包跑出會議室，對著滿臉驚愕的辦公室職員們喊道：「叫警察！叫警察！」

保羅一把搶過總機接線員的電話，打給自己的醫生和律師，接著便搭電梯下樓，直通古馳的店內。保羅穿過店跑出門外，對著嚇壞的店員和顧客大喊：「快來看！這就是參加古馳董事會會遇到的事！他們想殺了我！」接著，保羅衝到當地的診所與自己的醫生見面，他在醫生處理傷口時要求醫生拍照記錄。當時保羅五十一歲，喬吉歐五十四歲，奧爾多七十七歲，魯道夫七十歲，而墨里奇奧三十四歲。

當晚保羅回家時臉色蒼白且滿身繃帶，珍妮佛大吃一驚，說道：「真不敢相信！這些成年人竟然像小混混一般打成了一團。」

「保羅的臉沒有傷得很重，根本只是一道小傷，卻傳成一件慘案。」狄索爾後來說道。

幾天後，保羅人在紐約的律師斯圖亞特·史佩塞對古馳提起新訴訟，起訴內容包括施暴、毆打及違約，違約的部分是——身為董事的他，卻在查驗公司財務時遭拒。

他要求總共一千五百萬美元的賠償，包括一千三百萬美元的違約賠償，以及另外兩百萬針對施暴及毆打的賠償。保羅表示所謂的和平協議根本只是為了解決他而設下的陷阱，新聞媒體歡天喜地大肆報導，而奧爾多則驚慌失措。

《時人雜誌》寫道：「家族風雲的電影不夠看！光鮮亮麗背後的鬥爭動搖著古馳的基業。」；《信使報》寫道：「古馳家族的惡鬥！」；而《晚郵報》則寫道：「古馳家族兄弟鬩牆。」紐約法院最終以事發於義大利為由拒絕此案，但此案仍引起了大西洋兩岸的熱議，許多古馳的重要客戶都對此感到一頭霧水，賈姬・歐納西斯傳給奧爾多的一字電報「嗯？」成為公司的傳奇故事之一，連摩納哥親王蘭尼埃三世也詢問古馳家族成員是否需要協助。

事情傳開後的第二天，世界各地的買家都聚集到古馳位於斯坎地其的總部，當天現場正在進行秋季系列的銷售簡報發表，奧爾多此時才得知保羅對他提出了訴訟，更發現相關新聞已經滿天飛，那一刻，工廠內的所有人都聽見了奧爾多的怒吼。

「如果他告我，我以上帝的名義發誓，我絕對會告回去！」奧爾多對著電話另一頭通知他消息的人咆哮道。魯道夫先前企圖增加自己對古馳香水公司的掌控，並於一九八二年成功地將古馳香水公司併入原母公司，更聘用狄索爾為自己和古馳對抗保羅的抨擊，然而，奧爾多仍先嚥下了他對魯道夫的不滿。隔天奧爾多接受了《女裝日報》的採訪，試圖將衝突降到最低，他強化自己作為公司大家長的形象說道：「哪個父親沒打過不受教的兒子巴掌呢？」並補充表示，家族已經快與保羅達成共識。但奧爾多並沒有意識到保羅的堅持與決心，此時的保羅才剛抬出大砲而已。

保羅在古馳工作的數年間，悄悄收集並分析了公司些許的財務文件。他想要瞭解公司內部的運作，並自己理出公司處理事情的條理，保羅發現公司數百萬美元的應納稅所得，都以開立不實發票的方式抽到了境外公司，因此他決定以此證據作為武器，奪回他以個人名義發展的自由。保羅首次起訴時，古馳的律師成功聲請法院駁回案件並業經確定，然而保羅並不氣餒，他於一九八二年十月用古馳給的遣散費支付了部分聘用律師的費用，在訴訟中主張古馳的解雇處分係屬不當解雇。為了支持自己的聲明，他向紐約州聯邦法院提出關鍵的補充理由書狀，希望迫使奧爾多改變態度，邀請他重回家族企業，或放行他發展自己的產品線。

「那些文件本來只是為了讓他就範。」保羅後來說道。因保羅而起的這些爭議不僅分裂了家族，也離間了與家族親近的人們。儘管有些人譴責保羅不該將親生父親供出，但也有些人認為保羅已被逼到走投無路。

「保羅面對的是強取豪奪。就算他不是家族中最有才華的成員，他也是付出最多的那一個，即便他供出了親生父親，那也是因為他的父親給了他這麼做的理由。」恩莉卡・皮禮說道，她承認自己對奧爾多的二兒子有特殊的情感。

「保羅可沒受騙上當。他背著家族大做生意，家族當然必須確定保羅沒有出賣公司，他與我們交涉從沒安好心。」狄索爾反駁道。

保羅提交的文件清楚地揭示了古馳公司掩蓋獲利的事實——位於香港的巴拿馬公司偽裝成了為古馳提供設計的廠商，古馳紐約的會計主任愛德華・司澄寄到公司的信則使偽罪證成立，並掀開了密謀的帷幕，信中寫道：「為了將發票開得夠逼真，也為了證明古馳對該公司有潛在的需求，務必要將各種時尚設計的產品及草圖送往古馳驗收，僅是為了留下一些記錄。」

一九八三年，由於魯道夫的健康狀況急轉直下，美國國稅局及檢辦僅著手調查了奧爾多・古馳的個人及職業欠稅，愛德華・司澄早在結案前就已去世，但調查員也已發現足夠的事證並移交大陪審團。

保羅對自家公司提出的所有訴訟，最終只有一起送審，直到一九八八年，紐約地方法院法官威廉・康納才對該案做出了裁決。康納法官為這起延續了將近十年的家族鬥爭找到了公正的解決方法——保羅・古馳不得使用自己的名字作為商標或商業名稱，因為會使消費者對古馳的商標產生混淆；另一方面，保羅．古馳得使用自己的名字作為一名產品設計師，並能於古馳以外的商標底下銷售產品。

「自該隱與亞伯的時代以來，家族紛爭皆起因於當事人缺乏理性且衝動行事，進而導致激烈的鬥爭，最後造成毫無意義的傷害。」康納於意見書中寫道。

「此案僅是我們這個時代最廣為人知的家族紛爭的冰山一角。」他後續寫道，並指出古馳一家之前早在世界各地的法官及仲裁小組前相爭，家族成員及企業已付出了極大的代價。

保羅．古馳的名號自成一格，
這個標籤代表的是
出眾品質、
精益求精以及卓越設計。
除了致同業，這封非傳統的回函，
也致雅人清致、見識廣博的消費者，
我以公開的自介文輕輕地問候，
帶點幽默，喜迎各位貴客。
高興與自豪，
我一如既往地獻醜。
向各位介紹保羅．古馳的設計
與另一些「古馳」相比，

各方面都更勝一籌。
作結，世事總是出乎意料且耐人尋味，
人生如一場遊戲般展開。
我心底深知，
美國古馳總公司總有一天
會買下我的優秀品牌。

保羅預言美國古馳總公司會收購他的品牌，時隔八年後也確實成真。經法院判決後，保羅便如火如荼地開始準備創業，並租下了紐約麥迪遜大道上的高價零售空間，但他支付了大約三年的租金，卻遲遲未計畫開店。在工作方面，保羅的生意停滯不前，隨後便以失敗收場；而在生活方面，他與珍妮佛的婚姻破裂，並開始與另一名英國籍女子交往，女子名為佩妮·阿姆斯壯。她是個容光煥發的紅髮養馬人，保羅原先聘她至自己於薩塞克斯郡魯斯珀村莊一處三十三公頃的地產，負責照顧家中的純種馬，後來兩人卻生了個小女孩名叫艾麗莎。保羅讓佩妮搬進莊園大屋，將珍妮佛趕出門外，並把珍妮佛的東西都塞進箱子中丟到屋外淋雨。珍妮佛感到忿忿不平，她請妹妹收拾回那些箱子，並與當時十歲的女兒蓋瑪搭帳篷宿於紐約大都會大廈——保羅與珍妮佛於一九九〇年在此處買下了三百萬美元的豪華公寓，然而後來並未完成裝潢，屋內雖可欣賞中央公園的壯麗景色，但身邊卻滿是暴露在牆外的電線和水管，珍妮佛只能借來數尺長的金屬纖維布料覆蓋左右。一九九一年，珍妮佛將離婚協議書交給保羅後，保羅便不再支付珍妮佛與蓋瑪的開銷；一九九三年三月，珍妮佛訴諸法律，保羅因未支付三十五萬美元的贍養費及撫養費而短暫入獄；同年十一月，有關當局搜查了保羅於約克城高地的米爾菲爾德馬廄，並發現一百餘匹骨瘦如柴、髒亂不堪的純種阿拉伯馬——保羅為了讓珍妮佛以為自己沒有足夠的錢支付贍養費及撫養費，因此刻意忽視這些馬的存在，其中甚至還有十五匹馬尚未結清購買的費用。後來，保羅聲請了破產法第十一章的保護條款。

「希望你知道古馳家族的人全都是瘋子，各個機關算盡卻又非絕頂聰明，他們喜歡掌控一切，在想要的東西得手後，又會馬上將之毀掉！他們都是一些禍害，就這麼簡單！」珍妮佛於一九九四年時對記者如此說道。

保羅飽受債務和肝病的困擾，隱居於魯斯珀的陰暗房間中。據佩妮・阿姆斯壯表示，保羅已沒錢支付電費及電話費，有關當局扣押了那些在魯斯珀無人照料的飢餓馬匹，有些甚至遭就地撲殺。

「我用我最後的三十便士買了牛奶，不知道明天等著我們的會是什麼。」佩妮於一九九五年時向義大利的報社記者表示。

保羅的律師恩佐・史坦卡托後來悔恨地表示，他剛開始為保羅工作時，還以為自己要發大財了。他說道：「一年前我還是世上最興奮的人，因為我為古馳工作！然而轉眼間，這傢伙卻得由我來資助，我為他提供了衣服、領帶、襯衫和西裝，他剛到紐約時一無所有。我為他打點衣裝，後來他來找我時對我說：『我生病了，肝出了問題，需要進行移植手術才能活下來。』」

保羅未能來得及進行移植手術，於一九九五年十月十日因慢性肝炎死於倫敦的一間醫院，當時他六十四歲。他的喪禮在佛羅倫斯舉辦，隨後葬於托斯卡尼海岸聖托斯特凡諾港附近的小公墓，墓旁葬著他兩個月前剛去世的母親歐文。一九九六年十一月，破產法庭同意將「保羅・古馳」一名的所有權出售給古馳，古馳願意以三百七十萬美元了結因保羅而起的所有爭端。當時競標該名的人數眾多，包括史坦卡托及保羅過去曾承諾得以使用他名字的許可人，但都沒什麼來頭，其中一人還曾為了該名的所有權上訴至最高法院，但仍以敗訴收場。

然而，保羅的死及後續公司買下他的商業名稱及商標，並沒有停下古馳內部的波瀾，衝突僅是轉移到其他家族成員之間。保羅與家族疏離並最終離開家族事業的同時，他的堂弟墨里奇奧就此崛起，且於不久後加入了家族的戰局。

第七章

# 成敗得失

一九八二年十一月二十二日傍晚，超過一千三百名嘉賓聚集在米蘭的曼佐尼劇院，個個引頸期盼、竊竊私語，因為魯道夫指示墨里奇奧和派翠吉雅廣發邀請，找來好友一同觀賞他的作品──《我生命中的電影》的最後版本。

正式發出的邀請函不僅寫著放映時間，還印著一段感傷的話：「永遠不要忘記靈魂和情感的重要性，生活可能如偌大的貧瘠原野，落土的種子往往只會越長越偏。」

墨里奇奧、派翠吉雅及他們倆的女兒在紐約與奧爾多共事多年後，於一九八二年初舉家搬回米蘭。魯道夫的健康每況愈下，此時他的病況仍是不為人知的祕密，原先在維洛納以放射線療法為他治療前列腺癌的醫師突然逝世，魯道夫因此急尋新的對策，並打電話要墨里奇奧回米蘭帶領古馳邁向新的階段。

魯道夫以自傳電影的放映會為名義，隆重地歡迎墨里奇奧和派翠吉雅，同時他也想藉此為衝突畫下句號，讓米蘭的親朋好友們眼見為憑，家族如何熱烈地歡迎這對年輕夫妻的回歸。

派翠吉雅和藹地向賓客打招呼，她身著伊夫·聖羅蘭的禮服，胸前別著卡地亞的「真實之眼」，整個人光彩奪目。正如派翠吉雅所預期，墨里奇奧與魯道夫和解後，墨里奇奧將登上至關重要的地位，派翠吉雅認為墨里奇奧會為這間家族企業帶來全新的氣象，並找回在奧爾多與魯道夫治理時期古馳所失去的魅力，而曼佐尼劇院的這場首映便代表著公司全新的階段，她稱之為「墨里奇奧的時代」。

燈光逐漸暗了下來，羽絨的布簾悄悄滑開，記錄片的第一幕就是看著墨里奇奧在聖莫里茲的雪地上跌跌撞撞的魯道夫，那時的墨里奇奧才剛失去母親幾個月。

「接下來將是一齣淒涼的愛情故事，我曾希望這個故事沒有結尾……故事的男主角想對兒子述說家族的種種，並引領兒子從正確的角度看待世界。」旁白如此說道。畫面裡滿是黑白照片，照片上是古馳奧、艾伊妲和兩人的孩子、家族常聚在一起的餐桌，以及位於佛羅倫斯的舊工廠，接著採用了非寫實的片段剪輯，呈現魯道夫和太太以藝名墨里奇奧・德安科拉和珊卓瑞福表演的時光，後來的片段則依年代呈現古馳的發展史，包括托納波尼路分店開幕、魯道夫在米蘭的蒙特拿破崙大街店稱讚店經理吉塔迪的銷售記錄、奧爾多頭戴活潑的軟呢帽走進第五大道分店的旋轉門、七〇年代滿身古馳的迪斯可舞者、墨里奇奧和派翠吉雅指揮著工人翻修奧林匹克大廈的公寓，以及亞歷珊卓與阿萊格拉的受洗典禮……電影的最後一幕是魯道夫陪著蹣跚學步的亞歷珊卓，兩人在聖莫里茲老家修剪整齊的草坪上，亞歷珊卓把玩著魯道夫老舊攝影機的手動曲柄，旁白以一句感人的話為全片作結：「如果真要說我還有什麼能教給你，那就是帶你瞭解幸福與愛之間的深刻關係。生命的意義並非存在於春夏秋冬或更多的十幾個年頭，而是在像這樣風光明媚的早晨看著你的女兒逐漸長大……真正的智慧在於我們如何善用真正的財富——凌駕於交易與生意之上的豐富生活、青春年華、友誼與愛情，這些才是我們要永遠珍惜並守護的財富。」

電影完整地呈現了魯道夫的性格——浪漫且浮誇，這部傑作象徵著他對已故妻子的愛，也代表著他與兒子的和解，同時還挾帶著給墨里奇奧的訊息。魯道夫看見了兒子的抱負、熱忱及對錢財的運籌帷幄，並想透過電影的鏡頭提醒墨里奇奧，不要忽視了自己與在終老的這幾年才感受到的生命價值。

「每個人都得在三樣東西間取得和諧——感情、大腦與錢包。如果這三大元素沒能相輔相成，那就會出大問題。」魯道夫以前經常說道。

燈光再次亮起時，賓客全都感動不已。

「下次放映是什麼時候？」其中一名賓客向魯道夫問道。

「我再想想、我再想想。」魯道夫的臉上露出一抹傷感的微笑。只有至親好友知道癌症正吞噬著他的身體，雖然魯道夫依舊拚命地尋找能續命的療法，卻也越來越容易感到疲憊，表情也越來越陰鬱。他每天仍會準時到蒙特拿破崙大街的辦公室報到，同時卻也花了越來越多時間待在他最愛的聖莫里茲，因為他終於向老鄰居買下了可愛的青鳥之家，想讓墨里奇奧在公司中扮演更重要的角色。

墨里奇奧滿懷熱情地從紐約回到米蘭，雖然先前奧爾多伯父曾教給他很多，且兩人的關係既緊密又相互尊重，然而奧爾多也像對待自己的兒子那般，從不會讓墨里奇奧逾權。

「小律師，快過來！」奧爾多要找墨里奇奧時總會這麼叫，奧爾多會對墨里奇奧揮著手，彷彿墨里奇奧還只是個孩子。他喜歡開他姪子法律學位的玩笑，那時的墨里奇奧可是家族中唯一完成高等學歷的成員。奧爾多的兒子總會衝著他的霸道個性發怒，但墨里奇奧不一樣，他總會低著頭，遷就著奧爾多的脾氣，因為墨里奇奧深知，想向奧爾多學習就得撐過嚴格的訓練，同時他也瞭解這麼做一定會有回報。

「問題不在於如何與伯父共處，而是如何生存。如果他發揮百分之百的功力，那我就必須發揮百分之一百五，讓他知道我能做得跟他一樣好。」墨里奇奧曾如此說道。

因此他投入了許多時間，他深知想得到所求，可不能次次都走捷徑。

墨里奇奧維持著含蓄且保留的態度，汲取奧爾多的教誨，並展現出屬於自己的領導力、魅力，以及以熱情感染他人的能力。比起魯道夫，奧爾多更像是墨里奇奧的人生導師。

「父親與伯父的不同之處在於伯父是個商人、一個開拓者，他……對每個人產生了完全不同的影響，他十分真性情、敏感又具創意，公司絕對是由他一手築起，我親眼見識他如何與同事和客戶交好。伯父最吸引我的正是他與父親的不同之處，父親無時無刻都是個演員，而伯父並非在扮演他的角色，而是展現出真實內在的他。」墨里奇奧回憶道。

奧爾多越是蠻橫誇張，魯道夫就越沉著內向，他很少與哥哥起正面衝突。魯道夫多次怒氣沖沖地打電話給墨里奇奧，要墨里奇奧和他一同開車到佛羅倫斯去質疑奧爾多濫用權力，由魯道夫最信任的司機路易吉·皮洛瓦諾開著時髦的銀色賓士，三人從米蘭出發上了A1高速公路。

「這次他實在太超過了！我一定要好好教訓他！」魯道夫總會喋喋不休地說著，墨里奇奧會不斷地安撫父親，而路易吉則會靜靜地聽著。車子很快便下了高速公路，首先沿著平原駛向博洛尼亞，隨後蜿蜒進到亞平寧山脈並一路至佛羅倫斯。三個小時後，路易吉會開著車穿過斯坎地其工廠的大門，路過警衛室，然而此時魯道夫的怒火往往已退去，先前的堅決也早已不在。

「你好嗎？大哥！」魯道夫一如往常地給奧爾多一個熱情的擁抱。

「夫夫！你怎麼來了？」奧爾多會露出詫異的笑容，而魯道夫則會聳聳肩，隨便找個最近開發的新皮包當作理由，然後邀請奧爾多一起共進午餐。

七十七歲的奧爾多幾乎沒有放慢腳步，雖然比起天天經營公司，此時的他對派對和慈善舞會更感興趣。他確實於一九八〇年取消了紐約的午休政策，且透過「收藏配件系列」將古馳推廣至一般大眾，但在歷經一生的奉獻後，他開始犒賞自己，花更多時間在棕櫚灘的海濱豪宅陪伴布魯娜和他們的女兒派翠西雅，並時不時澆花種菜、出席社交場合，努力將自己的商人地位轉化成藝術的號召。

「我們不是商人，我們是詩人！我想和教皇一樣，總是為群體發聲。」奧爾多在康多堤大道辦公室內，那張鑲嵌著裝飾的書桌後怪腔怪調地說。

以前那面掛滿裱框簡樸證書的白牆，現已滿是十七、十八世紀的油畫，輝映著地下焦棕色的絲絨地毯與拱型天花板上的壁畫，還有市長約瑟·阿利奧托於一九七一年贈與奧爾多的舊金山市鑰，市鑰旁則擺著古馳的紋章。

在奧爾多開始裝模作樣的此時，總得有人出來為公司的未來打算，在魯道夫和派翠吉雅的推波助瀾下，墨里奇奧順利成章地成為公司的繼承人。一九八二年墨里奇奧回到米蘭時，一股變革的浪潮重塑了義大利的時裝業，影響擴及過往核心的羅馬艾塔莫達時裝秀，以及佛羅倫斯白廳的喬吉尼時裝秀。米蘭成為了時尚的焦點，因為新一代的時裝設計師皆於這座義大利的金融及工業首都竄起，包括戴、羅西塔・米索尼、祈麗詩雅的瑪魯琪亞・曼德利、喬治・亞曼尼、吉安尼・凡賽斯、吉安弗蘭科・費雷等人。於一九五九年在羅馬開始時裝生意的范倫鐵諾，最初也是發跡於米蘭，而後則放棄米蘭，前往巴黎讓他設計的時裝首次登臺亮相，隨後也推出了成衣系列。

米蘭時尚工會的幹部搶下了佛羅倫斯一年兩度的女性成衣時裝秀的主辦權，為白廳的時裝秀畫下句點，並將米蘭奠定為女性時尚的新據點。戰後的裁縫名家相繼失蹤，新一代設計師的崛起填補了創作的缺口，起初他們皆專為義大利北部的中型成衣業者的名牌系列創作新風格，諸如亞曼尼、凡賽斯、吉安弗蘭科・費雷皆是如此，隨著流行設計需求的增加，他們便開始以自己的名號在時尚圈闖蕩。從初出茅廬到大放異彩，年輕的設計師們開始在米蘭的高級街區成立自己的工作室，例如亞曼尼站上波哥納沃街、凡賽斯站上耶穌街、費雷站上斯皮加街，而祈麗詩雅則站上丹尼爾曼寧街，眾人憑藉著滿腦子的靈感，與忠實的設計助手團隊長時間地合作，不斷精進自己的創新風格。他們也總會在深夜時刻擠進米蘭市中心少數倖存的家庭式小吃店，包括波格斯佩索路上的貝切餐館、波西米亞布雷拉區的比薩斜塔餐館，以及鄰近米蘭主教座堂的聖塔露西亞餐館，這些餐廳至今仍廣受時尚圈和商業人士的喜愛。

亞曼尼和凡賽斯崛起，在米蘭時尚界爭王——凡賽斯主張新潮、閃亮且挑戰視覺的風格，亞曼尼則推出沉著、含蓄且優雅的作品；凡賽斯買下米蘭科莫湖畔宏偉的宮殿，於宮中塞滿他推崇的巴洛克式藝術珍品，而人稱「米色之王」的亞曼尼則喜歡待在米蘭郊外的倫巴底鄉村和西西里外海的潘泰萊里亞島上，兩處的寓所皆採低調且簡約的風格。

此時義大利的時尚圈充滿著一股全新的能量，透過新潮的攝影師、頂級的模特兒和光鮮亮麗的廣告宣傳，更多的錢湧入並打響了設計師的名號，芬迪和楚薩迪等由家族經營的配件品牌紛紛引入新的營運模式，他們將自我品牌形象升級，悄悄地奪取了古馳的市占率，古馳逐漸成為過時的代表。當時的普拉達在繆西婭的手上仍是一間不算活躍的行李箱公司——繆西婭是普拉達創辦人馬利歐・普拉達的孫女，她於一九七八年接掌普拉達。

墨里奇奧明白古馳若想維持競爭力就必須找到新方向，雖然古馳仍是上流與時尚的象徵，但風靡六、七〇年代的那股魅力已不在。墨里奇奧到米蘭的任務就是實現奧爾多長期以來的夢想，讓古馳在成衣界如在配件界那般聲名大噪。派翠吉雅作為狂熱的設計師品牌服裝消費者，她一直期望墨里奇奧聘請知名的設計師來為古馳的成衣操刀。

「對古馳而言，成衣市場是偌大的挑戰。」阿爾伯塔・貝勒瑞尼回憶道，她與保羅於七〇年代著手開發了古馳的第一件成衣，至今仍是古馳的成衣經理。由保羅推出的休閒系列算是小有成就，但僅占公司總收益的極小部分。

貝勒瑞尼回憶起七〇年代末的某天，保羅將員工們召集到斯坎地其工廠的設計工作坊。

「我的堂弟墨里奇奧出了個瘋狂的點子，他想去聘請外面的設計師。」保羅說道。

「也許這個點子可行。」貝勒瑞尼主動發聲。

「他一直在叨念著一個叫亞曼尼的人，亞曼尼是哪位？」保羅繼續說道。在場無人出聲，保羅便直接下了結論：「根本不用聘請他。」

保羅持續設計了好幾季的多個系列，其中一季也確實聘請了一名叫做馬諾羅·韋爾德的設計師，但後來保羅與家族的關係越來越緊張，於一九七八年離開佛羅倫斯前往紐約，並於一九八二年遭逐出公司。在義大利其他的時尚品牌先後興起之際，古馳才發現自家缺乏成衣設計師，家族試圖與貝勒瑞尼和其他內部員工完成了連續好幾季的成衣，但眾人很快就意識到他們需要幫手。

墨里奇奧再次提出古馳需要一名知名設計師來振興形象的想法，他知道亞曼尼的作品風格，認為亞曼尼有能力設計出適合古馳的典雅休閒服，然而此時的亞曼尼已經全心投入自己的事業，其事業飛速地擴展，古馳只得公開另尋其他設計師。

引領古馳在成衣領域開疆闢土，墨里奇奧如履薄冰，他必須在瞬息萬變的時尚市場中重新樹立起古馳的名號，但他也不希望請來的設計師蓋過古馳的風采因而失去老主顧。他希望古馳能在不失奢侈品大牌形象的同時，再度站上引領潮流的地位。

一九八二年六月，古馳聘請了盧西亞諾·索普拉尼，他是來自艾米利亞和羅馬涅區的設計師，其設計特色是善用少數色塊、寬織技法和薄紗布料。墨里奇奧準備在同年秋天於米蘭舉行的首次時裝發表會中，帶古馳打入米蘭的時尚網路，遠離他心中老土的佛羅倫斯。

一九八二年十月底，古馳於米蘭發表了首輪的索普拉尼系列服裝，該系列以非洲為主題，人形模特兒靜置於從荷蘭進口的兩千五百朵大麗花叢中，瞬間造成熱賣。

「我永遠不會忘記那場時裝發表會，衣服的展示間開了一整晚，買家們各個精疲力盡且雙腳浮腫，但人潮仍持續湧入。所有工作人員都徹夜未眠，每個客人都買了很多，甚至可以說是『買太多』，我們售出的量相當驚人，那是古馳黃金年代的開始。」貝勒瑞尼回憶道，她作為古馳的老員工，負責該系列的開發及協調。

義大利媒體大讚古馳新的發展方向與時俱進，希爾維亞・賈科米尼在義大利的《共和報》上寫道：「古馳在危機關頭褪去了佛羅倫斯的根深柢固，轉而放眼米蘭。古馳將米蘭視為新構想和新經營策略的試驗場，決心進入米蘭時尚圈的明星體系中，並善用這座城市的所有資源。」

「古馳正積極地翻轉公司的品牌形象。」希貝・多希看過古馳的新系列後，於《國際先驅論壇報》上寫道。此時的奧爾多因染上流感反常地待在羅馬的家中，因而由墨里奇奧親自向這名備受尊崇的時尚記者解釋公司的新發展方針。

「我們希望古馳帶頭定義潮流而非遵循潮流。我們並非時裝設計師，我們沒有要創造時尚，但我們想成為時尚的一部分，因為時尚於今日已是快速觸及人群的媒介。」

然而多希並未深陷於索普拉尼的設計魅力，她反而覺得款式太多而難以整合出單一的主題。

「新的形象的確不同於皮革裙搭配絲綢襯衫的經典與別致風格，新的風格包含的面向眾多，其中甚至還有取材自阿嘉莎・克莉絲蒂筆下《尼羅河謀殺案》的殖民風格。」多希寫道，她還指出拿掉雙G字樣的米白色系新款行李箱，是此次最令人眼睛為之一亮的商品。

墨里奇奧還聘用了南多・米利奧協助宣傳，南多・米利奧手上經營的是當時首屈一指的時尚傳播和廣告代理公司。墨里奇奧的此舉與奧爾多依靠人際網路宣傳的策略大相逕庭，因此當奧爾多看到知名攝影師歐文・佩恩所拍攝的產品宣傳照時，整個人氣炸了。

「很明顯他完全不懂古馳的精髓。」奧爾多說道。他大發雷霆，寄了一封用語十分尖銳的信給佩恩，但仍為時已晚，廣告早已交到各間時尚及生活雜誌媒體商的手上，廣告人物為當時的頂尖模特兒羅斯瑪麗・麥克格羅，搭配佩恩的招牌白色布景呈現。墨里奇奧拒絕撤下宣傳，並繼續完成同系列的另外四則廣告，其中一則的廣告人物為卡洛・艾德，由年輕的鮑伯・克瑞格操刀——鮑伯・克瑞格是佩恩的學生，兩人的攝影風格如出一轍。古馳推廣的新形象為乾淨、有趣且休閒的時尚，與奧爾多渴望回到的七〇年代風格十分相像，反而與古馳如今主打的性感風格沾不上邊。

墨里奇奧在往後幾年間還監督了古馳的另一項重大變革，雖然不如宣傳活動那般光鮮亮麗，但對古馳而言，該項變革的意義也同等重要——為了減少公司過於多樣的商品，古馳重新審查了公司內成千上萬的商品及款式。

「公司決定要發展出一套針對產品開發和生產的內控機制。我跟在墨里奇奧身旁，我們試著將所有的產品分門別類，並理出其中的頭緒，墨里奇奧心中的古馳形象非常明確。」莉塔・奇米諾回憶道，她是公司負責督管手提包系列的老員工，至今仍是公司的一員。當時的公司依著每個家族成員自成派系，各派系間全無監管和協作機制——魯道夫有自己的員工和供應商，喬吉歐與奧爾多同樣自立陣腳，而羅伯托作為「古馳收藏配件系列」的主管也有自己的方針，因而導致公司的產品多元且混雜，唯一的共通點就只有古馳這個名號，這與奧爾多提出的一致風格背道而馳。

不久後，有人注意到了墨里奇奧的努力。一九八二年十二月，米蘭數一數二的商業月刊《資本雜誌》發表了墨里奇奧的封面報導，稱他為時尚王朝的年輕接班人。派翠吉雅非常激動，這篇文章使她原有的想法更為強烈，她希望墨里奇奧成為米蘭時尚產業的領頭羊。

「我知道他很懦弱，但我與他不同。我一路將他推上古馳總裁的位置，他不喜社交，但我善於社交，他總愛待在家裡，而我總在外奔走。我就是墨里奇奧・古馳的代言人，這樣就夠了。他就像是個孩子，也可以說，他就是件名為古馳的衣物，只要給我洗好並穿在身上就行了。」派翠吉雅說道。

「墨里奇奧的時代開始了。」派翠吉雅不斷對著墨里奇奧重複說著，身旁的每個人都聽過她這麼說，派翠吉雅持續推著墨里奇奧向前邁進，成為墨里奇奧的幕後顧問。早在墨里奇奧於米蘭闖出名號之前，派翠吉雅就時常以名媛自居，成天穿著范倫鐵諾或香奈兒的套裝，讓司機載著她在城內巡遊，報紙上的社交版稱她為「蒙特拿破崙大街的瓊・考琳絲」。墨里奇奧和派翠吉雅搬進了魯道夫為他們倆準備的公寓，那是一處金碧輝煌的市中心空中別墅，樓下是帕薩瑞拉精品街，往外俯瞰能看見聖巴比拉購物廣場。空中別墅的外圍環繞著空中花園，花園加裝了木質鑲板和頂棚，頂棚內的彩繪恍若提也波洛筆下的天堂景色，另外還搭配上各類古董、銅像和藝術花瓶。

「派翠吉雅真的幫了墨里奇奧很多，墨里奇奧在公眾場合總是表現得害羞、內向且尷尬，而派翠吉雅卻知道該如何站出來。派翠吉雅不斷推波助瀾，希望墨里奇奧能出人頭地，她總會對著墨里奇奧說：『你必須讓大家知道你超群絕倫。』」南多・米利奧回憶道。

派翠吉雅曾說服墨里奇奧讓她為古馳設計名為「金鱷魚」的系列金飾，該系列主打厚實且一體成形的飾品，上頭印有鱷魚皮的圖樣並鑲有寶石，派翠吉雅希望該系列能媲美卡地亞的三金環戒，成為品牌中極具代表性的商品。金鱷魚系列在古馳店內皆為天價，部分單件飾品售價便高達兩千九百萬里拉，約為一萬五千元美金，價格僅依匯率變化略有浮動，然而該系列看起來不過是俗豔的低檔時裝飾品，古馳的銷售人員看了都直搖頭，只能將飾品置入展示櫃中，好奇著究竟誰會來當冤大頭。

一九八三年四月底，古馳在原蒙特拿破崙大街店的對面又開了間精品店，同樣銷售行李箱和配件，這間街角的新店也賣些盧西亞諾・索普拉尼的系列時裝，該店現址則為萊・卡門的店鋪。當時古馳成功地說服了米蘭的交通相關部門，為精品店的開幕式封鎖城內最高檔的購物街，桌椅和一把把的梔子花占滿了人行道，而鄰近的斯波托爾諾路也同樣封了起來，以作為臨時的餐廳場地，戴著白手套的服務生穿梭在賓客之間，端著擺滿牡蠣和魚子醬的銀色托盤或倒著香檳。當天墨里奇奧親自遊走在人群間並向賓客致意，魯道夫則於數週前悄悄地被送至米蘭最好的私人診所馬多尼納。

新店開幕前，魯道夫曾在護士的陪同下短暫離開診所到店內巡視。他搖搖晃晃地穿過銷售大廳，欣賞著店內的裝潢，細數每個店員的名字並向他們打招呼，圖利雅在一側攙扶著他，路易吉則守在他的另一側。

「他整個人瘦骨嶙峋，衣服就像是懸掛在他身上一樣。」莉莉安娜・科倫坡回憶道，她是魯道夫前祕書蘿柏塔・卡索的助手。

墨里奇奧嚴禁任何人至診所探視魯道夫，除了他本人、他的駐美律師多姆尼科・狄索爾，以及他的貼身顧問吉安・維托里奧・皮隆。皮隆是威尼斯人，他在米蘭經營會計公司，專為當地各行各業的世家服務，公司收入相當可觀。墨里奇奧十分信任皮隆，總希望能於皮隆在側時做決定或安排會議。

此刻的墨里奇奧努力隱瞞父親病危的事實，魯道夫則完全不知道自己已與世隔絕。他所有的義大利員工中，僅蘿柏塔・卡索和佛朗西斯科・吉塔迪到診所探望過他，因為墨里奇奧和派翠吉雅曾派他們兩人將兩大盆白色杜鵑花送到魯道夫的病房。

魯道夫優雅地走向人生的盡頭，甚至在臨終時都穿戴著他的絲綢睡袍和披巾。大批的律師和會計師前來安排他的身後事，然而魯道夫仍感到惴惴不安，他不斷想找哥哥奧爾多說說話，但奧爾多在一週前蒙特拿破崙大街的新店開幕式後便已返回美國。

一九八三年五月七日星期六，魯道夫陷入昏迷，墨里奇奧和派翠吉雅衝到他的床邊，但魯道夫已不認得兩人，奧爾多於隔日抵達時，聽見魯道夫不停地叫喚他的名字。

「奧爾多！奧爾多！你在哪？」魯道夫不斷大聲叫喊。

「我在這裡，夫夫！我在這裡！快跟我說！快跟我說我能幫你什麼，我的小弟，怎麼樣才能讓你舒服一點？」奧爾多哭喊道，他前傾靠向弟弟，把臉湊近魯道夫已經看不見的雙眼。

魯道夫無法再回應奧爾多，癌細胞已擴散，魯道夫於一九八三年五月十四日逝世，享壽七十一歲。聖巴比拉羅馬式教堂滿是前來哀悼的人，魯道夫四個忠心的員工將魯道夫的棺木抬入教堂，其中兩人便是路易吉和法蘭科，儀式結束後，眾人將魯道夫的棺木送回佛羅倫斯的家族墓園埋葬。一個時代的結束，開啟了另一個新時代。

第八章

# 換人掌權

對於當時三十五歲的墨里奇奧而言，父親的死訊雖是一個重大的打擊，但也是一種解脫。長久以來，墨里奇奧都獨自承受父親那樣固執、窒息且權威式的關愛，魯道夫總是嚴格地掌控兒子的一舉一動。直到最後，父子倆的關係變得僵化且制式。墨里奇奧面對父親時總十分勉強，向他要求東西也是——甚至連零用錢，墨里奇奧都寧願向魯道夫的司機路易吉·皮洛瓦諾或祕書蘿柏塔·卡索索討。

「我以前常說，魯道夫給了兒子一座城堡，但沒有給他足夠維持城堡的錢。」卡索如此表示。「墨里奇奧經常找我要零用錢，因為他太怕跟自己的老爸要錢了。」

即便已經是個成年人了，墨里奇奧依舊會在父親走進房間時，畢恭畢敬地從椅子上跳起來迎接。對於魯道夫，他唯一的一次反抗就是迎娶派翠吉雅，而最後魯道夫也不情願地接受了這名媳婦。雖然他與這名媳婦的關係一直都談不上親近，但彼此還是維持了堪稱和平的相處。派翠吉雅對墨里奇奧的愛，魯道夫一直都看在眼裡，他知道這對小倆口在一起很快樂，也知道孫女亞歷珊卓與阿萊格拉會在一個幸福的家庭中成長。

魯道夫留給墨里奇奧價值上千萬的遺產──位於瑞士聖莫里茲的房產、米蘭與紐約的豪華公寓、瑞士銀行戶頭中約兩千萬美元的存款，以及堪稱金雞母的「古馳帝國」百分之五十的股份。魯道夫留給墨里奇奧的遺產，在當時的價值超過三千五百億里拉，以當時的匯率換算約為二點三億美元。在這些之外，他還留給墨里奇奧一個簡單卻意義重大的禮物，一個來自三〇年代、印有古馳標誌的鱷魚皮夾。墨里奇奧的祖父──古馳奧將這個黑色的薄皮夾送給他，皮夾扣上嵌著一枚骨董英國先令，這個紀念品來自古馳奧在薩伏伊飯店工作的那些日子。現在這個皮夾到了墨里奇奧的手中，也意味著他繼承了財務大權。

墨里奇奧掌握了財務大權便也掌握了決定權，這是他人生中第一次能夠完全獨當一面地自己做主。話雖如此，墨里奇奧仍缺乏經驗，魯道夫直到臨終前依然替兒子決定了一切事務。往後，在墨里奇奧的一生中，做決定這件事只會變得更加困難。伯父奧爾多在紐約教給他的一切，或許對奧爾多本人而言受用無窮，但如今，時代已經不同了。墨里奇奧身處在一個更加複雜的世界，奢侈品行業的競爭較以往更激烈，古馳家族內部的戰爭也更加白熱化。

「魯道夫最大的錯誤，就是沒有早點交棒給墨里奇奧。」墨里奇奧的顧問吉安．維托里奧．皮隆在自己的米蘭辦公室接受訪問時如此說道：「他緊緊地將財務大權握在自己的手上，從不給墨里奇奧機會自立。」在接受訪問後不久，吉安就於一九九九年五月過世。

「有時候，墨里奇奧會因為面臨重大決定而感到力不從心，」成為墨里奇奧忠誠祕書的莉莉安娜．科倫坡補充說道：「魯道夫總是為他打理好一切。」

魯道夫在臨終前有許多憂慮，儘管他努力讓墨里奇奧在成長過程中建立起價值觀並瞭解金錢的意義，但自己恐怕仍是教子無方。魯道夫沒有像哥哥奧爾多那樣與生俱來的商業天賦，但憑藉著瑞士聖莫里茲的房產與一個匿名的瑞士銀行帳戶，仍然積累了一筆財富。魯道夫經常吹噓，說自己的戶頭從來只存不提，但他不太確定這樣開源節流的個性有沒有遺傳給這個兒子。他看過墨里奇奧如何一擲千金，也看過兒子醉心於名利卻從未為了實質的成功努力。魯道夫更憂慮的是，墨里奇奧會被激烈的家族鬥爭吞噬。

「墨里奇奧是個貼心且心思細膩的年輕人。」皮隆回憶道。「他的父親擔心正是這樣的個性會讓他成為眾矢之的。」

許多魯道夫的顧問都記得，魯道夫曾在臨終前的幾個月將他們叫到一邊，要他們在自己去世後好好照顧墨里奇奧，然而這個要求在他們看來對墨里奇奧的成長一點幫助都沒有。

這是魯道夫仍活躍於業界時發生的事，當時他為了進行癌症療程經常往返維洛納。有天，他找了艾倫·塔托來談話，他是狄索爾的同事，兩人在華盛頓特區的派博律師事務所共事過。塔托是一名訴訟律師，曾為魯道夫、奧爾多與古馳公司打過官司並與保羅對簿公堂，對古馳的家族事務也非常熟悉。塔托剛抵達威尼斯準備渡假，距離維洛納只有約一個小時的距離。那是個寒冷且飄著雨的一天，魯道夫約他在威尼斯見面，並邀請塔托共進午餐。塔托剛從炎熱、陽光普照的華盛頓特區抵達，發現自己對於這樣的天氣狀況毫無準備。「魯道夫直接脫下自己的外套為我披上，因為我沒有帶外套。」塔托回憶道。

他們在當地的一間餐廳用完午膳後，沿著蜿蜒的威尼斯運河道散步了很長的一段時間。魯道夫回憶起自己多年前與妻子珊卓瑞福在威尼斯結婚的場景，他向塔托描述那天——河道旁站滿了前來祝賀的人群，眾人紛紛將鮮花拋到兩人乘坐的貢多拉小船上。

「魯道夫知道自己快死了，雖然他沒有向我明說。」塔托說道。「他跟我說了不少關於墨里奇奧的事，以及他如何掛心自己的兒子。他希望我和多姆尼科・狄索爾能夠幫他照顧墨里奇奧。」

魯道夫在交代完畢後，便搭上一輛水上計程車。他優雅地揮了揮手後，便轉身離去。

「直到最後，他仍維持著演員的風範。」塔托回憶道：「那一幕充滿了戲劇張力，且十分動人。」

狄索爾稍後也和魯道夫進行了相同的談話。「魯道夫很害怕。」狄索爾表示。「他看得出來，墨里奇奧不知道什麼叫做『極限』。」

儘管魯道夫對派翠吉雅還談不上信任，但他還是忍不住向媳婦傾吐了自己的心聲。「一旦墨里奇奧獲得了金錢與權力，他就會改變的。」派翠吉雅轉述了魯道夫當年告訴她的話：「你會發現自己的老公完全變了一個人。」當時，派翠吉雅並沒有將魯道夫的話放在心上。

魯道夫剛過世的頭幾個月，奧爾多密切地觀察墨里奇奧。他知道弟弟的死可能會讓現狀產生巨變，即便在與保羅展開官司大戰之際都不曾有過這樣的局面。奧爾多與魯道夫是依照幾個簡單的原則來分配公司職權——首先，公司的股份必須掌握在家族成員的手中，並且只有家族成員能夠決定公司成長的速度、展店的地區以及開發的商品。第二，兩人將業務明確地劃分為兩大領域，奧爾多掌管古馳的美國公司以及零售網路，而魯道夫則負責營運古馳總店以及義大利地區的產品線，而這樣的權力劃分有顯著的成效。直到魯道夫離世之時，古馳的銷售業績可說是蒸蒸日上，古馳旗下有二十間位於世界各大城市的直營店，在美國與日本也有共計四十五間的加盟店，以及利潤豐厚的免稅生意，同時以「收藏配件系列」為主的批發生意也進行得相當成功。隨著與保羅之間劍拔弩張的情勢逐漸降溫，奧爾多終於可以抽出時間來享受自己身為家族掌門人的感受。

「我就是引擎，而其他的家族成員就是火車，」他後來依然對這段回憶如數家珍。「少了火車，引擎便一無是處；少了引擎，火車也無從發動。」

奧爾多希望，即便魯道夫過世了，古馳家族的企業仍能運行如常。然而，他低估了三件事——首先是墨里奇奧的雄心壯志，墨里奇奧希望能讓古馳發展出不同的家族經營策略；第二是兒子保羅以自己的名字贏得經營權的決心；第三則是美國國稅局對於追查逃漏稅的態度。古馳公司舊有的狀態只維持了短短一年的時間。

早在魯道夫臨終前，墨里奇奧便毫無疑問地將繼承公司百分之五十的股權。魯道夫過去曾公開向職員、朋友與家人表示，墨里奇奧將會在他死後繼承一切。「早一分鐘都不行。」魯道夫在奧爾多與保羅的經驗裡看見了過早下放權力的後果，他認為奧爾多太早將所有權轉讓給兒子們導致破壞了平衡，並發誓自己不會犯下同樣的錯誤。

魯道夫死後，遺囑並沒有立即被找到，但根據義大利的繼承法，墨里奇奧作為他唯一的孩子，仍然是合法的繼承人。魯道夫去世幾年後，在墨里奇奧深陷遺產的法律問題之際，一隊來自義大利財政衛隊的財政警察，在公司的保險櫃裡發現了遺囑。在找不到公司鑰匙的情況下，他們熔開了保險櫃。魯道夫用龍飛鳳舞的字跡寫下了自己的遺囑，不出眾人所料，他將一切留給自己唯一且深愛的兒子。魯道夫同時也為自己忠實的家僕們做好了安排——特別是圖利雅、法蘭科和路易吉。

在魯道夫去世後首次召開的家族董事會上，墨里奇奧、奧爾多、喬吉歐以及羅伯托尷尬地互相打量對方。雖然墨里奇奧發表了希望大家共同為古馳未來努力的小演講，其他人卻不把他當一回事。

「你這個小律師！」奧爾多說道。「學會走之前別想飛這麼高，先花點時間學些經驗吧！」

對於家族成員們而言，墨里奇奧繼承了百分之五十的股份並不奇怪，但當他拿出簽了名的股份證書，證明父親確實在去世前把股份簽給了他，並為他節省了約一百三十億里拉（約八百五十萬美元）的遺產稅時，他們全都驚訝地張大了嘴巴。家族成員們開始懷疑這些文件上簽名是否是偽造而來。

無法在家族會議上獲得親戚支持的墨里奇奧感到很沮喪，不久後便動身到羅馬私下面見奧爾多。他希望獲得奧爾多的祝福，來實現自己對古馳進行現代化改造的計畫。奧爾多的其中一名羅馬助手在奧爾多一邊傲慢地搖頭，一邊將墨里奇奧推出房間時，意外聽見了兩人的對話。

「你很聰明，墨里奇奧，但你是永遠無法享受那筆錢的。」她聽見奧爾多用義大利語對著墨里奇奧說。

墨里奇奧並沒有因為親戚們的抵制就退卻，他為古馳建立了新的願景，希望靠著專業的國際化管理、精簡的設計、生產、銷售流程，以及先進的營銷技術，將古馳打造成一間全球性的奢侈品公司。墨里奇奧參考的是法國的家族企業愛馬仕，這個集團的發展既沒有犧牲該家族特徵，也沒有犧牲公司高級的產品。墨里奇奧希望古馳能夠重新追平愛馬仕與路易威登，他擔心古馳淪為和皮爾・卡登平起平坐的品牌——皮爾・卡登是出生於義大利的法國設計師，他在設計出克里斯汀・迪奧最熱銷的「酒吧套裝」並躋身時尚史的一頁篇章後，便用一種近乎藝術的方式不斷授權自己的名字，從化妝品、巧克力到家用電器，皮爾・卡登都能將自己的名字印在上面進行販售。

墨里奇奧對於古馳的經營理念雖好，但問題是該如何實踐？公司早已圍繞著家族成員運轉，每個人都在捍衛自己的權利，並做自己認為對古馳最有利的事情。墨里奇奧雖然身為古馳最大的單一股東，擁有百分之五十的股份，但事實上卻沒有公司的決定權——在董事會裡，與墨里奇奧隔著一張大桌角力的便是擁有百分之四十股份的奧爾多，此外，喬吉歐、羅伯托和保羅也各持有百分之三點三的股份；而在古馳的美國分公司，奧爾多則占了百分之十六點七的股份，他的兒子們也各占百分之十一點一。如果沒有這些家族成員的同意，墨里奇奧就什麼也做不了，而他們很顯然對於墨里奇奧提出的想法也沒什麼耐心去瞭解。古馳靠著過去鼎盛時期的庇蔭活了下來，也持續創造了充足的利潤來支持家族成員們的生活方式，因此改變現狀在他們看來毫無意義。

墨里奇奧還是盡可能地推動了他的計畫。他靠著蘿柏塔・卡索的幫助，為古馳公司進行了大換血。有其父必有其子，墨里奇奧跟魯道夫一樣都不喜歡與人正面交鋒，因此他要求卡索替自己解雇了那些在變化萬千的奢侈品行業中，不再有用的老員工們。

「他以前會告訴我那些他沒有勇氣自己告訴父親的話，現在他則會對我說：『蘿柏塔，是時候該讓某某人捲鋪蓋走路了。』」卡索回憶道。「他的個性其實很脆弱，而且相當沒有安全感。」

與此同時，奧爾多自己在古馳的美國分公司的地位也變得岌岌可危。一九八三年九月，根據保羅提交的法庭文件，國稅局開始審查奧爾多・古馳與古馳店鋪的財務狀況。到了一九八四年五月十四日，司法部授權美國檢察官辦公室對此事展開大陪審團調查。奧爾多雖然在商業事務方面十分精明，卻不瞭解美國人對納稅的態度，儘管他早在一九七六年就已經成為了美國公民。在義大利，一般公民對政府都抱持著懷疑和不信任的態度，覺得納稅等同是將錢白白送給了腐敗的政客，簡直是肉包子打狗，得不到回報。也因此，「人生只有兩件事是確定的：死亡和稅收」這句美國諺語聽在義大利人耳裡實在沒什麼意思，這種情況在一九八〇年代更為嚴重。時至今日，義大利政府仍在努力遏制猖獗的逃稅行為，但是在當年，一個人逃漏稅的金額越多，就會被認為是越聰明的人——成功逃漏稅可說是一件值得誇耀的事情。相較於奧爾多，狄索爾在觀念上比較接近美國人而非義大利人，並且也曾鑽研過稅法。他試圖向奧爾多說明情況的嚴重性。

「我曾經在米蘭的加利亞酒店對整個家族召開一場很大的說明會。」狄索爾回憶道。「我告訴他們：『這個問題很嚴重。』」

「『你在開玩笑吧！』他們還說：『奧爾多是一個好人，對這個社會貢獻也很多。諒他們也不敢動他一根寒毛。』」

狄索爾也告訴他們：「你們根本就不懂，這裡是美國，不是歐洲。我們現在面對的是大規模詐騙案的指控，奧爾多可是會去坐牢的啊！」

根本沒有人理睬狄索爾說的話，尤其是被眾人尊為「古馳精神領袖」的奧爾多更不把這當一回事。「你總是這麼悲觀啊！」他高傲地對狄索爾說。在魯道夫死後，狄索爾依舊繼續留下來為公司服務。

「奧爾多還是依然故我，絲毫不願意討論這件事。」皮隆回憶道。

同時，狄索爾也發現，奧爾多除了將數百萬美元從古馳的美國分公司非法轉至自己的離岸公司外，還親自兌現了一疊開給公司的支票，價值數十萬美元。

「奧爾多過著帝王般豪奢的生活，但他所做的每一步都牽涉到重大詐騙！」狄索爾說。「這樣下去毀的不只他這個人，毀的是整間公司。」

狄索爾希望能對奧爾多曉以大義。當時狄索爾與妻子伊蓮娜，還有兩個年幼的女兒還住在馬里蘭州的貝賽斯達，於是他讓奧爾多與布魯娜飛到華盛頓特區，並邀請他們來家裡共進晚餐。

「我希望奧爾多理解，我並不是故意要針對他。」狄索爾說。在晚宴進行的過程中，布魯娜一度潸然淚下，她將狄索爾拉到一邊，試著想理解發生了什麼事。

「我告訴她：『我很抱歉，但奧爾多得去坐牢了。』」狄索爾說道。「奧爾多一直在逃避現實，他一直將古馳視為私人的玩物。他根本分不清私人與公司的區別，他一直以來都認為公司是自己扶植的，而就算他從中拿回了一些好處，那也是他應得的。」

狄索爾表示，奧爾多即將面對的後果，一開始連墨里奇奧都難以理解。「你不懂。」狄索爾對墨里奇奧說：「如果奧爾多真的被關進牢裡，就沒有人可以來對付內鬼了。我們必須要做出行動！」

墨里奇奧最後還是同意了。奧爾多在稅務問題上的弱點，對墨里奇奧開創一個嶄新古馳的遠大目標很有幫助。在皮隆以及狄索爾的幫助下，他制定了一個接管董事會的計畫，而獲得權力的唯一途徑，就是與堂兄弟其中一人結盟。但要與哪一個堂兄弟結盟呢？喬吉歐太過保守、傳統，且對奧爾多忠心耿耿，他並不是一個興風作浪的好人選。而羅伯托又更保守，他擔心的只有如何保障自己六個小孩未來的人生。上述的兩個人都對古馳的現狀十分滿意。唯一可以拉攏的，只剩下保羅這個家族中的異類。兩年前的會議室事件後，保羅和墨里奇奧就不再說話了。然而，墨里奇奧也知道，保羅是個務實的人，而且經濟方面有困難——古馳公司支付給他的賠償金，已經被他花得差不多了。墨里奇奧決定給他開個價。他拿起電話，撥給了在紐約的保羅。

「保羅，我是墨里奇奧。我覺得我們應該談談。我有一個提案，可以解決我們彼此的窘境。」墨里奇奧如此對保羅說。一九八四年六月十八號的早上，兩人約好在日內瓦見面。

保羅與墨里奇奧幾乎在同一時間抵達里奇蒙酒店，他們坐在露臺上的一張桌子旁，一邊晒著太陽，一邊眺望著日內瓦湖。墨里奇奧告訴保羅，他計畫成立一間新的公司——古馳授權公司，總部會設在阿姆斯特丹。這間公司會負責稅務事宜，並將控制古馳公司名下的所有授權，墨里奇奧將控制新公司百分之五十一的股份，而保羅將擁有剩餘百分之四十九的股份和總裁頭銜。作為交換的條件，墨里奇奧希望保羅在古馳的股東會上，將他百分之三點三的股份與自己百分之五十的股份合在一起，墨里奇奧將在日後以兩千萬美元買斷保羅的股份。最後一個條件是，保羅和墨里奇奧必須放棄一切針對彼此的訴訟。在兩人的會面結束時，這對堂兄弟握了手，並一致同意會要求自己的律師開始準備所需的文件。

一個月後，他們在瑞士信貸銀行的盧加諾辦事處簽署了協議，保羅存入了自己的股份，而墨里奇奧則先支付了兩百萬美元的斡旋金。在新的古馳授權公司成立後，墨里奇奧將獲得股份的控制權，並向保羅額外支付兩千萬美元，共計兩千兩百萬美元。同時，他也獲得了保羅的支持，以及掌握古馳公司的實質權力。

每年九月初，古馳美國分公司的董事會都會在紐約召開會議。議程上只有幾個簡單的待辦事項：檢視一九八四年前六個月的業績、新店的開張計畫，以及一些新的人事任命。

奧爾多的兒子羅伯托回憶道，在家族企業還是由魯道夫、巴斯克和奧爾多三兄弟經營時，董事會其實就是一場歡樂的家庭聚會，她們三人會聚在一起，然後為奧爾多想做的事情蓋章。「大家都很信任他（奧爾多），他們會毫無爭議地投票通過他想做的事情，然後大家就會一起出去找樂子。」羅伯托說。

召開古馳美國董事會議前的那個週末，多姆尼科・狄索爾祕密地飛往薩丁尼亞島，而墨里奇奧以及皮隆都已經抵達島上，忙著關注帆船比賽的最終選拔階段。這場賽事將選出箇中好手，代表義大利參加美洲盃帆船賽。他們一行人下榻於位在切爾沃港的切爾沃酒店，此處與羅通多港都是由阿迦汗在同一個時期開發的建案，許多人認為這些專屬的渡假區是義大利最好的渡假勝地之一。切爾沃港有著事先規畫過的聚落，延伸自中央廣場，廣場上有咖啡館、餐廳和設計師精品店，所有的建築都被漆成柔和的粉紅色並向下俯瞰著海灣，岸邊則停滿了前來渡假的義大利富豪們所擁有的豪華遊艇與快艇。自海岸蜿蜒而上的崎嶇山邊，依稀可見豪華的渡假別墅錯落其中，每一戶都有著沐浴在陽光中的露臺及精心修剪過的庭院。切爾沃港與羅通多港的人造美景是義大利新崛起的富豪指標，與薩丁尼亞島質樸的自然之美大相逕庭。

白天，墨里奇奧、皮隆以及狄索爾會駕著皮隆的麥格農三十六高速快艇跟在流線型的賽艇之後，駛過浪花翻騰的水面；晚上，他們會在俯瞰切爾沃港的露臺上一邊享用燭光晚宴，一邊回顧他們的計畫，這項計畫出人意料地簡單——身為古馳美國公司董事會祕書的狄索爾會飛往紐約，代表墨里奇奧出席董事會，而他已經和保羅的代表見過面，對方承諾會將票投給狄索爾。狄索爾會提議解散現有的董事會，並提名墨里奇奧成為古馳美國業務的新主席。在墨里奇奧一方控制了多數票的情況下，其他董事會成員便絲毫沒有反對的餘地。不出片刻，奧爾多就會失去古馳的控制權。

幾週後，場景拉回到紐約，這項計畫進行得比他們想像的還要順利。會議在古馳第五大道分店所在的建築裡的十三樓的會議室裡舉行。會議開始前，狄索爾上繳了代表墨里奇奧投票的委託書，幾分鐘後，保羅的代表也做了一樣的動作。在十二樓的辦公室裡，奧爾多決定不參加會議，他覺得董事會總是一如既往地做些例行公事。他指派古馳的執行長羅勃特・貝瑞代替他參加會議。

狄索爾要求發言。會議桌的後方，掛著與創辦人等身大的油畫，畫中的古馳奧・古馳微笑地抽著雪茄，烏黑的雙眸往下盯著會議室中的每個人。

「我想申請將解散董事會的動議排入議程中。」狄索爾平靜地說出了這句話。

貝瑞目瞪口呆地說不出話。

幾秒鐘後，保羅的代表也附議了此項提案。

「我……我……我也要申請臨時動議，中止會議的進行。」貝瑞結結巴巴地說道。接著便倉皇地逃出門外，衝向奧爾多的辦公室，報告董事會上發生的一切。奧爾多當時與電話那頭身處棕櫚灘的某人聊得正起勁，因為貝瑞衝進來打斷他，他才不得不把電話掛掉。

「古馳博士！古馳博士！請您趕快上樓來！」貝瑞上氣不接下氣地說道。「樓上造反啦！」

奧爾多只是靜靜地聽著貝瑞報告一切。

「如果事已至此，那就沒有必要上樓了。我們已經無法抵抗了。」奧爾多只簡單地說了這麼一句。對於年輕的墨里奇奧，奧爾多可說是真的看走眼了。現在他擔心墨里奇奧正在鑄下大錯。

貝瑞回到會議室之後企圖找個理由中止會議，他說奧爾多的律師——來自紐約名牌律師事務所的彌爾頓・郭德無法參加會議，因為他正在參與猶太節日，但是阻止未果。狄索爾與保羅的代表投票決定解散董事會，並任命墨里奇奧・古馳為古馳美國業務的新主席。

奧爾多神色凝重地步出大樓。自己的親侄子——那個他曾經以為可以繼承自身衣缽的人——發動政變推翻了自己。現在的墨里奇奧，是敵人。

不久後，奧爾多與喬吉歐和羅伯托會面，他們不幸地發現自己根本無計可施；墨里奇奧與保羅的結盟，讓公司實際的控制權落在他們倆手上，而同樣的情景也將於下一次在佛羅倫斯舉行的古馳董事會上出現。

古馳家族因此事先達成了協議，在一九八四年十月三十一日於紐約簽署了協議，並於十一月二十九日在佛羅倫斯的股東大會上正式批准。墨里奇奧在七人的董事會中獲得了四個席位，獲提名為古馳的董事長，奧爾多被提名為榮譽董事，而喬吉歐與羅伯托則被提名為副總裁。喬吉歐將繼續管理羅馬分店，羅伯托則將繼續擔任佛羅倫斯分店的執行長。

墨里奇奧因為渴望的東西到手而狂喜不已。奧爾多保住了看似重要的頭銜，但職權已完全被架空；墨里奇奧允許堂兄弟們在公司裡保有原本的職位，但他仍然掌控著一切。此外，他還設法將保羅的股份化為鞏固公司的因素，新聞媒體歡天喜地地報導這樁家庭糾紛，將墨里奇奧捧成了英雄——《紐約時報》把墨里奇奧譽為「家族和事佬」，並在腥羶色充斥的八卦專欄裡將他寫成了一股清流。

墨里奇奧在佛羅倫斯召開了一次高層員工會議，邀請大約三十個人進入橢圓形的會議室，員工們還用當年流行的連續劇名，偷偷將這間會議室稱為「薩拉王朝」。員工們聚集在巨大的木質會議桌邊，會議室的四面都是深色的木質牆面，另外還有四座分別代表四大洲的大理石半身像。墨里奇奧向這群辦公室和工廠的員工們解釋自己對於新古馳公司的願景。

「古馳就像一輛頂級的跑車。」墨里奇奧環顧了一圈身邊的熟面孔，停頓了一下便開始說。「就像法拉利。」他說，用了一個他認為大家都熟悉的比喻。「但我們卻把這樣的跑車開成了飛雅特五〇〇。」他說。他指的是飛雅特在戰後所生產的那種小型實用車款。

「從今天起，古馳有了新的車手。有了適合的引擎、對的零件，以及好的工程師，我們會贏得這場比賽的！」他露出燦爛的笑容，暖場後便開始進入主題；在這段演說的最後，他對著一張張沉默的臉孔提出了問題。有人焦躁地踱步、變換重心，有人清了清嗓子，在一陣躁動中，墨里奇奧的目光落在了尼可拉・里斯卡多身上，這個男人從米蘭分店的店員做起，一直做到如今托納波尼大街分店的經理。里斯卡多當時已邁入中年，他是看著墨里奇奧長大的。

「尼可拉，你也沒有話要說嗎？你有沒有什麼話想要告訴我？」墨里奇奧笑著問他，誠摯地看著這名年長的男士，希望獲得一絲的認可。

「沒有，我也不太會說別人好話。」里斯卡多生硬地回答，呼應了他許多同事內心的擔憂。他們都習慣奧爾多與魯道夫隨興且輕鬆的經營方式，不太知道要對墨里奇奧這番法拉利的演講做出什麼回應。

當年十二月，《華爾街日報》刊登了一篇有關奧爾多涉嫌財務違規的大篇幅報導，報導中聲稱他因涉嫌在一九七八年九月至一九八一年底，從公司保險箱中非法挪用了約四百五十萬美元而受到聯邦大陪審團的調查。文章指出，奧爾多申報的年收入不到十萬美元，「對他這種身分的人而言，這個數目太小了。」

義大利媒體也注意到了這一條新聞。古馳在美國的發展已達到顛峰，如今進入逐漸衰敗的時候了。義大利的《全景》雜誌在一九八五年一月的報導中寫道：「這是第一次，古馳家族的名字見報不是因為時尚和品味，而是與重大犯罪綁在一起。」

墨里奇奧逐漸對狄索爾產生了信任，準備請他擔任古馳美國業務的新總裁，以清理公司一團亂的財政事務，並對稅務與欺詐指控採取初步因應措施，同時聘請專業人士進行管理。在狄索爾上任之前，古馳美國業務的前任總裁是一名叫做瑪莉．薩瓦林的女士。薩瓦林是一名會計，她多年來一直是奧爾多忠實的左右手，她也可能是奧爾多唯一真正信任過的女人——奧爾多甚至將簽字的權力交給她。

狄索爾答應了墨里奇奧的要求，條件是他可以保留在華盛頓特區的家和律師事務所的職位，並以兼職的方式履行新的公司職責。狄索爾開始每週去紐約一次，他聘請了一名叫做亞特．勒辛的人作為古馳新任的首席財務官，協助他整理公司的帳目。

「我們一開始介入時，真的嚇壞了！」狄索爾回憶道。「那真是一場災難，超級混亂。貨物沒有庫存且帳目也沒有會計程序。我們花了好幾個月才搞清楚到底發生了什麼事。奧爾多一直憑著他的直覺在經營這間公司——他的銷售天賦太過耀眼，一直以來都仗著天賦蒙混過關！」

狄索爾每週一次的紐約之行，逐漸成為週一至週五的固定行程。他的妻子伊蓮娜會盡責地為他打包一大袋的乾淨衣服，並在每個週末歡迎他回家時接下他那一大袋的髒衣服。狄索爾後來乾脆舉家搬到了紐約。

一九八六年，在狄索爾的清理計畫之下，他將古馳在美國的業務重新註冊在一個新的名字底下：古馳美國。一九八八年一月，古馳美國公司向國稅局支付了兩千一百萬美元的補繳稅款和罰款，以彌補家族在一九七二年至一九八二年間的挪用。作為交換，狄索爾從財政當局那裡獲得了承諾，讓公司在此時期不需再承擔更多的責任。為了付清國稅局的罰款，公司被迫負債累累。

雖然公司面臨危機，狄索爾還是擴大了古馳經營的規模，同時精簡了公司的業務。他買回了古馳六間獨立的特許經營店，使得古馳在美國的店家總數達到了二十間，並從瑪麗亞・曼妮蒂・法羅手中奪回了「收藏配件系列」的零售批發權——雖然這件事後來演變成了一場難纏的官司，卻也馬上為公司增加了直接收益。狄索爾也否決了古馳家族與雷諾茲菸草公司所簽訂的香菸許可證，他認為將古馳的形象與香菸聯繫在一起會扼殺此品牌在美國的發展；後來，此香菸許可證發給了伊夫・聖羅蘭公司。到了一九八九年，儘管古馳家族的內鬥依然不休，但古馳美國公司的年銷售額已達一點五億美元，利潤約為兩千萬美元。

當狄索爾忙著處理古馳美國公司內部的問題時，墨里奇奧授權古馳公司進駐了一個義大利的財團，此財團贊助了一艘船參加一九八七年的美洲盃帆船比賽。一九八三年，義大利籍的船隻「天藍號」參加菁英賽時，引起了義大利群眾廣大的興趣，同時也為贊助商——義大利最大的汽車製造商飛雅特及苦艾酒商琴夏洛創造了巨大的收益。這場歷史性的比賽吸引了美國和歐洲菁英階級的關注，而他們正是古馳想主打的客群。

墨里奇奧想利用這場比賽推廣「義大利製造」品牌的實力，他還召集了其他的企業贊助商，包括當時的化工巨頭蒙特迪森和義大利麵生產商堡康利。墨里奇奧被任命為此新財團的形象總監，他認真地履行自己的職責——推廣義大利的國家形象，將其塑造為一個不只擁有藝術及工藝傳統，還擁有持續發展中的先進技術的國家。此財團還買了一艘在上屆美洲盃中表現出色的「勝利號」作為原型，以此為基礎設計了自家財團的船隻並命名為「義大利號」，後來又陸續製作了其他三種型號的同名船隻。財團還聘請了一名來自維也納的船長佛拉維奧·史卡拉以及一組頂尖的船員。

奧爾多、喬吉歐與羅伯托對贊助一事憂心忡忡，對他們而言，這整件事在金錢和時間方面都是極大的浪費。不同於家族成員，墨里奇奧將自己以及大半古馳員工的精力，都投入在為船員設計制服上面。每件服飾都經過了專業的測試，以保證其品質可以承受在賽艇上工作的消耗與磨損，同時還要兼顧美感。他們甚至在船員的出賽裝備上做了特殊的設計，讓他們在裝卸繩索絞盤時，舉手投足都能讓義大利國旗的色彩為之飄揚、閃現。

「我當時是這項計畫的負責人，」阿爾伯塔·貝勒瑞尼語帶惆悵地回憶道。「我手下有一名小職員後來十分著迷於此比賽。我們為整個團隊設計了所有的東西，從T恤、夾克、褲子到皮包。他們真是我見過穿得最好看的水手了！」

古馳為義大利號船員所設計的這款三色造型非常亮眼，人們因此稱義大利號為「古馳之舟」。二〇〇〇年於奧克蘭舉辦的美洲盃比賽，由普拉達所贊助的「紅月號」，其實與當年墨里奇奧對義大利號及財團的願景相去不遠。

一九八四年十月，代表義大利參加美洲盃的船隊都集結在薩丁尼亞島的翡翠海岸。古馳將船隊的基地設在切爾沃港，幾個月前墨里奇奧、狄索爾與皮隆也正是在此地策畫他們的叛變。

經過幾天激烈的競爭，義大利號跌破眾人的眼鏡，打敗了人們原先看好的天藍號。遺憾的是，義大利號不僅沒有獲得美洲盃的冠軍，還因為船隻的翻覆意外而聲名大噪。船隻的原型在運到美洲盃比賽場地澳洲的珀斯時，在港口沉了下去。首航當日，懸掛船隻的吊臂翻覆了，吊臂的重量將船一起拉入海中。雖然船隻在損毀的狀況下尋回了，卻來不及在比賽當天重建。

相較之下，墨里奇奧在珀斯參賽期間所營運的餐廳「義大利咖啡」則成功許多，很快便成為參賽選手們最常聚會、喝酒消遣的地方。為了此次比賽，該餐廳的桌布、銀製餐具、水晶杯與陶瓷餐具通通都進口自義大利，不僅如此，連主廚、侍者以及所有的備品，包括礦泉水、酒及義大利麵也是。

美洲盃的事務告一段落後，墨里奇奧發現自己對古馳所需肩負的新責任是如此之重。他曾在一天內工作十二個小時，也曾工作過十五個小時，還需要經常旅行，孜孜不倦地實現自己對於古馳的願景。午餐和晚餐時間成了他排定商業會談的最佳時機，甚至連假日都必須出差去監督店鋪的開幕和翻修，他犧牲了自己的個人生活、喜歡的運動，以及自己的家人。

正如魯道夫所預料的，墨里奇奧變了。他開始依賴狄索爾和皮隆的建議，同時對派翠吉雅的引導越來越感到煩躁。年輕時，墨里奇奧曾指望派翠吉雅支持他，成為他對抗父親的力量，然而，隨著他獲得權力，派翠吉雅卻在某種程度上取代了他父親的角色——告訴他該做什麼、怎麼做、什麼時候應該要做，甚至還批評他的決定及顧問群。雖然公司的控制權最後落在了他的手中，他還是感受到了壓力。

狄索爾回想道：「派翠吉雅真的拖垮了墨里奇奧，她讓墨里奇奧跟自己的伯父們、堂哥或任何她覺得對他不好的人作對。她會在古馳的活動後對墨里奇奧說：『他們沒有先遞香檳給我，這就表示他們根本不尊重你呀！墨里奇奧！』」

「她成了一個不折不扣的大麻煩。」皮隆也同意地表示。「她是個野心勃勃的女人，她想在公司占有一席之地。我曾告訴她不要再來瞎攪和，『妻子們就是不准來』，她也因為這樣而討厭我。」

魯道夫的警告開始在派翠吉雅的腦海中迴盪。她終於發現，公公對墨里奇奧的評價是正確的。她的丈夫只沉迷於自己對於古馳的理想中，把一切都拋在腦後——包括自己的家人。他拒絕接受她的意見和建議，他們之間開始出現了代溝。

「他希望派翠吉雅無時無刻都說他『好極了』。然而，她卻不斷地訓斥他。」蘿柏塔・卡索表示。「她變得非常不討喜。」

狄索爾和皮隆取代了派翠吉雅，成為墨里奇奧信任的顧問，她因此對他們深惡痛絕。在個人野心的驅使下，她將自己想像成弱勢男人背後的女強人——現在卻突然發現自己才是被排擠的那個。

「墨里奇奧的情緒變得非常不穩定……傲慢且難以相處。」派翠吉雅回憶道。「他不再回家吃午飯，週末也和他口中的『天才』們一起渡過。他變胖了，穿著品味也變得很差……在他身邊的都是一些不老實的人，尤其是皮隆，他漸漸地改變了我的墨里奇奧。我發現墨里奇奧開始對我不老實，他對我說話的方式也變得疏離。我們對彼此冷淡且無感。」

過去墨里奇奧口中的「紅精靈」如今成了「霹靂女巫」，這個綽號來自一部孩子們都熟知的卡通。

一九八五年五月二十二日星期三，墨里奇奧在他們的米蘭頂層公寓打開衣櫃，打包了一個小行李箱。他告訴派翠吉雅自己要去佛羅倫斯幾天，與她道別後，他吻了吻女兒們——九歲的小亞歷珊卓和四歲的小阿萊格拉。第二天他們通了電話，一切似乎都再正常不過。

隔天午後，一名與墨里奇奧關係友好的醫生告訴派翠吉雅，墨里奇奧週末不會回來了——以後也不會。派翠吉雅嚇壞了，醫生安慰了她幾句，給了她一瓶塞在小黑包裡的煩寧。她當下便叫醫生帶著皮包走人。派翠吉雅知道自己和墨里奇奧的感情漸行漸遠，但她從未想過他會離開自己和孩子們。幾天後，派翠吉雅的好朋友蘇西請她吃午飯，又為她捎來了另一個墨里奇奧的消息。

「派翠吉雅，墨里奇奧不回家了。」蘇西說。「他要妳準備幾個行李袋並打包好他的衣服，他會派司機來拿。他的心意已決。」

派翠吉雅突然說：「告訴我他在哪裡，至少他可以面對面跟我說吧！」

七月時，墨里奇奧來電，表示會在週末去拜訪孩子們；九月時，他返家邀請派翠吉雅陪他參加古馳贊助的馬球比賽，並頒發獎盃給優勝者。在他回家的那週，兩人終於有機會談談他們之間的關係。墨里奇奧邀請派翠吉雅到聖塔露西亞餐館共進晚餐，他曾在這間舒適的小餐館裡追求過她。

「我要我的自由！自由！自由！」他向派翠吉雅解釋道。「妳還不明白嗎？一開始是我父親，現在是妳，你們總不斷命令我該怎麼做！我一輩子都沒有自由過！我從沒機會享受我的青春，現在我只想隨心所欲地做我自己。」

派翠吉雅無言以對，桌上的披薩已經涼透了。墨里奇奧向她解釋，他離開不是因為外面有了別的女人，而是在她的批評與權威下，他覺得自己的尊嚴遭到「閹割」了。

「你要的自由究竟是什麼？」她終於擠出一句話回答他。「去大峽谷泛舟？買一輛紅色的法拉利？你想做這些事都沒人攔得住你！你的家庭就是你的自由！」

派翠吉雅不明白，墨里奇奧是那種晚上十一點就會在電視機前打盹的人，為什麼會需要凌晨三點再回家的自由。派翠吉雅開始懷疑墨里奇奧陷入了自己在奢侈品行業中越來越重要的地位，以及辦公室裡新來的副手們對他的尊敬之中。

「我的聰明讓他感到心煩意亂，他想成為第一名，並且他也認為自己找到了一群可以讓他變成第一名的人！」事發後她回憶道。

「那就去做你該做的吧！」派翠吉雅最後冷冷地告訴他。「但別忘了你對我和孩子們還有義務。」派翠吉雅表面上看起來冷淡且麻木，但她其實打從心裡覺得自己的世界正在崩塌。

他們約定好不會馬上告訴孩子們這件事，之後墨里奇奧便離開了。一開始，他在米蘭綠樹成蔭的波拿巴特廣場旁租了一個住處；接著，又在貝爾焦約索廣場租了一間小公寓，不過由於他需要四處奔波，因此很少在那裡睡覺。他再也沒有回到帕薩瑞拉精品街的住處去清空他的衣櫃，只再請人為他訂制新的襯衫、西裝與鞋子。

墨里奇奧離家後，派翠吉雅向一名意想不到的夥伴尋求協助——來自拿坡里的女人——她的摯友皮娜・奧利耶瑪。派翠吉雅多年前和墨里奇奧在伊斯基亞島上的一間養生水療中心認識了皮娜，這座島位於拿坡里沿岸，以溫泉和泥漿浴聞名。皮娜來自一個食品工業家族，派翠吉雅覺得皮娜是個特別活潑又逗人開心的朋友。他們一起在卡布里島渡過了幾個夏天，皮娜在那裡幫派翠吉雅找了一棟房子。皮娜有著拿波里人特有的嘲諷個性以及精湛的塔羅牌技巧，足以逗樂派翠吉雅幾個小時，有助於她調適墨里奇奧的離去。

「我們在卡布里島的時候，她每天都來看我。」派翠吉雅回憶道。「我們會聊好幾個小時的天，她很有趣，總是能逗我開心。」

兩個女人很快地便以閨密相稱，皮娜常去米蘭探望派翠吉雅，或陪她一起四處旅行。派翠吉雅過去曾說服墨里奇奧讓皮娜在拿坡里開一間古馳加盟店，她經營了幾年就將店鋪轉讓給其中一名合夥人。一九八一年阿萊格拉出生時，皮娜就陪在派翠吉雅身邊；墨里奇奧離家出走之後，派翠吉雅便向皮娜尋求安慰，而當派翠吉雅心灰意冷到想自殺之際，也是皮娜苦苦相勸阻止了她。

「她（皮娜）在我最憂鬱的時刻陪在我身邊。」派翠吉雅在事後回憶道。「她救了我。」

即便派翠吉雅在自己一手建立起的米蘭社交圈裡挺過種種競爭並活躍其中，但她其實很少有自在的時候，可以交心的朋友也寥寥可數。當她真的需要深談交心時，她就會向皮娜求助；如果她們不在彼此身邊，就會用電話聊上好幾個小時。

「我相信她，跟她在一起，我可以暢所欲言、毫無顧忌，我可以放心地告訴她所有事情。」派翠吉雅如此回憶道。「我知道她不是個到處亂八卦的大嘴巴。」

在墨里奇奧離家的頭幾年，派翠吉雅與墨里奇奧仍在社交圈裡維持著夫妻的假象，有時還會一起出席公開活動。每次墨里奇奧回家探望女兒時，派翠吉雅都會將自己打扮得漂漂亮亮，但他前腳一走，她就會將房門鎖上，倒在床上痛哭好幾個小時。儘管墨里奇奧每個月都會在米蘭的銀行帳戶裡為派翠吉雅存入大約六千萬里拉（約為三點五萬美元），但她開始感覺到，自己努力到手的一切正逐漸從她的指間溜走。她望向自己每年都會訂購的卡地亞日記本，這些日記本以棕褐色的小牛皮裝訂成冊，封面嵌有派翠吉雅的小幅頭像。她開始提筆記錄自己與「阿墨」的每次接觸——她依舊維持著前夫的這個暱稱——這個習慣日後成為一種痴狂的堅持。

對墨里奇奧而言，婚姻破局只是他生活中眾多問題的其中之一。奧爾多與他的兒子們並不是省油的燈，他們並沒有輕易地被墨里奇奧的政變打倒。他們在一九八五年六月向當局提交了一份詳細的檔案，並附上了關鍵證人的姓名表示墨里奇奧在股票上偽造了父親的簽名，以規避繳納遺產稅。奧爾多的策略是要阻止墨里奇奧進軍古馳，而最好的方法就是證明他並未合法獲得公司百分之五十的股份。

這份檔案中的關鍵人物就是蘿柏塔·卡索，這個為古馳工作了二十多年的女人一路從銷售做起，最後則成為了魯道夫的助理。卡索負責處理魯道夫於公於私的一切業務，而當她完成辦公室裡的業務後，便會在地下室的電影工作室裡陪魯道夫渡過漫漫長夜，一而再、再而三地為他的電影配上旁白字幕。隨著魯道夫的健康狀況每況愈下，卡索也經常與他一同前往聖莫里茲，協助他處理信件並安排一切行程，即使他不在辦公室裡。

在魯道夫去世後的頭幾個月裡，卡索與墨里奇奧並肩作戰，就像她曾與魯道夫一同工作那般。在墨里奇奧提出他對於企業現代化的計畫時，卡索曾要求墨里奇奧將她的職務晉升為商務總監。然而，兩人的關係卻在此時開始產生了變化。墨里奇奧開始將卡索與父親以及過去連結在一起，他希望為公司帶來有著新點子的新人，希望以年輕且積極的專業人選取代古馳的老將，以將他的願景發揚光大。墨里奇奧因此拒絕了卡索的請求。

「我們需要新氣象。」他對卡索說，並要求她離開。在一番爭吵後，兩人不歡而散。

卡索在好幾年後表示：「人啊，絕對要學會在做決定前先從一數到十。」她坦承自己當年離開墨里奇奧與公司時，並未經過妥善的處理。當時的她非常憤怒，自己效忠於墨里奇奧的老爸數十年，竟無法在公司的新願景裡占有一席之地。

「墨里奇奧無法接受自己身邊存在任何一個會讓他想起過去的人。」卡索下了一個結論。

那年八月，佛羅倫斯警察局長費南多・塞吉歐將卡索傳喚到辦公室來。她花了三個小時從米蘭坐火車南下，當她到達警察局長的辦公室時，辦公桌上放著一份由奧爾多、喬吉歐與羅伯托精心準備的檔案，多達四十頁。他們指控墨里奇奧偽造了自己父親的簽名，以逃避繳納約一百三十億里拉的遺產稅（約八百六十萬美元）。

「能請您確認一下檔案的內容嗎？」費南多問卡索。

「可以。」卡索緊張地回答道。

「先告訴我事情的來龍去脈吧！」

卡索深吸了一口氣。

「五月十六日，魯道夫・古馳去世後兩天，他的兒子墨里奇奧・古馳和他的顧問吉安・維托里奧・皮隆要我在五張股權證書上模仿魯道夫・古馳的簽名，這些股票上面有墨里奇奧的名字。我們當時在米蘭蒙特拿破崙大街的古馳辦公室。我覺得自己沒辦法偽造簽名，因此我建議由我的助理莉莉安娜·科倫坡來做。接近中午時分，科倫坡在皮隆位於馬特歐堤大道的家中完成了簽名，但這些簽名的效果不好，因此這些證書被銷毀了。後來，他們又印製了新的證書，在魯道夫的葬禮結束後的二十四小時內，科倫坡又在皮隆的家裡，於古馳與古馳香水公司的股權證書上偽造了簽名，還有幾張她不知道用途的綠色證書。」

檔案裡還有另外一名關鍵證人，塞吉歐在同一天也傳喚了他——喬吉歐·坎提尼是古馳在佛羅倫斯的行政職員，手中握有公司保險箱的鑰匙。這是一個於一九一一年在奧地利製造的黑色老式威爾特海姆保險箱，裡頭裝著所有古馳最重要的文件。

坎提尼告訴警察局長，這些文件從一九八二年三月十四日開始就一直被放在保險櫃裡，直到一九八三年五月十六日魯道夫死後，他才將文件交給了墨里奇奧。塞吉歐告訴他，股票是魯道夫在一九八二年十一月五日簽署的，坎提尼對此感到難以置信並立即做出回應。

「不可能，先生！」他說。除了魯道夫本人，他是唯一擁有保險櫃鑰匙的人，而他也不曾為任何人打開過那個保險箱。按此邏輯推論，生病的魯道夫是在下班時間親自到達佛羅倫斯，用鑰匙打開保險櫃取出股票並更換，但坎提尼卻對此毫不知情，這聽起來非常不合理。

塞吉歐意識到此案的嚴重程度已經超出了自己的權責範圍，因而將此案移交給他在米蘭的同事，因為整起涉嫌造假的事件就發生在米蘭。一九八五年九月八日，米蘭法院凍結了墨里奇奧在公司中百分之五十的股份，並要他靜候法院對涉嫌偽造文書一案的調查。墨里奇奧認為卡索是因為私人恩怨，才與自己的親戚們站在了同一陣線，他於是用古馳公司的官方信紙發表了一篇憤怒的聲明稿，上頭還加蓋了公司章。與此同時，奧爾多、羅伯托和喬吉歐在發起刑事訴訟後仍不滿足，同時又對墨里奇奧提起了民事訴訟。在律師的努力下，墨里奇奧終於在九月二十四日成功地解除了扣押令，但對他而言，大戰才正要開始。

墨里奇奧在前年獲得了董事會的控制權後，覺得自己對奧爾多已經夠寬宏大量了，不僅將榮譽頭銜給了他，還讓他留在古馳位於紐約大廈十二樓的總裁辦公室裡。然而，在墨里奇奧發現是奧爾多將檔案交給了塞吉歐警長後，便毫不留情地著手對付奧爾多。他將事情的來龍去脈告訴了狄索爾，多姆尼科・狄索爾直接找來了工人，只花了一晚便將奧爾多的物品打包，將這名「古馳的精神領袖」趕出了他的總裁辦公室。第二天早上，當紐約辦公室的員工們來上班時，多姆尼科・狄索爾就坐在本來屬於奧爾多的弧形木製辦公桌後面。

「他們之間的戰爭又開始了。」狄索爾說道。「我跟奧爾多說過了，他應該要保持理性並做出合理的決定，只要他採取法律行動，我就一定會反擊。他一直告訴我，他很喜歡我做的一切，也知道我把公司整頓得井井有條。在我看來，他是被他的孩子們陷害了，儘管他曾不斷抱怨，認為自己的孩子都很笨。他在法庭上攻擊了我們，所以我只能將他從公司趕出去。」狄索爾就事論事地說道。在墨里奇奧的批准之下，他對奧爾多下了禁令——不僅取消了他進入大樓的資格，更發布了一份媒體聲明稿，宣布古馳管理階層「決定終止奧爾多・古馳在公司的職位」。

聲明稿中更表示，由於公司代表人的身分一直混淆不清，高層已下令要奧爾多・

古馳「即日起停止一切代表公司的行為」。隨後，古馳的美國分公司對奧爾多與羅伯托提起了訴訟，指控他們為了個人利益挪用了超過一百萬美元的公司資金。

這件事傳到布魯娜・帕倫博的耳裡，她馬上打給了瑪麗亞・曼妮蒂・法羅，這名「收藏配件系列」的前經銷商此時已成為布魯娜的好友。

「發生了很可怕的事情！」布魯娜對瑪麗亞說，用顫抖的聲音請她代為點一根祝禱的聖母蠟燭。在三十二年之後，奧爾多竟被親侄子踢出了自己公司的大門外。

八〇年代，古馳的家族內鬥變得比自家的明星商品更有名，家族內鬥的曲折情節充斥著八卦專欄，媒體樂此不疲地報導這些新聞。報導標題越是驚人、聳動，似乎就越是帶動了更多的顧客湧入古馳的專賣店。

《義大利共和報》寫道：「在這集全新、原汁原味的義大利版《王朝》影集中，所有的狠角色都是真人，並非演員。」《義大利共和報》這邊寫的是在歐洲受到廣大觀眾喜愛的的美國影集。幾天後，《義大利共和報》又寫道：「G再也不代表『Gucci』，而是代表『Guerra』！」「Guerra」在義大利文中是「戰爭」的意思。倫敦的《每日快報》則寫道：「古馳貴為一間市值數百萬美元的大公司，內部卻比一間羅馬披薩店還要混亂。」

另一份報紙則引用一名英國喜劇演員的話：「剛開始打這場架時，你還是一頭豬，打完出來就變成香腸了。」就連古馳發源地的佛羅倫斯的地方報紙《國家報》，也用了滿版的篇幅毫不留情地大肆抨擊「古馳帝國」：「財富可以讓你獲得一切，但不會讓你的血脈變得高貴。」

現在，奧爾多終於願意正視自己在美國所面臨的法律和財政等問題有多麼嚴重，也決定是時候清理門戶了。一九八五年十二月，奧爾多把喬吉歐與羅伯托叫到羅馬和他見面，他直截了當地告訴兒子們，自己決定將古馳的股份讓給他們，而這麼做的原因有兩個。其一，他擔心國稅局即將進行的檢查，會讓他名下的資產遭受重罰，因此他想減少自己名下的有價證券，但他不想讓資產流落到家族以外的他人手中。再者，自己已經八十歲了，他也不想讓兒子們在未來被徵收高昂的遺產稅——特別是在看到墨里奇奧所經歷的事之後。「憑什麼把錢白白地送給稅務機關？」他振振有詞地說道。

一九八五年十二月十八日，奧爾多在一份祕密協議中將自己在古馳剩餘的百分之四十的股份分給了喬吉歐與羅伯托。早在弟弟巴斯克去世時，奧爾多就已將最初的百分之十股份分給了他的三個兒子，再加上此次轉移的股份，羅伯托和喬吉歐在義大利母公司中就各占了百分之二十三點三的股份，保羅則只有他原先保有的百分之三點三；所有的兒子都擁有古馳美國分公司百分之十一點一的股份。現在奧爾多手中已不再持有義大利公司的股份，但仍保有古馳美國分公司百分之十六點七的股份。奧爾多與兒子們的名下，還擁有古馳在法國、英國、日本和香港等海外營運公司的各種股份。墨里奇奧名下則擁有古馳母公司與古馳美國分公司百分之五十的股份，魯道夫於海外公司所持有的所有股份，墨里奇奧也都持有了相同的比例。保羅似乎開始懷疑自己沒有獲得與自己的兄弟們相同的待遇，因為他已經大肆地昭告全家族的成員：「如果爸爸死後，什麼都沒留給我……哪怕要雇上一整隊的律師來為這起訴訟打上五十年的官司，我都做得出來。」

為了避免與保羅進一步發生衝突，羅伯托與喬吉歐答應在古馳母公司的董事會上，只以自己原先百分之三點三的股份進行投票。

與此同時，墨里奇奧和保羅的協議在一九八五年最後一次的會議中破裂了，這場會議本來應該要為他們那天在風光明媚的日內瓦握手訂下的協議畫下句點。

保羅與墨里奇奧的差使沿著瑞士信貸銀行盧加諾分行的走廊來回奔波，保羅的股份被託管於此。保羅後來提出的法律文件顯示，墨里奇奧沒有遵守他們當初的協議條款。據說，墨里奇奧將保羅在新的古馳授權公司中的職權冷凍起來，該公司當初在創立時本該有保羅的一份。

幾個小時過去了，距離達成協議仍遙遙無期，一旦達成這項協議，墨里奇奧就能穩穩地拿下古馳百分之五十三點三的控制權。終於，在當天深夜，面對早該關門的銀行以及惱怒的銀行職員們，保羅決定為這場他所認為的騙局畫下句點。他撕毀了兩人正在起草的合約，帶上自己的一大票顧問，怒氣沖沖地帶著自己的股權證明離開。幾天後，保羅對墨里奇奧提出了新的指控，他表示自己的堂親在掌握了古馳的控制權後，違反了兩人之間的約定，並表示墨里奇奧成為古馳總裁的提名無效。

開始掌握家族內訌走向的墨里奇奧，已經料到會有和保羅分道揚鑣的時候，因此早就留了一手，準備向喬吉歐提出一項交易。在一九八五年十二月十八日的董事會上，墨里奇奧提出了一個新的方案，讓公司提名一個四人小組的執行委員會，成員包括他自己、喬吉歐和他們各自信任的經理。喬吉歐確定將成為副總裁，而此執行委員會將確保公司維持共同經營的狀態，就連奧爾多也同意這項提議。

墨里奇奧認為自己終於找到了一個解決方案——至少可以撐一段時間，因此便決定外出渡過聖誕假期。與此同時，他和派翠吉雅的關係也稍有改善，他們努力在兩個女兒面前維持夫妻形象。墨里奇奧從九月開始也比較常回家，他們倆決定一起前往聖莫里茲渡過聖誕假期。派翠吉雅知道墨里奇奧有多麼喜歡那座山莊渡假村，她希望那裡能夠成為兩人和好的地方。她全心全意地投入，將山莊布置得充滿節慶氣氛，在她布置完成後，「墨里奇奧之家」閃閃發光，裡外都裝飾了紅色與銀色的聖誕花環、蠟燭、苔蘚和槲寄生。她和亞歷珊卓吹製了金色的玻璃球，並用迷你蠟燭點綴壁爐旁的聖誕樹。墨里奇奧答應陪她一起去做午夜彌撒，這是她一直以來都很喜歡的事，只要想到一切都可能讓兩人回到過去的關係，派翠吉雅的精神就振奮了起來。她為墨里奇奧買了一套鑲嵌有鑽石與藍寶石的袖釦與飾釦組，並期待著他看到禮物的表情。

十二月二十四日晚間，墨里奇奧十點鐘就悶不吭聲地上床睡覺了，讓派翠吉雅自己一個人參加了午夜彌撒。第二天早上，墨里奇奧按照往例會在打開自家人的禮物前，先邀請工作人員們來領禮物。墨里奇奧送給派翠吉雅一個義大利號賽艇的鑰匙圈以及一支古董手錶，派翠吉雅不知道自己現在是失望多一點，還是憤怒多一點——她痛恨古董手錶，也覺得墨里奇奧應該會懂她，更不用說那個鑰匙圈根本就是在羞辱她！當天晚上，他們受邀一同參加派對，但墨里奇奧並不想去。派翠吉雅決定獨自參加，卻在派對上從朋友口中得知，墨里奇奧計畫隔天就要離開。她返家後便怒氣沖沖地與墨里奇奧對質，連珠炮地批評與指責脫口而出，墨里奇奧也隨之回擊——他一把掐住派翠吉雅的脖子，將她嬌小的身軀離地拎起，兩個小女兒害怕地蜷縮在門口，看著他們。

「讓我來幫妳長高一點！」他用義大利語對她大吼。

「來呀！」派翠吉雅儘管被掐住脖子，依舊從緊咬的牙關中殘喘地反擊道。「老娘剛好也想長高！」

她滿心期待的聖誕假期就這樣結束了，兩人的關係也是——派翠吉雅將日記裡的一九八五年十二月二十七號圈起來，她要記下兩人關係正式告終的這一天。

「只有不折不扣的爛人，才會在聖誕假期甩了自己的老婆！」時隔多年，派翠吉雅仍憤恨地說道。隔天早上她起床後，發現墨里奇奧正在收拾行李，他告訴派翠吉雅，自己必須去日內瓦一趟。臨走前，墨里奇奧把亞歷珊卓帶到一旁，對她說：「爸爸不愛媽媽，所以爸爸要走了。而且爸爸有一棟漂亮的新房子喔！妳可以來和爸爸一起住，先跟爸爸住一晚，再和媽媽住一晚。」

亞歷珊卓淚流滿面，派翠吉雅對於墨里奇奧如此莽撞地處理女兒們的情緒感到非常詫異，尤其他們過去曾約好不要告訴孩子們他們分居的事。那天起，兩人正式展開了爭奪孩子監護權的各種戰爭，而其中的爭吵也將嚴重地影響所有人。墨里奇奧指控派翠吉雅試圖疏遠自己與女兒們的關係，而派翠吉雅則抗議墨里奇奧的探訪讓女兒們沮喪不已，她希望縮減兩個女兒與父親相處的時間。「派翠吉雅不讓孩子們見他，她想用這招逼墨里奇奧重回家庭。」一名曾在他們家任職的女家教補充道。

如果說派翠吉雅用來對付墨里奇奧的手段是孩子們，那麼墨里奇奧的武器就是他的財產。他決定禁止派翠吉雅踏進聖莫里茲的房產以及克里奧爾號，但墨里奇奧懶得通知她。有一天，派翠吉雅帶著孩子們來到聖莫里茲，卻發現門鎖全都換新了。她試著打電話給傭人，但他們不讓她進去，他們向她表示古馳先生下了指示，不得讓她進入莊園內。派翠吉雅報了警，警方在確定她和墨里奇奧已分居但尚未離婚後，便強制開了鎖，讓她和女孩們進到屋內。

同一時間，日內瓦方面已經開始了仲裁程序，以解決保羅與墨里奇奧之間的紛爭，即便如此，他們雙方仍無法在一九八六年二月初於佛羅倫斯舉行的下一場家族董事會前達成協議。奧爾多知道，墨里奇奧與保羅的協議已經失敗了，他知道他的侄子現在正處於劣勢，並認為這可能是讓他回心轉意的好時機。儘管他們之間發生了這麼多事，奧爾多還是用擁抱和燦爛的微笑迎接了墨里奇奧——這也是古馳的傳統，兩人繼續相處下去，彷彿什麼事都沒發生一樣。

「孩子啊！放棄你當老大的夢想吧！」奧爾多說道。「你總不可能把所有的事情都攬在自己身上吧，小律師？讓我們攜手合作吧！」他向墨里奇奧提議另一個新的協議——將喬吉歐與羅伯托都拉進來，而奧爾多自己則擔任仲裁人的角色。

墨里奇奧勉強擠出一個笑臉，他決定還是不要將奧爾多的善意當真比較好。他知道奧爾多在法律上的自主權很有限，美國當局甚至差點因為稅務案吊銷了奧爾多的護照。一月十九日，在登上飛往義大利的航班前，奧爾多就在紐約聯邦法院的一場情緒高漲的聽證會中認罪，承認自己欺騙了美國政府，並積欠了七百萬美元的稅金。奧爾多承認，他透過各種手段從公司詐取了大約一千一百萬美元，並將資金轉給自己和家庭成員。那天，身穿雙排釦藍色細條紋西裝的奧爾多，淚流滿面地告訴聯邦法官文森・布羅德里克，他的行為並不能代表「他對美國的愛」；他在一九七六年成為美國公民，成為獲得永居權的居民。奧爾多開了一張一百萬美元的支票給國稅局，並同意在定罪前再支付額外的六百萬美元。他因為這樣的罪行，面臨了最長可達十五年的刑期以及三萬美元的罰款，多姆尼科・狄索爾曾向墨里奇奧表示，這次奧爾多十之八九會入獄。

家族董事會在沒有任何大型鬧劇的狀況下結束了。墨里奇奧定案了他與喬吉歐的協議，承諾會將公司內重要的工作交給他的兒子們。在奧爾多離開之際，他向墨里奇奧拋出了一段犀利的訊息。「我承認，我有責任（特別是在美國稅務問題這方面）要拯救公司和整個家族。但不要以為這些年來，我親愛的小弟魯道夫都乖乖地將手插在口袋裡。」奧爾多說道，暗示魯道夫也曾從這些事件中獲利。「我為了幫助大家，把自己搞得烏煙瘴氣。我還真是宅心仁厚啊！」

和平又再次降臨在家族中——至少暫時如此——是時候再次與保羅交鋒了。與墨里奇奧的協議破裂後，保羅又回到了他「做興趣的」PG計畫上。這一次，他實際投入生產，製造出了手提包、皮帶以及其他配件的原型，並於三月在羅馬的一間私人俱樂部舉行了盛大的派對。活動歡樂的氣氛進行到一半，司法警察卻突然闖入派對扣押了整個系列，賓客們嚇得紛紛逃竄，臨走前還不忘拿塊魚子醬塔或最後一杯香檳。生氣的保羅想也知道不速之客是誰派來的——一定是墨里奇奧。

「該死的傢伙！你將為此付出代價！」身穿長禮服的保羅，手裡拿著香檳，不知道在對誰咆哮著。保羅已經徹底絕望了。他光是有關官司的帳單就高達數十萬美元，而且他也已經好幾年沒賺到錢了。儘管公司的利潤很好，他手中的古馳股票卻沒有為他帶來任何收益，因為墨里奇奧已經投票通過一項提案——不分配現金股息，而是將股息當作儲備金存回公司，以協助他完成自己的遠大計畫。保羅被迫放棄他在紐約的家以及辦公室，不得不回到義大利。而事到如今，墨里奇奧還要來毀了他的派對。他威脅要去向有關當局檢舉，但墨里奇奧壓根兒沒有理會他。

在保羅想方設法要懲罰墨里奇奧的同時，他成功地報復了自己的父親——一九八六年九月十一日，奧爾多在紐約被判刑。保羅為了這件事在前一天特別調動了他所認識的記者們，再三確認媒體會傾巢而出。在法庭的眾目睽睽下，奧爾多含淚請求從寬量刑，他用不流利的英語說：「我還是很抱歉，對一切發生的事情都深感抱歉，對我所做的一切深感抱歉，我請求得到你們的寬恕。我向您保證，這種事情不會再發生了。」

他用崩潰的嗓音告訴法庭，他原諒了保羅，還說：「任何想看到我有這一天的人——有些家族成員已經善盡他們的職責，其他人則得到了復仇的快感。上帝將是他們的審判者。」

他的委任律師——彌爾頓・郭德，試圖救下八十一歲的奧爾多，避免他進監獄，他主張將他的當事人送進監獄「就跟判死刑差不多」。但布羅德里克法官心意已決，他以逃避七百多萬美元的美國所得稅為由，判處奧爾多一年又多一天的刑期。

「古馳先生，我相信你永遠不會再犯罪了。」布羅德里克法官說。他還指出，圍繞此案衍生而出的曝光度與事業影響已經讓奧爾多遭受了「相當大的懲罰」。布羅德里克表示：「我知道你來自另一種不同的文化，而該文化裡顯然不適用我們的自願徵稅制。」他隨後又繼續解釋道，自己有必要向其他潛在的逃稅者發出強烈的警告。奧爾多因為涉嫌串供、逃避個人與公司所得稅被判刑入獄，並因兩項逃漏稅罪名被分別判處三年有期徒刑，奧爾多於一月份對上述指控全數認罪。法官暫緩了兩項逃漏稅罪名的判決，改判奧爾多・古馳緩刑五年，其中包括一年的社區服務。

布羅德里克法官允許奧爾多在十月十五日前都保持自由之身，之後他便被安排進入位於佛羅里達狹地、由前埃格林空軍基地改建的聯邦拘留中心。法官曾說過，監禁一名高齡八十一歲的老人並非他的本意。即便典獄長庫克西先生不喜歡，不過埃格林一直都有「鄉村俱樂部監獄」之稱，因為這座監獄所配備的設施讓它看起更像地中海俱樂部，而非監獄該有的樣子。

這座監獄裡的設施包括籃球場、壁球場、網球場，甚至還有硬地滾球場——這是一種古老的義大利運動，玩法有點像在狹窄的泥土球場上用木球玩保齡球。這裡還有一個配有夜間照明的壘球場、一個足球場、一個操場，甚至還有一個沙灘上的排球場。休閒大樓裡有撞球桌、乒乓球桌、電視、橋牌俱樂部，以及馬蹄鐵沙坑，囚犯甚至可以在此訂閱報紙和雜誌。有一段時間，奧爾多甚至可以在房間裡放一部電話，儘管他的獄警後來終止了這一項特權，因為他把所有的時間都花在打電話上。

就算在坐牢，奧爾多依舊讓自己在佛羅倫斯很有存在感，他的來信與電話逐漸變成公司內部的都市傳說。

「奧爾多博士？」克勞迪奧・德以諾琴地第一次在古馳的斯坎地其廠接起桌上的電話時，聽到電話那頭奧爾多歡快的托斯卡尼口音簡直不可置信。「您不是應該在坐牢嗎？」

「他以前經常打來。」德以諾琴地回憶道。「他愛上了曾經跟我一起工作的女孩，因此總是打來跟她聊天。」

奧爾多也會透過信件與家族聯絡，讓他們看見自己正在享受獄中生活，並且積極地為自己出獄後的復出計畫做打算。

一九八六年十二月，他回覆了恩莉卡・皮禮的來信，這名前任女銷售人員於二十五年前在羅馬被雇用。「我親愛的恩莉卡……我很高興能來到這裡，我發現這裡讓我無論在心理上或生理上都感到無比安逸。」他寫道，龍飛鳳舞的字體在信紙上瀟灑地掠過。奧爾多又補充道，他的家族正敦促他恢復他在古馳「被迫放棄的職位」。「古馳的形象在那些不自量力的人手中蕩然無存。」他繼續說道。「我過得很好……當我盛大回歸之時……肯定會讓所有人都非常意外，無論這些人是好是壞。」

在埃格林監獄待了五個半月後，奧爾多被轉到西棕櫚灘的救世軍中途之家，白天他需要在當地的一間醫院做社區服務。保羅聲稱他對父親入獄的消息毫無悔意，儘管他的妻子珍妮佛後來透露，保羅私下仍感到後悔萬分。

儘管墨里奇奧與奧爾多之間有些矛盾，但是看見伯父遭遇這些事情仍讓他不太好受。他不認為奧爾多該受到這樣的對待。「如果他們殺了他，至少還會讓他好過些。」墨里奇奧說。讓奧爾多在經歷了一生的奔波後遠離古馳，已經是足夠的懲罰了。

奧爾多現在的處境讓保羅要報復墨里奇奧的決心更為堅定，因為他覺得墨里奇奧欺騙了他。保羅在羅馬辦公室的桌上攤開一大綑文件，裡面詳細地記錄古馳商業帝國名下所有的離岸公司，包括銀行帳戶的副本，以及墨里奇奧如何利用位於巴拿馬、由魯道夫創立的英美開發研究公司來轉移資金，以購買克里奧爾號。保羅將所有的文件影印，寄給他能想到的所有人——義大利共和國檢察總長（也就是首席檢察官）、義大利財政衛隊、稅務稽查局、司法部、財政部，以及義大利國內當時主要的四個政黨。保險起見，他還將資料給了相當於美國證券交易委員會的義大利股市監管機構——國家公司和證券交易所委員會。同年十月，佛羅倫斯檢察官烏巴度・

南努奇傳喚了保羅，而他也將他知道的一切都向檢察官據實以告，這招有效地打擊了墨里奇奧。

當時墨里奇奧人在澳洲跟進義大利號出賽的後續狀況，而調查人員突然闖進了他位於帕薩瑞拉精品街的米蘭公寓的大門。當時正在巴黎麗茲酒店購物的派翠吉雅從朋友那裡聽到了消息，這名朋友當時正與墨里奇奧五歲和十歲的兩個女兒待在一起。女孩們正準備去上學時，五名調查人員帶著搜查令突然闖入，對房子進行搜索。接近中午時分，他們還跟蹤阿萊格拉到她就讀的學校——天主教慈悲修女會，甚至驚動了修道院院長，他們甚至要阿萊格拉把皮包裡面的一些畫紙拿出來給他們檢查。檢調人員還搜索了墨里奇奧位在蒙特拿破崙大街的辦公室。

與此同時，奧爾多和兒子們針對墨里奇奧提出的檢舉文件，也正式進入義大利司法系統的調查程序中。一九八六年十二月十七日，米蘭檢察官費禮斯・保羅・伊斯納迪再次提請上訴，查封墨里奇奧百分之五十的古馳股份。墨里奇奧知道，要將古馳打造成精品市場上最頂尖的競爭者並完成自己的夢想，比他想的還要困難——他必須在伊斯納迪檢察官的訴狀批准前馬上採取行動。

# 第九章 更換夥伴

墨里奇奧忠心耿耿的司機路易吉・皮洛瓦諾喊道：「墨里奇奧大學士！趕快跟我走！」路易吉在米蘭市區尋找墨里奇奧一個多小時後，最後衝進了米蘭頂尖民事律師喬凡尼・潘薩里尼的辦公室，找到了墨里奇奧。當時墨里奇奧正在和顧問皮隆聊天，而潘薩里尼則在一張古董木製會議桌旁，他在聽見路易吉慌忙的聲音後驚訝地抬頭看，看見這名深色頭髮和鬍鬚的司機臉上憂心忡忡的表情，墨里奇奧見到平時冷靜、沉穩的路易吉如此焦躁，就知道大事不妙了。

墨里奇奧擔心地從椅子上站了起來，說道：「路易吉？怎麼回事……？」

路易吉說道：「大學士！沒有時間了！財政警察正在蒙特拿破崙大街上等著要抓您！您必須現在離開，不然他們將會逮捕您。您必須馬上跟我走！」

先前過了午餐時間後，路易吉曾前往墨里奇奧的蒙特拿破崙辦公室等候他，當時樓下的警衛在路易吉坐電梯上四樓前把路易吉攔了下來，緊張兮兮地將他拉到一旁。

門口的警衛對路易吉講述幾分鐘前發生的事情——有一群穿著制服的財政警察

剛剛來過，他低聲說道：「路易吉先生！財政警察剛剛就在樓上！他們在找墨里奇奧大學士！」義大利財政衛隊是義大利的國庫警察，也是一支專門處理金融犯罪的武裝警隊，主要辦理針對國家的金融犯罪案件，如逃稅或違反財務準則等等。光是他們身上的灰色制服及帶有黃色烈焰標誌的帽子，就足以讓多數的義大利人戰戰兢兢且避之唯恐不及。比起穿著藍色制服的一般警察，或是作為義大利人茶餘飯後笑料的憲兵隊（該隊特有的黑色禮褲上有著兩條紅色鑲邊），義大利人面對財政警察時總是惴惴不安。

路易吉非常清楚財政警察為何而來，因為墨里奇奧曾跟他毫無遺漏地說過保羅對自己的控告、一年前在清晨時對帕薩瑞拉精品街公寓的突襲檢查，以及十二月時保羅嘗試對自己持有的古馳股份執行扣押。墨里奇奧也從自己的律師團口中得知，敵對陣營的伯父奧爾多、保羅和其他堂兄弟們為了對抗自己而不斷推波助瀾，因此目前檢察官已準備向法院申請對自己的逮捕令。因此，墨里奇奧在條件允許的情況下都盡量待在國外，即便是在米蘭，他也刻意改變自己每天的日常作息。過去幾個月裡，墨里奇奧經常讓路易吉載他到米蘭北邊的鄉村地區布里安札，他們倆會孤零零地在當地鮮為人知的餐館享用熱騰騰的義大利麵和魚排，因為墨里奇奧已不敢再回到他過去居住的住宅，因此他們在用餐後總會住進一間在地的小旅館。墨里奇奧知道義大利的執法部門通常會在清晨時逮捕嫌犯，以確保在家中的嫌犯正處於睡眠的狀態，若是找不到地方過夜，執法人員有時甚至會直接睡在車子裡。孤單又緊繃的墨里奇奧將情緒寄託在路易吉身上，為了陪伴墨里奇奧，路易吉也已經好幾天沒有回家陪伴家人了。有時候墨里奇奧甚至會在輾轉難眠的深夜，打給派翠吉雅大吐苦水，而現在，墨里奇奧擔心的時刻終於來臨了。

路易吉一聽到財政警察在辦公室守候墨里奇奧，便馬上轉身拔腿跑向街上的巴古塔餐廳，這間餐廳距離辦公室不遠，依然保留著多年來顧客留下的繽紛油畫及素描作品。不過巴古塔目前已不再是文藝族群的聚會場所，它轉而迎合該餐廳周圍精品街（所謂的米蘭金三角）的商務菁英。巴古塔供應的米蘭風炸豬排和在地特色美食，古馳的主管階層和顧客群也都享用了將近四十年。路易吉知道墨里奇奧剛剛和皮隆在巴古塔用過午餐，不過在他側身通過掛在餐廳門口以阻擋蒼蠅的粗鬃毛繩時，身穿黑色西裝的餐廳領班微笑著告訴他，墨里奇奧和皮隆已經離開。路易吉估計他們應是前往潘薩里尼在幾條街外的辦公室了。

一聽到路易吉說的話，墨里奇奧轉頭對皮隆和潘薩里尼挑起眉頭，隨後便跟著他的司機衝出門外。墨里奇奧雖沒什麼時間從事他喜愛的網球、馬術以及滑雪等運動，但仍身強力壯，心如擂鼓的他在路易吉身旁三步併作兩步地縱身奔下辦公大樓內部的樓梯。路易吉已將車子停在大樓的後方，以防任何人找上墨里奇奧，他們一同跳上車，路易吉立刻開到幾條街外的波拿巴特廣場，墨里奇奧的車子和摩托車就停在位於該處的住處車庫裡。路易吉遞給他一頂安全帽和一串鑰匙，用來發動那輛馬力十足的紅色川崎 GPZ 摩托車。

路易吉說道：「把安全帽戴上，這樣就沒人認得出你，在穿越瑞士的邊境前都不要停下來，能騎多快就騎多快！我會帶著你的東西跟上。」只要進入瑞士境內墨里奇奧就安全了，因為瑞士官方不會為了金融犯罪而將墨里奇奧引渡回國。

路易吉繼續叮囑他，說道：「經過瑞士邊境時絕對要把安全帽戴好，絕對不要讓他們認出你是誰。表現得輕鬆一點，如果邊防人員問起，就說你要去聖莫里茲的住處。不要讓他們起疑心，動作要快！」

墨里奇奧騎著紅色川崎，風馳電掣，但他的心跳卻有過之而無不及。墨里奇奧在一小時內抵達瑞士邊境所在的盧加諾，接近哨站時他放慢了轟鳴的機車，並遵循著路易吉的叮囑，繼續戴著安全帽。邊防警衛瞄了一眼墨里奇奧的護照就揮手讓他通關，墨里奇奧再度發動引擎，小心翼翼地騎上通往北邊聖莫里茲的高速公路。墨里奇奧冒不起遭到攔查的風險，因而選擇了較遠的路線，因為最短的路線會穿越蜿蜒的瑞士邊境而進入義大利。兩個多小時後，墨里奇奧將機車停進聖莫里茲住處的車道內，渾身顫抖不止。

在墨里奇奧騎著紅色川崎逃離米蘭之際，路易吉回到蒙特拿破崙大街的辦公室，裡頭的財政警察仍枉費心機地等待著古馳的董事長。路易吉假裝自己也正在尋找墨里奇奧，並詢問財政警察造訪辦公室是為了何事。

路易吉的做法相當正確。墨里奇奧辦公室裡的財政警察當時握有他的逮捕令，該逮捕令是由米蘭治安官烏巴度·南努奇所核發，通緝罪名是以購買克里奧爾號的方式非法於海外脫產，義大利的金融市場在當時尚未自由化，因此將大量的財產轉至海外仍是非法的行為。雖然墨里奇奧是瑞士的合法居民，且克里奧爾號的船舶國籍為英國，但保羅還是順利地實行計畫，墨里奇奧此時不但無計可施，更無法在義大利參與自己公司的日常運作。

隔日（一九八七年六月二十四日，星期三），各家報紙大肆地報導這則重磅消息。義大利的《共和國日報》以聳動的文字寫道：「古馳的夢幻遊艇風波：逮捕令已核發，墨里奇奧躲過逮捕。」

羅馬的《信使報》同樣以浮誇的文字寫道：「戴上手銬的『古馳帝國』。」《晚郵報》則以鼓譟的文字寫道：「克里奧爾號對墨里奇奧．古馳的背叛。」

皮隆和他的妻舅也遭到起訴，但皮隆是三個被告中最倒楣的那個——他的妻舅和墨里奇奧一樣及時逃脫，免於受到拘留，而皮隆自己卻遭到警方逮捕，並被移送至古馳斯坎地其總部旁的索利契諾監獄，接受為期三天的審問。墨里奇奧此時正流亡瑞士，只能無助地看著這一切發生。兩個月後，米蘭的法院凍結了墨里奇奧在古馳持有的百分之五十股份，並指定一名大學教授瑪麗亞．瑪媞里妮代替他的董事長職位。

墨里奇奧在瑞士流離了十二個月，往返於聖莫里茲的住處和盧加諾最好的飯店間，這間座落於湖畔的飯店名為斯普萊德皇家飯店，墨里奇奧將該飯店視為自己賦閒時的工作據點。盧加諾是一座位於盧加諾湖畔的迷人瑞士小鎮，座落於瑞士深入至義大利境內的邊陲地帶，位於義大利的馬焦雷湖及科莫湖之間。盧加諾鄰近米蘭的這個地理位置，也讓這座小鎮成為大城市外的桃花源，許多米蘭居民會為了便宜的汽油及民生物資、高效率的郵政服務，以及健全的金融體制而造訪盧加諾。盧加諾對墨里奇奧而言，是一個舒適且方便的避難處，他可以要求公司的主管從義大利北上至盧加諾，向他呈報瑪媞里妮擔任董事長的情形，也可以驅車前往聖莫里茲渡過週末。墨里奇奧希望能看看女兒，他央求派翠吉雅將女兒帶到盧加諾，但派翠吉雅最後總能找到理由拒絕他，直到墨里奇奧流亡在外的第一個聖誕節期間，派翠吉雅才同意讓亞歷珊卓和阿萊格拉前往盧加諾，與墨里奇奧共度下午時光。墨里奇奧因此在當天早上（十二月二十四號）跑遍盧加諾的玩具店，想買禮物給女兒們，不過當路易吉在幾個小時後到帕薩瑞拉精品街按門鈴時，女傭卻告訴他，派翠吉雅不允許女孩們跟他去盧加諾。

後來路易吉說道：「我還能怎麼做？我不忍心空手而回，但派翠吉雅就是不准女孩們跟著我出門。」路易吉在回盧加諾的路上打給墨里奇奧，通知他這個消息。

路易吉傷心地說道：「當天傍晚我回去找他時，他正在啜泣。」這件事成為路易吉口中墨里奇奧「低潮期」的開端，那是一段諸事不順的日子。

此時墨里奇奧生活中的溫暖僅來自席麗・麥勞琳，她是一名出身自佛羅里達州坦佩市的前模特兒，墨里奇奧與她早在一九八四年美洲盃船賽的薩丁尼亞島附加賽時就認識了。席麗的身材既苗條又精實，有著湛藍色的眼睛及甜美自信的笑容，其金色捲髮的造型和女星法拉・佛西並無二致。派翠吉雅有時會參加義大利船隊的晚宴及聚會，她馬上便注意到墨里奇奧對席麗的好感，而席麗也相當青睞墨里奇奧俊俏的臉龐及陽光的魅力，因此她也讓墨里奇奧清楚地知道自己內心的想法。墨里奇奧在離家後便和席麗正式展開交往，他們會一同往返紐約及義大利，席麗也是墨里奇奧人生中少數全心全意在乎他，而並非著眼於他的錢財或家族名望的人。每當席麗在米蘭但墨里奇奧卻因為會議而不能抽身時，墨里奇奧就會塞一些鈔票到路易吉的手裡，指示路易吉帶著席麗到米蘭的時尚精品店購物。路易吉會開著墨里奇奧的黑色賓士靈巧地穿梭於米蘭市中心的車陣間，即便他們彼此都不太會說對方的母語，路易吉也會嘗試著和席麗對話。

席麗會哀怨地問路易吉：「路易吉，為什麼墨里奇奧要買這些東西給我？」她總會說道：「我不想要這些華麗的洋裝，我只要一件藍色的牛仔褲，還有能和他相處的時間就好。」墨里奇奧逃離米蘭後，席麗會和他在盧加諾見面，或當墨里奇奧確認派翠吉雅沒有要使用聖莫里茲的房產後，他們也會一同北上渡過週末。席麗當時對墨里奇奧一片傾心，想和他共同展開新生活，但是墨里奇奧因為個人的煩惱和事業的紛擾正焦頭爛額，他也因此覺得自己還沒準備好要與席麗互許終身。

席麗離開墨里奇奧身邊後，有很長一段時間墨里奇奧都隻身一人，他在此期間醉心地研究古馳的歷史，並著手撰寫專論，該專論隨後也成為古馳重振威名的殷鑑。

逮捕令或許讓墨里奇奧流落遠方，但還不至於到動彈不得的地步。墨里奇奧一直在布置莫希曼餐廳裡的古馳專屬包廂，該餐廳位於倫敦，是由享譽盛名的瑞士主廚安東·莫希曼經營的豪華晚宴會所。墨里奇奧布置的包廂排場相當盛大，用了他最喜歡的帝政風格家具、印有古馳圖樣的綠色壁布，以及一座絕無僅有的古風吊燈。這番裝潢所費不貲，而帳單自然是直接寄到古馳的總部，暫代董事長職位的瑪麗亞·瑪媞里妮在看完帳單後放聲大笑。

身材修長又留著鬍鬚的恩里柯·庫奇亞尼成為墨里奇奧在米蘭的主要代理人，替他傳遞文件、通報消息，以及在古馳的蒙特拿破崙辦公室和盧加諾的斯普萊德皇家飯店間轉達指令。後來麥肯錫顧問公司成為了新的古馳常務董事，不過墨里奇奧早在幾個月前就雇用庫奇亞尼了。

墨里奇奧在他的春季流亡前不久，就知道奧爾多和他的兒子們正策畫要打擊自己，也向庫奇亞尼透露過事情的嚴重性。

有天墨里奇奧在蒙特拿破崙辦公室的桌前來回收拾之際，對庫奇亞尼說道：「我們家族真是無可救藥！」他以獨有的方式用中指推了推自己的玳瑁眼鏡，說道：「我試過要和他們合作，但每當我做出一些改變，他們就會有人出來發難，針對我們想做的事反其道而行。而現在，他們要一起對付我！」墨里奇奧轉頭看向庫奇亞尼，他是個說話輕聲細語、四肢修長且有著纖細的手和灰色鬍子的男人，墨里奇奧有兩張面對自己辦公桌的畢德麥雅風格的椅子，此時庫奇亞尼正坐在其中一張椅子上翹著腳，用拇指和食指捻著鬍鬚，聽著老闆說話。

墨里奇奧說道：「我們得想個辦法收購他們在公司的持股！」

庫奇亞尼致電一名自己認識的投資銀行家，名為安德力亞·莫蘭特的他曾任職於摩根士丹利的倫敦分公司。庫奇亞尼在電話中詢問他是否願意與墨里奇奧·古馳見面，不過由於古馳家族的內部情勢相當緊張，庫奇亞尼向他強調所有的會面都必須絕對保密。莫蘭特聽完後感到興致勃勃，聰明幹練的他擅長分析，又懂得善用自己的義大利出身和財務能力，也因此，他的投行事業非常成功。古馳對莫蘭特而言，只是另一間有著接班問題且局勢不穩的義大利中小企業，許多公司都有類似的問題，但古馳還代表著奢華、魅力，以及尚未開發的獲利潛能，對投資銀行家而言簡直可遇不可求，莫蘭特因此同意在下週和墨里奇奧在米蘭見面。

莫蘭特到訪墨里奇奧的米蘭辦公室時，墨里奇奧在門口熱情地招呼他進辦公室，墨里奇奧只用了幾秒就大致摸清了這名訪客的底細——中等身材的莫蘭特相當討喜，有著睿智的藍色眼睛，些許花白的頭髮環繞著頭部並以髮夾固定。為了這次會面，莫蘭特穿上了他最好的西裝並搭配上愛馬仕的領帶。

墨里奇奧目光炯炯地對莫蘭特說道：「莫蘭特先生，雖然你繫錯領帶了，但我還是非常開心能與你見面。」莫蘭特對這名年輕的古馳經理人投以一個試探的眼神，隨後便放寬心笑了起來。墨里奇奧眼中的神采和溫柔的斥責讓莫蘭特感到相當安心，莫蘭特馬上就對墨里奇奧產生好感，而他在未來的幾個月也折服於墨里奇奧主持重要會議的天分，因為墨里奇奧總能以一則笑話開場，舒緩與會人員的情緒。此時的莫蘭特坐下並環顧四周，看見了畢德麥雅風格的蜂蜜色家具、綴著紅色鈕釦的高雅綠色沙發，以及墨里奇奧的父母在使用膠捲底片的時代所拍下的高雅黑白肖像。莫蘭特的眼光也在墨里奇奧漂亮的辦公桌、古董水晶醒酒瓶、放置牆邊的閃亮酒檯，以及酒檯上排列的銀製酒杯間掃視，他發現光線從墨里奇奧左側的兩扇窗戶照進室內，且窗外還有個與外牆同樣長度的小陽臺。墨里奇奧開始主導對話。

他說：「莫蘭特先生，你想想，古馳就像一間餐廳，五名主廚分別來自五個不同的國家，菜單長達五頁——如果不喜歡吃披薩，就可以點春捲——項目多到不僅顧客感到困惑，連廚房裡也忙成一團！」他誇張地高舉雙臂，感嘆地說道。他收起面對陌生人時所裝出的正經模樣，想與莫蘭特熱絡起來。

透過臉上那副飛行員式的太陽眼鏡，墨里奇奧的藍色雙眼緊盯著眼前這名投資銀行家的反應。莫蘭特點了點頭，在一旁默默地聽著，一邊試圖弄清楚墨里奇奧心中打的算盤，一邊暗自猜測自己在墨里奇奧的計畫中扮演什麼樣的角色。莫蘭特於一九八五年加入摩根士丹利國際金融中心時負責義大利市場，並著手進行了一筆重大的交易——義大利輪胎製造商倍耐力，對美國輪胎巨頭泛世通的收購案。因其國際化的家庭背景及概念性的思維，莫蘭特在面對投資銀行業上有著不同凡響的做法，他能順利找出創新的解決方案，解決許多義大利知名企業都為之頭痛的繼承及外展問題。莫蘭特的父親是一名來自那不勒斯的海軍軍官，在船艦停泊於上海港口時結識了莫蘭特的母親，她的父母都是米蘭人。莫蘭特一家人曾在義大利各地、美國華盛頓區及伊朗等地生活，他在義大利攻讀經濟學，並在勞倫斯的堪薩斯大學完成工商管理碩士學位，隨後就前往倫敦展開他的職業生涯。

墨里奇奧如此說道：「我們還有一次機會能夠挽回古馳客戶，那就是為他們提供優良的產品、周到的服務、始終如一的品質，以及鮮明的品牌形象。如果我們能做到這一點，就能帶來可觀的收入。現在就好比有一輛法拉利在眼前，但我們卻將它駕駛成飛雅特五〇〇！」他端出自己最愛用的比喻。「除非我有合適的車、合適的車手、頂尖的技師和充足的配件，否則我就不能參加F1賽車比賽，你明白我的意思嗎？」

莫蘭特並不明白。一個多小時後，墨里奇奧將他帶往大門，但依舊沒有透露此次會面的真正目的。當天稍晚，莫蘭特打給庫奇亞尼詢問他的看法。

庫奇亞尼在電話的另一頭說：「別擔心，安德力亞。這就是墨里奇奧的作風，會議進行得相當順利，他喜歡你這個人。我們應該再安排一次見面，而且越快越好。」

第二週，墨里奇奧、庫奇尼亞和莫蘭特在杜卡飯店吃早餐，這裡是莫蘭特到米蘭拜訪時常住的飯店。這間飯店和其他大型商務飯店在維托里奧・皮薩尼街上一字排開，這條街是一條通往市中心火車站的寬闊大道。

餐廳裡服務生安靜地在桌旁來回走動，擁有挑高天花板的空間中充滿窸窣的談話聲，以及杯盤碰撞的清脆聲響。墨里奇奧這次很快便進入了正題，墨里奇奧在短時間內就喜歡上莫蘭特這個人，並毅然決然地決定要相信他，但墨里奇奧沒有表現出一如既往的輕鬆與樂觀，反而顯得異常緊張與壓抑。

墨里奇奧將身子向前傾，嚴肅地對莫蘭特說：「我的親戚們正在阻礙我所嘗試的一切。佛羅倫斯早已淪為一片泥淖，在這裡做什麼都會失敗。現在，他們開始發起與我為敵的運動，所以我必須將他們的股份買下來，或是賣掉自己的股份，事情不能再這樣下去了。」

莫蘭特意識到這段話裡有個他可以協助買賣的機會。庫奇尼亞意味深長地看了看莫蘭特，露出「看吧？我就說嘛！」的眼神。

莫蘭特用鏗鏘有力的聲音問道：「古馳先生，你覺得你的親戚們會願意出售他們的股份嗎？」

墨里奇奧將身子往後仰，將雙手交叉放在胳膊上，笑著說：「我不認為，畢竟這對他們而言，就好比同意將自己如花似玉的女兒嫁給一個怪物一樣！」這時，墨里奇奧又嚴肅地說道：「但在某些情況下，他們很有可能會釋出自己的股份。」

莫蘭特語氣堅定地說：「古馳先生，告訴我，如果他們堅決不賣，你會願意賣給他們嗎？」

墨里奇奧的臉色一沉，說道：「絕對不可能！再說，他們也沒有錢能夠買下我的股份。與其賣給他們，還不如賣給一個我認為會以公司長遠利益為重的第三方。」

莫蘭特很快就找到了解決方案，那就是尋找第三方買家，買斷墨里奇奧親戚手中的股份，成為墨里奇奧的合作夥伴，並且重新定義古馳這個名字。

莫蘭特同時也瞭解到，儘管墨里奇奧表面上看似手頭寬裕，但他其實正面臨著資金周轉不靈的問題。莫蘭特詢問墨里奇奧是否有願意出售的資產以籌措流動資金，如此便能在與潛在商業夥伴談判時，居於更有利的位置。

莫蘭特在得知墨里奇奧的財務狀況後大吃一驚，因為墨里奇奧和多姆尼科・狄索爾，以及一小群投資客悄悄地買下了美國的老牌馬車貿易百貨——班・奧特曼百貨的所有權，該公司成立於一九六〇年代，並於一九八〇末成功擴展了七間分店。投資客安排了兩名前會計師來經營公司，分別任命前德勤零售業會計實務部門主管——安東尼・R・康帝擔任執行長，以及前德勤合夥人——菲利普・C・桑普雷維瓦擔任副總經理。古馳這個名字尚未出現在與交易相關的地方，且甚少人知道墨里奇奧擁有班・奧特曼百貨的所有權，因此當時墨里奇奧和他的合作夥伴們便透過摩根士丹利國際金融中心的協助，成功收購了班・奧特曼百貨。一九八七年，該百貨以兩千七百萬美元的價格賣給了澳洲的零售與房地產集團——L・J・胡克集團，該集團由萊斯里・約瑟・胡克主導控制。雖然此次出售所有權為墨里奇奧帶來了一筆可觀的收入，但遺憾的是，班・奧特曼百貨在此次交易之後便開始走向衰敗，於三年內宣告倒閉。

莫蘭特回到位於倫敦的辦公室，並在摩根士丹利投資銀行部門每週一的早晨例會中，向會議室裡二十多名同事敘述他與墨里奇奧・古馳的初次會面，眾人的反應夾雜著笑聲、困惑，以及驚訝的擠眉弄眼。古馳這個品牌相當引人注目，但同時也與家庭糾紛、訴訟和逃漏稅等問題糾纏不清。

一名同事開口說道：「只要確保踢出一些閒雜人等就好了！」

莫蘭特回憶道：「通常參與會議的人，會依據我們能從中獲利的多寡而表現出不同程度的興趣，而古馳這個名字一出場，便成功吸引了眾人的目光。」

雖然銀行家對這筆交易有著極大的興趣，但多數人都相當懷疑與深陷家庭糾紛的古馳家族交易成功的機率，唯獨會議室裡的一名年輕人，他仔細思索著莫蘭特的報告內容。約翰・斯托津斯基，簡稱為斯托津——當時他擔任銀行智庫的其中一員，目前則主導整個摩根士丹利的銀行投資業務。斯托津想起一九八四年一間名為「Investcorp」的投資銀行成功拯救了歷史悠久的美國珠寶商——蒂芙尼公司，並於紐約證券交易所出售其股票，從中大賺一筆。他也知道 Investcorp 有許多客戶來自富含石油資源的中東國家，他們都喜歡投資奢侈品品牌。

斯托津心想：「只有 Investcorp 才會瘋狂到願意考慮這筆交易，而我相信他們一定能順利成交！」會議結束後，他將莫蘭特拉到一旁，將自己的想法告訴了對方。

斯托津之後說道：「成功機率很小，因為我們認為古馳是個逐漸衰弱的品牌，其股東狀況也是一場糊塗。這筆交易簡直就像是手中拿了一組爛牌，但我們必須在對的時機出國王牌和王后牌。」

「這需要很大的耐心與決心，但我們知道 Investcorp 有充裕的資金，且對奢侈品抱有濃厚的興趣，同時對複雜的股東情形也相當有耐心。」斯托津如此說道。他隨後致電給 Investcorp 的倫敦代表，對方是一名來自俄亥俄州的年輕人，名叫保羅・狄米特魯克。狄米特魯克是名身材精瘦的男子，有著黑色的頭髮與雙眸，他的眼神時而含蓄晦暗，時而清晰透澈，時而又溫暖炙熱。他的舉止有禮且矜持，懷有強烈的野心，還有著空手道黑帶的實力。他是一名消防員的兒子，從小在克利夫蘭郡長大，後來則進入位於紐約的法學院就讀。Investcorp 的創始人兼董事長是一名叫做內米爾・柯達的伊拉克商人，他從格信律師事務所挖角狄米特魯克後，便開始了

Investcorp 的事業。柯達一直渴望能擴展自己的視野，並希望能留在歐洲生活，因此他在一九八二年搬到了倫敦，擔任該律師事務所倫敦辦事處的管理合夥人。一九八五年初，蒂芙尼遭收購後不久，他便創立了 Investcorp，狄米特魯克最初的工作便是負責協助蒂芙尼發展國際業務，並處理收購後續的管理問題。

狄米特魯克從祕書那裡得知斯托津打電話給他後，便立刻接起了電話。儘管斯托津年紀輕輕，但他卻擁有著強大的人脈網路、對奢侈品豐厚的專業知識，以及身為美國人卻能在歐洲業界如魚得水的交際手腕，因此他在銀行投資業界頗富盛名。

斯托津對著電話說道：「保羅，你們有準備考慮一下古馳嗎？」他接著簡述了合作方案，問道：「如果你同意墨里奇奧的想法，願不願意助他一臂之力呢？」

和之前莫蘭特的反應一樣，狄米特魯克一聽見古馳便興奮了起來，說道：「我們很有興趣和墨里奇奧先生見面，並聽聽他的故事。」

斯托津一得到狄米特魯克的答覆後，莫蘭特便從倫敦播了一通電話給墨里奇奧，而墨里奇奧還沒等莫蘭特打完招呼便興匆匆地問起了結果。

他脫口而出：「成功簽約了嗎？」

莫蘭特抗議道：「等等，別這麼急，一步一步慢慢來。」

墨里奇奧當時人仍在米蘭，他語氣堅定地表示：「我們的動作要快一點，已經沒有時間可以浪費了。」然而墨里奇奧並沒有告訴莫蘭特，自己有可能因為親戚們的控訴而面臨嚴重的法律糾紛。

莫蘭特說：「這裡有人很有興趣跟你見個面、聊聊你的故事，你能來倫敦一趟嗎？」

一九八七年的 Investcorp 在私人股權投資界還是默默無名，因為於一九八二年由柯達所創立的 Investcorp 主要是作為阿拉伯灣客戶和北美投資客之間的橋梁。

柯達是個很有魅力的人，同時具備著使命感。他有著高高的前額、鷹鉤般的鼻子，以及一雙彷彿無所不知的綠色眼睛——當他看著你時，你會感覺到他的深邃雙眸穿透你的雙眼。他的家族來自伊拉克北邊的基爾庫克市，當納賽爾主義、泛阿拉伯主義，以及阿拉伯復興主義等反西方運動在阿拉伯世界如火如荼地進行的同時，柯達家族卻傾向西方，並效忠於執政的哈希姆皇室，以至於薩達姆·海珊於一九五八年發動血腥政變並暗殺皇室成員時，柯達因而被迫逃離自己的國家。

柯達在加利福尼亞太平洋大學完成學士學位，並於一間銀行短暫工作後，便回到了情勢看似已緩和的巴格達，創立了一間專門代理西方商家的貿易公司。然而，一九六四年四月，新政府為了下馬威以展示政權，便無預警地逮捕了柯達，並將其作為人質扣押了十二天。柯達因為這段經歷而下定決心再次離開家鄉，當時他已經三十二歲，背負著養家餬口的重擔。柯達在紐約的聯合銀行找到一份工作，該銀行是一間聯合企業。柯達白天時會在東五十五街上相連並排的銀行地下室裡上班，晚上則會到福坦莫大學攻讀企業管理碩士。在完成學業並累積銀行的實務經驗後，他成功拿到在大通銀行工作的機會，大通銀行在當時可說是美國銀行業界的奢侈品品牌。對於一名野心勃勃的年輕人而言，這可是一條前途無量、能夠通往國際銀行業務的道路。

為大通銀行效力的幾年內，柯達為因一九七〇年石油危機而變得富裕的阿拉伯灣地區制定了一項長期的商業計畫。他先後在阿布達比和巴林為大通銀行爭取了和該地公司合作的重要機會，隨後又召集了日後將會加入 Investcorp 的團隊成員，包括麥可・梅里特、埃里亞斯・哈陸克、奧立佛・理查森、羅伯特・葛雷瑟、菲利浦・布斯科姆，以及薩維奧・藤，之後信託公司的區域經理——賽姆・切斯米成為柯達的好友，也加入了這個小組。

柯達計畫搜集各種誘人的投資案，提供給波斯灣一帶因石油而致富的業主或機構，柯達希望能讓當地的投資客有機會接觸到西方國家的不動產和企業。一九八二年，柯達在巴林智選假日飯店的兩百號房成立了第一間辦公室，辦公室裡只有一名助理和一臺打字機，過了幾年，Investcorp 從兩百號房畢業，並於巴林的首都麥納瑪成立了自己的獨立辦公室，最後更進一步將版圖擴展至倫敦和紐約。

Investcorp 的願景是收購前景看好但現階段面臨財務困難的企業，藉由提供財務資源和管理建議，重新出售以賺取利潤。客戶可以在每筆投資中選擇自己的角色，與投資基金不同，顧客不需共同承擔 Investcorp 所持有的股份的風險。在交易週期結束前，客戶不會拿到配息，因此只有當 Investcorp 透過私人交易或在證交所上市成功，出售其中一間企業時，才會分配利潤給客戶。

Investcorp 最早的交易行動包括收購洛杉磯的宏利投信、持有艾德熊麥根沙士百分之十的股份，以及其他數筆交易，這些交易都為公司帶來了經驗和信譽。一九八四年十月，Investcorp 以一億三千五百萬的價格向雅芳集團購入蒂芙尼公司後，Investcorp 便真正站上了交易的舞臺。Investcorp 聘請了雅芳的前董事長威廉・R・錢尼擔任蒂芙尼的執行長，此舉是蒂芙尼鹹魚翻身的第一步，三年後公司公開上市時，蒂芙尼已經坐擁令人瞠目結舌的百分之一百七十四的年收益，Investcorp 也因而獲得使美國傳奇企業起死回生的美名。

「我們認為不能用賣化妝品的方式來賣珠寶，首先我們要讓蒂芙尼重返榮耀。」

許多年後，Investcorp 當時的財務長埃里亞斯・哈陸克如此說道。

莫蘭特在電話中向墨里奇奧描述了 Investcorp 的公司背景，一聽到蒂芙尼這個關鍵字，墨里奇奧和這間阿拉伯金融機構合作的意願便大幅增加了。莫蘭特回憶道：「墨里奇奧知道，能讓蒂芙尼起死回生的合作夥伴，絕對是對品牌名號深感興趣、在乎產品品質、擁有足夠的財務執行力和判斷力，並且能夠順利將公司推展上市的優良合作夥伴。」

墨里奇奧告訴莫蘭特他隨時都可以過去倫敦，但他萬萬沒想到，命運之神在那年夏天興風作浪，他因而厄運連連、麻煩纏身。法院扣押了墨里奇奧的古馳股份，對克里奧爾號發出了搜查令，接著又為古馳安插了指定代管人，而彷彿這一切還不夠慘似的，墨里奇奧的個人財產也遭到扣押，民事法院針對他與魯道夫之間的繼承問題展開了司法調查。六月的某一天，墨里奇奧駕著川崎極速駛過義大利邊境，往瑞士前進的途中，他不斷思索自己該如何向 Investcorp 提案，這些人他一個也沒見過。他在聖莫里茲的墨里奇奧之家安頓好後便打起精神，撥了通電話給莫蘭特。

「你告訴他們，現在只是我的堂兄弟們在蓄意搞破壞。告訴他們我會想辦法解決一切，六個月後一切就會沒事。」

莫蘭特覺得墨里奇奧的保證相當有說服力，因而決定相信他。莫蘭特告訴 Investcorp，就算事情不如墨里奇奧預期的那般順利，他的財務及法律危機反而也能讓 Investcorp 以更低廉的價格收購他的公司。

墨里奇奧於一九八七年六月畏罪潛逃時，全球共有十八起和古馳家族有關的案件正在等待開庭審理，包括保羅・古馳起訴喬吉歐和羅伯托的兩起案件，保羅指控他們兩人在巴拿馬成立自己的海外公司以榨乾古馳公司的利潤，並規避繳納稅金的責任。而由於墨里奇奧銷聲匿跡，喬吉歐只好放棄同盟關係，重新和弟弟羅伯托站在同一陣線。他們兄弟倆於七月召開下一次的股東會議，兩人一共掌握了公司百分之四十六點六的股份，但他們先前犯了一個錯誤，就是將墨里奇奧的股份存入銀行，使這些股份因而由法院指派的代理人負責管理，之後兄弟兩人想了辦法以確保這名代理人不會投票。他們提名了一個新的董事會，由喬吉歐擔任董事長，即使未達法定人數，他們依然自行重組了公司的行政組織。米蘭律師馬利歐・卡塞拉受法院指派代管墨里奇奧的股份，他在看見這個情況後直搖頭，低聲對法院指定的會計師羅伯托・波利說：「我們竟然得把古馳企業從古馳家族手中拯救出來！」

七月十七日，法院指定的代理人組成了另一個董事會，由瑪麗亞・瑪媞里妮擔任董事長。古馳公司陷入了詭異的局面——總共有兩名董事長、兩個董事會，其中一邊代表家族成員的立場，另一邊則代表法院代理人的立場。奧爾多在當時已經高齡八十二歲，他才剛服完刑出獄，便立刻參與了這場戰爭。他從佛羅倫斯飛到美國，下榻在自己最喜歡的德拉威樂飯店並出面調停，協助家庭成員與法院代表達成協議——法院指定的代理人瑪麗亞・瑪媞里妮將成為新董事長，喬吉歐則是沒有實際行政權的榮譽理事長，而羅伯托的兒子卡西莫則是副理事長。

這是有史以來第一次，坐擁古馳企業王國寶座的人不姓古馳。瑪媞里妮努力讓公司穩定地前進，並逐漸斬斷古馳家族的控制權，她為此導入了一套僵化且官僚制的管理系統。員工們回想起那段時光，都認為那是古馳最黯淡無光的時期之一，唯一的曙光就是一張授權義大利眼鏡集團——霞飛諾集團大量製造古馳眼鏡的許可證，這份授權為公司帶來了大筆的收入，該協議直到今日依舊有效。

一名資深員工回憶道：「公司在當時停滯不前，就連買一捲衛生紙也必須取得批准，後來甚至變本加厲，連想在文件上印個信頭，都需要先蓋七個章才行，這件事蔚為公司的奇談。公司變得毫無創意、毫無進展，一切都只是為了生存。」

墨里奇奧離開義大利戰場後，奧爾多便將矛頭指向美國分公司，因為墨里奇奧手中還握有古馳美國分公司百分之五十的股份。董事會再次呈現對立的局面，奧爾多與兒子在一邊，而墨里奇奧則在另一邊。三年前被墨里奇奧狠狠驅逐後，奧爾多便下定決心要重掌公司大權，因此他絲毫不打算手軟。奧爾多對美國分公司提起訴訟，要求開除狄索爾並清算公司資產，然而，墨里奇奧卻再次出其不意。

一九八七年九月，墨里奇奧飛往倫敦，入住自己最喜歡的公爵酒店。公爵酒店位於聖詹姆士廣場，靠近聖詹姆士公園和地鐵綠園站，這間飯店提供奢華且私密的居住品質，而且供應著全區最棒的馬丁尼。第二天早上，在莫蘭特和斯托津的陪伴下，墨里奇奧來到 Investcorp 的倫敦辦公室——位於梅費爾區布魯克街上的一棟由馬廄改建而成的漂亮樓房。他們三人被引導到二樓的一間接待室，接待室內擺設著舒適的沙發、座椅，以及小咖啡桌，精緻且隱密的格局非常適合談生意。保羅·狄米特魯克、賽姆·切斯米，以及瑞克·史旺森在此迎接他們。

瑞克·史旺森是安永會計師事務所的前會計師，他有著一頭金髮、一張稚嫩的臉孔，當時才剛加入 Investcorp。他回憶道：「我永遠都忘不了第一次和墨里奇奧見面的情景，我們就像是在等待電影明星一樣！」

當時的墨里奇奥已經發展出自己一套迷人的風格——融合了魯道夫的戲劇化與奧爾多的霸氣。他颯爽地推門而入，出現在新的投資夥伴面前。他身穿飄逸的駝色喀什米爾外套，一頭金髮搭配上深色的飛行太陽眼鏡，以及迷倒眾生的古馳式招牌微笑。在場等著的 Investcorp 主管們都被這股魅力給震懾住了。

「迎面走來這樣的一名義大利人，他聲名大噪，但我們素未謀面。他一踏進房間就像電影明星，他的名字彷彿被刻在公司的大門上。」史旺森說道。「然而，他卻被自己的親戚提告，股份也被查封，甚至連掌控公司的權力都沒有！他與親友之間激烈的內鬥早在報紙上鬧得沸沸揚揚，而他拋給我們的問題是：『你們願意介入，然後幫忙買斷我堂兄弟們的股份嗎？』」

墨里奇奥開始講起了祖父古馳奥的故事，從他在薩伏伊飯店的時代，講到在佛羅倫斯的小店。他用近乎完美的英文細數奧爾多的豐功偉業，以及古馳在美國的發展，又說到魯道夫在米蘭所擔任的設計及管理職位，以及他自己年輕時在紐約與奧爾多合作的經歷。緊接著，他詳述了當前公司所遭遇的困境：品牌的廉價化、家族爭鬥、稅收問題，以及古馳美國分公司與義大利母公司在營運上的巨大代溝。他也說出了自己所遭遇的挫折，那就是他不斷試著將一切推往更進步的方向。

「義大利有句諺語是這麼說的：『第一代貢獻想法，第二代去落實它，而第三代就必須去面對發展時的大問題。』」墨里奇奥解釋道。「話說到這裡，我的觀點與堂兄弟們的觀點相差甚遠。如何將一間擁有兩千四百億里拉（當時折合美金約為一點八五億元）銷售額的公司，與封閉的家族企業思維結合在一起？我相信傳統，但要把傳統作為發展的基礎，而非展示給遊客看的出土文物。」他激烈地說道。

「多年來，家族內鬥已經癱瘓了這間公司的運作，至少在發展潛力方面是如此。我經常問自己，有多少競爭對手的品牌正在誕生且成功發展，只因為古馳正在原地踏步？該是時候放下過去，邁向未來了！」

這群投資銀行家聚精會神地聽著墨里奇奧說的每一個字。

「我們正面臨人多嘴雜的狀況。」墨里奇奧說道，他的藍眼睛投射出的目光突然變得銳利。「我的堂兄弟們都認為自己是時尚界的天選之人——然而，喬吉歐根本沒救了，他只想在錫耶納廣場頒發馬術獎盃給別人；羅伯托自以為是個英國佬，他的襯衫衣領硬得他連脖子都動不了；而保羅，完全就是個拖油瓶，他一生最大的成就便是將自己的老爸送去坐牢！」

「以上就是我的親戚，我稱他們為『披薩兄弟』。」他說道，將堂兄弟們描繪成一事無成的鄉巴佬。「古馳就像一輛法拉利，而我們卻將它開得像一輛飛雅特五〇〇。」他接著說，拋出自己最喜歡的比喻。

「古馳既未獲得充分的開發，也未被妥善地管理。只要找到合適的合作夥伴，我們就能讓這間公司恢復昔日的榮光。過去，擁有一個古馳的皮包是種特權，現在，我們也可以讓這件事再次發生。我們需要一個願景、一個方向，然後——」他戲劇化地停頓了一下，接著說：「我們就能獲得前所未見的金流。」

墨里奇奧迷住了這群投資銀行金主，儘管這些人心中的判斷告訴他們應該要將錢投資到其他地方，墨里奇奧口中的品牌潛力還是讓他們感到心動。

「當時太扯了！這真是非常冒險的決定！」史旺森回憶道。「當時他（墨里奇奧）

既沒有提出合併財務報表——應該說報表的製作並未達到我們一貫的水平——更沒有明確的中心管理團隊，完全沒有任何保障可言。但當他開始訴說自己對於古馳的展望時，所有人都著迷於他追夢時所散發的魅力。」

墨里奇奧對古馳品牌的熱情，以及迫切想要重振古馳品牌的精神，吸引並鼓勵了狄米特魯克。雖然狄米特魯克與墨里奇奧來自完全不同的背景，但他們年齡相仿，有著同樣的雄心壯志。他們兩人的關係將在未來數月中，成為關鍵的一環。

「跟墨里奇奧相處時，總能感受到他獨特的個人魅力。」狄米特魯克回憶道。「他將自己塑造成品牌的牧羊人，也急欲重振品牌的名譽。同時他也準備好向世界宣告：『我不是萬事通。』」

墨里奇奧走後，狄米特魯克拿起電話打給柯達，他正在法國南部他最喜歡的渡假村裡渡假。

「內米爾，我是保羅。我剛跟墨里奇奧．古馳碰面了。你知道古馳這個牌子嗎？」

電話那頭是一片靜默。

此時的柯達滿臉笑意。他開口回答：「我正盯著我的腳看呢！我現在穿的應該就是古馳的樂福鞋。」古馳的黑色鱷魚皮銜釦樂福鞋總是——應該說一直都是——柯達衣櫃裡的必備單品。

柯達立即允准狄米特魯克的提議，讓他與墨里奇奧達成協議。柯達知道古馳可能是 Investcorp 踏入歐洲封閉、排外的商業圈的門票。

「我們當時必須在大西洋的兩岸證明自己的實力。」多年後柯達曾說道。「我們需要在歐洲建立自己的門戶。」

Investcorp 的首席財務長埃里亞斯・哈陸克回憶道：「當時在歐洲做生意，比在美國還要難。」意指當時歐洲的商業環境又小又封閉。「對我們而言，在歐洲做出一筆大生意具有戰略上的意義。」這筆對古馳的投資將會吸引大西洋兩岸人們的注目。

下一步便是將墨里奇奧介紹給內米爾・柯達，由他下達最終決定，才能繼續進一步的合作。柯達喜歡用一頓美味的晚餐來開啟商務關係——無論是在 Investcorp 自家舒適的餐廳，或是外頭的美食餐廳。比起死板的商務會議，他更喜歡在輕鬆的社交場合認識並瞭解新的合作夥伴。柯達邀請墨里奇奧到哈利酒吧用餐，這是一間以義大利美食與優質服務聞名的精緻私人俱樂部。

哈利酒吧有著低調且奢華的裝潢——硬木地板、圓桌、舒適的絨布椅以及柔和的燈光——在這樣的氣氛下，兩個男人打量著對方。柯達與墨里奇奧一下子就對彼此產生了好感，柯達看見了一名用心良苦、靈感勃發的三十九歲青年，他想實現自己的夢想，重振家族企業；而墨里奇奧則看見了一名和藹可親的五十歲企業家，肯為自己的計畫冒風險。

「那段時間完全就是蜜月期，他們完全愛上了對方。」莫蘭特回憶道。

柯達將與古馳的合作案定調為 Investcorp 最重要的商業項目，並指派狄米特魯克與史旺森全職協助墨里奇奧。由於這是公司最大的商業機密，因此他們將古馳項目的代號定為「馬鞍」，並開始著手審查公司的帳目。

狄米特魯克和史旺森一同與墨里奇奧擬出了一份簡明的協議，確認雙方合作的原則和要點：重啟品牌、建立專業的管理模式，並為公司建立統一的股東基礎——

用商業術語來說，就是買斷其他家族成員的股份。大家也都同意，只要品牌完成重啟，古馳就必須找機會在股票市場掛牌上市。這份被稱為「馬鞍合約」的文件，會在日後成為一段奇妙商業關係的發展基礎。

「我們和墨里奇奧一樣堅信這個品牌名稱的價值。它有著特殊意義，且值得被恢復昔日的價值。」狄米特魯克回憶道。「我得到內米爾的全力支持。」Investcorp承諾會從墨里奇奧的親戚手中買下古馳公司百分之五十的股權。

「只有一條路可行，那就是買斷那群堂兄弟的股份。」保羅・狄米特魯克說。「墨里奇奧從未在我們身上看過些許遲疑或恐懼。我們打算堅持下去，雙方也一直保持溝通。」

墨里奇奧非常開心，他覺得自己終於找到擺脫「披薩兄弟」的方法。墨里奇奧與莫蘭特在斯普萊迪德飯店裡一間能夠俯瞰盧加諾湖的套房裡，策畫了遊說墨里奇奧堂兄弟們的最佳方法。摩根士丹利將為收購提供資金支持，而Investcorp則希望保持匿名，直到收購百分之五十股份的這件事明確成立為止。

墨里奇奧表示應該要先找保羅，因為他覺得保羅不擇手段、精明且自私，所以先處理他比較好。保羅可以說是整面拼圖中最關鍵的一塊，雖然他只持有百分之三點三的股份，但他對家族最不忠誠。保羅知道自己憑藉著少少的股份，也能打破墨里奇奧和其他人之間百分之五十股份的僵局。

保羅也很清楚，他的背叛會傷害自己的兄弟與父親——但這就是他想要的報復，誰叫他們拒絕在公司裡給他一席之地。另外，保羅也準備以PG品牌的名義在美國擴展事業，因此他需要這筆錢。保羅不會想知道墨里奇奧是否為這筆交易的幕後黑手，換句話說，他對這點根本不在意。莫蘭特與保羅的律師——卡羅・斯甘齊尼安排了一次會面，地點是在盧加諾的某間辦公室裡，與斯普萊迪德飯店只有一湖之遙。墨里奇奧聲稱自己會用望遠鏡從飯店窗戶看著他們開會。「雖然這段情節已經變成傳說的一部分，但我自己是從來沒有相信過他的這個說法啦！」莫蘭特說。

與保羅的協商曾經一度遭遇瓶頸，原因是律師想試圖安插一項條款，以確保保羅無法跟古馳同業競爭。「我們一直很想盡早解決保羅的問題。」莫蘭特回憶道。「我們的要求踩在了保羅最在意的事情上。」

保羅見識到對方無所不用其極，限制了他使用自己名字的自由。頓時氣急敗壞的他一把抓過合約，扔向空中，紙張散落在摩根士丹利的銀行員和律師身旁。最後，保羅闊步向外頭邁去。莫蘭特向墨里奇奧報告此事，墨里奇奧非常想完成這樁交易。

然而當莫蘭特說遇到麻煩時，墨里奇奧原先友好且熱情的態度瞬間轉變為暴戾之氣，他的雙唇抿成一條直線，雀躍的藍眼睛頓時變得冷冰冰。「告訴保羅・狄米特魯克，如果他搞不定這檔差事，我就會告他告到天荒地老。」墨里奇奧激動地說道，莫蘭特則嚇得向後退了一步。

「他有權對於交易失敗感到懊惱，但他無權指責他人。他變得非常卑劣，我發現自己認識到了另一面的他，他的體內也有愛告人的基因。」莫蘭特後來說道。

後來莫蘭特暫時與保羅達成共識，並於一九九四年清除了競標古馳的第一個障礙——摩根士丹利以四千萬美元買下保羅的所有股份，而保羅的律師也因此收到一支價值五萬五千美元的寶璣手錶，寶璣是 Investcorp 早些年買下的奢華製錶品牌。眾人在簽署完股份轉讓的文件後走出大樓，保羅的律師對史旺森說道：「我們花了很多時間詳談保證條款與承諾條款，但我希望你把這次的交易想成自己在二手車中心買下了一輛二手車，『貨物售出，概不退換』。」

史旺森驚訝地說道：「『貨物售出，概不退換』？那是什麼意思？」他後來又說道：「我們才剛花下幾百萬美元，他竟然說『貨物售出，概不退換』？」

保羅手上擁有古馳美國分公司百分之十一點一、古馳義大利母公司百分之三點三，以及法國、英國、日本及荷蘭古馳不等比例的股份，儘管他是握有最少股份的家族成員，但他出售股份的決定仍成為古馳品牌史的重大轉捩點。長期以來，古馳家族對公司的掌控權一直是神聖且不可侵犯的，然而保羅卻成了關鍵破口，他的決定無疑是在父親和兄弟的背上捅了一刀，因為他將公司的主控權全交給了墨里奇奧和他的新財務合夥人，使得他的父親和兄弟們不得不跟上他的腳步，否則就會在自己的公司中成為少數股東。儘管保羅曾和奧爾多、羅伯托與喬吉歐一同對抗墨里奇奧，但隨著他與父親和兄弟間的衝突加劇，他還是在最後選擇背棄了他們，因為他覺得他們也曾背棄過他。

多虧與摩根士丹利和 Investcorp 結盟，墨里奇奧此時在古馳掌握了絕對多數的股份，該是結束與奧爾多的美國古馳分公司之爭的時候了。一九九七年七月，奧爾多帶著他的兒子對狄索爾提起訴訟，並聲請公司清盤。

「你把純種馬間的競賽格調，降低成拉車野馬間的打鬧！」奧爾多在當時給狄索爾的信中寫道。

此時的墨里奇奧已經掌控了董事會，無需聲稱公司陷入僵局且須解散董事會，同時保羅也撤銷了他對美國古馳分公司的控訴。

「真的很戲劇性！」派博律師事務所的律師艾倫・塔托回憶道，當時他受任為墨里奇奧的訴訟代理人。當塔托與他的團隊在紐約最高法院法官米莉安・奧爾特曼面前提出所有權變更時，奧爾多的律師立刻表示抗議並要求需要更多的時間與資訊，然而奧爾特曼法官已為古馳開庭多次，她決定到此為止。她敲了木槌並說道：「我清楚知道古馳每條產線的每樣產品，也知道古馳三分之二的皮夾收益都進到了律師的口袋，現在案件已相當明朗，你們遭背後捅刀了！」

墨里奇奧因為順利買下保羅的股份，且和 Investcorp 建立起新關係而感到非常開心，這讓他在面對義大利日益加劇的法律問題時備感信心。一九八七年十二月十四日，米蘭的地方法官要求起訴墨里奇奧，因為他涉嫌在古馳的股票上偽造魯道夫的簽名。一九八八年四月，起訴書送到了墨里奇奧手中。根據指控，墨里奇奧不僅偽造了簽名，還欠了政府總計三百一十億里拉的滯納稅與罰金（折合美金約為兩千四百萬美元）。一九八八年一月二十五日，墨里奇奧因為購買克里奧爾號而遭起訴，罪名為非法輸出資本；二月二十六日，他又以同樣的罪名而遭起訴，這次是因為他付給了保羅兩百萬美元，兩人在日內瓦的那個陽光明媚的午後所訂下的合約，讓墨里奇奧必須支付這筆費用。

從七月起，好運似乎開始轉向了墨里奇奧。墨里奇奧的律師與米蘭地方法官達成了協議，撤銷了他的逮捕令。法官要求他回到法庭接受庭審，但不必去坐牢。十月，墨里奇奧再次現身於米蘭的法庭上，針對偽造魯道夫簽名一事為自己抗辯。墨里奇奧從座位上站起來，出示了父親的遺囑。十一月七日，米蘭法院判定墨里奇奧偽造了父親遺囑上的簽名，涉及稅務欺詐罪，判處一年緩刑，且必須補繳三百一十億里拉的滯納稅與罰金。他的律師即刻提出上訴，並擬好一份融資協議，根據該協議，法院恢復了墨里奇奧所持有的股份的投票權。十一月二十八日，佛羅倫斯法院宣布墨里奇奧的外匯違規行為無罪，因為金融法規的修改，使得資本輸出不再是違法的行為。墨里奇奧終於找到了一線生機。

與此同時，莫蘭特也分別拜訪了古馳家族的其他堂兄弟們。當時，羅伯托與喬吉歐各自持有古馳母公司百分之二十三點三的股份，因為父親奧爾多在一九八五年時，就將自己的股份轉讓給了他們。除此之外，他們還分別擁有古馳美國分公司百分之十一點一的股份，並且在不同的海外公司也都分別擁有少量的股份。奧爾多除了持有海外事業的股份外，自己只留下古馳美國分公司百分之十六點七的股份。莫蘭特與羅伯托・古馳相約見面，他們約在古馳的佛羅倫斯律師格拉齊亞諾・畢安其的一間畫滿壁畫的辦公室中，畢安其是個黝黑、有教養、具有馬基維利風格的人物，其智商絕對高於常人。莫蘭特解釋說，他是摩根士丹利在倫敦的投資銀行家，有重要的業務要和他們討論，畢安其隨即親自對莫蘭特搜身，以確保他沒有戴上任何隱藏的錄音設備。莫蘭特在畢安其那張氣派的木質辦公桌前的一張古董高背木椅上坐下，而羅伯托依然站著。莫蘭特直奔主題。

「我想告訴你古馳的持股結構有些變化，摩根士丹利已經買下了保羅・古馳手中的股份。」莫蘭特說道，而兩個男人則呆呆地盯著莫蘭特。

「呵呵！」畢安其發出一聲譏笑，聽起來更像是咳嗽，彷彿他早就預想到會有這一天。

羅伯托站著，一動也不動。

莫蘭特停下來給兩人一些反應的時間。

「哈囉！羅伯托！這是我們的新股東！」畢安其粗獷的聲音打破了靜默，他優雅地將手揮向莫蘭特，彷彿自己是在介紹莫蘭特。

莫蘭特的話還沒說完。

「我今天不僅是要通知你們已經發生的事情，還要告訴各位，我們不會就此罷手。我們代表一名國際級投資者前來，他目前仍保持匿名，接下來我們會採取進一步的行動。」莫蘭特停頓了一會，仔細端詳這兩名男子臉上的表情。畢安其的目光閃爍著，莫蘭特看得出他的腦子正飛速地運轉，而羅伯托則在另一張木椅上坐下，彷彿體內的空氣都被抽空了——兄弟的背叛、墨里奇奧大獲全勝並歸來的可能性，以及他和家族不言而喻的下場，他的臉不禁開始隱隱作痛。

莫蘭特接著前往普拉托，並對喬吉歐．古馳的會計師漢尼拔．維斯科米說了同樣的一段話，隨後又見了喬吉歐的代理人——他的兒子亞利山卓。莫蘭特先後開始與喬吉歐和羅伯托兩兄弟談判。

摩根士丹利於一九八八年三月初與喬吉歐談妥，並於月底與羅伯托達成協議。羅伯托在最後把持著百分之二點二的股份，想與墨里奇奧共同奮力一搏，因為兩人的股份加總正好可以控制公司，然而被墨里奇奧一口回絕，因為他早已與 Investcorp 結盟。

外界很快意識到古馳即將發生劇變，記者天天都打電話到公司，而報紙上也充斥著對古馳持股結構變化的臆測。一九八八年四月，摩根士丹利證實已為某國際投資集團買下了古馳百分之四十七點八的股份，但無人知曉這名神祕買家究竟是誰。

一九八八年六月，Investcorp 決定自我揭露，證實自己委託摩根士丹利買下了古馳「將近百分之五十的股份」，並已與羅伯托・古馳達成協議，將會買下他手中百分之二點二的股份。然而當時的羅伯托尚未投降，直至隔年三月仍未能說服墨里奇奧與他合作後才作罷，這段過程令羅伯托痛苦至今，多年後他說道：「感覺就像失去了自己的母親一般。」

此時的 Investcorp 必須收購奧爾多百分之十七的古馳美國分公司股份，才能掌控全部古馳百分之五十的股份，保羅・狄米特魯克對莫蘭特說道：「現在可以推奧爾多最後一把了！」

一九八九年一月，莫蘭特坐上前往紐約的協和號客機，在奧爾多距離古馳第五大道分店不遠的公寓與他見面，由於奧爾多已經不能進入古馳的行政主管辦公室，因此他都以自己的公寓作為商務會面的場地。莫蘭特在傍晚抵達公寓時，奧爾多親手為他開門，並客客氣氣地將莫蘭特請進一間美輪美奐的會客室。奧爾多在美國的成就無庸置疑，會客室的牆壁在這些年以來成了一幅鑲嵌畫，掛了許多奧爾多微笑著問候總統以及名人的照片，還有一些獎牌、證書，以及好幾支象徵榮譽的城市之鑰，另外也有一些收藏品被精心地放置在會客室內的邊桌及咖啡桌上。奧爾多表示要為莫蘭特送來一杯咖啡後，便在莫蘭特研究那些記錄著奧爾多功業的紀念品時，溜出會客室打理自己。

莫蘭特回憶道：「我很震驚，因為奧爾多在美國簡直如魚得水，也大獲成功，卻偏偏不接受該國的財政系統。奧爾多欣然接受這個國家賦予他的名氣和威望，卻不遵守遊戲規則，而他也為此付出了巨大的代價。」

奧爾多非常清楚莫蘭特此次前來的緣由，因此很用心地想用自己的魅力和行頭來震懾住這名投資銀行家。奧爾多熱情地在莫蘭特身邊坐下，訴說著自己的故事，包括那些商店的開幕式、產品的細節、慈善事業，以及自己彪炳的功勳，與此同時，奧爾多也時不時用他那雙藍色眼睛的餘光瞄向莫蘭特，那種透過厚鏡片偷看的方式讓莫蘭特覺得對方很像一隻貓。奧爾多完全主導了整場對話的進行，使莫蘭特不禁認為奧爾多的個性的確有一種義大利人所說的「魔力」，而奧爾多也不吝於展現這份人格魅力，莫蘭特如今知道墨里奇奧的敘事技巧、對生活的激情，以及所知的奇聞軼事是從何而來了。莫蘭特靜靜地聽奧爾多說了將近一小時。

奧爾多說到一個段落時，與莫蘭特四目相交，說道：「現在我們可以來聊聊你此次前來的原因了。」

奧爾多知道他只能選擇出賣股份，因為他很早就將大部分的股權轉讓給兒子們，而兒子們現在都已離開古馳，因此奧爾多也只能跟著離開。他目前在古馳美國分公司的持股僅百分之十七，並且也不再有任何過問公司事務的權限了。奧爾多的語氣驟變，從優雅轉為憤怒。

奧爾多嚴正地說道：「我只想確認一件事情，就是我那蠢姪子跟這件事情毫不相關！如果他勝出了，那我創造的事業都將化為烏有！撇開我與他結下的那些梁子不談，我其實還是很在乎墨里奇奧，但我也必須警告你，他沒有掌管古馳的能力，他無法帶著公司向前走！」

莫蘭特要奧爾多放心，再三保證他是代表一間國際投資機構而來，並答應奧爾多會提供一份官高祿厚的的顧問職聘書，讓他可以參與公司的事務長達數年。

莫蘭特後來說：「奧爾多知道他輸掉了這場對決，也明白他沒什麼談判的空間，不過有兩件事對奧爾多而言是生死交關的大事，那就是保有他的榮耀，以及為公司貢獻心力。如果奧爾多將他的股份全數割讓，我有強烈的預感他會活不下去，因為這對他而言，就和撕裂自己沒有兩樣。在那個當下，奧爾多憎恨孩子們對他的所作所為，他給了孩子們這麼多，自己卻喪失了一切。」

一九八九年四月，Investcorp 派瑞克·史旺森到日內瓦與奧爾多一同完成出讓手續，持續了超過十八個月的交割過程至此終於完結，而這也是投資銀行業史上歷時最久、最複雜且最為隱密的股權收購交易。

史旺森回憶道：「一直到最後才有人發現這場交易，通常在義大利就連打個噴嚏都會舉世皆知，但這筆交易動用了許多律師、銀行家、商標代理人以及任何你所能想到的專家，卻還能祕密地進行超過一年半，簡直就是奇蹟。」某次，在 Investcorp 與墨里奇奧的某名堂兄弟正在進行一筆大宗的股權交易時，墨里奇奧甚至還同時在隔壁的房間接受《60分鐘時事雜誌》的訪問，而該訪問片段後來更搭配著電視劇《朝代》的主題曲播出。

Investcorp 最終取得了百分之五十的股權，這對古馳家族而言，無疑是另一個轉捩點——古馳從古馳奧·古馳草創的小企業一直發展到現在，這是第一次有家族以外的人擁有比例如此可觀的股份，更重要的是，Investcorp 不是自然人，而是一個組織縝密且實事求是的金融法人機構。然而，Investcorp 隨後也有所表現，證明他們其實遠比其他機構更有耐心也更通人情。

Investcorp與奧爾多的最後會面在日內瓦的律師事務所舉行，Investcorp的代表難以相信漫長的轉讓過程終於要結束了，他們甚至緊張到開始設想最壞的結果：「萬一奧爾多在我方匯款之後，和律師抓了股權證明拔腿就跑怎麼辦？這樣Investcorp豈不是賠了夫人又折兵嗎？」

Investcorp的團隊排成一列，坐在會議桌的其中一側，而奧爾多和他的律師團則在另一側。股權證明就放在奧爾多的面前，現場所有人都在等銀行的一通電話，以確認收購股權的價金已經確實匯入了奧爾多的帳戶。

史旺森回憶道：「當時的場面真的很奇怪。全部的條件都已經談妥，而相關程序的文件也都已經處理完畢，因此雙方人馬都只是坐著且不發一語，就等著電話響起。」

電話終於響起時，所有人都嚇了一跳。接起聽筒的是史旺森，他繼續回憶道：「我接完那通電話後告訴眾人，款項已經成功匯出。奧爾多稍微往前坐了一些，想要站起身來，我方律師見狀馬上衝過去，想拿走對面桌上的股權證明……我們真的非常緊張！」

奧爾多手上拿著那些股權證明，受到了驚嚇。他眨了眨眼，起身走向保羅・狄米特魯克，豪爽地將股權證明交給他。

史旺森回憶道：「古馳家族的人，各個都是裝腔作勢的箇中好手，他們的喜怒哀樂總是不形於色。」「啵」的一聲，旋開香檳軟木塞的聲音傳來——狄米特魯克稱讚起奧爾多所立下的功業和成就，氣氛稍微緩和下來。最後，奧爾多支支吾吾地說了一些話，哽咽的他終究止不住自己的淚水。史旺森說：「當時的氣氛真的很悲傷。」

奧爾多奮鬥了一輩子的成果就此終結，八十四歲的他，將自己建立的帝國一點也不剩地賣給了一間金融機構，並跟著兒子們一起走出了古馳的大門。

史旺森說道：「會議結束後，我們都站在原地，沒有人知道該說什麼，大家都陷入詭異的沉默之中。」奧爾多隨後穿上他的羊絨大衣和紳士帽，而他的顧問團也穿上外套，眾人握了握手，奧爾多一行人便走出大門，消失在日內瓦風雪滿天的夜晚中。大約三十分鐘後，奧爾多折返並重新走進大門——他的計程車沒有如期地出現，簡直是雪上加霜。

兩天後，奧爾多將參加轉讓手續的差旅費用帳單寄給史旺森，史旺森收到後放聲大笑，說道：「真的只有古馳家族的人才會這麼做。」

第十章

# 美國人才

一九八九年六月的一個溫暖早晨，墨里奇奧熱烈地迎接波道夫・古德曼百貨的總裁——道恩・梅洛進到他在紐約皮埃爾酒店特地預定的套房。

「梅洛小姐！真高興見到妳！」墨里奇奧一邊強調道，一邊邀請她進到房中。他揮手示意她坐上又軟又厚的沙發，自己則坐上左側的高背椅，陽光從他身後的窗戶流瀉入房。墨里奇奧已經打了數週的電話給她，然而道恩・梅洛卻遲遲到一週前才回電，墨里奇奧希望道恩・梅洛能實現他對古馳的願景，墨里奇奧說道：「我的親戚們毀了這個品牌，我現在需要力挽狂瀾。」梅洛仔細傾聽墨里奇奧的一字一句，驚訝地發現墨里奇奧說著一口流利的英文，僅帶有一點點的義大利口音。

道恩・梅洛因振興了歷史悠久卻逐漸乏人問津的波道夫・古德曼百貨，而成為美國零售業界的新星，墨里奇奧深知要招攬對方不容易，但他心意已定。

波道夫・古德曼百貨座落在第五大道的西側，位於第五十七大街和第五十八大街之間，由愛德溫・古德曼和赫爾曼・波道夫這兩名零售商於一九〇一年所創立，並在數年後被稱為「世上最優雅且豪華的女性百貨」，然而到了七〇年代中期，其聲譽卻每況愈下。一九七二年，古德曼的兒子安德魯將百貨賣給了第三方的合資公司卡特・霍利・霍爾以挽救窮途末路的百貨，新的經營者則聘請了艾拉・尼馬克，其原本是班・奧特曼百貨的零售部主任，他身形高大、講話輕柔且經驗豐富，七歲時就開始在邦威特・特勒百貨看門。而後來，尼馬克便帶著道恩・梅洛一起至波道夫・古德曼百貨效力。

「波道夫・古德曼百貨的風光與經營者的年華一同逝去。該普遍顧客年齡為六十歲，他們大多性格保守。整間百貨給人一種陳舊的形象，不論是法國設計師或美國設計師都不願意供貨給我們！」梅洛回憶道。

根據她作為班・奧特曼百貨時尚總監的經驗，梅洛知道芬迪、米索尼、祈麗詩雅和巴吉雷等義大利設計師品牌逐漸受到關注，而年輕的吉安尼・凡賽斯也轉至卡拉漢的旗下，卡拉漢是義大利北部的時裝商扎馬斯博德所創立的品牌。

「我們開始購入義大利的精品。」梅洛回憶道，與此同時，他們也開始重新裝潢波道夫・古德曼百貨，營造出奢華且舒適的氛圍——取自荷蘭雪梨酒店的古董水晶吊燈懸掛在百貨的大廳上，地上鋪滿了全新的義大利嵌花大理石，整間百貨也擺滿了插著鮮花的水晶花瓶。時至一九八一年，波道夫・古德曼百貨內已備有義大利和法國的所有頂尖設計師品牌，包括伊夫・聖羅蘭和香奈兒，後來甚至連波道夫・古德曼百貨淺紫色的購物袋都成為地位的象徵，貴婦、搖滾巨星、王室女眷皆人手一個。九〇年代初期，伊夫・聖羅蘭逐漸黯淡失色，波道夫・古德曼百貨便大膽地將之從櫃上除名，光是此舉就能看出該百貨已今非昔比。一九八五年的《城與鄉》雜誌中就寫道：「紐約市芭蕾舞團、大都會歌劇院、紐約證交所、麥迪遜廣場花園、現代藝術博物館，以及波道夫‧古德曼百貨，全都絕無僅有、獨一無二。」

墨里奇奧希望梅洛能協助改造古馳，如同她改造了波道夫‧古德曼百貨那般。奧爾多在更早幾年便相當欣賞梅洛才智與時尚兼備的才能，認為她相當適合古馳，他多次試圖聘請她，卻屢遭拒絕。

墨里奇奧最早於一九八九年的五月底開始聯絡梅洛，當時他才剛重新掌握古馳的多數股份，且多虧了他的新盟友Investcorp，他也於一九八九年的五月二十七日，成為一致推舉的公司總裁。然而梅洛並未回電，因此墨里奇奧找來了兩人的共同友人──華爾街零售分析師華特‧洛布，並請他打給梅洛。

「墨里奇奧‧古馳真的很想聯絡上妳，妳為什麼不回電呢？」洛布問道。

「我真的對他的事沒興趣，我很喜歡波道夫‧古德曼百貨，完全不想離開，那我還能為他做什麼呢？」梅洛回應道。她於一九八三年十一月晉升為總裁，並坐享所有職務福利，包括得以搬進一間完美的辦公室，該辦公室內有一面朝向中央公園的落地窗，可以直接俯瞰第五大道。梅洛苦心經營了三十四年，並且已經抵達美國奢侈品零售業界的頂端，她並不打算為了一間義大利公司而放棄手上的一切，即便是古馳也一樣。

「就當幫我一個忙，跟他談談吧。」洛布懇求道，而梅洛也就答應了。

梅洛從波道夫‧古德曼百貨的辦公室向下望就能看見紐約皮埃爾酒店，在準備赴約去見墨里奇奧的當日早上，她在窗邊徘徊了幾分鐘，盯著紐約皮埃爾酒店門口的圓頂雨篷。她隨即快速轉身下樓，穿過波道夫‧古德曼百貨的旋轉門，走進不合時節的高溫中，她不耐煩地停在五十八街和第五大道的交叉口等紅綠燈，太陽又熱又烈，她輕拍掉套裝上不存在的棉絮，不悅地看向手錶，心想：「根本是在浪費時間。」她的辦公室裡不僅有成堆的待辦工作，而她也希望能在下午的產品會議開始前先與一些人聯絡，此刻她真希望自己沒有答應過要與墨里奇奧．古馳見面。綠燈亮起，她邁開步伐穿過馬路，雙脣緊閉著。

梅洛出生於麻州波士頓北方的工業城市林恩市，她從小就很熱愛衣服，不僅會為自己的紙娃娃剪裁新衣，也時常會套上媽媽的衣服玩角色扮演。她在大學時於現已不存在的波士頓服裝設計現代學院攻讀插畫，晚上則會至波士頓美術館上繪畫課程，然而，在歷經一場車禍並傷到手後，她便失去了自己長久以來努力精進的繪畫能力。未滿二十歲的她決定前往紐約轉戰模特兒界，並以迷人的臉孔和一百八十公分的高䠷身材一舉成名。儘管如此，她仍對模特兒的工作感到厭倦，她渴望的可不僅止於此。她謊報年齡並順利加入萊恩．布賴恩特麾下，準備開設一間大尺碼衣物的連鎖店，專門零售衣物給國內特別高大的女性，她在波士頓接受訓練後便開工了。

「那可是場大冒險，我除了短暫在紐約待過之外，從沒離開波士頓生活過。我的薪水不高，積蓄也不多，但我知道自己在對的路上。」梅洛說道。

梅洛職涯的下一站是班．奧特曼百貨的培訓部門，她在等待一個能大顯身手的工作機會。當時的班．奧特曼百貨是間宏偉的老字號，占據了第五大道與三十四街交叉的整個街區，先是大受上流社會的歡迎，後來被譽為曼哈頓的哈洛德百貨，擁有精美的商品和忠實的顧客。一九五五年，貝蒂．多爾索進駐擔任班．奧特曼百貨的時尚總監，她是《魅力》雜誌魅力四射且才華洋溢的前編輯，梅洛終於等到她要的機會，貝蒂．多爾索聘請了當過雜誌封面女郎的梅洛擔任她的助手。

「我從她身上學到了何謂時尚，她很喜歡香奈兒，時常穿著開襟毛衣並套上絲綢襯衫，再搭配百褶裙，在當時可說是非常前衛。我總會走在她的身後，一身廉價版的相似穿著，學著她骨盆前傾的走路姿態。」梅洛說道。

某一回，多爾索從巴黎的時裝秀帶回了幾件禮服，那是梅洛第一次親眼見到來自歐洲的時尚，後來第七大道的廠商甚至依樣畫葫蘆地做了同樣的禮服進行銷售。當時的時裝設計師們都會在巴黎的時裝秀上展示訂製的服裝，舉凡巴黎世家、伊夫·聖羅蘭、寶曼和蓮娜·麗姿等品牌都會登臺，然而仍未有任何成衣設計師的作品得以登臺，梅洛回憶道：「當時的時裝設計師和成衣設計師相距甚遠。」

同一時間，有幾名設計師開始在紐約活躍，克萊爾·麥卡狄爾、寶琳·崔格、塞爾·查普曼等人都闖出了屬於自己的一片天，年紀輕輕的杰弗里·比尼在特雷納諾列爾服飾公司旗下效力，而比爾·布拉斯則在莫里斯雷特服飾公司服務，然而，當時廠商的地位仍高於成衣設計師許多。

一九六〇年，五月百貨公司招募梅洛為時尚總監，她在接下來的十一年中，持續奮鬥成為該公司的百貨經理暨副總裁。

「那是我練基本功的地方，總是得一步一腳印。」梅洛說道。隨後她愛上了公司總裁李·亞伯拉罕，兩人結為連理。

「我必須離開公司，不然就得在丈夫底下做事。」梅洛懊悔地說道。一九七一年，艾拉·尼馬克招募梅洛為時尚總監，於是梅洛又回到了班·奧特曼百貨，尼馬克曾在五月百貨公司工作過，因此，他對於梅洛相當熟悉。他們倆合作無間，尼馬克是才華洋溢的經營者，梅洛則極具尼馬克所推崇的創意與時尚，尼曼·馬庫斯百貨的資深副總暨時尚總監瓊・堪納回憶道：「他們倆是無懈可擊的一對。」

身處男人的地盤，梅洛學會如何不失時尚與儀態地保持強韌的狀態，儘管她生性害羞，做事卻十分果斷。她給人的印象總是優雅又帶點距離感，然而深入瞭解她的人，都覺得她是個溫暖且可靠的朋友，那些受她鼓勵與提拔的新秀們的感受尤為深刻。

梅洛之所以能在零售界脫穎而出，不僅是因為她是身處要職的少數女性，同時也是因為她創新的做事方法。梅洛曾說：「我很幸運能和許多鼓勵我多瞭解時尚的人共事。而當大部分的採購商在煩惱著該以什麼樣的價格購入何項商品時，我也能站在更具創意的層面上思考。」

梅洛練出了能看中優質流行產品的雙眼，以及能找出未來時尚潮流的嗅覺，作為抓住萌芽商機和設計人才的能手，她總能為自己效力的公司帶來許多美名。她為了跟上紐約頂級零售商之間激烈競爭的節奏，總是極力協商以尋求各品牌的獨家代理權，梅洛到波道夫・古德曼百貨服務時，已是國際時尚圈至高無上的存在，不僅對於設計師和零售同業是如此，對於頂級時尚雜誌的寫手和編輯也是如此。

「古馳必須找回從前的形象，古馳在過去幾年間失去了威望，我想找回古馳在六〇年代和七〇年代時的魅力，我想找回消費者的信心，我想再掀狂潮。」墨里奇奧對著坐在沙發上的梅洛說道。

梅洛清楚記得古馳從前的榮景，作為在萊恩・布賴恩特底下工作的年輕女子，梅洛曾存了一整週的薪水，只為了買下人生第一個古馳包——一個當時六十塊美金的棕色豬絨水餃包。

她也記得人們如何在第五大道店鋪外排隊，就為了等待古馳的午餐休息時間結束並開門。看著眼前的墨里奇奧如此溫暖、熱情且激昂，梅洛保留的態度逐漸瓦解，在墨里奇奧的話語間，梅洛忘卻了她要打的電話、要寫的備忘事項、下午的會議，以及得以遠眺中央公園的高級辦公室，她聽得如痴如醉且興奮不已，她瞬間明白墨里奇奧想做的是什麼。古馳的名號被貶得一文不值，印有雙G字樣的帆布手提包到處都是，古馳的運動鞋甚至還在八〇年代晚期成為毒販的標誌，連街頭的饒舌歌手都把古馳寫在朗朗上口的歌詞裡。墨里奇奧想讓一切重新來過，帶古馳回到代表著奢華、品質和時尚的榮耀時光。

「我需要一個知道古馳顛峰時期情況的人，我需要一個會相信古馳能重返榮耀的人，我需要一個懂得這一行在做什麼的人，我需要妳！」墨里奇奧懇切地看著梅洛說道。

兩個半小時後，梅洛終於走出皮埃爾酒店。她再次回到六月初的豔陽下，感到頭暈目眩，而雖然她已錯過了會議時間，但她竟然毫不在意！

「我覺得自己的人生開始轉變。」梅洛說道，墨里奇奧想請她一同打造創新的古馳。

墨里奇奧招攬梅洛的流言蜚語很快便在紐約四起，多姆尼科·狄索爾陸續接到下屬和紐約零售時尚同業的電話，向狄索爾打聽消息是否屬實。墨里奇奧不只不曾向狄索爾透露過有關梅洛的事情，還在狄索爾打電話詢問他時否認了相關傳聞，狄索爾因此忠實地告訴來電的人傳言是假的，然而，他在不久後就發現一切竟是事實，而且墨里奇奧還將他蒙在鼓裡。

狄索爾對墨里奇奧的做法感到相當難過，並提出離職，他大可回到華盛頓特區繼續當執業律師，但墨里奇奧駁回了狄索爾的辭呈，請狄索爾繼續待在古馳美國分公司。

「我與墨里奇奧之間的關係不言自明，墨里奇奧開始享受權力，他終其一生都受制於人——先受制於父親，然後是他的太太，再來是使他離鄉背井的親戚。突然他回來了，還當上了古馳的執行長，Investcorp、道恩・梅洛和其他人都予以他相當高的敬意，他因此以為自己無所不能。我的存在令他感到不自在，我是對抗奧爾多的英雄，也是名律師；我敬重他，但並非敬畏，更無懼於他，我是唯一沒對他俯首稱臣的人，當他說：『我們減少批發吧！』我說：『你確定要這麼做嗎？其中牽涉甚廣，我們有錢這麼做嗎？』他總是一點金錢觀都沒有。」狄索爾回憶道。

狄索爾留任於古馳美國分公司，道恩・梅洛則於一九八九年十月至義大利成為了古馳的創意總監，薪水是她先前的三倍，福利包含入住紐約和米蘭的豪華公寓、可搭乘協合號客機往返，再加上私人司機和交通車，總值超過一百萬美元。梅洛的任職消息，在紐約時尚圈立刻便造成轟動。

「古馳主動出擊，聘請了這樣名聞遐邇的美國女子，非常引人注目。」蓋爾・皮薩諾說道，他是薩克斯第五大道百貨的資深副總暨銷售經理。

「她有遠見與銷售背景，對時尚充滿熱情且瞭解紐約的顧客，她的加入使眾多頂尖零售商都開始關注古馳，舉凡波特・坦斯基、蘿絲・瑪麗・布拉沃和菲利普・米勒都開始關注，很多事情明顯正在醞釀。」皮薩諾說道。

有些人認為梅洛一定是瘋了，才會離開紐約最好的位置，加入瘋狂且捉摸不定的古馳家族。

「她絕不可能扭轉局面，古馳早已走遠了。」一名不具名的紐約零售主管對《時代雜誌》說道。

八〇年代末期至九〇年代初期，歐洲的時尚大廠紛紛開始尋求美國和英國的設計人才，梅洛至古馳效力可被看作是這一波浪潮的起點。年輕的英國籍搭檔——艾倫·克利弗和凱斯·瓦提早在畢伯勞斯設計出許多時髦的休閒款式，畢伯勞斯是義大利安科納市亞得里亞海岸的珍妮集團旗下的流行品牌，在往後的十年間，美國設計師雷貝嘉·莫塞斯也加入了珍妮集團的特色品牌，而英國設計師理查德·泰勒則取代了克利弗和瓦提在畢伯勞斯的位置。同樣位於亞得里亞海岸卡托利卡鎮的杰拉尼家族也與美國設計師馬克·雅各布斯和安娜·蘇簽約，而費拉格慕則尋求史蒂芬·斯洛維克的協助，以加強自家的服飾產線。普拉達、凡賽斯、亞曼尼和其他設計團隊也都開始招募英美頂尖設計學院的畢業生，比利時設計學校的新星也逐漸開始受到認可。

梅洛成為古馳的招牌並吸引眾多有為青年加入，她聘用原本為杰弗里·比尼工作的駐紐約年輕設計師李察·林伯臣，他不僅具有採購的背景，也曾為巴尼斯百貨做過配件的產品開發。古馳的現任創意服務總監大衛·班柏回憶道，梅洛打給他時，他正開心地在卡爾文·克雷恩的手下工作。

「我從沒想過要跳槽，但我和道恩第一次會面時，她就把自己要在古馳做的事情從頭到尾說了一遍。我對她的印象十分深刻，但又心想，這對我來說可是件大事。」班柏說道。幾個月後，班柏就搬到米蘭，加入這支日漸茁壯的設計團隊。

然而，梅洛到古馳後並不順遂。墨里奇奧沒有告訴員工梅洛要加入的這件事，更沒通知負責監督服裝設計的布蘭達・阿扎里奧——自墨里奇奧逃往瑞士後，阿扎里奧便帶著勇氣和決心一肩扛起整合古馳所有系列的責任。梅洛在早上抵達後，阿扎里奧便在下午含淚離去。

「其實無關道恩・梅洛是否為美國人，也無關她是否會說我們的語言，問題是墨里奇奧介紹她的方式，或者說，墨里奇奧根本沒有介紹她給我們認識！如果說這樣還不夠誇張，那我告訴你，墨里奇奧已經讓道恩・梅洛去見了我們的供應商，而供應商也馬上聯絡我們，問我們究竟發生了什麼事。那種感覺，真的讓人很不舒服。」莉塔・奇米諾說道。

墨里奇奧最後才召集了佛羅倫斯的所有員工，並將道恩・梅洛介紹給大家，眾人頓時陷入不安與狐疑之中，全場怨聲載道，必須有人時不時出聲要大家保持肅靜。其中一名員工站出來抱怨道：「我只想知道為什麼我們現在得聽命於你，先是那名『小學老師』，現在又是這名來自紐約的太太。」「小學老師」是佛羅倫斯的員工，為法院指派的董事長瑪媞里妮所取的綽號。這名員工還沒講完，他的同事就發出噓聲要他坐下。

墨里奇奧對於自己突然將梅洛帶回古馳的舉動非常興奮，同時他也很擔心會失去梅洛，因此非常細心地照顧她。墨里奇奧在米蘭最別致的布雷拉區為梅洛打造了一間漂亮的公寓，從公寓內能遠眺喬治・亞曼尼花園，並定期帶梅洛到城內最頂級的餐廳用餐。

墨里奇奧親自陪著梅洛拜訪多間古馳長期合作的廠商，並指導她認識皮革、鞣製和皮包的縫製方法，梅洛從墨里奇奧身上瞭解了古馳的傳統和根源。「墨里奇奧總喜歡摸著皮革，然後讓我也摸一摸，他會一邊述說該皮革的手感。」梅洛說道。

經歷過紐約零售業界的刀山與火海，梅洛努力不因古馳員工的反應而感到灰心，她接受了墨里奇奧的請託，並讓墨里奇奧深信他的古馳大夢可以成真。她捲起袖子，直接開工。

「我首先該做的事情就是瞭解公司。」梅洛回憶道。「其他的家族成員帶走了公司的歷史價值，並提拔了許多低層人員從事要職。」她說道，並表示公司內的風紀亂成一團。「儘管我花了很多時間才說服佛羅倫斯的員工該做些什麼，但在真正開始著手後，我發現這些員工是真的都很厲害。」

墨里奇奧對自己的新團隊很滿意。除了道恩・梅洛外，他還聘用了義大利品牌祈麗詩雅在紐約的前公關主任彼拉爾・克雷斯皮；原先在休閒服飾品牌班尼頓效力的卡洛・布奧拉，也成為古馳財務與行政部門的副總；一九九〇年，墨里奇奧還聘用了安德力亞・莫蘭特，莫蘭特後來成為墨里奇奧的愛將，並當上古馳的常務董事。安德力亞・莫蘭特於一九八九年離開了摩根士丹利，並在柯達的邀請下至Investcorp 工作，柯達很欣賞莫蘭特收購墨里奇奧親戚股份的做法，因此聘用他協助審查公司新的投資項目。柯達把莫蘭特帶入 Investcorp 還有另一個原因，他察覺保羅・狄米特魯克和墨里奇奧・古馳已經超越了一般的生意關係，他認為狄米特魯克深陷於古馳之中，進而質疑他對 Investcorp 的忠誠。一九八九年，保羅・狄米特魯克的照片登上《金融時報》，一旁寫道「Investcorp 的主管獲提名為古馳的副總」，隨後柯達不顧狄米特魯克和墨里奇奧的抗議，將狄米特魯克拉了下來，並讓莫蘭特取而代之。狄米特魯克對柯達的決定感到十分不滿，於一九九〇年十一月辭職。

「內米爾想找一個熟悉古馳但不會身陷其中的人，我已經準備好來點變化，很高興能來到這裡。」莫蘭特回憶道。

Investcorp 提供給莫蘭特的條件，好到令人難以拒絕——高階的管理職，且必須時時跟在墨里奇奧身邊。「那其實是開了先例，因為 Investcorp 從沒讓管理階層的人深入他們所投資的公司。」莫蘭特說道。莫蘭特到米蘭協助墨里奇奧招聘新的團隊，並重新建立公司在商業和行政方面的業務，他也重新開始協商日本古馳的特許經營權，並著手精簡公司的商業和物流系統。莫蘭特和墨里奇奧逐漸建立起牢靠的合作關係，而莫蘭特也理所當然地被墨里奇奧的夢想影響，不久後，內米爾．柯達也開始質疑他對 Investcorp 的忠誠。

「我很明顯也愛上了古馳，而非 Investcorp，內米爾認為我太傾向墨里奇奧．古馳。」莫蘭特回憶道。

一九九〇年一月，一年一度的管理委員會於巴林王國展開，柯達把莫蘭特叫進辦公室，並提供莫蘭特一份很棒的職務，讓他前往紐約負責併購薩克斯第五大道百貨的事宜。問題在於，柯達要莫蘭特隔天立即動身接任。

莫蘭特抬起頭，朝柯達身後的落地窗望去，窗外同時有著海洋和沙漠這兩種景致，美不勝收。「這樣我會進退兩難，道恩．梅洛、卡洛．布奧拉和其他與我們談過或要求要加入墨里奇奧的人，他們都以我為榜樣。」莫蘭特解釋著情況，請求柯達再給他六十天將手上的工作收尾。

柯達神色嚴厲地用他那雙綠色的雙眼盯著莫蘭特，說道：「你怎麼不明白呢？安德力亞，我只給你二十四小時，這是你唯一能向我證明忠誠的方式，你必須讓我知道你是 Investcorp 的一員。」

「我沒辦法在二十四小時內辦到你的要求。」莫蘭特平淡地說道。

柯達靜靜地盯著莫蘭特，從桌後的椅子上起身並走向莫蘭特，他張開雙臂，不帶感情地環抱住他。

「這是他道別的方式。」莫蘭特說道。

莫蘭特告訴人在米蘭的墨里奇奧這個消息，墨里奇奧直接開口聘請莫蘭特，墨里奇奧對自己的全新團隊滿懷期待，並稱他們為「我的火槍手」。

## 第十一章

# 開庭之日

一九八九年十二月六日早上，墨里奇奧在兩名律師的陪同下，走上通往米蘭法院的混凝土階梯，進到回音繚繞的大廳。三名男士在前排坐下，面對著上訴法庭法官路易吉・馬利雅・貴契亞迪的席位。墨里奇奧右邊坐著一抹白髮配上一身律師黑長袍的維托里奧・戴亞羅，他是米蘭首屈一指的刑事律師，幾乎每天都能在米蘭法院看到他。另一邊坐的是喬凡尼・潘薩里尼，負責墨里奇奧民事訴訟的律師，他此刻雙眼半閉，專注凝神。身穿灰色雙排鈕釦西裝外套的墨里奇奧則安靜地坐在兩人中間，緊張地十指交扣著。一聲鈴響讓他們僵了一下，法官貴契亞迪到了，三人站起身來。貴契亞迪進到法官席後，開始宣布判決：「以義大利國民之名，米蘭上訴法庭……」

墨里奇奧緊張地推了推眼鏡，雙唇緊閉——因為法官貴契亞迪接下來所說的將造成兩種結果，不是他的官司纏訟將就此終結，就是他的名聲將因此毀損，且需繳交高額稅款。一年多前，墨里奇奧偽造父親簽名的司法判決是緩刑且不留犯罪記錄，此結果雖然不至於造成太大的影響，但畢竟有損名譽，上訴法庭是他為自己辯駁的最後機會。墨里奇奧此時此刻屏氣凝神，直瞪著法袍上的結穗。

「……對原審法院判決做出修改，宣布對墨里奇奧·古馳進行無罪之判決。」

法官口中的一字一句有如風雨過後絢爛的陽光，墨里奇奧的內心瞬間注入了光明。贏了！親戚所提的訴訟是他贏了，當初被迫騎著重機離開米蘭，歷時兩年半的逃亡生涯終於可以結束，名聲也得以恢復，墨里奇奧轉過身和戴亞羅相擁而泣。墨里奇奧在 Investcorp 投資團的合夥人們知道判決結果之後，無一不感到欣慰，對過去的往事也不想細究。說也神奇，當初墨里奇奧誇下海口說有辦法撤銷所有對自己不利的指控，如今似乎都一一實現了。投資團的幾名高層都清楚地記得墨里奇奧自信滿滿的模樣，在判決出來前幾週，他就有信心結果將對自己有利。

其他人對於判決結果則大感詫異，認為墨里奇奧的罪名應該已經坐實，首先，有兩名證人指證墨里奇奧，一名是魯道夫的前任祕書蘿柏塔·卡索，她對於她當時的祕書莉莉安娜·科倫坡如何偽造簽名詳加描述，連細節也不放過；另一名是喬吉歐·坎提尼——古馳斯坎地其辦公室的重要文件保管人，據坎提尼所說，他都將股票牢牢實實地鎖在保險櫃裡，因此據稱魯道夫在一九八二年十一月五日將股票簽名轉讓給墨里奇奧是不可能的。坎提尼還說一直到魯道夫於一九八三年五月離世，他才將股票拿出來交給墨里奇奧。此外，在審判和上訴期間，法院曾四度將股票上的筆跡送請鑑定，每次出來的結果都發現該簽名和魯道夫的筆跡天差地遠，但和科倫坡的筆跡倒是有幾分相似。之所以認為鐵證如山，是因為檢察官甚至還分析了股票上面財政機關所使用的戳印，看它是否是在據稱股票轉讓的時間印上去的，結果發現該戳印是在魯道夫死後三日，政府印刷局才頒布的樣式。

即便所有證據皆指向墨里奇奧有罪，但贏了就是贏了。他的律師團義正詞嚴地指稱墨里奇奧在佛羅倫斯的敵對家族如何野心勃勃地想陷害他，律師團還質疑筆跡鑑定不公正，他們也懷疑卡索證詞的可信度，說她是因為被墨里奇奧開除而挾怨報復，同時，他們也合理地懷疑魯道夫可能擁有坎提尼保險箱的鑰匙。而對於股票上的戳印，他們解釋那是印刷局不小心將印章外流，因為印章本來會在頒布使用日之前先做好。會不會是他們言之鑿鑿地辯駁，讓法官買單了呢？貴契亞迪在判決書中表示，要在此案中證明魯道夫的簽名為偽造，那是不可能的。墨里奇奧最後因證據不足而獲判無罪。

「我這輩子沒看過比這更糟糕的判決了。」政府律師多姆尼科・薩爾威米尼如此表示，他對此判決抗告到底且一路告到了義大利最高法院，但最後依舊敗訴。「對於案情，我有我的理解和認知，但終究不是我說了算。」薩爾威米尼對判決結果忿忿不平，據他的友人所說，他當時幾乎要為此放棄律師生涯，但他在一段時日之後看開了，薩爾威米尼在判決過後數年說道：「人生，輸贏自有時。」

因判決而高興不已的墨里奇奧，帶著嶄新的氣象回到古馳復職，另一方面，梅洛和她的助手李察・林伯臣開始感受到義大利製造業的景氣波動。墨里奇奧相當欣賞林伯臣並將他收歸麾下，不僅介紹他給佛羅倫斯的工廠員工認識，還教他皮革的相關知識。

「他帶我進到佛羅倫斯工廠後說：『李察很不錯。』我們經常到工廠走動，還曾經花了一整個星期研究行李箱系列。」林伯臣回憶道。「墨里奇奧對每件事的細節都十分要求，相當狂熱，我們把所有五金零件都清理了一遍，甚至還研發了雙G的縮寫字樣，刻印在手提包的螺絲零件上。」

梅洛和林伯臣拜訪了在佛羅倫斯各地的古馳工廠，製造商也開始對他們敞開心房，分享經商之道。他們這才發現許多古馳商品的售價不一，例如絲巾竟比做工精細的手工縫製提包更昂貴，後來才瞭解到收取天價的原因之一是古馳員工的回扣制度——當他們為當地廠商帶來巨額的生意，自然也希望能分一杯羹。

如今的新環境有許多讓梅洛摸不著頭緒的地方，晚上還開始接到匿名電話說著：「我再也不想一直付錢給帕盧拉先生了。」每天晚上匿名來電的人都說著同樣的話，聽來十分焦慮：「我再也不想一直付錢給帕盧拉先生了。」

梅洛回應道：「我對這件事毫不知情，但不久後，我知道我必須做出一些決定。」她向墨里奇奧報告這個情況，雖然墨里奇奧同意事情應該有所改變，但是他並非是個雷厲風行的人。

梅洛很快就發現古馳對佛羅倫斯的製造商而言，就猶如蜂群中的女王蜂一般——眾人嬌寵著她並對她百般服侍，然而眾人雖然逆來順受，卻也都從她身上得到了好處。工匠界中的大家都知道，古馳的製造商偶爾會走後門，把一兩個包偷偷拿出去賣並私藏獲利，然而，這是業界默許的。

梅洛說：「古馳對佛羅倫斯來說，具有指標性的意義。」

「不只是顧客，這是人人都垂涎想擁有的名牌。經營如此具指標性的品牌，就擁有一般人無法想像的力量。」

梅洛想造冊登記究竟有哪些產品不翼而飛，而不像過去那般只留下幾張舊照片和樣本，她要的是井井有條的記錄。她從倫敦跳蚤市場上蒐集了幾樣產品，在那裡總是可以找到許多復古商品;年輕的英國女孩總愛逛跳蚤市場,看能不能在這裡買到古馳的男鞋來穿。

梅洛回憶道:「這些女孩是去買男鞋給自己穿。」她敏銳地嗅到這個趨勢之後,便和林伯臣重新設計了女鞋並帶入了運動風,使它更具時尚感。梅洛說:「我們把女用的鞋楦頭改成男款,加高鞋面並以麂皮製作,一共推出了十六款顏色。」

某日,梅洛和林伯臣開車到佛羅倫斯近郊的山上,找尋一名於一九六〇年代曾在古馳工作過的珠寶製造商。他們兩人根據情報來到製造商所在的地點,停好車,看見珠寶工廠裡有一名滿臉皺紋的老先生,正往煤炭爐裡加燃料。他們說明來意之後,老先生的眼睛為之一亮,走向一個小保險箱,將一層又一層的抽屜取出,裡頭裝的都是這些年來他為古馳製作的珠寶。

梅洛說:「我們坐在地板上看得目瞪口呆,然後仔細看了看抽屜裡的珠寶。」

「這件事真的很難得。他大可賣掉這些珠寶,輕鬆賺取造價五倍的利潤,但他知道終有一天,有人會想要整頓這個品牌——他留著那些珠寶,就是為了這一天。」梅洛事後如此回憶道。她當時立刻便僱請了這名身材矮小的老先生,請他再次成為古馳的製造商。她說:「那時候,我們才知道自己到底擁有什麼。」

接下來,他們將注意力轉向竹節包——也就是鼎鼎有名的〇〇六三款式——他們將尺寸稍微加大,讓它更實用,還加上了可拆卸的皮製背帶,做出了小牛皮包(售價八百九十五美元)和鱷魚皮包(售價八千美元)兩款。到了要做秋季款式時又把尺寸改小,稱為「寶貝」竹節包系列,包體材質有緞、小山羊皮和麂皮,顏色更是五花八門,從泡泡糖粉紅、金絲雀黃、紫、紅、深藍到基本的黑色款式都有。

梅洛是古馳的所有人當中，第一個正視普拉達現象的人。八〇年代中期，普拉達的人氣水漲船高，在米蘭時尚圈引起一陣風潮。早在一九七八年，當時的繆西婭‧普拉達就創新地以降落傘布料製出尼龍包，在手提包都是偏硬、四方型且清一色都是皮製品的當時，繆西婭以簡約風格做出了革命性的創舉。一九八六年，古馳的一名年輕女設計師，在喬吉歐及其夫人瑪莉亞‧皮婭底下工作（瑪莉亞‧皮婭後來在保羅離開之後，在產品開發上擔任十分重要的角色），她當時帶了一塊普拉達的尼龍布樣本到斯坎地其的設計會議上給大家看。

墨里奇奧請來克勞迪奧‧德以諾琴地負責開發新系列的禮品項目並協調生產工作。回想那時候，克勞迪奧‧德以諾琴地說：「普拉達在米蘭時尚圈要發光發熱了。」然而，以柔軟布料製成的提包，遭蔑視為米蘭一般商家所販賣的普通商品——完全比不上古馳精雕細琢的皮製包。

「他們剛開始對普拉達的提包根本不屑一顧。」德以諾琴地說道。「多年之後，古馳才開始想做柔軟布料的提包，但內部仍有許多反對聲浪——像是原本只懂得製作硬皮革皮包的人，他們為此還必須重新訓練。」

梅洛明白她必須試著在古馳的傳統，以及最新的流行趨勢之間取得平衡，因此她推出迎合女性需求的柔軟提包，可以輕鬆地收納在行李箱內。她的做法是讓水餃包回歸流行，她在年輕時就非常喜歡這種柔軟又大容量的皮包，但是這個包在一九七五年便停售了。可惜就像盛裝打扮的女孩苦無場合可以出席，古馳的嶄新風貌還是引不起流行，時尚界只喜歡看精采的時裝秀，並參加像喬治‧亞曼尼、范倫鐵諾和吉安尼‧凡賽斯這類設計師所舉辦的盛大派對。

梅洛說道：「沒有人來看古馳的新品發表，這是個很大的問題。」一九九〇年春季，梅洛在佛羅倫斯的科拉別墅酒店舉辦她在古馳的第一場發表會，國際媒體卻無人出席，梅洛為此想了一個解決方法。她請祕書致電給紐約具影響力的時尚編輯們，問他們穿幾號鞋，然後將古馳的新款鞋品寄送給他們，只要是她能想得到的編輯通通都送。「這就是我們最後吸引到他們的方式。」梅洛一邊說，一邊露出得意的笑容。

一九九〇年一月還沒過完，墨里奇奧就已經陸續寄了六百六十五封信給美國的零售商，說明古馳準備結束「帆布藏品系列」，並終止與百貨公司的批發業務——即刻生效。百貨龍頭的高層們對於突如其來的合作終止紛紛表示抗議，但墨里奇奧已鐵了心要貫徹到底。多姆尼科・狄索爾想勸墨里奇奧收回成命，因為他深知帆布藏品系列是撐起美國古馳業務最重要的產品，總營收可達近一億美元。狄索爾將此情況告訴投資團，他除了報告墨里奇奧所做的事情之外，還警告他們可能會面臨什麼後果。他認為生意若要減少，速度慢一點也比較好。

但墨里奇奧不但繼續堅持這個決定，還停止了古馳在世界各地的免稅店生意。終止美國百貨銷售帆布藏品系列，以及結束批發和免稅店的合作業務，代表總營收將大幅減少一億一千萬美元。

「因為家醜不能外揚。」他堅定立場，向投資團解釋道。「我們一定要先將公司整頓好，才能強勢回歸市場，呼風喚雨。」墨里奇奧說道。

他知道古馳首先要做的改變，就是去除「普通店家也可以買得到」的這種品牌印象，如此才能保持古馳的光環。自此之後，古馳的產品只能在六十四間具有完全掌控權的自營店才買得到——墨里奇奧打算藉助室內設計師好友托托・魯索的幫忙，重新整修這六十四間店鋪。

墨里奇奧希望顧客進門之後，感覺就像來到一個奢華、擁有絕佳品味又美輪美奐的客廳，因此這個空間裡的所有小細節都不容放過。在托托的協助之下，他使用了以拋光楓木和胡桃木製成的新式木櫃及固定式家具，用來展示古馳最新的飾品和衣物，展示櫃周圍鑲著以綠寶石切割的精緻斜面玻璃。拋光後的桃花心木圓桌放著顏色多到目不暇給的絲巾和領帶，為古馳量身訂做的雪花石膏吊燈，其燈臂上以黃金打造的長鏈散發出溫暖的光，讓人好像回到家一樣，而牆上掛著的油畫真跡，則使整個空間顯得更為高雅。托托為銷售樓層製作了兩款椅子，模仿了俄羅斯古董真品的設計，並在大量製造後放到各間店鋪——一款是男裝區域的新古典風沙皇座椅，另一款則是女裝區域的精緻古董胡桃木沙發，它的年代可回溯至十九世紀初期。奢華的裝潢要價不菲，但墨里奇奧對帳單上驚人的數字不屑一顧，他只管店鋪的裝潢是否完美無瑕。

他相當堅持地說道：「想要賣時尚，我們自己要先有時尚。」

梅洛看到魯索的設計之後，覺得雖然漂亮，但仍欠缺銷售時最重要的商品包裝技巧，於是請來美國建築師娜歐密・列夫，將一些固定式家具設計得較有整體感——為此，這兩名設計師爭論不休。

墨里奇奧沒時間也沒意願居中協調，他只想按自己的計畫向前推動。墨里奇奧在八〇年代時曾做過很久的產品目錄工作，而多虧他的這段經驗，才能帶領員工將產品從兩萬兩千項精簡至七千項，將提包從三百五十款減至一百款，並將銷售商店總數從超過一千間削減至一百八十間。

一九九〇年六月，墨里奇奧帶領著新團隊進行了第一次的秋季新款發表會。古馳的慣例是在佛羅倫斯老舊的會議中心租下一個空間當展示室，並在一整個月當中，邀請世界各地約八百多名買家前來選購。

梅洛和林伯臣將新款竹節包、水餃包和鞋款按照顏色排列展示，看起來就像彩虹一樣。墨里奇奧在發表會開始前先視察商品，他步伐緩慢，仔細地看著每件商品，一句話也說不出來。他流下眼淚——喜悅的眼淚。

所有員工和買家皆已聚集於展示室內，墨里奇奧高舉一個新款的竹節提包，讓所有人都可以看見，說道：「這才是我父親畢生期盼的！這才是古馳以往的水準！」

墨里奇奧深信，古馳若想要達到新的高度，米蘭必須是他們的發展重鎮。於是，他開始在米蘭找尋適合作為總部的地點。一九八〇年代末期，米蘭和巴黎經常互相較勁，看誰是眾人口中的時尚聖地：巴黎著重的是高級訂製服，而米蘭則是以具現代感的優雅成衣取勝。亞曼尼和凡賽斯一直是米蘭時尚界的主導者，但也有部分亮眼的新銳設計師，像是杜嘉班納。墨里奇奧發現由設計師所舉辦的春夏或是秋冬時裝秀，可以在一年吸引記者和買家前來兩次，而古馳當然不能錯過這樣的機會。比起佛羅倫斯，墨里奇奧對於米蘭的環境還是感到較為自在，有些人認為他甚至在佛羅倫斯過得不太舒適。

聖費德勒廣場位於米蘭大教堂與斯卡拉大劇院之間，是一座以白石鋪設成平滑路面的小廣場，墨里奇奧後來在此租了一棟華美的大樓，其後就是米蘭市政廳，從大樓可以看得見它那些壯觀的大圓柱。墨里奇奧租的大樓足足有五層樓高，他再次請托托來進行室內設計。裝潢工作飛快地進行，每一項都以創記錄的速度完成，從開始到完工不到五個月，從沒聽說過有如此快的裝潢工程，在米蘭更是先例。

位於頂樓的主管辦公室和陽臺打通，寬敞的陽臺環繞著建築物的四周，辦公室沒有屋頂，設計了木條結構加強採光，晴天時，古馳的主管高層就可以在此享受露天的午膳。墨里奇奧的辦公室是托托的人生代表作，胡桃木壁版搭配上木質拼花地板，另外還有綠色系織品當作掛飾，整間辦公室的氛圍既溫暖又高雅。一側的雙開門打開之後，會通往一間小型會議室，裡面有張方桌和四張椅子。墨里奇奧大部分的時間都待在會議室裡，而非坐在辦公室的查理十世書桌旁，他也喜歡在此接待客人，大家可以將資料攤開在方桌上討論。他放了四座半身雕像在會議室的四個角落，象徵著從佛羅倫斯舊時「王室」時期的開始，到如今的世界四大洲，牆上掛了父親魯道夫和祖父古馳奧的黑白照片，而蒙特拿破崙大街時代的掛紙白板則換成了現代化的自動翻頁電子系統，放置於一側作風低調的牆面櫃中，同一側還放了電視和音響組。墨里奇奧的個人會議室有一道拉門，會通往一個大空間，這裡可以作為正式的董事會會議室——這裡也是胡桃木壁板，會議室內有一張長橢圓形的會議桌，以及十二張貼皮座椅。

辦公室書桌的右斜方，除了以綠色皮革製成的蒙特拿破崙大街時期的沙發，牆上還有一幅魯道夫的威尼斯畫作，沙發旁的邊桌上放著魯道夫的黑白照片。母親的照片則立在書桌上，旁邊放著阿萊格拉送的無厘頭小禮物——裝著電池的可口可樂罐子，像人一樣戴著太陽眼鏡，長得很好笑，每當有人走進辦公室時，它就會開始扭動並發出笑聲。沙發前方有張古董桌，上面放著亞歷珊卓和阿萊格拉笑得燦爛的照片，還有一個迷你酒箱，裝著精緻的水晶瓶裝烈酒。莉莉安娜的辦公桌在墨里奇奧的辦公室門口，門口走廊鋪著綠色地毯，走廊的另一頭是道恩・梅洛要求的小辦公室，窗外可以看得到米蘭大教堂的尖塔——本來是對著中央公園，但真要選，還是看得見米蘭大教堂的辦公室更好。她對辦公室感到十分滿意，也特別喜愛那面雙門落地窗，一打開外面就是陽臺。

聖費德勒大樓的四樓為行政樓層，設計部門的工作室和辦公區域則在三樓；二樓設有媒體室，一樓則依照道恩的要求有一間小型展示間，用來呈現古馳的當季產品。

一九九一年九月，聖費德勒廣場的新辦公室全數落成，墨里奇奧在頂樓的露天陽臺舉辦了公司內部的雞尾酒會和晚宴，並正式啟用新大樓。他熱烈歡迎所有員工，宣布為了讓古馳展開新時代，每個產品類別和經營活動都將建立一個專案小組。

他同時表示公司此刻需要更細緻的手法來處理人力資源問題，必須透過更進一步的訓練才能消除管理階層的派系分立，同時，所有員工也需要瞭解古馳未來的願景。他還開發出「古馳學校」的概念，除了教授專業知識與技術，員工也必須瞭解古馳品牌的歷史背景、策略和展望。

為此，墨里奇奧從歌劇明星恩里科・卡羅素手上，買下十六世紀的建築——貝羅斯瓜爾多別墅酒店，他撒下一千萬美元重金裝潢，打算在此完成創建「古馳學校」的夢想。他心中對這棟酒店的設定可不僅止於此，這裡會是一個兼具文化性的會展中心。貝羅斯瓜爾多別墅酒店位於佛羅倫斯西尼亞區的山上，可以俯瞰周圍的托斯卡尼郊區；這裡的山坡起伏有致，田野風光秀麗，開車進到酒店的路上會經過長長的車道，兩側有神像雕刻，酒店前側入口則有左右雙開的優雅階梯。從酒店後方走下階梯可以來到長方形的露臺，其周圍都是石頭圓柱，再往下走是一座文藝復興式的花園。但是，墨里奇奧沒去過貝羅斯瓜爾多幾次，就從警衛那裡得知這間酒店鬧鬼，他立刻找了芙莉達——曾為克里奧爾號驅魔的靈媒——來看此處有何種陰魂不散的負面能量，並將它消除殆盡。

無法消除殆盡的是墨里奇奧過往的家族鬥爭，古馳的傳播部門主管彼拉爾．克雷斯皮回想那時，他和墨里奇奧曾花了好幾個小時討論如何處理這些陳年舊事。墨里奇奧強調要回歸重視品質與風格的傳統，因為這才是一開始讓古馳成功的原因，而拖垮品牌聲譽的家族紛爭則要避而遠之。因此，當記者詢問的問題有關與保羅之間的紛爭，或家族內鬥的背景時，克雷斯皮感到無所適從。

「我一直接到這些電話，於是便跑去找他，我說：『墨里奇奧，我們到底要如何處理家族這些不堪的過去？』」克雷斯皮說道。

「尤其是保羅，墨里奇奧非常氣他。」他回憶道。「對於他或其他家族成員，墨里奇奧都不想提，他說：『這是新的古馳，別再提陳年往事！保羅是過去式，我才是古馳的現在式！』」

講到一半，墨里奇奧拿起古馳的斗篷外套，上頭有汙漬，但他不知道要如何清洗乾淨。克雷斯皮說道：「我們促膝長談了數小時，我發現他不明白，沒有處理好的過去，會成為揮之不去的纏人問題。」

一九九〇年秋天，在麥肯埃里克森廣告公司的協助下，梅洛展示了最新的設計系列，這是她在墨里奇奧當年的教導和訪問當地製造商之後所發想的——她以「古馳之手」作為概念，投入了九百萬美元進行廣告宣傳，讓頂尖的流行和生活雜誌如《時尚》和《浮華世界》等進行特寫報導。該新系列主打麂皮鞋品、昂貴感的皮製包，以及運動風的麂皮背包，藉此延續古馳的傳統精神，並展開古馳新的一頁。

第一波宣傳相當成功，但梅洛很快便意識到，要維持古馳的嶄新形象，就一定要好好開發成衣系列。雖然過去的經營重點一直都是手提包和配飾，但梅洛知道服裝才是古馳成功樹立新形象的關鍵。

「光靠手提包和一雙鞋子很難創造一個形象。」梅洛如此說道。「我說服了墨里奇奧，說古馳需要成衣系列來樹立品牌形象，我們一直想讓他走向時尚的路線。」

墨里奇奧也曾想加速時尚產品的發展，因此在八〇年代初請來盧西亞諾・索普拉尼，但墨里奇奧在流亡瑞士時又改變想法，想專注在古馳手工製革的事業根基。到了九〇年代初期，他還是不認為服裝設計會是古馳該走的路。

「墨里奇奧當時的想法就是不信任設計師。」正在為古馳打造堅強設計團隊的林伯臣說道。「他看不到時裝秀的價值，他也不認為維持目前的路線會讓古馳造成什麼損失，他認為配飾就是公司的代表作。」

古馳當時所有的服裝系列，都是透過自家工廠生產且經過繁複手工的昂貴精品，無法大量生產也無法商品化，因此在銷售方面不具競爭力。很明顯地，對公司來說最好的方法就是和成衣製造商簽訂生產合約。幾季之後，古馳和兩間義大利的頂尖成衣製造商簽訂了合約——由傑尼亞負責生產男裝，扎馬斯博德負責生產女裝。

林伯臣花了相當多時間找對的人加入團隊——找到對的人，就試著說服他們搬到義大利並到古馳上班。「光是雇用人，就花了半年。」他回憶道。「當時很難找到設計師來古馳工作，而且墨里奇奧也不想雇用太多的美國人——他希望古馳保留一些義大利色彩。」

梅洛和林伯臣來古馳時，公司已經有一群年輕的設計師。「這些孩子來自倫敦，當時住在斯坎地其，他們雖然在公司上班卻沒人正眼看待他們，因此被孤立在自己的小角落，當時公司並不認同設計師的價值。」林伯臣回憶道。「我和道恩一直在勸墨里奇奧，我們真的非常需要成衣設計師。」就在梅洛和林伯臣四處找人加入設計團隊時，一個沒沒無名、來自紐約的年輕設計師湯姆·福特，和他的記者男友理查德·伯克利正考慮要搬到歐洲。

福特出身於中產階級家庭並在德州奧斯汀長大，他在少年時期時，隨家人搬到新墨西哥州聖塔菲——他祖母的家鄉。他的父母都是不動產仲介商，母親極富魅力，長得像美國五○年代的女演員黛碧·海倫，總是穿著訂製服與簡單的高跟鞋，以髮飾盤起一頭金色的長髮。他的爸爸相當支持他，思想自由且開放，在福特長大之後，更成為他真誠的好友。

「在德州長大的日子讓我很壓抑。」福特說道。「非白人、非清教徒，或是和別人有不同的舉動，都會使你的生活變得很困難——特別當你是個男孩，卻不愛打橄欖球、嚼菸草和成天喝得醉醺醺時。」聖塔菲不一樣，福特發現這裡的生活更多元、豐富，有令人興奮的新鮮事物，他特別喜歡在夏天去找他的祖母露絲，也曾在那裡住了一年半。對福特來說，祖母露絲就像是電影《歡樂梅姑》裡面的瑪咪姑媽，她會戴著華麗的大帽子，將頭髮梳得高高的，再配上長長的假睫毛與誇張的珠寶：手鍊、櫛瓜花扣飾、銀釦裝飾腰帶與紙漿做的耳環。在福特還是個小男孩時，就很喜歡看著她梳妝打扮，準備去參加雞尾酒會。

「她就是那種會說：『噢，親愛的，你喜歡那樣的東西嗎？那你可以去買十個回來。』」福特一邊說，一邊用手比劃著。「比起我的父母，她的生活更光彩奪目，她的東西都是又多又大，並且總是抱持著開放的心態——只想要生活充滿樂趣！我永遠記得她的味道，那是雅詩蘭黛的青春之露女性淡香精——她總是想顯得年輕一些。」

福特認為這些年少回憶對他在設計上的敏銳度有著深遠的影響。「多數人最初所接觸的美感，會影響他們的一輩子，這些對美的印象會刻在腦海裡成為你的品味。一個人在成長時期時的主流美學，會一直跟著你。」

福特小時候，父母就鼓勵他透過塗鴉、繪畫和其他類似的活動來探索他的創造才能，並且從不對他任何的想像力加以限制。

「我想做什麼，他們都不在乎，他們只希望我能幸福快樂。」福特說。福特從小就對周邊的事物愛恨分明。

「我從三歲開始，就會嚷嚷著：『我不穿那件外套、不要那雙鞋子。』或是『那張椅子做得不夠好。』」福特回憶道。等到他長大一點後，他會趁爸媽出門吃晚餐或看電影時，叫妹妹一起來幫他重新擺設家具位置，並將沙發搬到家裡的不同地方。

「總是有某個地方不對勁。總是不夠好，永遠有問題。」福特說道。「家人都覺得我很難搞，直到現在他們都說自己在看到我時會緊張，雖然我已經懂得沉默是金，但他們還是可以感覺到我上下打量著他們，審視著每一個細節。」

福特從十三歲開始的固定裝扮便包含了古馳鞋、藍色西裝外套與鈕釦式牛津襯衫。中學時期，他上的是聖塔菲的一所貴族預科學校，約會的對象是女生，而他也真的愛上了當中的某些女生。他很早就立定目標要去紐約，中學畢業就進了紐約大學，因此便順利地搬到紐約了。某天夜裡，一名同學邀他去參加派對，福特一進去就發現，這是只有男生參加的派對。歡樂時光進行到一半，竟然還看到安迪·沃荷，沒多久大家就開始移動到五四俱樂部。對大家而言，這張來自西區的新鮮面孔，有著甜美的長相、電影明星般的燦爛笑容和不可一世的傲氣，這使得福特一下子就受到歡迎，加入了他們的行列。那一晚回家前，沃荷和福特正相談甚歡，突然間不知從哪裡冒出了藥物——福特一直以來都像是牙膏廣告裡那個形象清新的小男孩，生活很單純，但在一轉眼間，已經身處於快步調的花花世界之中。「我有點不知所措。」福特後來說出他的心裡話。

但他的同學（後來成為插畫家）伊恩·福克納說道：「他應該也沒那麼不知所措，那天晚上回家前，我們還在計程車上親熱呢！」不久後，福特便成為了五四俱樂部的常客。他開始徹夜狂歡、白天狂睡、成天蹺課——他對於在俱樂部體驗到的新人生更感興趣。

「我相當喜歡聖塔菲的一些朋友，到了紐約我才發現，過去自己其實是愛上了他們。」福特說。「也許我一直都知道，只是一直藏在內心深處。」

一九八〇年，福特在大一的學期快要過完時輟學，當起了演員並拍攝一些電視廣告，因為長得帥、口條佳且非常上相，他因此一炮而紅，之後就搬到洛杉磯。在他的鼎盛時期，電視上還曾同時播放十二支由他所拍的電視廣告。某天，在拍攝綠寶洗髮精的廣告時，髮型師發現福特的頭皮狀況有異，他發現福特的髮際線向後退了些。

「噢，親愛的！」男髮型師以高頻的鼻音喊道。「你掉髮了！」福特此刻也失掉了他的冷靜沉著的態度。

「他說話很機車，我那時才十九、二十歲，他講完後，我就變得很神經質。」福特回憶道。接下來在拍攝時，他刻意壓著下巴，並一直用手將瀏海往下撥，試圖蓋住他的額頭。

「導演一直喊卡，對著髮型師大喊：『可以拜託你弄一下他的頭髮嗎？』」福特回想當時的情景。結束後，他還是一直記著髮型師所說的話，他對於三千煩惱絲的不安全感與日俱增。另外，福特有時也會心想著：「廣告腳本給我寫都比較好」、「要這樣導戲才對」或是「要擺在那裡比較好看⋯⋯」他發現自己比較喜歡成為掌控全場的那一方。

福特申請上紐約帕森設計學院並開始修習建築，從小便非要重新擺設家中家具的他，很清楚自己在這方面有極大的興趣。他在紐約唸書到一半時搬到了巴黎，這裡也有帕森的分校。然而，當他快完成學業時，他突然覺得建築對於他所想要展現的品味而言過於嚴肅。在法國蔻依時裝精品店實習的期間，他證實了他的感覺是對的，時尚的世界有趣多了！大三快結束時，他去俄羅斯渡假了兩個星期，一天晚上，他因為食物中毒而硬爬回飯店，在寬敞通風的房間內休息。

「我當晚一個人在房間裡，開始思考。」福特說道。「我明白我當時做的工作不是自己想要的，而就在那瞬間，『時裝設計師』這個詞閃過我的腦海！就像是印表機印出的字一樣。」當時他以為自己知道要如何成為一名出色的時裝設計師——各種靈巧、流利的口條、懂得鏡頭語言且懂得衣服應該怎麼穿。

他曾以卡爾文．克雷恩作為楷模，印象中，他在七〇年代末還在讀高中時就會去買卡爾文．克雷恩的床單，當時亞曼尼在美國還不出名。

「卡爾文．克雷恩年輕有型、富裕又極具魅力。」福特邊說邊回想年輕時的自己，在紐約頂樓公寓裡翻著時尚雜誌，裡頭刊著卡爾文帥氣的黑白攝影照片。「他把自己的名字授權出去，賣牛仔褲和成衣——他是第一個把自己包裝成電影明星的時裝設計師。」福特夢想著成為卡爾文．克雷恩，福特其實在五四俱樂部時期就有見過他本人，那時還跟在他身邊轉來轉去。

從俄羅斯回到巴黎時，他便申請轉到時裝設計系，帕森設計學院的行政單位說他必須從頭唸起，但福特不願意。一九八六年他從建築系畢業，回到紐約，畫了一系列時裝設計圖作為作品集，並開始找工作；學歷上只寫畢業於帕森設計學院，不註明哪個科系，就算遭到拒絕他也從不氣餒。

「我想我不是太天真就是太自信，或是兩者兼具。」福特說。「我想做什麼就一定會辦到。我決定要成為時裝設計師，時尚界就一定要雇用我！」他列了願望清單，並開始每天打電話給設計師應徵。

「電話打來時，我和他說我們沒有職缺。」紐約設計師凱茜．哈德威克回憶道。「但他聽起來好有禮貌，他說：『只是讓您先看看我的作品集可以嗎？』有一天我終於屈服了，問他：『你可以多短時間內過來？』他回答我：『一分鐘。』他竟然就在樓下的大廳！」福特的作品相當精采，哈德威克於是雇用了他。

「要做什麼我一頭霧水。」福特回想剛上班時的情景說道。在凱茜．哈德威克旗下工作數個星期後，她讓他做一件圓裙。他點頭並走下樓，從上城搭地鐵到布魯明戴爾百貨公司，直奔洋裝店翻遍了所有的圓裙。「回去之後，我畫出裙子並把設計拿給打版師，圓裙就做出來了！」福特說。

在凱茜・哈德威克旗下工作的期間，福特認識了理查德・伯克利，他當時還是流行雜誌出版社菲雀爾德的作家兼編輯，現居巴黎並擔任《時尚》國際男性雜誌的主編。福特當時二十五歲，他有著電影明星般的外貌——深邃的雙眼、有型的下巴，以及一頭及肩的深棕色頭髮，他的穿著很簡單，藍色牛仔褲搭配單排釦襯衫。而伯克利則已經三十五歲——深藍色的雙眼、短平頭，髮色有些灰白。他有著語帶諷刺的幽默感，儘管他在底子裡是害羞的。他身上穿著時尚雜誌編輯永遠的制服——修身的長黑褲、腳踝處做彈性材質的黑靴、白挺的襯衫但不打領帶，再加上黑色的外套。伯克利剛結束在菲雀爾德巴黎出版社的男裝專業日刊的主編工作，搬回紐約後負責《現場》雜誌——當時這本雜誌是菲雀爾德的新出版品，現在則已停刊。在一場大衛・柯麥隆的時裝秀上，伯克利一眼就看到了福特，年輕、深髮色的福特，讓他感受到許久沒有過的心動。時裝秀結束後他留在現場，藉口說要訪問一些零售廠商，但他其實是要找福特，可惜沒見到人影。而福特在同一場時裝秀，也注意到了伯克利。

「有一瞬間我轉頭，看到他直直地看著我。」福特回憶道。蒼藍色的眼睛、尖尖的髮型與定格的神情，伯克利看起來就像是鬼一樣。「我被他嚇到了！」福特說。

讓伯克利驚訝的是，十天後他在西三十四街的菲雀爾德大樓屋頂碰見了福特，伯克利當時正在看《現場》雜誌的拍攝工作。伯克利的工作非常緊湊——他是專業日刊《女裝日報》的時尚編輯，又是《現場》的編輯——在倉促的拍攝過程下，他們不得以只好到屋頂拍攝照片。凱茜・哈德威克派福特到拍攝現場拿衣服，但衣服還沒好，因為伯克利還沒拍完。就在伯克利和藝術總監講到自己在時裝秀上看到一個名叫福特的人時，他本人竟然出現在頂樓現場！

伯克利相當驚訝，他睜大眼睛、吞嚥了一下。「就是他！」他低聲和藝術總監說道：「他就是我正在和你說的那個人……」

伯克利想酷酷地招呼福特，他向福特說明完拍攝進度，並問他要不要再等一下。福特說好。之後他們一起搭電梯下樓，伯克利——平時總是詼諧而體面——發現自己講了許多蠢話。

「他一定覺得我是個白痴。」伯克利回憶道。而福特當然不這麼覺得。

「這樣講好像很蠢，但我當時覺得他人很好。」福特後來說道。「在我們這一行，很少看到這麼真誠又好心腸的人。」

他們第一次約會，是在紐約東區的阿爾伯克基餐廳。一九八六年十一月的傍晚，兩人聊著聊著發現，彼此可以聊很深層的東西——伯克利對福特這種清楚自己目標且富有使命感的個性印象深刻。他們喝著小酒，吃著蝦仁墨西哥餅，四周坐著活潑的年輕人。福特和伯克利說到十年後，自己想要成為的樣子。

「我想要創造出雅致且具歐洲風味的運動服裝，比卡爾文・克雷恩的更細緻、更具現代感，但要賣得跟雷夫・羅倫一樣好。」福特說出夢想的同時，伯克利一邊聽，一邊感到驚嘆，同時也有些許憐憫。

「打造出嶄新世界的設計師，只有雷夫・羅倫一人。」福特認真地和伯克利說明了他的想法。「身為一名設計師，顧客是誰、住何種房屋、開什麼車——他全都一清二楚，因此設計了這些產品給他們。我也想要這麼做，而且是用我的方式！」

伯克利向後靠著長椅背，看了看他帥氣的新朋友。「他如此年輕，就已經想當個百萬富翁。」他心想。「等到他被現實擊敗並在紐約時尚界被修理得滿目瘡痍時，就知道了。」伯克利既同情福特，又希望眼前的這名年輕設計師真的可以闖出一片天，證明自己的實力。

他們倆，其中一人目標清晰、有企圖心且默默無名，另一人則因為在菲雀爾德的編輯工作而在圈內頗有名氣——伯克利後來又擔任了八卦專欄《眼球》的編輯，但他依舊具有親和力具有親和力，且保有踏實的個性。他們彼此間雖然有些差距，卻互相深深地吸引著對方。

「理查德非常善良、聰明且有趣。」福特說道。「他就是個完美的人。」伯克利和福特在認識第一年的跨年夜開始了同居生活，終身的伴侶關係就此開始。

伯克利當時剛搬進紐約東村聖馬克街的一間二十坪（七百平方英尺）大小的公寓，而福特的公寓則在麥迪遜街和二十八街的交叉路口，後面是單人房式的旅社。「那棟公寓很漂亮，我的住所也很好，但是晚上可以從窗戶看到旅社房間裡的人在開槍，相當嚇人。」福特回憶道。

「我們一致同意他搬過來和我一起住。」伯克利說。

兩年後，他們位於聖馬可街的這間小公寓來了個新住客，是一隻軟毛獵狐梗犬，這是伯克利送給福特的生日禮物。「湯姆一開始就想養狗。」伯克利回憶道。「我抗拒了很長的一段時間，最後還是讓步了。」新住客被取名為約翰，成為了兩人的忠實好友，有時還是一名不計形象的模特兒——他們會幫牠戴上假髮並穿上誇張的服裝，用拍立得拍張照，然後把照片寄給好友。伯克利雖然一開始不想養寵物，但後來黏著約翰不放的人也是他，彷彿約翰一開始便是他的寵物一樣。

一九八七年春季，福特因為事業上的挫敗，辭去了在凱茜・哈德威克旗下的工作。他想要去卡爾文・克雷恩那裡應徵設計工作，他認為那裡可以支持他設計他心裡所想的簡約運動服裝。他一共經過了九次面談，其中兩次是和卡爾文・克雷恩本人親自面談，他和福特說想要雇用他在女裝設計的工作室上班。福特非常興奮，但當他收到薪資說明時卻相當失望，因為薪水遠低於他所預期的。福特要求更高的薪水，克雷恩則說要和合夥人貝利・施瓦茲討論一下，之後福特又打了幾通電話詢問狀況，但卡爾文・克雷恩那邊再也沒有消息了。沒過多久，馬克・雅各布斯問他要不要和他一起去派瑞・艾力斯那裡工作，福特一口便答應了。一陣子之後，某天福特回到家，發現電話答錄機上有一通來自卡爾文・克雷恩祕書的留言。

「克雷恩先生仍對您相當感興趣，因此想確定您是否尚未在其他地方找到工作。在您接其他工作之前，可以先打個電話和他聯繫嗎？」答錄機中的留言說道。福特回電致謝，並說明自己已經在派瑞・艾力斯公司上班。

隔年，伯克利的事業迎來高峰。一九八九年三月，他離開菲雀爾德轉戰蒂娜・布朗的《浮華世界》，卻不知道自己接下來人生將驟然走向幽谷。四月時，伯克利被診斷罹癌——本以為只是急性扁桃腺炎，因此吃了抗生素、進行喉部細菌培養，還去了一趟波多黎各享受了陽光之旅，但數個月後，扁桃腺炎還是沒好轉。伯克利於是住進聖路加—羅斯福醫院做切片檢查，醫院的外科醫師告訴他，他罹患了癌症，接下來幾個星期要動更多的手術，且存活機率是百分之三十五。

伯克利吞嚥了一下，顯得相當痛苦，他搖著頭說：「不！不！不！我要回家！我要我的小狗，我要睡我的床！」福特到醫院把伯克利帶回家，接著開始打電話。他從伯克利的名片盒裡找到了幾個人，都是紐約的知名人物，他們曾參與籌辦紀念斯隆－凱特琳癌症研究中心的募款活動。不到二十分鐘，福特便與一名頂尖的外科醫師和一名放射科醫師約好在兩天後碰面。接下來的幾個月，伯克利歷經了好幾場手術和痛苦難耐的放射線治療；而福特則每天與伯克利的家人保持聯繫，和他們報告近況。

最後醫生宣布，這場抗癌戰爭算是打贏了——但是伯克利往後要減低生活中的壓力——於是他們倆開始思考要到歐洲生活。福特認為如果一名設計師能在紐約工作，就等於在美國成功了，但要贏得世界的讚譽，就要在歐洲成為頂尖的設計師。而伯克利則認為，他可以在歐洲找到一份不錯的寫作工作，壓力就不會像過去那麼大。一九九〇年夏初，他們自己花錢去了趟歐洲，參加了許多場工作面試。福特之前在米蘭時曾致電他的朋友李察・林伯臣，並和林伯臣及道恩・梅洛共進晚餐。林伯臣希望梅洛考慮讓福特到古馳的女性成衣部門工作，但她搖頭了，因為她的原則是「朋友歸朋友，工作歸工作」。幸虧伯克利在時尚圈的人脈廣，伯克利幫福特安排了應接不暇的面試機會，他們幾乎所有米蘭的頂尖設計工作室都找了。和唐娜泰拉・凡賽斯用完奢華的午餐之後，他們接著和喬治・亞曼尼公司的凱碧歐拉・福特面談（她曾在紐約見過福特，且認為他的才華相當令人驚豔），後來還與卡拉・芬迪面談。然而，見了這麼多人卻還是沒有工作機會，他們又和道恩・梅洛吃了一次午餐，而這次梅洛同意給福特一項專案以測試他的能耐。

「在米蘭想出頭天的人不知道有多少，道恩那時候已經看盡了。」伯克利說道。「同樣的專案給所有的年輕設計師，他們都想著要改良裙子，但湯姆知道那是行不通的，關鍵是在什麼時候做出什麼款式的裙子。」伯克利如此記述著。梅洛相當喜愛福特做的專案，於是願意放下她的原則來雇用他。「我感覺到他有無限的潛力。」梅洛之後說道。

一九九〇年九月，福特搬到米蘭，而伯克利也於十月搬到米蘭擔任《米拉貝拉》女性雜誌的新任歐洲編輯。

頭幾天，他們倆住在米蘭黃金購物三角商圈中的聖斯皮里托街，這棟時尚的住宅周邊雖街道狹窄，但頗為雅致。裡頭的房間雖然和衣櫥差不多大，設備卻還算齊全，有一間小廚房，也有奢華的居家用品，像是弗雷特的床單和艾烈希的鍋具。那間房間小到當他們的八個超大行李箱拿進去之後，他們就幾乎無法在裡頭轉身行走了。數日後，他們在米蘭東南區的奧提街找到一間有陽臺的公寓，相當宜人，入住後便把約翰接了過來。新家擺放著從紐約漂洋過海的舊家具，以及在歐洲蒐集到的新品，包括畢德麥雅風的櫃子、查理十世風的沙發椅，以及有圖案的織品家飾。

福特和伯克利很快就適應了在米蘭的生活，他們和古馳設計團隊裡的年輕助理們成為朋友，並且很快便打成了一片。他們和這群朋友一起體會了米蘭生活的各種滋味，包括食物、時尚派對、週末上阿爾卑斯山滑雪、長時間埋頭工作，以及令人厭煩的陰沉天氣。

「大家都感覺這裡不是自己的歸屬。」織品設計師大衛・班柏回憶道。「米蘭和紐約截然不同。」

福特和伯克利買了臺多系統錄影機，後來還花大錢裝置小耳朵以收看衛星電視。沒有和朋友與同事約吃晚餐時，他們就會在家裡看英文的老電影。當時的米蘭還沒有百視達錄影帶可以租，但幸好伯克利每次從紐約回來時，都會帶上一堆錄影帶，他經常回紐約進行癌症的治療。沒有新的錄影帶可看也無妨，他們會將他們最喜歡的電影一看再看。福特後來便會刻意利用這個方式，找到他在設計時想捕捉的氛圍。

他們的公寓成為他們在米蘭認識的新朋友聚會的地方，這些人多少都和時尚設計產業有關。三五好友們會一起聚在面對著奧提街的陽臺上，吃著伯克利做的自家烹製料理。福特也常請他的設計團隊來家裡，並在晚上繼續一起工作。

「我們試著綜合卡爾文・克雷恩和添柏嵐。」大衛・班柏回憶道，班柏後來到蘇格蘭負責古馳的喀什米爾系列，他受委託製作出色彩繽紛的喀什米爾毛衣。

事實證明，美國人仍具有相當重要的地位。道恩・梅洛不只是來讓品牌起死回生，並挽救消失已久的古馳高級配飾設計和藝術品而已，她引起了舉足輕重的時尚媒體的注意，促進了公司在主流服裝市場的發展，也招募了富有創新精神的年輕設計師，這些設計師讓那些質疑古馳的人無話可說，讓大家意識到時裝設計也是古馳事業強項中的一環。在這些設計師中，以湯姆・福特最受注目，他設計的細高跟女鞋、俐落套裝和時尚提包，都讓古馳再次名利雙收。除了他們的才華，梅洛和福特也為古馳成功增添了額外的助力——在未來走出低潮的能力。

# 第十二章 勞燕分飛

一九九〇年一月二十二日，早晨的陽光帶走了寒意，送葬的人們裹著皮草大衣湧入羅馬卡米爾奇亞路遠方的聖嘉勒聖殿，他們都是來送奧爾多·古馳最後一程。奧爾多的死訊震驚了不少親朋好友，他晚年依舊十分敏捷且有活力，看上去比他的實際年齡八十五歲還年輕許多，沒幾個人知道他的真實年齡，也沒幾個人知道他一直在接受前列腺癌的治療。此時，距奧爾多在日內瓦被迫賣出古馳股份的四月，才不到一年。

一九八四年十二月，奧爾多的婚姻關係停擺已久，於是他決定與歐文離婚。雖然他們不再同居，但奧爾多每到羅馬都會抽空去拜訪前妻，並自由自在地進出他蓋在卡米爾奇亞路遠處的別墅，彷彿待在自己家裡一般。歐文於一九七八年罹患血栓，從此身體虛弱，她在聽到奧爾多提議離婚時頗為驚訝，歐文從未阻止奧爾多做任何他想做的事，但這次她要以法律堅守權益。奧爾多一生都與所愛一起追求他嚮往的生活，甚至還到美國娶了布魯娜。

聖誕節期間，奧爾多悄悄地與布魯娜和女兒派翠西雅在羅馬渡過假期，卻在那時染上了流感，病情惡劣且不斷加劇。週四晚上奧爾多無聲無息地陷入昏迷，到了週五便沒了心跳。

聖殿內的喬吉歐、羅伯托與保羅各自帶著家人站在第一排，靠近奧爾多的棺材，而墨里奇奧也與安德力亞·莫蘭特從米蘭飛來送行。莫蘭特進到聖殿便站在後牆邊，留給古馳家族一些私人空間；墨里奇奧走上前，獨自站在聖殿的一隅。

在聖殿另一側的布魯娜和派翠西雅一開始不知道自己該站哪裡才好，後來喬吉歐便邀請兩人上前與其他家人站在同排。羅伯特陪著年老衰弱的母親歐文，他站在一旁悉心看護著她，不久後，歐文便因身體狀況不佳而住進羅馬的療養院。奧爾多一生轟轟烈烈，就連死後也留下了遺產爭議——他將價值約三千萬美元的美國資產全留給了布魯娜和派翠西雅，引來歐文、保羅和羅伯托的抗議。不過之後兩家庭達成了和平的協議。

墨里奇奧獨自站在寒冷的聖殿一角，低頭盯著他緊握的雙手，任由牧師那高低起伏的聲音在耳邊迴盪。他想像著奧爾多還在世的景象——在康多堤大道的辦公樓裡一步跨兩層階梯、到處對售貨員吼著訂單內容，或在紐約分店唱著聖誕歌接見粉絲。他的腦海裡浮現了奧爾多的聲音，不斷重複著描述他們家庭動力的金句：「我的家庭是一列火車，而我是引擎。少了火車，引擎便一無是處；少了引擎，火車也無從發動。」墨里奇奧笑了。來送葬的人們時而變換姿勢，時而用面紙擦去眼淚，墨里奇奧鬆開雙手，取暖似地不斷搓著拳頭。

「現在我想必是引擎也是火車了吧！」他對自己說道。「我得將古馳收回旗下。」他一遍又一遍地重複著他的口號：「古馳只能有一個，古馳只能有一個。」Investcorp

公司其實對墨里奇奧不錯，曾幫助他解決家庭權力糾紛，但現在他決定要去完成他夢寐以求的事——整合這間已經分歧的公司。只有墨里奇奧能讓古馳連貫，他是連通過去與未來的橋梁。十二月時，墨里奇奧告訴內米爾・柯達，他想向 Investcorp 買回剩餘百分之五十的古馳股份，柯達也答應了。墨里奇奧打算靠自己重建古馳，他不要和外人合夥來實現他的古馳夢。

儀式結束後，墨里奇奧前去問候來參加喪禮的親戚和古馳的資深員工。喬吉歐、羅伯托和保羅皆冷冷地招呼他，在他們眼裡，墨里奇奧接手古馳的手段，以及對他們父親的羞辱絕不可原諒，此時的墨里奇奧成了他們轉嫁喪親之痛的代罪羔羊。在奧爾多的喪禮上看到他穿著他招牌的灰色雙排釦西裝，與買斷他們公司的安德力亞・莫蘭特一起出席，這景象他們一點都不覺得安慰。在前往佛羅倫斯參加奧爾多下葬典禮的路上，墨里奇奧重申他對自己的承諾，他絕對會盡他所能拿回所有的古馳經營權。

墨里奇奧成功與 Investcorp 達成協議，以三億五千萬美元買下該公司持有的百分之五十的古馳股份。同年一月，Investcorp 在巴林王國的年度管理委員會上，內米爾・柯達向同事宣布 Investcorp 不僅同意出售股份給墨里奇奧，還會全力協助融資以完成買賣。「現在最重要的就是，協助墨里奇奧取得融資來買斷我們。」柯達環顧會議室裡的成員說道：「我們做了我們該做的，我們匯集了股份，而現在墨里奇奧・古馳的名字已掛在門上，我們要讓他接手公司，走自己的路。」

Investcorp 的高階主管鮑伯・葛雷瑟反對柯達的提議，他認為賣方只有在極少數情況下才會協助買方融資，他也提到墨里奇奧並沒有足夠的能力能向銀行界闡釋清楚古馳的業務。葛雷瑟並未參與最初的收購過程，因此他查閱了 Investcorp 裡有關古馳的檔案，試圖尋找一些資訊。

「我很驚訝我們竟然連古馳最基本的財務和背景資訊都沒有，我們在做初步投資時通常都會有這些資料。」葛雷瑟回憶道。他派給和墨里奇奧密切合作的瑞克・史旺森一項任務，要他研究並寫一份詳細的報告以描述古馳的業務和潛力。

葛雷瑟指出：「史旺森免費接下了這項任務，這原本應該是墨里奇奧要做的！」史旺森很快便發現這項任務看似容易，做起來卻不輕鬆。他努力將古馳在義大利、美國和日本的各間分公司當作一體來描述，但這些公司其實都是獨立運作。

史旺森說：「我得把一群截然不同、沒有共同管理團隊、前景也才剛要成形的公司整合在一起，寫出一份統一的業務和財務計畫，讓銀行家能夠理解。這根本就是不可能的任務。」

在墨里奇奧的重建計畫下，古馳不斷演進，史旺森因而必須想辦法將所有改變都寫進報告中。墨里奇奧大砍帆布生意、改良產品，而沒有達到他新標準的門市也都遭強制停業。他買下貝羅斯瓜爾多別墅，並打算賣掉紐約的幾處房地產來取得一些資金調度。這一切的決定，Investcorp 都讓他自由規畫。

「如今木已成舟，為時已晚。」史旺森說：「我們持有百分之五十的股份，卻無法干涉他的作為。」史旺森飛去米蘭，在會議室內的活動掛圖前與墨里奇奧一起畫表格、討論經營架構的細節。墨里奇奧想出了現代公司的經營框架，其中的職位包括了策略與計畫、財務與會計、授權與經銷、生產、技術、公關、形象和溝通等等。

「接著就是訂出金額。」史旺森說：「新增這些職位就會需要額外的成本，但墨里奇奧連個數字都給不出來。」連同位在聖費德勒廣場那座高雅的新總部，新計畫的開銷總金額已高達三千萬美元——這個數字非常可觀，且墨里奇奧已經先大砍過授權與分銷職位的費用了。墨里奇奧的計畫嚇傻了史旺森。

史旺森指著圖表說：「墨里奇奧，古馳去年在這個地區的營收是一億一千萬美元。」

「好啦。」墨里奇奧往後靠向椅背，瞇起眼睛故作專心，答道：「一百二十五、一百五十、一百八十。」

史旺森茫然地看著他。

「什麼意思？」

「那些是預估，不是嗎？」墨里奇奧回答，不帶一絲情緒地看著史旺森。

「噢，你是要用百分比來算嗎？」史旺森回應。他是會計師，他試著要跟上墨里奇奧的邏輯。

「噢不不不，跟百分比無關。」墨里奇奧一邊搖著手，一邊咂舌地說道：「一百二十五、一百五……不，一百六十好了……」

史旺森收拾好文件飛去倫敦，向Investcorp的財務長埃里亞斯・哈陸克與鮑伯・葛雷瑟傾訴苦衷。鮑伯留著一臉的紅鬍子，是個堅強且腳踏實地的銀行家，柯達曾要求他參與與墨里奇奧的買賣協商。

柯達曾對他說過：「鮑伯，你是我唯一信任的人，你不會受墨里奇奧蠱惑！」葛雷瑟所屬的團隊關係緊密，是柯達從中東分部招募而來的。他很聰明、思緒清晰且講話直白，總有辦法完成交辦事項。

史旺森試著向這兩名Investcorp的主管說明他的苦衷。「我正嘗試為墨里奇奧寫一本書，我盡可能地簡化內容、降低風險，好讓銀行家能夠理解，」他抱怨著：「但當我著手寫作時，情勢仍不停在變化，而墨里奇奧又同時不斷憑空捏造出一堆銷售預測！」

葛雷瑟和哈陸克面面相覷，搖了搖頭。兩人對墨里奇奧的商業頭腦實在不敢恭維，甚至懷疑他到底能不能獨自將品牌重新定位。

葛雷瑟擔心墨里奇奧重新定位的計畫實施得太倉促，他不僅刪減了銷量，還增加了成本。

「Investcorp從來都沒有批准墨里奇奧的古馳計畫。」葛雷瑟回憶道：「那些都只是想法——墨里奇奧發表了他的計畫，而柯達說他覺得不錯。」

史旺森總算完成了報告，一疊多達三百多頁的文件，內容涵蓋公司沿革、家庭樹、詳細的基本資料、資產報表、門市與執照等等。史旺森和同事將這份詳細的資料報告戲稱為「綠皮書」，裡面提到的預測顯示銷量和業績會因為刪減產品及門市而短暫衰退，不過銷量預期會改善，因此之後業績曲線就會回彈。

Investcorp幫墨里奇奧說服銀行接受他的提案，他們先尋找機構、寄出報告，最後再介紹墨里奇奧給銀行家本人。

沒有任何一間大型的國際銀行或義大利銀行願意資助墨里奇奧的商業計畫，超過二十五間金融機構都拒絕了墨里奇奧。

「沒用的。」史旺森後來說道：「公司經營得不好，那些數字越來越差。我們編了精采的故事，而所有的銀行家也都喜歡墨里奇奧，前景似乎一片看好……但當你撇開表面往下探，銀行家都看得出來那些數字代表著公司已分崩離析——即便墨里奇奧總能找到絕妙的小插曲來解釋。他說，公司不僅持續在運作，甚至還超乎預期！墨里奇奧就像是《亂世佳人》裡的郝思嘉——明天又是新的一天。」史旺森說：「他真的以為今天拿不到融資，明天就會得到；他如果能又活過一天，就能贏得勝利。」

同時，葛雷瑟花了好幾個月的時間嘗試與墨里奇奧協商銷售協議，他們進行了完整的合約協商，還為此聘任了一幫律師並產出了大量文件。葛雷瑟開始覺得墨里奇奧在用他的聰明才智哄騙他——或許是要想辦法讓他閒不下來，再藉機尋找融資。

一九九〇年夏天，連墨里奇奧都開始意識到融資已經不可行了。他於是和 Investcorp 再次轉換方向，同意依照三年前雙方訂下的《馬鞍合約》為原則，以各持一半股份的方式繼續經營下去。墨里奇奧告訴 Investcorp，他想將古馳在世界各地的營運公司精簡成單一的控股公司，這是古馳事業在公司的現代化架構上的一大步。柯達同意了，並將這項任務派給鮑伯・葛雷瑟。葛雷瑟同意接下任務，但有一個條件：雙方必須建立一套工作規則，確立管理公司的方式和股東的權益。自 Investcorp 開始投資古馳以來，葛雷瑟已經看透了墨里奇奧的一舉一動，他要確保投資銀行在業務經營上能有實質的表態權。

墨里奇奧的古馳和 Investcorp 之間的合作關係需要精確且合法的營運架構，然而協調的過程卻給雙方帶來了極大的壓力。「信任是一回事，但總得先談清楚該如何保護我們的投資，以免哪天我們意見不合，衝突就產生了。」柯達說：「那會是法律的惡夢。墨里奇奧一直遭受攻擊，他一生中沒有真正相信過任何人。現在，他原先從 Investcorp 得到的安慰，頓時又轉變成了另一場惡夢，他擔心有人會想占他便宜。」

雙方律師在商議過程中針鋒相對，有時墨里奇奧會請求暫停並要求要見柯達。商議過程產生的種種問題使他苦惱，他會因此前往倫敦，坐在壁爐前舒適的椅子上與柯達對話。

「告訴我，墨里奇奧，怎麼了？」柯達會這麼說，用他綠色的雙眼慈祥地對著他的訪客微笑。

「內米爾，他們太嚴厲了。」墨里奇奧會這樣回答，然後搖搖頭。

「我們不是故意要表現嚴厲。」而柯達則會向他保證：「如果你覺得太嚴厲，我們就改。我沒有要攻擊你或害你的意思，我的律師也沒有，他們只是盡他們的本分罷了。」然後墨里奇奧便會安心地離開，直到下次的衝突發生。商議結束時，墨里奇奧開始討厭起了鮑伯・葛雷瑟，也不信任他，甚至給他取綽號叫「紅鬍子惡魔」或「萬一先生」。

「我得扮黑臉。」葛雷瑟後來坦承：「這角色我扮得還不錯，墨里奇奧討厭死我了。有些東西不是想要就有的，我是Investcorp裡第一個告訴他這件事的人。就我與墨里奇奧來往的經驗，一開始他會先迷惑你，再來則會恐嚇你。如果他既不能迷惑也恐嚇不了你，他就會認輸了。」

艾倫・塔托信守了他對魯道夫的承諾，繼續代表墨里奇奧與Investcorp交易，並在過程中始終站在最前線。塔托是墨里奇奧的辯護人，他的個性一絲不苟且頑固，以至葛雷瑟惱羞成怒，並強迫墨里奇奧將他除名。

「我知道塔托為墨里奇奧做得非常好，但我也知道，如果他一直在這裡，我就別想簽訂協議了。我受夠了！我告訴墨里奇奧，如果塔托在會議室裡，我就不進去開會，我也告訴他最好找別的律師。」

墨里奇奧深怕搞砸協議，只好勉強答應，聘請了另一名律師。最後，Investcorp在協議中贏得了好幾個關鍵點，而這些點最終寫成了兩百多頁的內容，對公司的未來有著深遠的影響。而協議中的其餘條款規定墨里奇奧不許動用他百分之五十的股份中的任一部分作為融資擔保，不過Investcorp可以任意為之。

「我們是金融機構，借貸放款本來就是我們的業務。」葛雷瑟說：「但墨里奇奧可能會借貸、違約，然後又離開讓我們跟新搭檔合夥，我們不能冒這個險。內米爾・柯達很堅持這個立場。」

塔托在最後一刻被要求審閱協議是否遵循紐約州法，他非常驚訝，特別是當他讀到協議中對墨里奇奧使用自己股份的限制時，他格外難以置信。「墨里奇奧，看他們把你吃得死死的！」塔托說道。他試著用最後的時間做點修改，好讓墨里奇奧能有多一些的彈性空間。

「他是個富翁，但他沒有錢。」塔托後來說道。

葛雷瑟甚至得寸進尺——他眼看Investcorp與墨里奇奧的古馳，在經歷一番折騰後總算敲定了新的商業夥伴關係，他便接著開始在Investcorp的倫敦會議上公然地指控墨里奇奧，說他若不是個無能的執行長，就可能是個騙子，又或者兩個都是。會議室裡，Investcorp的主管們彼此竊竊私語，他們多數人都曾被墨里奇奧迷惑，而葛雷瑟此刻就像是說出國王沒穿衣服的小男孩。內米爾氣得瞇起他那雙銳利的綠眼。

「你沒資格這樣說墨里奇奧！」他大吼：「我們在試著幫他！」

「如果你不同意我的看法，那麼我很遺憾。」葛雷瑟說：「這只是我的看法，證明不了什麼，但我們公司沒有理由造成像現在這樣的損失！我覺得很可疑，我要請獨立的審計公司把內容從頭到尾再審查一次！」

鮑伯・葛雷瑟那時已完成柯達交辦他在古馳的任務，正準備回到美國。他發現他的立場對雙方關係的傷害甚大，因而建議由柯達來取代他在古馳帳戶上的名字。柯達同意了，同時要威廉・法蘭茲接下這項工作，他是柯達最近聘請來的一個思慮周全且說話中聽的銀行家。那年秋天，法蘭茲數度來往米蘭，開始記錄古馳發生的大小事。

同時，安德力亞・莫蘭特在古馳的米蘭總部謀得了營運長一職，但官方從未正式授予他這個職位。他為墨里奇奧籌組了新團隊、審查全球各地的訂價，也從古馳日本分公司的長期合夥人石垣山本那取得了獨立控制權。莫蘭特是個如假包換的投資銀行家，他展開了一項計畫，希望能解決所有人的問題——他與被路易威登開除的董事長亨利・雷凱米爾制定協議。雷凱米爾組了自己的團隊奧科菲，藉此進軍奢侈品事業，希望有朝一日能與路威酩軒集團旗下的品牌抗衡，而雷凱米爾也曾在遠東地區以路易威登闖出一番大事業，因此莫蘭特認為他會是墨里奇奧強大的隊友，能幫助他在遠東開展古馳事業。莫蘭特於是擬出了一項協議——墨里奇奧最終將控有百分之五十一的古馳股份，雷凱米爾將持有百分之四十並獲得董事會發言權，而Investcorp將只留有象徵性的百分之七至八。至於剩餘的股份，將成為給管理團隊的獎勵，也就是給莫蘭特。

「這項協議可以幫助墨里奇奧掌權，同時讓Investcorp優雅退場，而我的事業也能達成一項無與倫比的成就。」莫蘭特說道。

墨里奇奧興奮極了。兩人花了好幾個小時分析、討論這項協議的可行性，這會是奢侈品產業上首次有義大利公司與法國公司共組策略聯盟。在當時，法國的奢侈品業大多都視義大利公司為供應商或二流的競爭對手。

一九九〇年秋天，莫蘭特正著手研擬提案，墨里奇奧則邀請他與朋友托托・魯索一同搭上克里奧爾號享受週末，並欣賞一年一度在法國聖特羅佩舉行的帆船賽，出賽的船隻都具有豐富的歷史意義。這場帆船賽是歐洲產業大亨不容錯過的高級海上派對，每到冬天，船主都習慣將他們的豪華帆船停泊在昂蒂布和地中海暖水域的港口，而舉辦的位置正巧能讓船主駛回船隻，為夏季的帆船賽事畫下完美的句點。法國與義大利所有檯面上的實業家都會前來共襄盛舉，勞爾・加迪尼也帶著他的威尼斯摩洛號來參賽，這艘船還曾出賽過美洲盃帆船賽。義大利飛雅特汽車集團瀟灑的董事長吉亞尼・阿涅利也不例外地現身會場，乘著他手邊可用的船前來關心賽事，不過他鮮少參賽。墨里奇奧對莫蘭特的邀請意義非凡、具代表性且令人印象深刻，只有他最親密、最信任的朋友能有幸受邀上克里奧爾號航行，能進入墨里奇奧的核心圈子，莫蘭特歡欣無比。

「這週末的意義是要享受一段美好時光，同時在愉快的氛圍下好好思索當時發生的一切。」莫蘭特回憶道。

星期五下午，墨里奇奧包了一架飛機帶他們從米蘭飛去尼斯，不顧天邊升起的烏雲，三人又再搭上直升機前往聖特羅佩。風雲很快地便籠罩了這座港口小鎮，直升機在空中顛簸、搖晃，三人在直升機上膽顫心驚。最後，總算成功降落到聖特羅佩鎮中心的一小座停機坪，他們鬆了一口氣並走向碼頭，搭上來往克里奧爾號的紅木質接駁船，遠處依稀可以看見克里奧爾號三桅帆的輪廓。克里奧爾號身長超過六十公尺，因船體較大而進不了港口，因此停泊在聖特羅佩小海灣外頭的不遠處。

他們三人有說有笑，愉快地談天說地，講天氣、談船並討論即將到來的週末。墨里奇奧說起他整修克里奧爾號時的種種不愉快，從他開除派翠吉雅雇用的建築師那天，說到一九八六年夏天，這艘吱嘎作響的船送進拉斯佩齊亞船塢整修的那天。保羅曾四處指控克里奧爾號是墨里奇奧非法取得的，墨里奇奧一度很擔心他的這艘夢幻遊艇會被扣押。某天一早，他下令船長起錨、揚帆並逃離港口，船上還載著木工，假裝他們只是在試航。克里奧爾號先是停在馬爾他，讓不知所措的工人們下船，緊接著航向西班牙的帕爾瑪港，也就是這艘船之後的新母港。墨里奇奧向莫蘭特述說他所付出的種種心血，如何不計代價地使克里奧爾號重現昔日的鋒芒，他將所有能裝的現代科技配備全都裝上去了。托托・魯索也替墨里奇奧在船內的艙房增添了奢華與古樸的韻味——這一切都要價不菲，光是重新裝潢一間艙房就花了九十七萬美元。克里奧爾號確實成了世界上最漂亮的帆船，所投入的金額遠遠超乎墨里奇奧的想像。

乘著接駁船，三人朝著帆船奔馳而去。眼看雄偉的帆船聳立眼前、龐大的黑影吞噬一切，眾人不發一語。

他們登上遊艇，跟船長打了招呼，再依照船上的習俗向旗子致意。船長是名叫約翰・巴爾頓的英國人，他面帶微笑地迎接他們的到來，墨里奇奧快速地為莫蘭特介紹四周。墨里奇奧將甲板上、原本斯塔夫羅斯・尼阿喬斯的艙房改建成了豪華的客廳，裡面掛了油畫、大理石桌和最先進的音響設備。船尾的甲板內有四間雙人艙，每間都以不同的稀有木打造——柚木、紅木、雪松木與石楠木，房內以東方畫作點綴，獨立浴室也都提供了高級毛巾和盥洗用品，這一切都是為了克里奧爾號而精心準備的。餐廳在船的右舷、墨里奇奧主臥艙的對面，裡面有兩張摺疊木桌，展開時可以容納十二個人、收合時則能當成兩張小咖啡桌；桌邊還設有一張舒適的長凳，凳上鋪了高級的坐墊。船的前段、同層甲板上還有吧檯、服務站、洗衣間和船員的艙房，而廚房和機房則設在船體深處。

墨里奇奧給莫蘭特和魯索各一套船服，這是他特地為訪客訂製的，為一件白長袖和一條白長褲，上頭繡有克里奧爾號的標誌——神話裡有著獨角獸頭的一對海馬，彼此相互交織。接著墨里奇奧衝去找巴爾頓打聽帆船的八卦，而莫蘭特則盡責地穿上了墨里奇奧給的衣服去找托托。托托在客廳，在那裡可以聽見墨里奇奧與巴爾頓正談笑風生，語音從樓下飄搖而上。

魯索帶莫蘭特參觀了客廳，特別介紹了完美接合的壁板、典雅的黃銅燈具與玫瑰色的大理石桌。燈具的外型像鯉魚，是他依據一件古董特別訂製的；而大理石桌則有著鑄青銅製的桌腳，形狀也是兩隻相互交織的海馬——又是一件傑作。之後，兩人拿著飲料，面對面地坐在兩張真皮沙發上——一張是淡黃色的，另一張則是灰色的，兩張都以鯊魚皮製成。魯索指著他們身後牆上閃爍著的藍灰色光澤，同時揚起他那雙深色的眉毛：「日本進口的魟魚皮！」他誇張地說道。他解釋，墨里奇奧的想法是要打造精緻的航海格局，而不是依賴俗氣的貝殼和船隻布景。

「不簡單，真的不簡單。」莫蘭特嘴裡唸著，眼睛轉向他對面牆壁上掛的畫，是尼羅河口的夕陽景致，沉浸在閃爍的燈光下。

魯索看得出來莫蘭特雖然滿是佩服，卻也心事重重。他們兩人最近有些衝突，魯索為了整修古馳店鋪開出了天價帳單，而莫蘭特對此很有意見。魯索一直秉持著墨里奇奧那般「錢不重要」的態度，他打量了一番這名主管，他對墨里奇奧的影響力與日俱增，這讓魯索有些擔心。

「安德力亞，告訴我，現在古馳的狀況到底是怎樣？」魯索試探性地問道。

「沒有太好，托托。」莫蘭特放下手中的玻璃杯，老實地回答。

托托說：「告訴我。」

「嗯，現在不太好過，市場十分疲弱。墨里奇奧的點子很棒，他對古馳的觀點是對的，但他需要有人來幫他完成。他必須要分配工作，否則情況只會越來越糟。」莫蘭特說道。在他花白的短八字鬍下，他抿起了嘴脣，也深深地皺起了眉頭。

「這就是我擔心的，安德力亞。」魯索說道。

「我煩惱的是，他似乎還在狀況外。」莫蘭特說：「我的意思是，他看了所有的數字，他知道一切，但不知道為什麼他就是毫不在意。」

「安德力亞，你要知道我們是他唯一的朋友，其他人都只想從他那裡得到一些什麼。」魯索說：「我們得告訴他，這是我們欠他的。我們應該跟他談談，你得告訴他，他信任你。」

「我不知道，托托。」莫蘭特搖搖頭，說道：「他可能會誤解。你知道他對古馳的感覺，他或許想向所有人證明他自己做得來。」

儘管莫蘭特有所顧慮，他還是答應魯索會去跟墨里奇奧談談他的擔憂。他們說好等到星期天再說，才不會破壞了這個美好的週末。莫蘭特希望這幅悠閒的美景，會讓墨里奇奧更願意將他的話聽進去。

墨里奇奧連跑帶跳地上樓並進到客廳，露出一抹愉快的笑容，他邀請兩人下樓到餐廳吃晚餐。廚師煮了他的拿手菜，也是墨里奇奧最愛的料理——海膽義大利麵，搭配精製烤魚。墨里奇奧在船上的冷藏櫃裡塞滿了一箱箱他最愛的蒙哈榭白酒，品酒專家稱之為頂級的勃根第白酒。餐後，他們一起到客廳休息，一邊聽著音樂，一邊繼續品嘗蒙哈榭酒。墨里奇奧反覆播放當時的強打歌〈想你〉，聽著義大利流行歌手安娜・奧克薩迷人的歌聲，心裡想著不久前剛分手的席麗。

席麗曾在交往多年後問墨里奇奧，對於她和他們的感情有何打算？她想與墨里奇奧有實質的進展，例如共組家庭，但墨里奇奧對自己也對席麗坦白，他不是她的真命天子。他有家庭了，雖然已經分崩離析，但他還是希望有朝一日能和女兒重聚。再加上他如今又專注於重振古馳，根本沒時間經營私人生活，因此他選擇讓席麗離開，即便他很想念有她的日子——那麼溫暖、有愛且自在。

早晨時分，雲霧散去，克里奧爾號上的乘客起床了。這天晴空萬里、微風徐徐，待會的帆船賽一定精采無比。他們三人穿上風衣，爬上儀器室的屋頂，在那裡不僅不會妨礙到選手，還能一覽選手的一舉一動。船員們踩著小碎步，忙著打理繩索與船帆並準備比賽，而當笨重的船錨收起、船帆迎風，克里奧爾號便以平穩的姿態開始向前奔馳。巴爾頓以傳統的方式傳達指令，他吹著哨子指示船員先轉幾個大彎以測試性能。

突然間，一艘光亮、約三十公尺長的藍色單桅帆船駛來，眾人紛紛抬頭看。舵輪前站著一名男子，他留著一頭雪白的頭髮、皮膚晒得黝黑。這艘船是多拍號，而那個人正是時任飛雅特汽車集團的董事長吉亞尼·阿涅利，憑著他的權勢與聲望，人們都稱他為「義大利小王」。阿涅利為人高尚、修養好，還娶了美麗的公主瑪雷拉·卡拉喬洛。他贏得了全國上下的尊敬與榮耀，幾乎沒有任何一名國家領導人能與他匹敵；義大利媒體稱阿涅利為「大律師」。

阿涅利指示一名船員前去請求登船許可。這不是他第一次問了，有一次船在港口維修時，墨里奇奧就看過他彎腰進到一間艙房裡詢問一名工作人員，但對方表示古馳先生不在，便拒絕了請求。

這次墨里奇奧再次透過一名水手拒絕了阿涅利，表示克里奧爾號尚未完成整修，暫時無法接待訪客。此時，阿涅利敵意滿滿地將多拍號靠向克里奧爾號的船緣，此舉使船長與船員都提高了警覺，也招來了一大群媒體在周邊徘徊——他們忍受著船尾航跡的波動起伏，爭相捕捉這個衝突畫面。

「已經有好一段時間了，阿涅利一直想來拜訪這艘瑰麗雄偉的船。」莫蘭特說：「但墨里奇奧總擔心阿涅利會想買走它，就像他擔心阿涅利要買走他位於聖莫里茲的資產一樣。」

星期天，克里奧爾號的乘客們沒參加傳統的頒獎典禮，他們朝鎮上駛去，在暮色中看著岸邊黃、橘、粉色夾雜的房屋群漸漸逼近。墨里奇奧和客人們紛紛換下克里奧爾號的船服，穿上燙好的卡其褲和牛津襯衫，肩上再掛一件彩色的喀什米爾羊絨毛衣。他們走過一排街頭藝人和畫架，穿越聖特羅佩如詩如畫的街道並來到墨里奇奧最喜歡的餐廳。餐廳座落於老城深處，該餐廳的魚料理遠近馳名。他們在餐廳裡坐下，服務生送上水和一瓶酒，墨里奇奧倒了三杯酒，開著阿涅利事件的玩笑，接著點了魚給大家吃。魯索坐在墨里奇奧的左側，看著對面的莫蘭特，他以脣語提醒莫蘭特該開始討論古馳的事了，但是莫蘭特假裝沒看到，自顧自地繼續和墨里奇奧聊天。第一道菜上桌了，魯索在桌下踢了踢莫蘭特，暗示他趕緊開始做正事，莫蘭特才終於點頭並清了清喉嚨。

「墨里奇奧，我跟托托有件事想跟你談談。」莫蘭特說道，同時看向魯索以尋求他的支持。

墨里奇奧注意到莫蘭特的語氣有些嚴肅。

「嗯？安德力亞，什麼事？」墨里奇奧也看向魯索，似乎想搞清楚狀況。但魯索依然保持沉默。

「我要說的這些你不會喜歡聽，但身為你的真心好友，我覺得我該讓你知道。請你試著站在我們友誼的精神上接受它。」莫蘭特說：「墨里奇奧，你有很多特點。」莫蘭特開始用他流暢又宏亮的聲音說：「你很聰明又有魅力，提出的古馳改革計畫也很令人興奮，這點沒有人能像你一樣。你有很完備的特質，但沒有人天生就是經營者。我們一起經歷過不少風風雨雨，但我得告訴你，我不認為你知道如何經營這間公司。我覺得你該讓其他人來……」

墨里奇奧重重地一拳敲在桌上，不僅打翻了酒杯，連桌上的銀製餐具也被震得叮咚作響，彷彿在跳一支探戈舞。

「不！」墨里奇奧收起拳頭吼道：「不、不、不！」他反覆地吼著，每吼一個字就用拳頭敲一次桌子，玻璃杯也隨之跳動。餐廳裡的其他客人紛紛看向他們三人，他們三人面紅耳赤。

「你不瞭解我，也不懂我想為這間公司所做的事！」墨里奇奧瞪著莫蘭特，強硬地說道：「你說的，我完全不接受。」

莫蘭特很煩惱，他看向魯索，但魯索沒有支持他。三人在船上享受的歡愉與友好，頓時煙消雲散。

「聽著，墨里奇奧，這只是我的看法。」莫蘭特說道，舉起雙手呈防衛貌：「你不必認同我。」

墨里奇奧的反應非常激動，不僅嚇到了莫蘭特和魯索，連他自己也為之震驚。他很討厭衝突，寧願心平氣和地緩解事情，他試著緩和他的反應。

「哎呀，安德力亞。」墨里奇奧說：「不要用這種話題破壞我們美好的週末。」魯索貢獻了一則下流的那不勒斯笑話，餐桌上再次瀰漫起他們剛進餐廳時的那種愉快氛圍，表面上是如此。

「他的內心有東西熄火了。」莫蘭特之後說道：「他決定不再信任我，剩下的都只是裝模作樣而已。墨里奇奧的父親和其他親戚都曾一再強調他的能力不足以經營公司，他身邊總是帶著父親和親戚們的擔憂，我也曾當面跟他提過。他想聽到別人對他說：『你是個天才。』許多比我更機靈的人，他們都會對他說些他想聽的話，也因此他們最後都成功存活了下來。對墨里奇奧而言，你若不支持他，就是在跟他作對。」

墨里奇奧斷絕了與莫蘭特的關係，就像對他父親和派翠吉雅一樣。回到米蘭後的兩人之間隔著一股寒意，所有人都感覺到了。

「一開始，墨里奇奧和安德力亞・莫蘭特可說是密不可分。」與兩人共事的彼拉爾・克雷斯皮回憶道：「墨里奇奧很愛莫蘭特，但他們後來決裂了。他覺得自己被背叛，因為莫蘭特暗示他可能有些不自量力，但他不喜歡這樣。墨里奇奧喜歡好好先生。」

莫蘭特與雷凱米爾的協商更是落井下石，莫蘭特密集地協商了六個月，卻在最後一刻破局。在莫蘭特正在享受聖誕假期時，他深信一切都已經準備好了，剩下的就是簽字而已。然而，協議卻在巴黎羅斯柴爾德的豪華的辦公室內宣告瓦解。

墨里奇奧・古馳與他的律師團走進辦公室，Investcorp 的主管團隊也一同進入。但當各方代表都於議事桌就定位時，才得知雷凱米爾開的價格遠遠低於 Investcorp 的預期。

「他報的價碼實在太低了，我們覺得被羞辱就離席了。」瑞克・史旺森說道，他當時還在與 Investcorp 合作。雷凱米爾低估了 Investcorp 的自尊心和商業標準，不久後，史旺森從顧問那得知雷凱米爾其實準備要再加碼一億美元，但因為他當時覺得對方實在太侮辱 Investcorp 了，導致他們在加碼前就先離席了。

「那才是整件事分崩離析的開端。」莫蘭特後來回憶道。

一九九一年一月，Investcorp 在年度管理委員會上審查古馳的事業，他們從數字中看到了絕望——重挫將近百分之二十的營收、消失的獲利，與不堪入目的短期展望……公司慘賠了數千萬美元。「這就像一架飛機飛進下沉氣流。」Investcorp 的主管比爾・法蘭茲說道，他花在古馳的時間越來越長。

「短短幾年的時間，這間公司就從約六千萬美元的獲利，衰退至約六千萬美元的虧損。」瑞克・史旺森之後說道。「墨里奇奧砍了一千萬美元的銷量，還追加了三千萬美元的支出。他就像糖果店裡的小男孩，想要一次擁有全部的東西，但他不分輕重緩急。他一直秉持著『我在這、我負責、我做得到』的這種態度。」史旺森說道。墨里奇奧央求他的 Investcorp 夥伴再給他一些時間，他向它們保證：「需求會來！銷量會回升！一切只是時間的問題！」墨里奇奧無法盡速將古馳重建後的新產品派發到各間門市——墨里奇奧停售帆布包的速度極快，而道恩・梅洛和她的設計團隊所推出的新產品根本來不及送到各間門市。

「門市裡什麼都沒有。」卡洛・馬格洛回憶道，他是一九八九到一九九九年間英國古馳的常務董事：「大概有三個月的時間門市都是空的，大家都開始覺得我們要倒了！」

「沒人反對墨里奇奧升級產品的檔次，但他應該要分階段、逐步地淘汰帆布才對。」美國零售商波特・坦斯基評論道，他是時任薩克斯第五大道百貨董事長，現為波道夫・古德曼百貨董事暨執行長，是尼曼・馬庫斯零售集團的一員。

「我們以往都會懇求他們，在沒有東西能取代的情況下，根本沒理由直接撤下這麼成功的產品。」坦斯基說道：「顧客只知道這些。」

當 Investcorp 在審查古馳一落千丈的銷量時，戰鬥機開始在伊拉克的上空盤旋。自一九九〇年八月二日伊拉克軍隊入侵科威特開始，中東的情勢日趨緊張。八月八日，伊拉克正式攻占科威特，指控該國產油過度、貶低油價。當時的聯合國下了最後的通牒，要求伊拉克於一九九一年一月十五日前撤軍，但薩達姆・海珊不予回應。於是聯合國派出軍隊，由美國將軍諾曼・史瓦茲柯夫領軍展開對伊拉克的大規模轟炸，隨後再進行地面攻擊。

「產業遭受到嚴重的打擊。」保羅・狄米特魯克回憶道，他於一九九〇年九月辭去Investcorp的工作，但仍以美商環球免稅集團董事會成員的身分與產業保持密切的聯繫，該集團透過免稅店網路成為全球最大的奢侈品品牌零售商。「波灣戰爭造成的恐懼在事後看來很嚴重，在當時則非常真實。」狄米特魯克說道。「有種『可怕的事情就要發生』的感覺。人們完全不想搭飛機，更不用說那些會飛過中東的航班。一直由美國和日本撐起的奢侈品貿易也瞬間瓦解了。」狄米特魯克回憶道。更糟的是，由於房產市場的崩盤，日本股市也同時連帶受挫。

「東京證券交易所從三萬九千點暴跌至一萬四千點。」狄米特魯克說：「這是歷史上為了阻止戰爭而對實質財富造成最嚴重的一次破壞。」

經歷了雷凱米爾的協議破局和波灣戰爭的爆發，莫蘭特明白不會有白衣騎士來拯救墨里奇奧了。他必須深入公司核心一探究竟，找尋古馳可以存活的可能。

「我整理好數字要試探墨里奇奧，想嚇唬他並讓他趕緊行動，但毫無成效。」莫蘭特說道，他算過古馳會在一九九一年損失將近一百六十億里拉，約莫為一千三百萬美元。「營收沒有回溫也沒有獲利，成本飆升，公司所有的現款都用完了。墨里奇奧完全不懂現金流量在公司裡的運作模式，他的做事風格就是憑直覺經營——當狀況好時，或許憑直覺還應付得來，但當狀況不好時，根本就無法成事。」奧爾多也缺乏跟墨里奇奧一樣的商業素質，但在奧爾多時期行得通的做法，並不適用於墨里奇奧時期。

莫蘭特嘗試要讓墨里奇奧專注在最急迫的問題上，但當時的墨里奇奧已對他失去信心，因此莫蘭特的一切警告都只是徒勞。墨里奇奧找了一名明星級的新顧問法比歐・西蒙納托，並將他納入團隊擔任人際關係部的主管。莫蘭特於七月辭職，不過他應墨里奇奧的要求又再留了一陣子。

自一九八七年起，莫蘭特為墨里奇奧突破了古馳的家族股東僵局、介紹了新的金融夥伴、協助建構了新的管理團隊，還起草了新的股東提案——能讓墨里奇奧掌權，同時讓 Investcorp 優雅退場。「很遺憾地，這場夢沒有走向我期待的結局，雖然一切都嘗試過了。」莫蘭特在辭職信中寫道：「現在是我走自己的路的時候了。」莫蘭特加入米蘭的一間小型精品商人銀行，之後又回到倫敦的瑞士信貸第一波士頓銀行，在那裡負責義大利市場。雖然他以他最擅長的協商談判強勢回歸，但他與墨里奇奧的那段記憶仍不時湧上他的心頭。如同在他之前的狄米特魯克，以及在他們之前的那些人，莫蘭特在古馳經歷的種種風雨對他影響甚深。

第十三章

# 債臺高築

包括莫蘭特在內，沒有人知道在古馳的經濟問題加劇的同時，墨里奇奧的個人債務也持續地增加，甚至已經累積到了破千萬的數目。一九九〇年十一月，他終於和自己的律師——法比歐·佛朗西尼全盤托出，在此之前，他從沒有向任何人提起過自己的龐大債務。墨里奇奧很快就耗盡了父親在瑞士銀行留給他的現金，並將自己的將來押在古馳從谷底翻身後將帶來的豐厚利潤。他用個人貸款為克里奧爾號重新裝潢，為米蘭威尼斯街的豪華公寓添購家具，還負擔了與親戚打官司日益增加的費用。佛朗西尼一開始是受瑪麗亞·瑪媞里妮雇用，在她擔任古馳監管人的期間協助處理法律事務，墨里奇奧重回董事長一職時，便邀請他繼續留任。法比歐·佛朗西尼曾聽瑪媞里妮發表過對於墨里奇奧的第一印象：「墨里奇奧·古馳，是個坐擁金山與銀山的男人。」然而，事實恰恰相反，佛朗西尼詫異地發現，墨里奇奧其實欠了一屁股債。

「我聽到的時候簡直不敢相信！」佛朗西尼事後回憶道。墨里奇奧向佛朗西尼坦承，自己積欠的個人債務約為四千萬美元，而大部分的欠款分屬於兩間銀行：紐約的花旗銀行和瑞士盧加諾的瑞意銀行。墨里奇奧向佛朗西尼表示銀行希望拿回欠款，但他不知道從哪裡弄到這筆錢——古馳目前處於虧損的狀態，使得他百分之五十的股份也沒有獲利；他僅剩的其他資產是他在聖莫里茲、米蘭和紐約的房地產，而其中大部分的房產也都已經抵押過了。墨里奇奧從來沒有回過任何一封來自銀行的信件，也不曾回過一通電話。佛朗西尼開始無止盡地與新的銀行和企業家會面，但仍無法幫助墨里奇奧。

另一方面，古馳衰退的業績導致 Investcorp 承受的壓力與日俱增，而這些沉重的擔子落到了柯達及他的團隊身上，尤其他們在一九九〇年的一片市場輿論聲中，斥資十六億美元收購了薩克斯第五大道精品百貨，許多人都批評 Investcorp 根本付出了天價以收購這間奢侈品零售商。到了一九九一年，古馳已經損失了近三百八十億里拉，折合美金約三千萬元。

「最複雜的地方在於，那些入股古馳的投資者同時也入股了尚美巴黎和寶璣，而這兩個品牌當時的表現也都不出色。投資人都很不開心。」一名 Investcorp 的前高級主管表示。柯達派了比爾・法蘭茲全職留守米蘭，全面地掌控墨里奇奧的一舉一動。

比爾・法蘭茲年約四十，是個樸素且說話總是輕聲細語的男人，他曾參與收購薩克斯第五大道精品百貨的工作。他對於傾聽別人的想法很有一套，他會一邊善解人意地點著髮量稀疏的腦袋，一邊眨著那雙躲在玳瑁薄鏡框後的淡藍色眼睛。即使面對壓力，他也能散發出平靜且祥和的氣場，這項個人特質曾協助他渡過了不少高壓的局面。他曾在德黑蘭沙赫倒臺後協助一間銀行面對國有化問題，並以他那平穩且慎重的嗓音與何梅尼政府談判；他曾在貝魯特於國家內戰期間數次險象環生，甚至在暴力事件中痛失一名下屬。法蘭茲身為捷克裔政治學教授的長子，在揚克斯的一個工人階級的社區長大。

法蘭茲於紐約大學取得學士學位，由於父親於紐約大學任教的緣故，法蘭茲在那裡就學時無需負擔學費。他後來在密西根大學取得了企管碩士學位，之後便進入了曼哈頓大通銀行培訓，在那裡渡過了往後十九年的職業生涯。後來，他與夥伴創立了一間私募股權投資企業——保誠亞洲，然後加入了Investcorp的行列中。

法蘭茲溫文的氣質之下，藏著一份冒險精神及對戶外運動的熱愛——週末一到，他就會將灰色的銀行家西裝換成一身黑色的皮製摩托車裝備，騎著他的寶馬重機穿梭於鄉間；他也會穿上登山裝備隱身於山林間，或穿戴起滑雪裝備並坐著直升機前去探尋無人知曉的雪道。在柯達的眼中，法蘭茲一向被視為Investcorp中的溝通橋梁，他總能以恰到好處且無害的方法與個性，協助補強溝通上的缺漏，也能與墨里奇奧密切地合作。

法蘭茲與另一名Investcorp的高層——菲利普・布斯科姆從倫敦飛到米蘭，於聖費德勒廣場辦公室寬敞的新會議室與墨里奇奧會面。他們成立了一個執行委員會，以此為媒介來增加在古馳面臨的商業決策的參與度，同時，他們也擬定了需要解決的十一個要點。

「這是我們試圖在不得罪墨里奇奧的情況下所創造的管理方式。」也曾參與行動的史旺森回憶道。「很多事都處理好了，而墨里奇奧才是最終那個必須去執行的人，但他就是沒有去做。」

「墨里奇奧會說：『喔，好吧！』然後就會繼續做自己想做的事情。」古馳的前行政和財務總監馬利奧・馬賽提說。「我並不是說他拒絕承認問題，而是他始終堅信自己無論如何都會挺過來。」

墨里奇奧發現，自己想要實現夢想所需花費的成本超出了所有人的預期，一開始他也非常歡迎法蘭茲，並邀請他來古馳新總部所設立的辦公室。

法蘭茲秉持自己一貫的作風，不帶成見地來到古馳，並花時間慢慢評估問題。不過一旦他表明立場，就沒有人能輕易使之動搖。

「我喜歡墨里奇奧，但我對他的決定和做事的方式越來越存疑，關係也逐漸緊繃。」法蘭茲說。「我得出的結論是，墨里奇奧作為一名商人非常不切實際，作為一名管理者則毫無效率，而作為一名領導者也只在及格的邊緣。我認為他不可能成功地扶植一個企業——永遠不可能——當然也不可能在債權人給我們的時間內成功達標。」

一九九二年二月，儘管古馳美國分公司進行了整併作業，但花旗銀行仍對古馳提出了警告，要求他們支付已被用盡的兩千五百萬美元信貸額度；公司此時的淨資產約為負一千七百三十萬美元，銷售額也驟降至七千零三十萬美元。在墨里奇奧的新定價方案之下，古馳美國分公司發現自己既無法向姊妹公司支付商品費用，也無法負擔工資和其他的營運費用。墨里奇奧在新定價方案中，還將道恩・梅洛與新設計團隊生產的新品售價大幅提高，後來這件事也成為墨里奇奧、狄索爾與 Investcorp 之間爭論不休的話題。

「一個動輒上千元的皮包，怎麼可能在堪薩斯賣得出去啊？」狄索爾抗議道。

花旗銀行派了一名叫阿諾・J・齊格爾的人負責此案。齊格爾告知多姆尼科・狄索爾，銀行對古馳的財務狀況採十分強硬的態度，且有兩項要求——第一，在貸款沒有結清之前，銀行不希望古馳美國分公司償還古馳母公司的任何商品；第二，花旗銀行對古馳的信心將取決於狄索爾是否繼續擔任總裁而定。儘管狄索爾對第二點提出抗議，他不想讓別人覺得自己是為了保障自己的工作利益而勒索公司，但齊格爾的最後通牒仍將進一步地加深兩間公司及其經營者——多姆尼科·狄索爾與墨里奇奧·古馳之間日益加深的分歧。

與此同時，齊格爾還向墨里奇奧施壓，要求他償還拖欠花旗銀行的個人貸款。這些貸款是以第五大道上奧林匹克大廈中的兩間公寓為抵押——其中一間由墨里奇奧和派翠吉雅在七〇年代初期裝潢完成，另一間則是墨里奇奧後來購入的，不曾裝潢過。這兩間公寓都隨著紐約市房地產價值的暴跌而貶值，當時開出的估價已遠低於墨里奇奧在銀行欠下的債務。

當時，Investcorp 對墨里奇奧的個人貸款一無所知，但古馳的財務狀況惡化地如此迅速，Investcorp 因此準備了一組幻燈片，以最簡單的方式向墨里奇奧說明公司目前面臨的戲劇化局面。墨里奇奧被叫到倫敦，在 Investcorp 位於布魯克街上優雅的辦公室裡，墨里奇奧靜靜地坐在橢圓形的大理石會議桌前，Investcorp 的古馳小組圍坐四周，幻燈片在黑暗的房間裡咔嚓咔嚓地播放著。

「當時的場面感覺更像是一場審判。」史旺森說道。「桌旁坐了十幾個西裝革履的人，在大家的眼前，敗壞的事態一覽無遺。」

「最後，我們終於看到那張寫著重要結論的投影片，上面寫著：『增加銷售額，減少開支。』」史旺森說道。

看著這張投影片，墨里奇奧突然睜大了眼睛並激動地站起身，他滿面笑容地轉頭看著柯達。「增加銷售額，減少開支！嘿！要說我也會說，問題是該怎麼做？」

「墨里奇奧，別忘了你是總裁。」柯達一點都笑不出來，冷冷地回嘴。「這是你該面對的挑戰！」

墨里奇奧只好答應，自己會在下次來倫敦時帶著新的商業計畫書。他回到米蘭，看見一塊新的皮質匾額與奧爾多的名言並列在一起，奧爾多的名言說的是在價格被遺忘之後，產品的品質仍會被人們銘記，而新的匾額上則寫著：「你是問題，還是解方？」

約定的日期到了，計畫卻不見蹤影。柯達只好親自飛到米蘭找墨里奇奧聊聊。柯達說道：「墨里奇奧，現在的狀況簡直糟透了！我們幫你找個營運總監吧！你在營運方面有著洞見，但公司需要一個內部經理。」墨里奇奧搖了搖頭。「相信我，內米爾。」他說道。「相信我吧！我一定會做好的！」

「我相信你，墨里奇奧！」柯達說。「但事情並不順利。我體諒你有自己的問題，你也要體諒我的難處。我必須拯救古馳這艘沉船，公司正在賠錢。別把我當成一個有閒錢亂花的合夥人，我需要對我的投資者負責。」

與此同時，法蘭茲發現古馳的倉庫裡堆滿了舊貨，這些舊貨是墨里奇奧因為他的重新定位計畫而從店裡撤下的商品。法蘭茲發現了一堆舊帆布包、好幾綑的布料以及堆積如山的皮革，全都被丟在倉庫裡任其腐爛。

「對於沒賣出的庫存會貶值的這件事，墨里奇奧一點概念都沒有。」法蘭茲後來說道。「他覺得只要能在舊商品上鋪一張地毯，把它們藏在某個地方，它們就不存在了。它們可能存在於某張資產負債表上，但它們在他的腦中並不存在。」

克勞迪奧・德以諾琴地是斯坎地其公司人高馬大的生產經理，早已熟知墨里奇奧對庫存的想法，墨里奇奧還曾將皮包和配飾上的金色固定裝置從黃金改為綠金。

有一天，墨里奇奧在佛羅倫斯的產品會議上將德以諾琴地從工廠叫進了辦公室。德以諾琴地是一名像熊一般的男子，有著棕色的捲髮，蓄著鬍子；設計工作室裡，墨里奇奧正與道恩・梅洛還有其他設計師一起工作，德以諾琴地走進時對每個人都點頭打了招呼。

「大家好。」德以諾琴地說。在等待他們結束談話的時候，他就站在一旁，身穿棉質鈕釦襯衫、牛仔褲，以及厚重的工作靴。

「好啦，克勞迪奧！從現在開始，我們不用00金了，我們用05金。」墨里奇奧說道，他口中的數字指的是不同有色金屬的標準代碼。

「這個主意很好，博士。」德以諾琴地用他那粗獷的聲音回道。「但倉庫裡的所有商品該怎麼辦？」

「克勞迪奧，我管倉庫裡的商品幹什麼？」墨里奇奧回答道。

德以諾琴地沉默地點了點頭並離開房間，他回到自己的辦公室，打了一些電話以進行計算。過了不到一個小時，他又走回墨里奇奧的辦公室。

「博士，有些商品我們可以用綠金重新噴漆，但很多皮包的釦子沒有辦法這樣改。沒辦法改裝的商品價值總計至少三點五億里拉（當時將近三十萬美元）。」德以諾琴地說道。

墨里奇奧看著這名工人。「誰是古馳的董事長，你還是我？」墨里奇奧問德以諾琴地。「那些商品已經過時了！扔掉吧！你愛怎麼做就怎麼做，對我來說，它們已經不存在了！」

德以諾琴地聳聳肩，離開了房間。

「我沒有扔掉任何東西。」德以諾琴地後來承認。「我們其實還是有辦法賣掉這些商品。但最令人不解的是，我們收到的訊息是如此大相逕庭。一方面，大筆大筆的錢會被扔掉；另一方面，我們卻被指示要節省鉛筆和橡皮擦，而我們的電話也遭監控。有一次我們甚至不得不在下午五點前關掉所有的燈。」

法蘭茲繼續施壓，督促墨里奇奧為舊貨找尋買家，並表示自己願意幫忙。終於有一天，墨里奇奧自豪地宣布他已經找到解決庫存問題的方法——他簽訂了一份在中國出售全部貨物的合約。墨里奇奧向法蘭茲保證，一切都在他的掌握之中。

「墨里奇奧高興極了，他在辦公室裡大聲地告訴董事會的每個人，說他們都可以鬆一口氣了，因為他現正出馬解決這些問題。」法蘭茲說道。古馳寄出了一大箱的舊貨，而這些舊貨全都消失在香港的某個倉庫裡。然而，公司不僅從未收到過此筆舊貨的款項，他們甚至還先預付了約八十萬美元給一個中介機構以處理相關合約。法蘭茲與其他 Investcorp 的同事都因為這起舊貨事件而怒氣沖沖，同時也感到沮喪和憤怒，整起事件預估將使公司損失約兩千萬美元。

「與中國的交易直接憑空蒸發了，這又是墨里奇奧的另一齣傑作。」法蘭茲說道。幾個月後，馬賽提飛到香港並找到了這批商品，最後終於將他們通通售出。

隨著時間一點一滴地過去，古馳仍沒有任何好轉的跡象，而古馳董事會的火藥味也越來越濃烈。雖然亂扔皮包和用錄音機偷錄的時期都過了，但法蘭茲和其他

Investcorp 的董事決定公開挑戰墨里奇奧的決定。

「你這麼做會讓這間公司在陰溝裡翻船！」Investcorp 的埃里亞斯・哈陸克說，他在一九九〇年接替安德力亞・莫蘭特進入董事會。「我們對五五分成不滿意。沒有人想趕你走，我們希望你繼續掌舵公司，但我們希望引進一名有經驗的總裁，我們必須有控制權。」

為了報復，墨里奇奧和他的董事們全程都以義大利語進行會議，而這激怒了 Investcorp 的董事們。

「我根本不會說義大利語，如果我認得出幾個字，就能把整個場面搞清楚。我不喜歡正在發生的事情。」哈陸克說道。

在古馳的行政套房裡工作的管家安東尼奧戴著白手套，在董事們面面相覷時，盡責地以亮晶晶的銀盤端出奶泡綿密的卡布奇諾，以及醇厚的濃縮咖啡。

「聖斐德辦公室提供的卡布奇諾是米蘭數一數二的。」一名董事會成員森卡・托克回憶道。提供咖啡的服務，還是所有多餘浪費中最輕微的。他說：「整個情況就跟鐵達尼號在下沉前還在提供香檳跟魚子醬差不多。」

隨著房間裡的張力逐漸升高，墨里奇奧在會議裡以他那大膽且有活力的筆跡，飛快地寫下一張紙條，將紙條塞給了坐在他身邊的董事會成員佛朗西尼。

大衛對抗歌利亞，
「他們」有四個人。
分別是______。

相信我！
他們總要現出原形。

「當下的氣氛真的非常緊繃。」托克回憶道。Investcorp 找他來，是因為他對義大利和歐洲的商業環境都有深入的瞭解。「最重要的是，Investcorp 在此情況下堅持下去的時間比一般的投資者都還要長，因為——第一，他們當時還不清楚自己能有什麼選擇。第二，內米爾喜歡墨里奇奧，並且也不想傷害他。第三，每個人都盼望某些奇蹟會出現，希望一切會有轉機。當時如果能用兩億或三億美金的價格將整個爛攤子賣掉，他們或許還會覺得很幸運，因為整間公司都像篩子一樣漏個不停。」

法蘭茲說，Investcorp 花了大約一年的時間，試圖說服墨里奇奧擔任非執行職的董事長職位，或提出其他能夠保住墨里奇奧面子的解決方案，好讓他退出管理層。

「你會想讓別人來管理你的公司嗎？」墨里奇奧總會如此反駁道。他指示法蘭茲繼續進行一輪又一輪的募款會議，努力募集足夠的資金來買回他的公司。

「他受到了侮辱。」哈陸克承認道。

「我曾和他一對一地談。」法蘭茲回憶說。「後來我們也以小組的方式跟他談，試圖說服他外聘一名總裁，他本人便不用再插手每日的管理工作。他最後說：『那我把你們的股份買下來。』他同時也承諾，如果他在某個日期前買不下我們的股份，他就會下臺。而他後來無法成功買下股份時，便已經違背了這個承諾。我們浪費了很多時間，希望能幫他想辦法。我們最後成功做到的，只是延後了該算帳的日子。」

一九九二年，古馳之所以能活下來，都多虧了每年從塞弗林・溫德曼的手錶生意收取來的三千萬美元的版權支票，讓公司勉強得以支付基本的開支和工資，但能用來生產的資金仍幾乎所剩無幾。

「是我讓公司活了下來。」溫德曼回憶道。「我才是逆轉公司局面的那個人。」同時，古馳美國分公司在花旗銀行的施壓之下，暫停給付商品的款項給古馳母公司，這讓義大利母公司更陷入了困境。古馳亟需增資，但墨里奇奧沒有錢再提高自己的股份，因此他更不能讓 Investcorp 挹注資金，因為如此一來他對公司的掌控權將大幅地被稀釋。

「墨里奇奧希望 Investcorp 能以貸款的模式挹注資金，但我們不想這樣做。」哈陸克回憶道。「這對公司的財務健康並沒有幫助，我們不相信墨里奇奧經營的古馳能夠獲利——我們無法保證自己能拿回這筆錢。」

在亟需資金的情況下，墨里奇奧求助於對他一直忠心耿耿的狄索爾。過去在各種交易中，狄索爾已經將自己從班・奧特曼拍賣時所得的四百二十萬美元借給了他——這是狄索爾為女兒們的教育，以及他和伊蓮娜為退休生活所累積的老本。當走投無路的墨里奇奧回來要更多的錢時，狄索爾告訴他，他已經一無所有了。墨里奇奧懇求狄索爾從古馳美國分公司的資產負債表上撥給他現金。

「我不能這麼做，墨里奇奧！我會惹上麻煩的啊！」狄索爾說。但墨里奇奧仍繼續求他，狄索爾最後勉強同意借給他大約八十萬美元，條件是墨里奇奧需在狄索爾結清下一張資產負債表前歸還款項。然而，墨里奇奧在期限之後依舊無法還錢，狄索爾只好自己從口袋裡掏錢還給公司。

一九九三年初，墨里奇奧在佛羅倫斯祕密地重啟了廉價帆布系列商品的生產，並與遠東的平行進口商簽訂了協議。

「在古馳美國分公司停止支付貨款後，總公司就出現了非常大的資金問題——我們甚至無法向供應商支付貨款——於是墨里奇奧讓我們重新開始生產舊的古馳系列。」克勞迪奧・德以諾琴地說道。「我們生產了數萬個以舊款為基礎樣式的皮包。」

「墨里奇奧告訴我們，我們必須渡過這個艱難的時刻，然後他就要把整間公司都買回來。我們靠這些商品每個月賺了五十六億里拉，約三百萬美元，這些東西都是按照舊款設計的。這是一種稱為『內部平行』的生意，當時有很多公司在做。這筆生意幫助我們多堅持了幾個月。」德以諾琴地說道。

「令人驚訝的是，墨里奇奧為了搜刮一點現金而違反了許多原則。」法蘭茲說道。「他又開始做那些一九九〇年暫停實施的業務——產出有雙G標誌的廉價塑料塗層帆布商品。不久後，倉庫又被這些廉價的產品堆得滿滿的。」

接著，英國古馳的總經理卡羅・馬杰羅創造了公司史上最大的銷售記錄。高大、機靈且隨和的馬杰羅，額前總覆著一綹風格時尚的白髮。這天他從樓上的辦公室趕到老邦德街二十七號的古馳店鋪，招呼一名衣著優雅且言語柔和的紳士，他想買一些鱷魚皮的古馳包與公事包。

「這些都是珍貴的作品，在我們的店裡起碼放了幾十年。」馬杰羅說道。這名顧客想要一整套能夠相互搭配的包款，但馬杰羅的手上沒有。他四處奔波並打了好幾通電話，終於成功地湊齊了一套皮包。這名優雅的客戶非常高興，不久後，馬杰羅就收到了一張讓他喜出望外的訂單，對方又訂購了二十七套配件，顏色從法拉利紅到森林綠，總價值約一百六十萬英鎊，約為兩百四十萬美元。馬杰羅盛情款待的客戶原來是汶萊蘇丹的代表，他希望將同款的行李箱套組當成禮物送給他所有的親戚。

「當我把訂單回傳給義大利時，他們回覆我：『卡羅，我們沒有錢買鱷魚皮！』於是我又去找客戶，並拿到了百分之十的訂金。」馬杰羅後來說道。然而這筆錢並非被用來買皮，而被用來支付員工們的薪資。馬杰羅只好又命令佛羅倫斯的工人遍尋倉庫，直到翻出足夠的珍貴皮料以生產出第一批的兩至三套行李箱，換取了部分的款項。後來才買到更多的皮料並完成了訂單，同時也順利發出了工資。

一九九三年二月，道恩・梅洛去紐約做了個小手術，而墨里奇奧當時在美國出差。她在倫諾克斯山醫院休養時，墨里奇奧來探望她。

「他坐在我的床上，握著我的手說：『別擔心，道恩，一切都會好轉的。』」梅洛回憶道。「他如此溫柔且讓人放心，他真的讓我感覺好多了。」

然而，當她在三個星期後回到米蘭時，墨里奇奧對她的態度卻變得冷淡。「他不跟我說話。」梅洛說道。「我們之間的溝通到此為止。他認為我已經背叛了他。」她努力搞清楚究竟出了什麼問題，並試著和他說話，但墨里奇奧卻總是躲著她。幾天後，他們在聖費德勒的大廳裡擦肩而過，卻一句話都沒有說。古馳的員工對於兩人關係的變化感到十分意外，雖然每段關係都不一樣，但就像在她之前的魯道夫、派翠吉雅和莫蘭特一樣，梅洛也被墨里奇奧從摯友名單上除名了。

「墨里奇奧就像是太陽，他用他的個人魅力將人們像行星一般地拉到他的身邊，但如果靠得太近，他就會把他們燒掉，然後丟了。」馬利奧・馬賽提說道。「要說我們學到了什麼教訓，那就是跟墨里奇奧維持良好關係的訣竅，就是不要離他太近。」

墨里奇奧當時正被身邊的新寵法比奧・西蒙納托所左右，並開始將古馳發生的許多問題歸咎於梅洛，特別是負面新聞，他害怕梅洛會將公司的困境洩漏給記者。墨里奇奧也認為她無視他的命令，沒有尊重那些他試圖灌輸給她的古馳傳統，並擅自決定自己的設計方向。他還指責她既奢侈又浪費——雖然他就是那個從一開始為她提供美酒佳餚、為她的商務旅行租借私人飛機、為她的公寓和辦公室提供家具和裝潢直到她滿意為止的人。

「一開始，墨里奇奧怪的是我。」狄索爾說道。「不過他無法因為產品出的差錯而責怪我，於是他開始認定道恩才是他所有問題的來源。」

墨里奇奧認為，以道恩·梅洛為首的整支設計團隊，都在和他還有他對古馳的願景為敵。一件男裝系列的紅色夾克，成了這一切開始崩壞的象徵，墨里奇奧覺得這樣的設計跟自己對於古馳的願景一點都不搭。

「真男人才不會穿那件夾克！」他嘲諷地說完後，便把它扔出了展示間。

他開始不付薪水給義大利的設計團隊，並向紐約的狄索爾發了一張三行的傳真，命令他解僱湯姆·福特，以及其他由古馳美國分公司支付薪水的設計師。這項指令是從辦公室中間的傳真機裡傳出來，而非從狄索爾的個人傳真機裡傳出來，因此整間古馳美國分公司裡的員工都看到了，眾人都感到非常訝異。

「我馬上打電話給 Investcorp，讓他們知道發生了什麼事。」狄索爾說道。「然後我回傳了一封傳真，說我們不可能在那個當下解僱設計師。這麼做簡直是瘋了！他們都在為新的系列努力。我看得出來墨里奇奧快崩潰了。」

與此同時，湯姆·福特也在擔心墨里奇奧和 Investcorp 之間的鬥爭會壞了自己的名聲，影響他獲得另一份工作的機會，於是他也開始考慮起范倫鐵諾那份充滿吸引力的新工作。

儘管已經有些過時，范倫鐵諾仍是時尚界數一數二的品牌，且這間公司的業務營運完善，包括在巴黎展出的女裝高級訂製與成衣系列、男裝、以年輕客戶為取向的系列，以及完整的配件與香水系列。福特在古馳擔任設計總監的一年間，由於古馳的處境每況愈下，設計人員們紛紛辭職，使得越來越多的工作都落到了福特身上。當時，他在僅存的幾名設計助理的幫助下，設計了古馳全部十一條產品線的商品，包括服裝、鞋類、皮包、配件、行李箱和小禮品。福特日以繼夜地工作，幾乎沒有時間睡覺。他很累，卻也十分享受這種全面掌控的感覺。

參觀完范倫鐵諾在羅馬的辦公室後，福特在返回米蘭的飛機上思考著自己的未來。他想起了道恩．梅洛，是她給了自己一個機會，讓他透過承擔越來越多的責任來證明自己。在過去的幾個月裡，隨著古馳的工作環境變得越來越充滿敵意且不可預測，他們的關係也變得更加親密，甚至能夠說完彼此尚未說完的句子。福特一回到米蘭便直接去了聖費德勒廣場，他坐電梯直上五樓，打開了梅洛辦公室的門。

她一直在等他。她從辦公桌後抬起頭來，咬著嘴唇，褐色的眼睛擔憂地掃視著他的臉。福特坐下來，一隻手放在辦公桌光滑的黑色表面上，低頭盯著自己的靴子。接著，抬起一雙棕色的眼睛與梅洛對視，搖了搖頭。

「我不走。」他強調地說道。「我不能把妳丟在這個爛攤子裡。我們還有一系列的設計要完成呢！趕快開始工作吧！」

離秋季秀只剩幾週的時間，福特和其他設計助理每天都超時工作，只為了完成系列的設計，即便古馳的行政主管刪減了用品與加班費。梅洛要求設計人員都從後門進出，以免激化矛盾。

「墨里奇奧一直搞不清楚狀況；湯姆一個人要設計出所有的東西，公司又要這一系列的商品在三月份上市，而我們也買不起布料，根本就沒辦法把秀做出來！」梅洛回憶道。她打電話給倫敦的馬杰羅，馬杰羅當時已經收到了汶萊蘇丹的貨款，他將錢匯給梅洛，讓她購買布料並支付義大利設計人員的工資。

公司將支付供應商貨款的時程拉長至一百八十至兩百四十天不等，有些供應商已經六個月沒有收到款項了。古馳皮包和其他產品的生產出貨速度慢到極致，有一天早上，不滿的供應商聚集在古馳斯坎地其工廠的門口，等著管理階層來上班。守衛打電話給馬利奧·馬賽提，提醒他要小心憤怒的群眾，勸他還是不要來公司了。馬賽提最後還是去上班了。

「供應商們把我罵死了！」馬賽提回憶道。「整個場面非常難看，但我不得不去公司。我和他們所有人都有關係——我是他們唯一能夠尋求答案的人。我試著向大家保證，欠款都會還給他們。」這間曾經如政府部門般安全和穩定的公司，正處於分崩離析的狀態，馬賽提懇求銀行提供更多的信貸，借款的數字遠超過預期訂單的價值。他與供應商約定了一個付款計畫；在法蘭茲的眼中，馬賽提就是古馳的荷蘭小英雄——他默默地盡自己最大的努力去做該做的事。

墨里奇奧以時間換取空間的策略，乍看之下還算成功，但這樣的局面只維持到一九九三年初——花旗銀行和瑞意銀行要求瑞士當局扣押墨里奇奧·古馳的財產，因為他無力償還個人貸款。第三間銀行——瑞士信貸集團也出現了墨里奇奧以聖莫里茲房產作為抵押卻無力償還的貸款。他們向瑞士當地的司法官員提出申請，因為墨里奇奧在那裡還持有自己的法定住所。名為吉安・札諾塔的官員扣押了墨里奇奧・古馳的所有資產，包括位於聖莫里茲的房屋，以及他在公司中百分之五十的股份，這些資產由一間瑞士信託公司——富德林信託所持有。

還款期為五月初，如果不還款，墨里奇奧・古馳的所有資產都將被拍賣，以償還積欠銀行約四千萬美元的款項。

在Investcorp得知拍賣的消息後，法蘭茲、史旺森和托克來到米蘭，向墨里奇奧提出了最後一份報價——他們願意提供四千萬美元的貸款讓他清償銀行的債務，一千萬美元拿來購買古馳百分之五的股份。他們建議墨里奇奧繼續擔任董事長，並持有百分之四十五的股份，然後將實際管理權交給一名專業的執行長。在三人的提案結束後，墨里奇奧向男士們道謝，並表示自己會考慮他們的提議，接著便離開了房間。

「老實說，我覺得墨里奇奧不接受Investcorp的報價，也不算是無理取鬧。」森卡・托克後來說道。「如果他把自己百分之五十的控制權給了別人，那他剩下的股份又能值多少錢呢？稍微肯動點腦筋的人，都會同理他的想法。」

墨里奇奧來到佛朗西尼的辦公室，向自己的律師轉達他剛收到的最新提議。「我不會讓別人在我的地盤反客為主！」他憤怒地對佛朗西尼說，除了路易吉以外，他是墨里奇奧唯一會和他公開討論自己情況的人。「我們該怎麼辦？」他一邊問佛朗西尼，一邊在辦公室裡來回踱步，像一隻籠中的動物。

墨里奇奧一生中從未承受過如此大的壓力。他臉色蒼白，形容枯槁，他也變得喜怒無常、陰鬱且偏執——他甚至在聖費德勒的大廳裡都躲著自己的員工。路易吉憂心忡忡地陪著老闆去任何他要去的地方，他對墨里奇奧的遭遇感到痛心，卻也無力改變他的命運。

「我看著他，感覺他一天比一天更瘦。」路易吉說道。「每當他走上樓梯，我都怕他會從窗戶跳出去。」

他經常從辦公室溜走，他會關掉手機，走幾步路到埃馬努埃萊二世拱廊的購物商場，在他最愛的咖啡館裡見他的靈媒安東涅塔・古莫。他會一邊啜飲著卡布奇諾或開胃酒，隱身於眾多的遊客和學生之中，並與安東涅塔分享他的煩惱。她是一個簡樸且讓人感覺像母親一般的女人，平時是個理髮師；她也會接待一些特別的客戶，他們都需要安東涅塔超感官知覺的專長。

「摘下你的面具，墨里奇奧。」每次一見面，她都會用義大利語對他這樣說。

「他真正願意敞開心扉的對象只有我。」多年後她回憶道。

「我們很絕望，絕望到無以復加的地步了。」佛朗西尼回憶說。他已經拜訪過義大利和瑞士的每一間頂尖銀行，他也聯繫了許多實業家，包括電視巨頭、義大利前總理西爾維奧・貝盧斯科尼和當時還默默無名的帕吉歐・貝爾特利，他是繆西婭・普拉達的丈夫，也是過去幾年中使普拉達的品牌名氣飛速增長的幕後推手。在一九九二年的當時，「貝爾特利的銀行帳戶裡連兩百億里拉都沒有。」佛朗西尼回憶道。沒有人能夠——也沒有人願意對墨里奇奧・古馳伸出援手。

五月七日星期五的晚上七點，一股甜膩刺鼻的范倫鐵諾香水味飄過法比歐・佛朗西尼的米蘭辦公室，味道在挑高天花板的走廊瀰漫著。他的祕書迎進了一名身穿緊身迷你裙與網襪的女人，她有著豐腴的身材與一頭深色的頭髮；腳下的高跟鞋在大理石地板上咔咔作響，聲音在長長的走廊間迴盪著。皮耶羅・朱塞佩・琶若迪——過去曾代表墨里奇奧與派翠吉雅的米蘭律師，跟在她的身後。佛朗西尼招呼兩名來訪者在其中一間寬敞的會議室裡坐下。他認識琶若迪，但他不認識這個女人，對方自稱為帕米吉雅妮小姐——佛朗西尼懷疑這不是她的真名。

「我們可以為你的客戶——墨里奇奧・古馳伸出援手。」帕米吉雅妮對佛朗西尼說，佛朗西尼不可置信地往前坐。在努力不懈地為墨里奇奧籌款了數月之後，他簡直不敢相信自己的耳朵。帕米吉雅妮解釋道，自己只是代表一名義大利的商人，他在日本擁有成功的精品分銷業務；提到這名商人，她只說他叫「哈根」，她同時也表示，哈根願意借墨里奇奧他所需要的錢以贖回他的股份。作為交換，他希望獲得一份在遠東地區經銷古馳產品的合約。

佛朗西尼隔天上午又再次與帕米吉雅妮小姐會面，並約好在週日下午五點再次會面，重新檢視交易的所有細節。在此過程中，佛朗西尼瞭解了「哈根」其實是一名叫德爾福・佐爾齊的義大利人，他在一九七二年逃到日本，拋下過去在義大利動蕩不安的生活，他還曾被指控為危險的新法西斯分子。佐爾齊因為一九六九年的米蘭噴泉廣場爆炸案而遭義大利當局通緝，整起爆炸案共造成十六人死亡，八十七人受傷。這起爆炸案為長達十年的暴力動盪年代揭開序幕，這段時間被稱為「緊張戰略」，其帶來的恐懼於整個七〇年代蔓延了整個國家，手法極端且暴力的新法西斯主義派試圖將國家向右翼推進。佐爾齊否認自己與爆炸案有任何關聯，他表示自己當時才二十二歲，還是那不勒斯大學的學生，但他遭到兩名已被定罪的恐怖分子指稱他在汽車後車箱裡裝著炸彈，開車前往爆炸現場。他的庭審日期訂在二〇〇〇年，會於米蘭聖維托雷監獄下方的地堡法庭進行。

佐爾齊在日本娶了沖繩一名政界領袖的女兒，並做起了向歐洲出口和服的生意。後來他又迅速地開始從事歐洲和遠東之間的精品進出口業務，只要提到要「脫手舊貨」，他的名字在時尚產業中的行政主管之間可說是無人不知、無人不曉。「雖然沒有人願意承認，但佐齊爾被時尚界視為聖誕老人。」一名不願透露姓名的米蘭時尚顧問說道。「他不但會把你手上的舊貨都收走，還願意花大錢來收。」

在與墨里奇奧打過招呼後，佛朗西尼發現這並非是古馳第一次與佐爾齊共事。一九九〇年，在義大利當局對於大量假冒設計師產品的出口案展開調查時——這其中包括古馳產品在內——他們就發現佐爾齊手中擁有一套複雜的商業網路，能透過義大利、巴拿馬、瑞士和英國公司的管道，將高仿設計師商品與舊貨從義大利運到遠東。用不了幾年，佐爾齊就成了百萬富翁，並低調地在東京過起了豪奢的生活。在墨里奇奧悄悄地重啟帆布生意，當作是與 Investcorp 爭取時間的生存策略時，便曾與佐爾齊達成協議，通過佐爾齊的經銷通路販賣商品。

五月十日星期一，墨里奇奧與佛朗西尼於上午十點，在富德林公司的盧加諾辦公室會面——這間信託公司手上持有墨里奇奧的股份，更巧的是，佐爾齊的業務交易也是交由這間公司處理。富德林公司為墨里奇奧提供了三千萬瑞士法郎的貸款，折合美元約為四千萬，利息約為七百萬美元。同時，他們也簽訂了一份合約，授予佐爾齊遠東地區的古馳產品經銷權，儘管這份合約尚未經過公證。

在中午之前，佛朗西尼就將三千萬瑞士法郎交給了瑞士的司法官員吉安・札諾塔，恢復了墨里奇奧財產的持有權。

「這是一場不可思議的冒險。」佛朗西尼回憶道。「總而言之，我得說他們是對的。」他指的是佐爾齊和他的同夥。「最後，我只給了他們一封信作為抵押，承諾會在違約的情況下給他們股份，但我不能自己把股份拿出來，這麼做會違反與Investcorp的協議。」

一路緊跟著拍賣程序的Investcorp瑞士律師，立刻打電話到倫敦回報，證實墨里奇奧已經還清了個人債務，並拿回了自己的股份。

法蘭茲與史旺森不可置信地趕往米蘭。他們在那間去過數次的會議室裡等著墨里奇奧，裡面的木質裝潢依舊光亮如昔。墨里奇奧正享受著這一刻，他讓他們至少等了半個小時才衝進房間，像以前一樣充滿活力和熱情。

墨里奇奧叫來了安東尼奧，安東尼奧為他們三人各倒了一杯熱騰騰的茶。最後，法蘭茲放下瓷杯，深吸一口氣。

法蘭茲說：「墨里奇奧，你從哪裡弄來的錢？」

「好吧，比爾，這是一個不可思議的故事！」墨里奇奧雙眼發亮地說道。「我當時正在聖莫里茲的家中試著入睡，擔心著一切，擔心著我該怎麼做。然後我就做了一個夢。」法蘭茲與史旺森一臉茫然地看著他，不知道夢境與整件事的關聯。

「我父親在夢裡來找我，他說：『墨里奇奧，你這個笨東西，你所有的問題都可以在客廳裡找到解方。你看向窗戶邊一塊鬆脫的地板，把它拉起來，你就會看到底下的東西。』所以我醒來的時候，就起身看了看鬆動的木板下面，真是不可思議！地板下有很多錢，我都不知道自己該怎麼處理。但我不想貪心，我只拿了足夠贖回股份的錢。」墨里奇奧說道。他高興地看看史旺森，再看看法蘭茲，他不停地來回盯著兩人，一副對自己說的故事很滿意的樣子。

兩名 Investcorp 的主管癱坐在椅子上。他們知道自己不僅失去了與墨里奇奧談判的籌碼，對方甚至還對他們嗤之以鼻。墨里奇奧很顯然並不打算告訴他們錢是從哪裡來的，這個故事是他表現幽默的一種方式，意思是「錢從哪來不關他們的事」——他不需要 Investcorp 施捨的任何一點捐款。

「那麼恭喜你了，墨里奇奧。」法蘭茲說，臉上掛著僵硬的笑容，霧藍色的雙眼在鏡片後銳利地閃爍著。「真是太恭喜你了。」

法蘭茲後來表示：「我當時覺得肚子好像被人打了一拳。我以為我們終於找到了合作的開端，抓住一線生機來對墨里奇奧產生一些影響，但我卻只能站在那裡微笑。那一刻，我決定是時候開戰了。」

法蘭茲與史旺森飛回倫敦，他們坐在壁爐前將這個故事告訴了內米爾。內米爾慈祥的綠眼睛瞬間變得冷漠，這讓他倒盡了胃口。

「他是在嘲諷我們！」柯達憤怒地說道。「他認為我們是弱者，也不尊重我們了。」

「當墨里奇奧耗盡了內米爾所有的善意，就沒有回頭路可走了。」比爾・法蘭茲後來說道。「一旦內米爾決定終止談判並開始採取行動時，他可以說是業界最冷酷無情的戰士之一。」

柯達在勞動節的週末將有「紅鬍子惡魔」之稱的鮑伯・葛雷瑟從紐約叫到倫敦，指派他負責一項緊急且重要的任務——解決古馳的這個大麻煩。

「鮑伯。」柯達曾對他這麼說道，「你是墨里奇奧唯一害怕的人。我需要你幫我把古馳救出來！」

星期一早上，他將葛雷瑟、埃里亞斯・哈陸克、比爾・法蘭茲、瑞克・史旺森、Investcorp的總顧問賴瑞・凱斯勒以及幾名公司律師叫到辦公室，向他們下達了嚴格的指示。

「你們這些人沒啥好幹的，其他的都不用做——給我一直工作到你們解決這個問題為止。」柯達說道，那雙綠眼睛散發著銳利的光芒。「我們必須從墨里奇奧手中救出古馳這間公司！」

葛雷瑟看著自己的老闆。「好吧，內米爾。我們會按照你的要求去做，但你也必須做好使出極端手段的準備，並且願意支持我們。墨里奇奧會起訴我們，也會在媒體上讓我們難堪，同時還會將公司逼到瀕臨破產的境界。我們必須讓他相信我們將要使出殺手鐗，否則，你就不應該選擇這一步。」

內米爾點頭同意，雖然痛苦，但他的心意已決。

四個大男人在Investcorp布魯克街辦公室的地下室設立了一間「戰情室」，他們將職員和桌椅都清出來，並搬進了長桌、長椅、箱子和文件櫃，裡面全是有關古馳的法律和歷史文件。他們聘請了一流的律師和收費昂貴的徵信社，以查明墨里奇奧的金流來源。

就在「戰情小組」爬梳成堆文件的同時，墨里奇奧於六月二十二日為新戰局開了第一槍，此舉讓大西洋兩岸的觀察員們都為之震驚。佛朗西尼擔心古馳母公司沒有盡其所能地壓榨古馳美國分公司，建議墨里奇奧起訴古馳美國分公司，並索賠六千三百九十萬美元——就是那些人盡皆知的未付款商品。許多人對於墨里奇奧起訴自己的公司感到訝異，但佛朗西尼堅稱——根據義大利法律，公司管理者必須盡其所能保護公司的利益，就算要狀告自己的姊妹公司也在所不惜。

鮑伯·葛雷瑟看待這件事的觀點卻有點不同。葛雷瑟表示：「在我看來，他們正在竭力帶走美國公司的資產。」葛雷瑟解釋道，如果古馳美國分公司最後無法支付拖欠義大利總公司的款項，墨里奇奧就可以針對古馳美國分公司的資產提出索賠，包括古馳商標以及位於第五大道上的大樓。

葛雷瑟決定要弄清楚古馳美國分公司為什麼欠古馳總公司這麼多錢，於是召集了古馳美國分公司的董事會。「古馳美國分公司怎麼會欠古馳總公司這麼多錢？」他質問董事會，其中的成員包括墨里奇奧、他的四名代表和 Investcorp 的四名代表。「這讓我們顏面盡失！」葛雷瑟繼續說道，根據美國公司法，作為董事會的代表，他有義務保護古馳股東們的利益。「管理層根本沒有在認真做事吧？」他問道。「我要求進行調查！」

墨里奇奧目瞪口呆地盯著葛雷瑟。他做夢也沒想到，他在與 Investcorp 艱難的談判中最嚴厲的批評者——同時也是最大的對手——「紅鬍子惡魔」居然會站在他這邊。葛雷瑟堅持不懈，於是董事會便提名他加入一個小組委員會，負責調查古馳美國分公司積欠義大利總公司貨款的問題，當時的欠款金額超過了五千萬美元。此提名讓葛雷瑟得以全面地接觸公司的記錄，在報告完成後，葛雷瑟認為古馳總公司在一九九二年對古馳美國分公司實施的定價政策涉及人為哄抬價格，目的是為了維持義大利公司在過去幾年中所累積、名目令人眼花撩亂的鉅額成本。「我不認為古馳美國分公司積欠古馳總公司的那筆錢是合理的債務。」葛雷瑟表示。其實正如葛雷瑟所想，該定價政策如果單純只是為了騙取古馳美國分公司的資源，似乎不太可能，更有可能的解釋是，這是墨里奇奧為了維持義大利總公司的生存而做出的努力。無論如何，葛雷瑟的報告為古馳美國分公司提供了大量的素材來為自己辯護。

與此同時，墨里奇奧仍急於尋求資金挹注以維持公司運作。他與塞弗林・溫德曼達成了一項協議，溫德曼同意一次付給古馳整筆的款項，來延長手錶許可證的期限，這張許可證將在一九九四年五月三十一日到期。但對 Investcorp 的古馳團隊而言，給溫德曼延期許可就表示公司將放棄手錶業務，這項生意是當時破敗的「古馳帝國」唯一的賺錢工具。

古馳美國董事會即將召開的幾週前，Investcorp 就開始懷疑墨里奇奧會在這場會議中通過與溫德曼的合約，為 Investcorp 工作的瑞克・史旺森開始打電話給多姆尼科・狄索爾，試圖遊說這名古馳美國分公司的負責人改變立場，並投下反對票。如果他能改變立場，就能夠截斷墨里奇奧對董事會的控制。

「多姆尼科，我是瑞克。有件事我們得知道答案。我們可以信任你嗎？」

「聽著，瑞克。」狄索爾在紐約的古馳辦公室說道。「你是真正明白現況的人。這間公司根本就是由一個三歲小孩在經營。不能再這樣下去了，否則公司就要倒閉了。你可以相信我。」

史旺森又打了一次電話。

「多姆尼科，這真的很重要。我們能相信你嗎？」

「可以，當然可以！」狄索爾說道。

一九九三年七月三日的上午，法蘭茲約狄索爾在米蘭四季酒店樓下的私人餐廳進行祕密的早餐會。鮑伯・葛雷瑟、埃里亞斯・哈陸克、瑞克・史旺森與森卡・托克都圍坐在餐桌旁。

他們問狄索爾是否會站在他們這邊，對合約投下反對票。

「聽著，我真心覺得即將發生的這件事會摧毀整間公司。」狄索爾一邊說，目光一邊掃過 Investcorp 小組成員們緊繃的表情。「如果不做點什麼，這間公司真的會毀掉！」

「如果你挺身反抗墨里奇奧，我們一定也會挺你到底。」哈陸客直視狄索爾的雙眼並說道。

「這件事一定會讓墨里奇奧對多姆尼科恨之入骨。」史旺森插嘴道。他接著向大家解釋，狄索爾在過去的幾年裡，除了自掏腰包償還八十萬美元的公司資金外，還分兩次將自己的四百萬美元借給了墨里奇奧，而拿回這筆錢的可能性更是微乎其微——尤其在他倒戈 Investcorp 的情況下。

哈陸克對狄索爾說：「我謹代表 Investcorp 向您保證，我們會盡最大努力將這件事也納入談判條件，以確保您會得到應有的報酬。」

幾個小時後，古馳美國董事會的董事們坐在墨里奇奧的辦公室裡，而非一般的會議室。墨里奇奧本以為會議的氣氛會劍拔弩張，因此他想與董事們營造更良好的氣氛，但同時他又想在自己的辦公桌後主持會議。他揮手讓管家安東尼奧進來，看看有沒有人要來杯卡布奇諾。

馬利奧・馬賽提從來沒有見過葛雷瑟，於是轉身向狄索爾詢問留著紅色大鬍子的男人是誰。

「他是鮑伯・葛雷瑟。」狄索爾回答道。「他是墨里奇奧在 Investcorp 唯一真正害怕過的人。」

會議一開始就討論了古馳美國分公司的經營情況——一九九二年，古馳美國分公司的淨資產為負一千七百四十萬美元，營業額跌至七千零二十萬美元。鮑伯・葛雷瑟板起了面孔，猝不及防地向狄索爾開始一連串的發問。

「您是否負責營運古馳美國分公司？」

「是的，這是我負責的公司。」儘管嚇了一跳，狄索爾還是回答道。

「如果您發現了一項在您看來標價過高的商品，請問您會做什麼呢？」

「我也無能為力。」狄索爾回答道。「我一直在反應啊！我們是一間受牽制的公司，你們從來沒有支持過我們。」狄索爾滔滔不絕地說。「你們所做的一切，只是想和墨里奇奧搞好關係。」

墨里奇奧簡直怒不可遏。「你的意思是古馳美國分公司進貨的價格過高？」他不客氣地逼問狄索爾。

「是又如何？多年來我一直反覆重提這件事！」狄索爾毫不留情地回擊道。「你為了支撐自己的成本結構，不斷地對古馳美國分公司超收過高的費用。看看這棟大樓！我們到底需要這棟大樓做什麼？」

墨里奇奧對狄索爾的指控以及葛雷瑟的挑釁明顯感到不滿，而當其他董事針對他與溫德曼達成的協議進行辯論時，墨里奇奧直接從座位上跳起來，在辦公桌後的綠色地毯上來回踱步。這項協議將會為古馳爭取到約兩千萬美元的資金，條件是必須為溫德曼更新手錶銷售的執照，合約期限長達二十幾年。

到了投票的時候，狄索爾投下了反對票。墨里奇奧又氣又沮喪，他轉過身盯著狄索爾，他的臉色發白，嘴巴抿成一條線。狄索爾也回盯著他，手心向上地舉起雙手。

「聽著，墨里奇奧，我必須這麼做。」狄索爾簡短地說道。「我投這票是為了公司好，這是我的責任。我們不能因為沒錢了，就廣發執照給人……」

狄索爾認為自己做了對公司最好的決定，而墨里奇奧則覺得自己遭到背叛。

他們前腳才踏出墨里奇奧的辦公室，葛雷瑟就把狄索爾拉到一邊。「這場官司開打時，你打算怎麼為古馳美國分公司辯護？」他問道。

狄索爾狐疑地看著他。「沒有董事會的批准，我不能聘請律師事務所來代表公司。」狄索爾抗議地說道，他很清楚，現在墨里奇奧和他的代表——也就是當初發起訴訟的人——絕對不會批准這項行動。葛雷瑟深深地望進狄索爾的眼睛。「喔！但你是可以這麼做的啊！」他說，一遍遍地讀著這名高階主管剛開始驚訝的反應。葛雷瑟花了幾週的時間敲定了治理公司的規則，他堅持要在緊急情況下制定一項條款，讓總裁在沒有召開董事會的情況下，有權做出任何符合公司利益的事情。狄索爾馬上就明白了葛雷瑟的意思。

「未達法定人數就無法召開董事會，而大家的時程似乎也總對不上。」葛雷瑟回憶道。「從來沒有一次對得上！」他輕描淡寫地說。「我們就是靠這一招才能夠聘請到律師事務所來為我們辯護。」

葛雷瑟同時也意識到，這兩間公司的交惡狀態，使古馳美國分公司沒有取得商品的機會，因此店鋪裡也沒有東西可賣，他因此又向狄索爾提出一些建議。「為何不試著做做看自己的商品呢？」他問。

「我想做也必須要有墨里奇奧的同意呀！」狄索爾答道。

「古馳美國分公司握有商標權，不是嗎？而你的工作就是在沒有召開董事會的情況下，去做任何符合公司最大利益的事情。」葛雷瑟再次強調了這點。狄索爾點點頭，接著便前往義大利與皮件製造商會面。葛雷瑟的目標是要努力保持古馳美國分公司的自主與償付能力，儘管與墨里奇奧之間的戰爭情勢會因此加劇。

與此同時，墨里奇奧感受到一樁陰謀正步步向他逼近。他不敢相信狄索爾竟然背叛了他，並對他的提議投了反對票。他由衷地相信，儘管兩人之間曾有過分歧與爭論，但狄索爾始終是他堅定的盟友——就像家人一樣。他在四月時還批准了一筆二十萬美元的獎金要給狄索爾。沒有了狄索爾的選票，墨里奇奧知道自己將逐漸式微。如果他再也無法控制董事會，他在古馳所掌握的權力可說是蕩然無存。

會後，墨里奇奧一邊不停踱步，一邊向佛朗西尼大吐苦水。「狄索爾一開始在眾人眼裡根本就是個無名小卒，是我收留了他。他當時的褲腰帶上甚至還有補丁！現在他居然要毀了我！」

「墨里奇奧！」佛朗西尼嚴肅地說。「現在已經開戰了！現在你持有的股份，其效用等同於零。我可以幫你，但你必須做好孤注一擲的準備。你必須破釜沉舟，並讓他們相信你有破釜沉舟的決心，否則他們將會從你手中不費吹灰之力地奪走一切！」

墨里奇奧停止踱步，望向佛朗西尼，接著整個人癱在椅子上，將雙手放在膝蓋上。

「好吧，小律師，好吧。告訴我，我究竟該怎麼做？」

戰況越演越烈。墨里奇奧將狄索爾從古馳美國分公司的董事會中除名，不過如果沒有董事會的多數決，他無法解除狄索爾的總裁一職。法蘭茲向古馳董事會寫了一封信，要求任命一名稱職的總裁，信中從未提及墨里奇奧的名字或頭銜，但意思卻昭然若揭。這份文件讓墨里奇奧大動肝火，他在米蘭法院以誹謗罪起訴 Investcorp 和法蘭茲，索賠兩千五百億里拉，折合美元約為一點六億元，他甚至要求佛羅倫斯的檢察官以誹謗人格的罪名對法蘭茲提起刑事訴訟。七月二十二日，Investcorp 在紐約對墨里奇奧提出了仲裁程序，試著逼他辭去董事長一職，指控他涉嫌違反股東協議，同時對公司經營不善。這些法庭文件引用了墨里奇奧所編造的「父親託夢後在地下找到錢」的故事以進一步詆毀他。

「我們加大了力度，逼了又逼，逼了又逼。」比爾．法蘭茲說道。「但墨里奇奧有著水手的性格，他說：『我不會把這間公司交給阿拉伯人。我已經失去了一切，失去了我的財富、面子，失去了我在此行業裡應得的尊重，我要拉著這艘船陪葬。要死大家一起死。』」

戰情小組非常擔心他會說到做到。

「在大多數情況下，你會認為這種發言只是在虛張聲勢。」瑞克．史旺森說道。「但我們真的很擔心，墨里奇奧不理性的程度會讓他真的這麼做。」

猛烈且迅速的攻勢一波接著一波來襲。狄索爾對墨里奇奧提告，要求他償還自己在一九九〇年四月到一九九三年七月期間借給他的四百八十萬美元。隨後，墨里奇奧在米蘭法庭上也針對 Investcorp 採取了進一步的行動，將法蘭茲、哈陸克與托克逐出古馳的董事會。

經過幾個星期的激烈戰火，為了能在最後一刻挽回關係，內米爾・柯達打電話給墨里奇奧，問他有沒有意願到法國南部拜訪自己——內米爾習慣在八月時將生意轉移到此地。這時的兩人，已經有一年多不曾見面了。

「墨里奇奧？我是內米爾・柯達。」

墨里奇奧握著話筒，陷入震驚的靜默。

「我打電話來，是想問問我們能否聚一下？」柯達說道。「我喜歡你，墨里奇奧，我想把這些爭鬥都拋在腦後。我想私下見你一面。你能來法國南部找我玩一天嗎？我們可以吃頓午飯，坐船出去找點樂子。」

好不容易從震驚中回神的墨里奇奧，竟在腦中浮出了想說個無聊笑話的念頭。

「你確定我跟你在一起安全嗎？」他弱弱地問了一句。

「墨里奇奧，你待在我身邊永遠都是安全的。」柯達給了一個溫暖的回答。

墨里奇奧滿懷希望，認為柯達想提供他一個最終的解決之道，於是第二天便前往法國南部，與這名 Investcorp 的總裁見面，並在伊甸豪海角酒店的陽臺上享用了一頓池畔午餐。

「墨里奇奧，我希望你能瞭解，不管我們兩間公司之間發生了什麼，我一向都非常尊敬你，也非常賞識你的眼光。但我還有生意要做，一直以來也都承受著不小的壓力。誰知道呢？說不定有一天，我們能讓這間公司停止虧損並轉虧為盈，我們也許能再合作。」

在柯達說話的同時，墨里奇奧意識到—— Investcorp 不會讓步，不會有最後一刻的解決方案。表面上，兩人渡過了一個堪稱愉快的下午。墨里奇奧沮喪地回到米蘭，感到心灰意冷。

那年夏天，墨里奇奧沒有渡假的計畫，他搬進了他在盧加諾租下的寬敞公寓，他可以從陽臺上眺望湖景。墨里奇奧每天都搭車到米蘭的辦公室上班。

九月時，古馳內部的審計委員會（又名法定監事會）通知馬賽提，由於古馳的股東無法解決他們的分歧，且自年初以來一直沒有批准公司的任何帳目，按照法律規定，董事會有義務將公司帳目移交給法院。接著，法院將出售公司的資產以償還債權人。

「他們給了我二十四小時……然後就要收帳。」馬賽提說道。他請求委員會給他四十八小時的寬限期，然後打電話給墨里奇奧和法比歐・佛朗西尼。

「墨里奇奧根本動彈不得。」馬賽提說道。「他現在可說是四面楚歌。除了簽下合約，根本什麼也做不了。」

「我根本無法想像，當時他承受了多大的壓力。」史旺森後來補充道。「哪怕有一線生機出現，墨里奇奧都能多活一天。」史旺森說道。「直到面對個人信用破產、公司破產、失去一切——唯有將他逼到懸崖邊上，才能讓他真正面對現實。我們一直在想，這種情況下會發生什麼事。」

當天下午，墨里奇奧驅車前往佛羅倫斯，並在晚上七點半召集資深員工們開會。

「那麼，大學士，結果是什麼？我們要關門大吉了嗎？」克勞迪奧・德以諾琴地以他一貫的粗暴諷刺風格質問道。

「我辦到了！」墨里奇奧興奮地回答。「我找到資金挹注了。我準備要將

Investcorp 的股票買回來了。」

「太好了！」德以諾琴地以及其他的員工都紛紛回答，這些人在這場戰爭中一直支持著墨里奇奧，他們深怕在 Investcorp 掌管了整間公司後，職務會被大量地縮減，工廠也會一一關閉，而斯坎地其辦公室則會變成一間富麗堂皇的採購辦公室。

「一想到 Investcorp 可能進駐公司，彷彿世界末日就在眼前一樣。」德以諾琴地說道。

在墨里奇奧召集佛羅倫斯經理們的同時，戰情小組也在倫敦集合，好奇著他究竟還有什麼把戲。

「有人打電話給我們，說墨里奇奧召集了員工，並以經典的墨里奇奧體發下豪語，說他要打敗阿拉伯人。」史旺森回憶道。「我們都在想：『他是要破釜沉舟，還是要理性地賣掉公司？』」

當天深夜，來了一通電話——墨里奇奧準備投降了，原來墨里奇奧的演講是他邊緣政策的最後一幕。

一九九三年九月二十三日星期五，律師和金融家簇擁著墨里奇奧在盧加諾一間瑞士銀行的辦公室裡，簽下放棄古馳所有權的文件。同天早上，他的祕書莉莉安娜·科倫坡將他的私人物品從位於聖費德勒廣場五樓的辦公室中全數清出。魯道夫和亞歷珊卓的黑白照片、兩個女兒們笑臉盈盈的照片、古色古香的水晶和純銀筆組，還有他辦公桌上的物品。最後，在兩個工人的幫助下，她將魯道夫送給墨里奇奧的那幅威尼斯風景畫取了下來。

「這就是我週一早上再次進入他辦公室裡的感受。」古馳的前行政總監馬利奧·

馬賽提說道。「除了他的私人物品，一切都原封不動地擺在原位，和以前一樣——除了魯道夫送的那幅畫。」

那個星期五晚上，墨里奇奧邀請了包括馬賽提在內的一小群古馳經理到他位於盧加諾的公寓參加私人晚宴。

晚宴上僅有一名服務生安靜地在桌邊服務，墨里奇奧向出席的眾人解釋，自己賣掉了手上的古馳股份。「我做了該做的事。」他簡短地說。「我只是想讓你們知道，我已經竭盡全力了，但他們對我做的事真的太超過了。我別無選擇。」

在墨里奇奧的來電捎來他同意出售股份的消息時，Investcorp內部也迅速地行動了起來。文件已經草擬完成，瑞克・史旺森與另一名Investcorp的主管飛往瑞士準備完成交易。他們將最後的出價壓在一點二億美元。

時空拉到舉行交易手續的瑞士銀行裡。「他們把我安排在一間房間裡，墨里奇奧和所有的律師則被關在另一間會議室裡，但我想見見他。」史旺森說道。「他還是我的朋友，而且已經有好幾個月都沒人見到他過，所以我一直在走廊上試圖找尋他的蹤影。」

最後史旺森走到會議室門口，推開門，看見房間裡的律師們，以及背著雙手來回踱步的墨里奇奧。

墨里奇奧停下腳步，整張臉都亮了起來。「早啊，瑞克！」他一邊說，一邊走近史旺森，給了他一個標準的古馳風熊抱。

「這太離譜了！我們是朋友。」墨里奇奧繼續說道。「我才不要跟一堆律師坐在這裡。」他們一起重新回到走廊上，一邊聊著天。

「墨里奇奧。」史旺森最後終於開口，他深深地望著這個在過去六年裡與他緊密合作的男人。「我對事情的結果感到抱歉，但我想讓你知道——我們是真的相信你，也相信你對古馳的夢想。我們會盡全力把你的理想發揚光大。」

「瑞克。」墨里奇奧一邊說，一邊緩緩地搖頭。「我現在該做什麼？去航海嗎？我什麼事都沒得做了！」

# 第十四章

# 奢靡生活

一九九五年三月二十七日星期一的早上，墨里奇奧·古馳一如往常地在七點左右醒來，他賴床了幾分鐘，聽著寶拉的呼吸聲。寶拉偎依著墨里奇奧，他們躺在一張帝政風格的雙人床上，床的四角是新古典風格的床柱，柱頂上有著金色的絲質頂罩和木鷹雕刻——這原是國王在睡的大床，而墨里奇奧正喜歡這種高貴的感覺，他和托托·魯索找遍巴黎，四處找尋這種帝政風格的王室專用家具，他們的朋友曾表示：「這些家具優雅但不鋪張。」

在這之前，他將數年來收集到的這張床和其他家具都收了起來，直到他和寶拉·弗蘭希在一年多前，從科倫坡搬進威尼斯街的三層樓公寓後才拿出來用。他和寶拉這時已經在一起超過四年，然而因為公寓花了兩年多裝潢，因此墨里奇奧一直住在貝爾焦約索廣場的小間單身公寓——十八世紀落成的貝爾焦約索廣場就位於米蘭主教座堂的後方，四周全是宏偉的大理石大宅；而寶拉則與她九歲的兒子查利住在前夫的大廈公寓。

十九世紀打造的大宅富麗堂皇，一路從貝爾焦約索廣場往北延伸至聖巴比拉廣場，又延伸到賈丁尼公園，成為一條寬闊的大道。墨里奇奧和寶拉住的三層樓公寓就在大道上的三十八號，正對米蘭捷運紅線上的帕萊斯特羅站，隔一條街的斜對面就是賈丁尼公園。該公寓與大道上其他的建築物相比，其門面赭色的灰泥顯得傳統且簡樸。

一九九〇年，墨里奇奧與寶拉於聖莫里茲一間舞廳的私人派對上相遇，墨里奇奧深受寶拉標致的金髮碧眼、柔美的儀態與高瘦的身形所吸引，便到吧檯邊與她攀談——他們才發現兩人其實年輕時就已相識，他們曾與同一群朋友一起到聖瑪格麗塔的沙灘遊玩。墨里奇奧很喜歡寶拉輕鬆的舉止與笑容，她似乎與派翠吉雅在各方面都相反。自從墨里奇奧離開派翠吉雅後——除了與席麗來往的那兩年——他未再與任何女子深入交往，因為即便他與派翠吉雅分居，派翠吉雅在他的人生中仍占有相當重要的地位，他與派翠吉雅頻繁地溝通且時常爭吵，墨里奇奧厭倦了兩人間的衝突，但他也沒有時間和精力去追求其他對象。另外，他也十分畏懼愛滋病，據說他與任何人上床前都會先要求對方驗血。

「墨里奇奧是米蘭的黃金單身漢，然而他並非情場浪子，很多女人都對他很感興趣，但他沒有風流成性。」他的好友兼前顧問卡羅·布魯諾補充說道。

「不論是墨里奇奧或派翠吉雅，都不可能再找到與對方在生命中有著同等地位的另一半。寶拉與派翠吉雅的命格有許多相似的特質，所以可以理解為什麼墨里奇奧會被她吸引。」派翠吉雅聘請過的占星家說道。

墨里奇奧與寶拉相遇時，寶拉恰好與她身為銅產業龍頭的丈夫喬吉歐分居。墨里奇奧先是邀請寶拉一起喝酒，隨後兩人去吃晚餐，一直聊天聊到早上。

「他傾訴起自己的人生故事。他似乎很需要說話，他需要減輕內心與情緒上的負擔。他看起來像是能撐起全世界的人，但實際上他非常敏感。他在面對一些事情時會變得非常脆弱，他想為自己辯護，解釋清楚所有他和家族所經歷的醜聞，他面對著排山倒海的壓力，他對我說他想像隻老鷹那般振翅高飛，看清並掌控一切，且不會陷入其中。」寶拉後來說道。

起初兩人會在他位於貝爾焦約索廣場的小公寓偷偷見面，寶拉發現沒有什麼比家常便飯更討墨里奇奧歡心。墨里奇奧會切著義大利香腸，寶拉則會倒著紅酒，兩人會在拱型的天花板下蹭著鼻子，隨後移至龐貝紅的鍛鐵床上，寶拉就此掌握住墨里奇奧的心。

「那間小公寓成為我們兩人的愛巢。」寶拉後來說道。墨里奇奧與寶拉兩人打情罵俏之時，派翠吉雅怒火中燒，儘管兩人已盡可能地保持低調，仍無法逃出派翠吉雅從帕薩瑞拉精品街的空中別墅發出的監視網——儘管空中別墅的一切費用仍由墨里奇奧負擔。派翠吉雅從朋友的回報中得知，墨里奇奧與一名身形高瘦的金髮女子在各處出沒，派翠吉雅不久後便調查出寶拉的身分；派翠吉雅也有自己的新對象，且假裝自己對墨里奇奧漠不關心，但她其實仍時時關注著墨里奇奧的一舉一動。

托托・魯索為墨里奇奧尋得了威尼斯街上的公寓。起初墨里奇奧即便得搬出城也想要找棟別墅，然後改造成一間「古馳屋」，象徵他心中古馳該有的奢華與品味。但墨里奇奧並未找到他夢想中的別墅，於是便在威尼斯街的出租公寓定了下來。

魯索第一次帶墨里奇奧走進木質的大門，穿過雅致的鍛鐵內門並走進寧靜的庭院時，墨里奇奧便喜歡上這棟建築的優雅貴氣及鬧中取靜，厚厚的石牆彷彿與大道上的吵雜拉開了距離。墨里奇奧也十分喜歡院內帕拉第奧式的彩色馬賽克地板，以及院內左側連至公寓的大理石階梯，階梯頂端是兩扇鑲有玻璃片的木門，裡面有一臺直通樓上的現代電梯。

當時仍是古馳總裁的墨里奇奧心想，如此顯要的位置與奢華的裝設正好適合他如此地位的人。公寓的套房位於第二層，亦即義大利人所謂的鋼琴層——義大利擁有這種大宅的權貴家族都會從第二層住起——正面的大理石石階頂端可通往小門廳，門廳向上的左右各有一扇門能直通長廊，右側即是廚房與餐廳。長廊的兩側是多間的客廳與接待室，底端則是可以俯瞰繁茂花園的主臥室，花園隔壁就是因弗尼茲花園，整棟公寓美不勝收，所以一開始很難意識到其中的一大缺點——整棟建築內只有一間臥室。墨里奇奧首次到訪時，他與派翠吉雅已經分居，因此他獨自一人在此生活。直到遇上寶拉後，他便下定決心要重新建立起自己的家庭生活，並想要亞歷珊卓和阿萊格拉來同住。當時的三樓恰好也空了出來，因此作為屋主的馬雷利一家決定再將樓上的一層也租給墨里奇奧，第二層和第三層合起來就足夠容納墨里奇奧的兩個女兒和寶拉的兒子查利，隨後墨里奇奧又租下了第三層，並於第二層和第三層之間加蓋了樓梯。

「這裡以後就會是我們的新家。」墨里奇奧對寶拉說道，並將雙手環抱在寶拉的腰上，兩人的腳步聲在空蕩蕩的屋內迴盪。儘管沒能打造出一間「古馳屋」，威尼斯街的公寓仍代表了墨里奇奧想開啟全新且和諧的家庭生活的想望。墨里奇奧很高興他與寶拉和三個孩子能同住在一個屋簷下，且每個人都有各自的房間，他一直以來都希望女兒能有更多的時間陪在他的身邊，也一直期待有一天她們能來和他與寶拉同住。墨里奇奧很怕女兒會受控於派翠吉雅，以至於他與女兒的關係無法健全，儘管他已搬離原先的家多年，但他與派翠吉雅間的衝突仍使他難以修復與女兒間的關係。

翻修威尼斯街的公寓花了兩年多的時間及數百萬美元。公寓完工後的宏偉風格令所有人的眼睛為之一亮，並引起了全米蘭人的熱議，人們都想到裡頭瞧一瞧。但墨里奇奧鮮少接待客人，公寓內的照片也從未公諸於世——搬運工倒是絡繹不絕，他們送來了各式珍貴的古董、訂製的設備、精美的壁紙和華麗的絲綢。

公寓三層樓合起來的空間大約有一千兩百平方公尺，光是一年的租金就需要四百萬里拉，大概是二十五萬美金，墨里奇奧將室內的陳設交由托托全權負責，並未多加設限。魯索很高興有如此積極配合的客戶，因而表現出前所未見的水準，他將整棟公寓打掉，掀掉了地板也撕掉了壁紙，還模仿聖彼得堡的裝潢，訂購了雷射切割的鑲嵌木地板，並設計客製化的隔板與燈飾，搭配上華麗的壁紙與大量的布簾，最後聘請了多名專家至公寓修復或重新繪製天花板上的壁畫。墨里奇奧十分熱愛細木護壁板，那是一種法國的木雕裝飾隔板，他甚至還找了一套原屬於義大利前國王維托里奧·埃曼努埃萊·迪·薩伏伊的隔板來裝飾公寓內狹長的餐廳，這套隔板他購買自法國的一場拍賣會——青瓷色的隔板上巧妙地搭配了鍍金邊框、花朵與花瓶圖案，以及五彩的玻璃鑲嵌。魯索與墨里奇奧還特別委託廠商製作一張特大的人造大理石餐桌，因為他們在市場上都找不到這麼長的款式。最後，他們在餐廳掛上淺灰色的布簾，並在牆上嵌上有光澤的布料及鏡子；餐廳專為豪華宴會所設計，同時也是墨里奇奧、寶拉和查利三人每天早上吃早餐的地方。

墨里奇奧高高興興地將他收集的家具也都搬入公寓中，兩座大理石的方尖碑站在樓梯間的轉彎處，入口的門邊則放了兩座後腳騰躍的人馬銅像。他最喜歡的古董撞球桌則置於走廊底端右側的客廳，這張撞球桌的歷史能回溯至十七世紀中葉，桌下光滑的木質桌腳刻了幾張活靈活現的古怪面孔，桌旁的牆邊還搭配了兩張一模一樣的沙發。工人在準備為房內加裝隔板和書架時，驚訝地發現現代化的懸吊隔板內竟藏了刻有精緻迷宮圖案的石膏天花板，墨里奇奧因此同意修復原先的石膏天花板。而要在庭院中的訂製棚架上放些什麼時，很少有時間拿書起來讀的墨里奇奧，便決定在池塘邊擺些舊書。

布置威尼斯街公寓的任務造成了魯索與寶拉之間的衝突，寶拉過去曾是一名室內設計師，因此有許多自己的意見，他們雙方都因對方影響了墨里奇奧的決策而彼此怨懟。

寶拉僅是隱約地表現自己的不滿，魯索卻毫不隱藏自己對寶拉的感受。翻修仍在進行中的某天早上，魯索大肆地表達自己的怨氣，他在抵達公寓後便高聲大喊：「妓女到了嗎？」

他的助手塞爾焦．巴西跑進房內，他睜大他那雙在名牌眼鏡後的眼睛，對魯索發出噓聲，說道：「噓！托托！她在樓上！她應該聽到你說的話了！」

魯索不在乎，墨里奇奧曾向他保證，只有孩子的房間和樓下的遊戲室會由寶拉布置。

「寶拉不能進到我們所在的樓層。自從寶拉出現後，墨里奇奧與托托間的關係就有了些微的改變，托托與寶拉兩人時常爭論不休。托托就是典型的那不勒斯人，他的占有慾強，並且喜歡挑起紛爭、大發醋勁。」巴西回憶道。

墨里奇奧要求寶拉把空曠的長廊改造成一間遊戲與派對室，從庭園走上大理石石階所連至的空間，成了墨里奇奧的個人遊樂場。

「他內心裡就是個小孩，一想到那間房間，他的雙眼就會發亮。他總有各式各樣的想法。」寶拉在多年後說道。

主臥室前的空間成了遊戲廳，裡頭全是電動玩具、五〇年代的彈珠臺，還有墨里奇奧最愛玩的虛擬方程式──一款備有安全帽、方向盤和虛擬賽道的電腦賽車遊戲。後方則是電視間，在寶拉裝設了天鵝絨布簾、三排戲院椅和巨大的螢幕後，就像間小型電影院；最後方還有一間西部風格的酒吧廳，也是墨里奇奧的點子。

「我從沒做過任何西部風格的設計，所以我找了很多書來研究。」寶拉抬起頭微笑著說道。她訂製了一張圓弧狀的木質吧檯、皮革坐墊的吧檯椅，以及釘有飾釘的皮革沙發，牆面上有著峽谷、仙人掌與狼煙裊裊的錯視畫，彩繪的牛仔則跟著擺動的木門前後搖晃。公寓翻修落成前，墨里奇奧和寶拉就先舉辦了一場變裝派對作為遊戲室的啟用儀式，參加的賓客全都必須裝扮成牛仔及印第安人。

寶拉對樓上孩子們的房間特別細心，她知道對墨里奇奧而言，女兒們來同住的意義有多大。寶拉為亞歷珊卓和阿萊格拉選了少女最喜歡的天篷床，整間房間都搭配了花卉圖案與米色、綠色及玫瑰色的壁紙；她為查利選用了男孩子喜歡的色系，寶拉開玩笑地說道，因為查利不喜歡真的書，所以她只好為他挑選好看的書本圖案壁紙。整層二樓都是孩子們的空間，其中還設置了讓他們招待朋友的小房間、他們可以自己弄點食物的小廚房、客房，以及可自由進出的獨立出入口。自墨里奇奧與寶拉在一年多前搬入公寓後，查利便一直獨占整層二樓，亞歷珊卓和阿萊格拉則還未在那兩張精緻的天篷床上過夜。

房子裝潢尚在進行中，但托托和墨里奇奧卻因為寶拉而鬧翻了。

「因為他們兩人的祕書對不上帳目，托托的祕書對莉莉安娜說，墨里奇奧欠了托托十億里拉，莉莉安娜則說對方瘋了，說托托才欠了墨里奇奧一大筆錢。」巴西回憶道。事情越演越烈，托托和墨里奇奧自此不再聯絡，寶拉大獲全勝。

謠言開始在米蘭瘋傳——托托無法擺脫吸食古柯鹼的習慣，曾積極與他聯絡的友人和客戶們都紛紛走避，而他與太太和女兒雖然同在米蘭，卻採分居，但托托終究沒有訴諸離婚。後來他的健康出了問題並接受了心臟手術，他更換了三片心臟瓣膜，醫生診斷他染上的是心內膜炎，這是吸食古柯鹼的人常見的疾病。但影響他最深的並非是心臟疾病，而是同樣因吸食古柯鹼導致的陽痿。

「托托是活生生的唐・喬凡尼，他對女人而言有種特別的吸引力，或許對男人而言也是如此。他絕對不可能接受自己再也無法進行性行為的事實。」巴西說道。

托托的屍體最後躺在米蘭的一間旅館內——他經常會消失個兩三天到這間旅館尋樂，但這次魯索卻是獨自入住——旅館的工作人員循著湧出的流水找到他的房間，發現他倒在洗手檯上，死於心臟病。然而在朋友們的眼中，魯索看起來比較像是自殺。

墨里奇奧參加了托托的喪禮，並陪著木棺一路至聖瑪格麗塔，將他葬於該濱海名勝地。在進行最後的儀式時，抬棺的人發現托托的木棺竟比他的墓穴還大，因而必須稍微改裝。

「你連死了都這麼過分。」墨里奇奧哀傷地面露微笑，一邊追思他的好友，一邊搖著頭。他們兩人的一個共同好友才於兩個月前去世，墨里奇奧轉向身後那一小群哀悼的人們說道：「天知道誰會是第三個呢？」

隨著寶拉在他生命中的地位日漸重要，墨里奇奧試著要斷了他與派翠吉雅間的連結。儘管墨里奇奧每個月仍會將大筆的款項存入派翠吉雅的米蘭戶頭──平均每月存入一億六千萬至一億八千萬里拉，相當於十萬美金──然而他卻禁止派翠吉雅使用聖莫里茲的房產。墨里奇奧和寶拉想重新布置聖莫里茲的三棟房子，他們將青鳥之家改造成兩人的休憩住所，另外兩棟房子則供孩子、賓客、家僕使用，或作為娛樂場地。派翠吉雅為此抓狂，因為她認為青鳥之家屬於她，並逼迫墨里奇奧交出幾棟小木屋的地契給她和女兒們。一想到墨里奇奧和寶拉會待在青鳥之家，派翠吉雅就氣憤難平，她甚至威脅要將房子燒掉，並已請一名家僕準備好兩桶汽油擺在屋旁。

「把汽油放到房子附近，剩下的我自己會看著辦。」派翠吉雅對房子的管理員說道，然而管理員沒有遵從她的指示，派翠吉雅因而找了一名專用魔藥和咒語的靈媒。

墨里奇奧再次進到聖莫里茲的房子時，一陣強烈的不適和不安襲來，但墨里奇奧暫且不理會這些感受，於是他打開行李箱並準備在此處渡過週末。然而，拒他於門外的感覺持續排山倒海而來，於是他當晚便離開，開了三小時的車回到米蘭。隔天墨里奇奧打給了他熟識的靈媒安東涅塔．古莫，解釋了他遇到的狀況。幾天後，古莫便前往聖莫里茲，並在屋內點亮蠟燭以解放她口中所說的「不對勁」，後來她也在墨里奇奧位於盧加諾和紐約的公寓做了同樣的舉動，而派翠吉雅則持續於半夜在帕薩瑞拉精品街的廚房舉行降神會，場面十分驚悚，眾多家僕都跑到聖費德勒廣場告訴墨里奇奧他們所見的怪事。

派翠吉雅也透過忠於她的古馳員工掌控了墨里奇奧的所有商業動向，因而認為墨里奇奧沒有經營公司的能力；一名員工還曾寫信給派翠吉雅，希望她插手管理公司。

「派翠吉雅夫人，他已不似從前，我們不知該何去何從，深感迷惘和焦慮。我們嘗試與他溝通，卻多次碰壁。他根本漠不關心，只露出冰冷的笑容！拜託幫幫我們！拿回主導權吧！」信中寫道。

透過墨里奇奧和她的共同友人，以及墨里奇奧與寶拉的廚師阿德瑞娜，派翠吉雅對墨里奇奧的事瞭若指掌，包括威尼斯街公寓的豪奢翻修、克里奧爾號、車庫裡全新的法拉利，以及墨里奇奧於世界各地承租的私人飛機。隨著墨里奇奧的財務狀況每況愈下，他已無法固定匯錢給派翠吉雅，而派翠吉雅也發現自己無法付清帳單。雜貨商和藥商開始不再讓她賒帳，隨著銀行帳戶逐漸見底，她打電話聯絡了墨里奇奧的祕書莉莉安娜，但莉莉安娜很懂得如何與墨里奇奧的債主們周旋，他們總會得到滿意的答案，或求償無門的不知所措。

「以前每到月底，我總會愁著該上哪找到足夠的錢支付給派翠吉雅。」莉莉安娜回憶道，她表示自己總得唬弄墨里奇奧的債主，並籌到給派翠吉雅的費用。「我明天先給妳一部分，我會試著在這週內籌到剩下的錢。」莉莉安娜總會和藹且親切地說道。

「妳說什麼？他在威尼斯街公寓瘋狂地花錢，卻籌不出錢給自己的女兒？」派翠吉雅憤憤不平地哭喊道。

「不是，不是這樣的，太太，威尼斯街的公寓已經停工了。」莉莉安娜說謊道。

「沒關係，我就等。如果需要變賣家裡的東西，我們絕不手軟。」派翠吉雅抱怨道。

墨里奇奧每個月都拚命地為派翠吉雅籌錢，連司機路易吉都拿了自己的八百萬里拉給墨里奇奧，墨里奇奧甚至還從兒子的小豬撲滿裡拿了約莫六千五百美元。

直至一九九一年秋天，墨里奇奧對佛朗西尼坦承他私下造成的問題，並向派翠吉雅要求離婚；在佛朗西尼的協助下，寶拉同樣也向她的丈夫提出了離婚，並計畫與墨里奇奧一同搬至威尼斯街的公寓。派翠吉雅過去擁有的一切漸漸地從手中流逝，她滿腔怒氣與妒火。她嘲笑寶拉是個膚淺的女人，渴求金錢與地位且占盡墨里奇奧的便宜，並拆散他的家產。有些人認為派翠吉雅根本就是在形容自己。

「派翠吉雅對墨里奇奧的資產非常執著。她認為自己應該分得墨里奇奧資產的所有權，但這並非根據法律，而是根據她的幻想……她認為船是她的，聖莫里茲的房產也是……她也認為古馳的成就有很大一部分要歸功於她的建議，她強調她認為墨里奇奧根本沒有能力經營公司，她認為她的丈夫有支出控管的問題。她一直都對墨里奇奧的資產問題感到非常焦慮，因為她認為那些資產都屬於她，她擔心會影響到她和女兒們的權益。」皮耶羅・朱塞佩・琵若迪說道。他是墨里奇奧的另一名律師，派翠吉雅會定期打給他，再三確認自己的權利。

派翠吉雅執著地認為墨里奇奧是她所有痛苦和磨難的源頭，並發誓要在墨里奇奧毀掉女兒們前先毀掉他。

「她想看墨里奇奧雙膝跪地，她要墨里奇奧爬著回來找她。」派翠吉雅的朋友馬達萊娜・安塞爾米說道。派翠吉雅指望著降神會、咒術和奇異的力量。

「如果要我選擇人生要做的最後一件事，那我會選擇看著他死。」派翠吉雅某天與女管家阿爾達・里齊在房間聊天時如此說道。「妳能否問問妳男友是否能找人幫我的忙？」派翠吉雅再三要求里齊這麼做。直到一九九一年，里齊和男友一起去找墨里奇奧，墨里奇奧把兩人所述都錄了下來，並把錄音帶交給佛朗西尼。

同年秋天，派翠吉雅的頭痛開始發作。只要派翠吉雅沒在逛街或抱怨墨里奇奧，她就會把自己關在陰暗的房內好幾個小時，整個人因頭痛而無法動彈。頭痛使她每晚都無法入眠，她的母親和女兒們為此憂心忡忡。

「媽媽，我不想再看妳受苦了，我要找醫師來為妳診治。」十五歲的亞歷珊卓在某天說道。

一九九二年五月十九日，派翠吉雅入住了米蘭最好的私人診所馬多尼納，正是從前魯道夫・古馳治療前列腺癌的診所。醫生診斷出她的大腦左前側長了顆腫瘤，並告訴派翠吉雅必須立即開刀，但存活率並不高。

「我感覺自己的世界分崩離析。」派翠吉雅說道。「我知道我的腫瘤一定是他造成的，他帶給了我那麼多的壓力。我的帽子內全是頭髮，全是從我頭上掉下來的頭髮！我既已命在旦夕，我就要毀掉一切。」她憤恨地在日記中寫道。

派翠吉雅憤怒地在日記中的一整面寫下：「我受夠了！」

「絕不能讓墨里奇奧・古馳這種下賤低劣的人，過上擁有六十公尺高的遊艇、私人飛機、豪華公寓和法拉利的生活，甚至還逃過譴責。星期二時，醫生診斷出我的大腦受到腫瘤的壓迫，伊弗索歐醫生不安地看著X光片，深怕無法成功切除腫瘤。我現在獨自一人，帶著分別為十一歲與十五歲的兩個女兒，和心急如焚的寡婦母親。而我那失職的丈夫，他因為自己犯下的錯誤導致他的資產只夠他一人花用，所以拋下了我們。」

隔天早上，亞歷珊卓和派翠吉雅的母親希爾瓦娜哭喪著臉，前去墨里奇奧位於聖費德勒廣場的辦公室通知他這個消息。墨里奇奧的祕書莉莉安娜隔著門聽著他們低語，隨後便看到搖搖晃晃的墨里奇奧將兩人送出來，他的面色十分凝重。

「醫生診斷出派翠吉雅有顆撞球般大的腫瘤。」在希爾瓦娜與亞歷珊卓離去後，墨里奇奧擠出一點聲音對莉莉安娜說道。「現在我知道她為什麼變得那麼暴躁了。」他輕輕地說了一句。

希爾瓦娜詢問墨里奇奧是否能在她照顧派翠吉雅時，幫忙照顧亞歷珊卓和阿萊格拉，墨里奇奧表示有點困難，因為威尼斯街的公寓尚未完工，而他的單身公寓肯定塞不下兩個女兒。另外，他與Investcorp複雜的種種使他經常出差，墨里奇奧說自己很願意在有空時與女兒一起吃午餐。派翠吉雅聽到墨里奇奧的回應後，心中最後一絲的幻想也隨之破滅。

一九九二年五月二十六日早上，派翠吉雅躺在醫院的輪床上。此時的她已理去了整頭的秀髮，她親了親兩個女兒、捏了捏母親的手，直到護理人員將她推走前，她都痴痴地在等著墨里奇奧，然而墨里奇奧並未現身。

「我在那裡……我根本不知道是否能活著離開手術室，但他仍不願意到場。即便我們已經分居，我依然是他女兒們的母親。」派翠吉雅後來說道。

數小時後，派翠吉雅從麻藥的迷茫中醒來，她勉強集中注意力看了看床邊的臉龐，她看到她母親、亞歷珊卓和阿萊格拉，而墨里奇奧又再一次缺席了。派翠吉雅並不知道，希爾瓦娜和醫生都勸墨里奇奧不要現身，深怕他的出現會壓垮她。

墨里奇奧整個早上都心神不寧地在辦公室裡走來走去，最後，他還是對莉莉安娜說他要送花給派翠吉雅。莉莉安娜隨即表示可以幫忙訂花，但墨里奇奧卻直接拒絕，因為他知道派翠吉雅喜歡什麼樣的蘭花，因此打算親自去挑選。墨里奇奧從曼佐尼街一路走至雷德利花店，裡頭的花匠十分擅長製作流行樣式的花束。墨里奇奧謹慎地思考該在小卡上寫些什麼，深怕派翠吉雅會誤解任何字詞，最後他決定簡單地簽上自己的名字「墨里奇奧．古馳」。然而當花束送到醫院時，派翠吉雅卻憤怒地將花束砸在桌上，連拆都沒拆開，因為墨里奇奧精挑細選的蘭花與派翠吉雅種在青鳥之家前的一模一樣，派翠吉雅難過地想到自己已不能再進到那裡。派翠吉雅回到家的一週後，家裡又送來了更多的蘭花，以及墨里奇奧的親筆小卡寫道：「早日康復。」派翠吉雅聲淚俱下，整個人癱到了床上。

「那個混蛋竟然連看都沒來看我！」派翠吉雅哭喊道。

僅能多活幾個月的派翠吉雅催促著她的律師開始採取行動，他們主張派翠吉雅答應協議條款時身患疾病以至精神狀態不健全，因此要收回派翠吉雅與墨里奇奧第一次談成的離婚協議，此舉讓派翠吉雅多爭取到帕薩瑞拉精品街的公寓，以及奧林匹克大廈的其中一間公寓，總價值高達四十億里拉，在當時相當於三百萬美金。同時，墨里奇奧必須支付她於聖莫里茲頂級飯店為期兩週的假期的所有開銷，並必須每個月給兩個女兒兩千萬里拉，約莫為一萬六千美元。雙方為此重新協商並擬定全新的協議，條款中派翠吉雅所得的贍養費遠比先前的豐厚許多，包括每年一百一十萬瑞士法郎，約為八十四萬六千美金，以及一九九四年必須一次給付的六十五萬瑞士法郎，約為五十五萬美金。派翠吉雅還可終身免費住在帕薩瑞拉精品街的空中別墅，該處需立契轉讓給亞歷珊卓和阿萊格拉，派翠吉雅的母親則獲得蒙特卡羅區的一處公寓以及一百萬瑞士法郎，略少於八十五萬美金。

派翠吉雅起初被懷疑為惡性的腫瘤，後來經診斷為良性，她在休養期間靠著思考如何報復墨里奇奧以重獲精力。

她於六月二日在日記引述一段義大利女性主義作家芭芭拉・阿爾貝蒂的文字：「仇殺。我忘了仇殺並非僅限於受迫者的行為，天使也同樣適用。報仇雪恨是因為你千真萬確，絕不退讓是因為你曾遭冒犯，高貴並非代表原諒，而是要找到最好的方式羞辱對方，並放飛自我。」幾天後她又寫道：「只要醫生允許我聯絡媒體，我就要讓每個人都知道你骨子裡是個怎麼樣的人。我會上電視，我要不斷地為難你到你死，到我毀了你為止。」

她也用錄音帶記錄了她的滿腔怨氣，並將之交給墨里奇奧。

「親愛的墨里奇奧，我有記錯嗎？當我得知在我開刀當天，你是如何輕巧地躲避照顧女兒以及我媽媽的責任，一切不言自明，他們告訴我若沒接受手術就僅剩一個月能活……我想告訴你，你是個冷血的怪物，應該登上所有報紙頭版的怪物。我要讓每個人都知道你骨子裡是個怎麼樣的人，我會上電視，我會去美國，我要你成為茶餘飯後的話題……」

錄音機播放出派翠吉雅尖銳的聲音以及充滿仇恨的言詞，墨里奇奧靜靜地坐在辦公桌後聽著。

「你不用來看我……我的寶貝們正面臨著失去母親的險境，而我的母親則可能失去她唯一的女兒，你希望……你試過要鬥垮我，但沒得逞，我已到鬼門關走過一遭……因為你必須假裝自己沒錢，所以只能偷偷摸摸地買下法拉利，然而在你開著法拉利四處閒晃時，我們家裡的白沙發成了米色、鑲木地板充滿坑洞、地毯需要汰舊換新，而牆壁也需要再修補，你也知道灰泥會隨著時間剝落！但我們沒有錢！所有的錢都奉獻給了總裁先生，其他人該怎麼辦？墨里奇奧，你已讓人忍無可忍，連你自己的女兒都不尊敬你，為了忘卻創傷甚至不想再見到你……你是我們所有人都想忘掉的麻煩……墨里奇奧，你的報應還沒完呢！」

墨里奇奧突然間一把抓起錄音機，拔出錄音帶並朝辦公室的另一頭扔去。他不肯將剩下的內容聽完，直接就將錄音帶交給了佛朗西尼。佛朗西尼把錄音帶置入堆積如山的證物中，並建議墨里奇奧聘請一名保鑣，然而墨里奇奧冷靜下來後卻決定一笑置之，他不想受派翠吉雅的威脅所擾。當年八月，墨里奇奧同意讓派翠吉雅至她最愛的青鳥之家休養，這段假期讓派翠吉雅獲得了充分的休息，而她也趁這段時間重新主張自己於該處的房地產權。

「我要這青鳥之家永遠屬於我。」她於日記中寫道。

儘管離婚協議中的條款已有諸多豐厚的更動，但派翠吉雅仍言出必行，她邀請了記者至帕薩瑞拉精品街的公寓採訪她，並大力誹謗身為商人、丈夫和父親的墨里奇奧。墨里奇奧深信連他與同性外遇的傳言都是出自派翠吉雅，實則根本無中生有。

她還濃妝豔抹、花枝招展地登上了當時最知名的脫口秀節目《後宮》。她坐在攝影棚內鼓起的沙發上，對著觀眾大肆地抱怨墨里奇奧・古馳如何想用「一盤扁豆」對她始亂終棄，然而她口中的扁豆可是米蘭的空中別墅、紐約的公寓和四十億里拉。

「本來就屬於我的東西根本不該出現在協議中。」她義正辭嚴地說道，現場的來賓全都目瞪口呆地看著她，更不用說全國各地的觀眾了。「我必須為我們的女兒們著想，她們此刻連自己的未來在哪都看不見……我一定要為女兒們站出來抗爭，抗爭成功後，不管她們的父親想搭上克里奧爾號出遊六個月都隨他高興。」

一九九三年秋天，派翠吉雅意識到墨里奇奧可能會失去公司的掌控權，便馬上代表墨里奇奧介入其中。但她並非是想幫助墨里奇奧，如她後來所解釋，她是想要幫女兒留住古馳公司。派翠吉雅表示她曾試圖在墨里奇奧與Investcorp間扮演中間人的角色，說服墨里奇奧接受榮譽總裁的身分並退出管理階層，然而最終與許多人一樣徒勞無功；她也曾試著幫墨里奇奧籌錢買回股份，她聲稱自己派了皮耶羅・朱塞佩・琵若迪以協助墨里奇奧即時向佐爾齊融資，並於拍賣會上買回了自己的股份。墨里奇奧最終在與Investcorp的鬥爭中落敗，並被迫銷售他手上百分之五十的股持股份，這使派翠吉雅大受打擊。

「你瘋了嗎？這是你做過最失心瘋的事了！」派翠吉雅對著墨里奇奧叫道。失去古馳公司，成了另一道傷疤。

「對派翠吉雅而言，古馳就是一切。古馳是財富、權力，也是她與女兒們的地位象徵。」多年後，她過去的朋友皮娜・奧利耶瑪如此說道。

第十五章

# 與世長辭

鬧鐘響起前，墨里奇奧便已伸手至床頭櫃將鬧鈴取消；寶拉咕噥了一聲，把臉埋進枕頭中。墨里奇奧放下鬧鐘，眼神穿過燃氣壁爐前緊密排列的綠沙發，再看向房間另一側整面的落地窗，此時晨光已透過百葉窗和金絲窗簾照進室內——為了欣賞種滿植物的陽臺和樓下的花園，墨里奇奧與寶拉總喜歡在金絲窗簾間留一條縫隙。屋內幾乎聽不見威尼斯街的人聲鼎沸，但能聽到從隔壁的因弗尼茲花園傳來的孔雀的叫聲，儘管這棟公寓位於米蘭市中心，但墨里奇奧就是喜歡這裡帶給他的寧靜，尤其此處鄰近蒙特拿破崙大街和斯皮加街上的雅致店家，那裡曾是墨里奇奧人生夢想中的場景。

墨里奇奧在賣掉手上古馳股份的頭幾個月大受打擊，成天活在茫然之中，彷彿得知有人去世了一般。他怪罪 Investcorp 不給他足夠的時間周轉、怪罪道恩・梅洛沒有遵照他的設計概念、怪罪狄索爾的背叛……他感覺自己已無計可施。

「墨里奇奧最糾結的點在於辜負父親，他害怕自己辜負了前人的努力，因此痛苦萬分。但最後墨里奇奧意識到自己別無選擇，必須賣掉公司，他只好放下，情況已超出他的能力範圍。」寶拉後來回憶道。

墨里奇奧賣掉公司的股份後，便將債務清償，並將多出的一億美元存於銀行，此時是墨里奇奧・古馳人生第一次停下奮鬥。

拍賣結束後，墨里奇奧買了一輛腳踏車停在威尼斯街公寓的地下室，便從米蘭人間蒸發。他先是開著克里奧爾號至聖特羅佩參加賽船大會，接著便隻身躲回聖莫里茲。幾週過去後，疑惑與沮喪漸散，墨里奇奧發現自己已然卸下身上的重擔。

「這是墨里奇奧人生第一次能決定自己未來要做什麼。他沒有無憂無慮的童年，且總是無法擺脫伴隨著『古馳』這個名字而來的壓力。他的父親對他寄望甚深，因此墨里奇奧總是認為自己該做『對』的事情，古馳由他的父輩們一手建立，但墨里奇奧卻無緣無故繼承了公司百分之五十的股份，也因此招來堂兄弟們的嫉妒。」寶拉說道。

一九九四年初，墨里奇奧回到米蘭，牽了自己的腳踏車，每日往返於威尼斯街的公寓與法比歐・佛朗西尼的辦公室，墨里奇奧在那裡開始構思自己的新事業。佛朗西尼回憶道：「他無處可去，所以就來我這裡。每天早上八點，他就會到我辦公室開始腦力激盪。」

某天早上在騎腳踏車的途中，墨里奇奧在聖費德勒廣場停了下來。一九九四年二月，冷颼颼又灰濛濛的一大早，古馳的公關主任彼拉爾・克雷斯皮抵達位於聖費德勒的總部，早在員工前來匯報前，她便已沿著鋪了地毯的樓梯走向她位於二樓的辦公室。克雷斯皮在辦公桌旁走來走去，整理著封面光滑的時尚雜誌，她深邃的五官因為她的全神貫注而繃緊，突然間，窗外的景象引起了她的注意。她向下望去，教堂剛刷洗過的粉白色外牆，以及聖費德勒廣場周圍的建築物，都在銀白的晨曦中閃著微光，彷彿是一座位於斯卡拉大劇院附近的歌劇舞臺。此時的克雷斯皮放下手中的資料，躲到窗戶旁偷偷地向外瞧——有一個人默默地坐在總部對面的大理石長椅上，抬頭看著古馳的辦公室。這名男子的身上穿著一件駝色大衣，黯淡的金髮垂至領口，他的身影幾乎與周遭的大理石融為一體，因此克雷斯皮起初並未注意到他。男子舉起一隻手將眼鏡向鼻子一推，這熟悉的動作吸引了克雷斯皮的目光，她倒抽了一口氣，意識到椅子上盯著總部的男子是墨里奇奧・古馳，克雷斯皮已有將近一年沒有見到墨里奇奧了。公司出售的前幾週，墨里奇奧四處奔走且難以聯絡，公司出售後，他更是消失得無影無蹤。克雷斯皮看著墨里奇奧掃視整棟古馳總部，彷彿在想像總部內的一舉一動，一陣哀傷向她襲來，她想到墨里奇奧起初是如何耐心且慷慨地對待她，讓她延後進入古馳的時間，好讓她先在紐約完成學業，再安排搬至米蘭的事宜。她回想起以前的墨里奇奧有多麼精力充沛和熱情奔放，直至絕望後來將他逼成了偏執妄想且難以捉摸的雇主。

「他的悲傷之情全寫在臉上，聖費德勒曾是他的夢想，然而此刻他只能坐著仰望。」克雷斯皮後來說道。

「現在我是自己公司的總裁了。」墨里奇奧後來對寶拉說道。墨里奇奧成立了一間新的公司，名為「Viersee Italia」，並於帕萊斯特羅路的公園對面租了間辦公室，只離他們家幾步之遙。寶拉用明亮的壁紙與中國漆器質感的五彩木片為他布置辦公室，安東涅塔則交給他護身符及一些粉末，用來驅散派翠吉雅的邪咒。墨里奇奧知道寶拉對他的迷信頗有微詞，但他十分喜歡安東涅塔，安東涅塔能消除他心中的疑處並提供不錯的建議，墨里奇奧找安東涅塔的用意，就如同其他人會尋求財務分析師和心理學家的幫助一樣。

墨里奇奧挪出了一千萬美元，給自己一年的時間投資除了時尚以外的產業，墨里奇奧對於旅遊業特別感興趣，因此他開始研究一些企劃。起初有人請他贊助，支付古船停靠於帕爾馬的相關費用，帕爾馬正是他停靠克里奧爾號的西班牙港口。墨里奇奧也派遣了一隊考察團至韓國和柬埔寨調查旅遊前景，此外，他還考慮在風景如畫的歐洲各大城市開設連鎖的豪華小旅舍，並投資了克萊恩蒙塔納的一間瑞士滑雪渡假村六萬瑞士法郎，約莫為五萬美金——後來許多大型的連鎖酒店都參考了這間渡假村的設計，於大廳內安排了彈珠臺及吃角子老虎機等遊戲機。

「他的功課都會做得很透徹，並非只像他在古馳時那般亂砸錢。在開始每個新的企劃前，他都非常認真地研究，他終於有所成長了。」莉莉安娜說道，在墨里奇奧離開古馳後，莉莉安娜依然繼續擔任他的祕書。

墨里奇奧漸漸找回從前的魅力與熱情，這是他第一次為自己而活。他為了他的新職務重新治裝，把過去擔任總裁時穿的灰色西裝收在衣櫃中，僅在遇上特別的商務會議時才會拿出來穿，棉質斜紋褲、燈芯絨長褲和休閒襯衫成了他的新制服，而罩在領帶上的也不再是外套，改為喀什米爾羊絨的毛衣。即便失去了古馳，墨里奇奧仍努力維持著自己的風範，無論身處何種場合，他都能穿出對的風格——在他沿著賈丁尼公園的陰涼小徑慢跑時，便會穿著在美國買的跑步裝；在他騎著最棒的旅行自行車於城內遊蕩時，則會穿上適合騎車的便裝。儘管派翠吉雅百般阻撓，且於寶拉在時變本加厲，墨里奇奧仍會試著多花點時間陪伴亞歷珊卓和阿萊格拉。

他仍記得父親過去對他有多麼吝嗇，一九九四年六月，墨里奇奧送給亞歷珊卓一億五千萬里拉作為生日禮物，相當於九萬三千元美金。他向女兒表示，這比錢任她運用，其中包含辦生日派對的費用。

「我希望這筆錢是由妳全權處理，妳可以隨心所欲，可以自己選擇派對要辦大或辦小，就看妳如何運用。」墨里奇奧對著大女兒說道。然而有違墨里奇奧的期望，派翠吉雅包辦了派對的大小事，並表示為了「在派對上展現出最好的一面」而替自己與女兒安排了整形手術——派翠吉雅做了隆鼻，亞歷珊卓則接受了隆乳。

九月十六日晚上，約莫四百名賓客沿著燭光駛向位於米蘭郊外的阿達河畔卡薩諾，派翠吉雅租下了當地的博羅梅奧酒店。眾人在享用完豐盛的晚餐後繼續暢飲香檳，並在發現表演的樂團竟是知名的吉普賽國王合唱團時齊聲歡呼，派翠吉雅為了給亞歷珊卓這個驚喜，可是花下了天價。

墨里奇奧並未到場，由亞歷珊卓的教父喬凡尼·維塔利與派翠吉雅和亞歷珊卓一同招呼賓客。派翠吉雅在吃晚餐時，轉頭和同桌的科西莫·奧列塔開始交談，科西莫·奧列塔是協助她處理離婚協議的律師。

「大律師，如果我決定要給墨里奇奧上一課會怎麼樣？」派翠吉雅故作靦腆地說道，實際上她在發現墨里奇奧缺席後，內心十分激動。

「『給墨里奇奧上一課』是什麼意思？」心頭一驚的律師回應道。

「意思是說，如果我除掉他，我會怎麼樣呢？」派翠吉雅更直截了當地說道，眨動著刷滿深色睫毛膏的睫毛。

「這種事可不能拿來開玩笑。」奧列塔震驚地說道，隨後便換了一個話題。一個月後，派翠吉雅於奧列塔的辦公室又問了一次相同的問題，奧列塔因此不願意再繼續擔任派翠吉雅的訴訟代理人，他寄了一封信要派翠吉雅別再胡言亂語，並將他們的對話內容告知佛朗西尼與派翠吉雅的媽媽。

派對結束後幾天，墨里奇奧打電話要亞歷珊卓至他位於帕萊斯特羅路的辦公室，因為銀行通知墨里奇奧說，亞歷珊卓名下的新帳戶已透支了五千萬里拉，相當於三萬美金。

「亞歷珊卓，銀行說妳的帳戶透支了五千萬里拉，我不僅不打算幫妳承擔這筆費用，我還希望妳向我解釋這些錢去了哪裡！」墨里奇奧嚴厲地說道。

亞歷珊卓在父親的怒視下，不自在地稍微挪動了身子。

「對不起，爸爸，我知道我讓你失望了。我並不清楚每一筆錢的去向，你知道後來是媽媽負責了派對的規畫……我發誓我會檢討每一筆的支出，不會再有下次了。」亞歷珊卓斷斷續續地說道。

亞歷珊卓之後帶來了帳單，很明顯地，除了付給派對主辦方和活動的費用外，派翠吉雅還從亞歷珊卓的帳戶中額外挪用了四千三百萬里拉，且都是無法報帳的支出，約莫為兩萬七千美元。墨里奇奧雖十分惱火，但最後還是繳清了帳單，他給女兒的財管課程以失敗收場。

一九九四年十一月十九日，墨里奇奧與派翠吉雅正式離婚。當週的星期五，墨里奇奧於午餐時間回家給寶拉一個驚喜，滿臉笑容地站在客廳對著剛到家的寶拉打招呼，手裡拿著兩瓶馬丁尼。

「寶拉，從今天起，我就自由了！」墨里奇奧說道，隨後兩人碰杯並擁吻。早在一個月前，寶拉就收到來自科倫坡的離婚證書，而此時的墨里奇奧覺得自己終於能夠重新開始，擺脫消磨他至今的個人和公司問題。墨里奇奧要求派翠吉雅摘掉「古馳」的頭銜，並開始準備爭取兩個女兒監護權的相關文件。根據墨里奇奧親朋好友的說法，墨里奇奧並不想再婚，然而他確實請佛朗西尼為他和寶拉間的關係擬定合約，而寶拉則有著不同的想法，她告訴友人她與墨里奇奧已著手安排，並且會在聖莫里茲的雪天裡辦場聖誕婚禮，讓馬匹拉著堆滿皮草的雪橇載兩人進場。消息很快就傳回派翠吉雅的耳中，她十分擔心他們兩人會有孩子。

派翠吉雅將怒氣宣洩在新的計畫中——五百頁的手寫稿、真假參半的內容，取名為《古馳間的對決》，講述墨里奇奧失去公司後的故事。派翠吉雅打電話給好友皮娜，請對方從那不勒斯上米蘭幫她一同完成這部幻想的歷史故事，記錄她與古馳家族共處的經驗。皮娜自從與朋友合開服飾店失利後，日子變得越來越窮困，因而急欲逃離那不勒斯及不斷增加的債務。她對派翠吉雅坦白自己從姪子公司的收銀臺偷了五千萬里拉，約莫為三萬元美金——她過去曾有一段時間在姪子的公司裡幫忙——因此現在急欲逃離那不勒斯。派翠吉雅將皮娜安排在米蘭的一間旅館，但並未邀請她至家裡，因為希爾瓦娜和女兒們並不喜歡皮娜，她們覺得她十分粗俗且下流。

墨里奇奧安靜地滑下床以免吵醒寶拉，他們在米蘭的家中待了幾週，並未如原先所計畫前往聖莫里茲，墨里奇奧感覺自己得到了充分的休息。查利在此時前去拜訪他的父親，家裡只剩墨里奇奧與寶拉兩人，墨里奇奧星期三時才從紐約回家，他去與花旗集團結清一筆他與古馳抗爭時留下的舊帳——每回想起以前經歷過的創傷，墨里奇奧都會再次感到疲乏與苦悶。

星期五中午之前，墨里奇奧覺得要開三小時的車至聖莫里茲實在太累，因而打電話通知寶拉，由寶拉聯絡聖莫里茲的家具商取消會面，莉莉安娜則負責通知聖莫里茲和米蘭兩邊家裡的傭人。米蘭多數的上流家庭鮮少會在週末待在城內，他們會在冬天時去附近的阿爾卑斯山，夏天時則會前往利古里亞海的海邊；而墨里奇奧因為開始崇尚儉樸的生活，時不時就會待在米蘭過週末。他在星期五離開辦公室時，桌上滿是他的創作，散亂的文件、小冊和筆記全與他的新計畫有關，他將辦公室門關上並在上頭貼了一張字條，要打掃阿姨什麼都別亂碰。

星期天，墨里奇奧和寶拉比較晚起床，兩人懶洋洋地在陽臺上享用早餐，隨後便前去納維利附近的運河，古董商每個月都有一天會擠滿運河邊的人行道賣貨，並形成一個古董市場，墨里奇奧當週唯一的缺憾就是未能見到兩個女兒。

他與亞歷珊卓於星期五時曾在駕訓班短暫地見面，那天亞歷珊卓去考駕照，隔天便得意洋洋地打給墨里奇奧說她考過了。

「太棒了！下週我們一起去聖莫里茲吧！就我們兩個人！」墨里奇奧在電話另一頭對女兒說道，而那是亞歷珊卓最後一次與她父親通話。

星期天晚上，墨里奇奧答應與寶拉和她的一群朋友一起去看電影及吃晚餐，結束後，墨里奇奧與寶拉一同回家，兩人開始為墨里奇奧想開設的連鎖豪華小旅舍想名字，過程中墨里奇奧的雙眼恰好落在他床頭櫃的那本童話書上，書名為《瓶中樂園》。

「就這樣吧！取名為『瓶中仙境』，完美！」他睡前仍反覆叨念著這個名字。

隔天早上，墨里奇奧在臥室旁的寬敞大理石瓷磚浴室沖澡，想著一整天的安排。他今天要先與安東涅塔在辦公室會面，他想針對自己的計畫向她徵詢一些意見，然後他就要與佛朗西尼開會，接著兩人再與寶拉一同邊吃午餐邊談公事。墨里奇奧並不希望自己今天在外頭待太久，因為他買了一組新球桿，想要早點回家試試手感。

沖完澡後，墨里奇奧走回臥室，寶拉正好頂著一頭亂髮抬起頭，墨里奇奧傾身吻了寶拉。接著，他拾起遙控器，打開房間另一頭遮蓋住落地窗的自動窗簾，晨光頓時湧入房內，窗外的綠葉映入眼簾，兩人頓時以為自己身處於滿是植物的仙境，而非米蘭市中心。

墨里奇奧挑選了一件威爾斯格紋西裝、一件亮藍色的西裝，及一條藍色絲線的古馳領帶。賣掉公司後，墨里奇奧依然拒絕放棄古馳的領帶，並表示自己沒有放棄的理由，時不時還是會請莉莉安娜至古馳的店內購買，而狄索爾還會大方地提供折扣，當時古馳一家可沒有其他人能在店中享有折扣。墨里奇奧繫上蒂芙尼手錶的棕色皮革錶帶，並在外套裡塞了一本手帳，以及一些他於週末寫下的筆記。他將橘紅色與金色相間的幸運符放進褲子右前方的口袋，而畫有瓷釉耶穌像的金屬牌則放入褲子後面的口袋，寶拉披上一件袍子，兩人便一起走下樓至大廳。迎面而來的是來自廚房的新鮮咖啡香，廚師阿德瑞娜已經準備好早餐，而寶拉的索馬利亞女傭則在宏偉的餐廳內服侍著兩人。墨里奇奧一邊拿起報紙，瞥一眼當日頭條，一邊吃著早餐麵包捲並小口地喝著咖啡，而總是很在意腰圍的寶拉則用湯匙吃著優格。

墨里奇奧放下手中的報紙，喝光杯中的咖啡，看著寶拉露出溫暖的笑容。

「妳十二點半左右會到？」墨里奇奧問道，將手掌罩在寶拉的手掌上，寶拉微笑著點了點頭。墨里奇奧起身，將頭探進廚房與阿德瑞娜道別，隨後走至玄關，而寶拉則站在他身後，因為早晨的空氣依然有些刺骨。墨里奇奧套上他的駝色大衣，雙手抱住寶拉說道：「寶貝，想睡就再回去睡一下，還有好一會兒才到午餐時間。慢慢來，不用急。」

墨里奇奧與寶拉吻別後，快速地走下豪奢的石階，伸手摸了一下樓梯間的方尖碑，接著便踏出巨大宏偉的木門至人行道上。他看了一眼手錶，剛過上午八點半。他站在十字路口等紅路燈，準備穿過威尼斯街，隨後便輕快地沿著帕萊斯特羅路的人行道前進，想著要趕在安東涅塔到之前先將資料整理好。墨里奇奧掃視對街的公園，一如往常地開始計算自己的步伐——每一戶之間正好相隔一百步——走進帕萊斯特羅路二十號時，他心想著能走路上班真是種奢侈……幾乎沒有注意到人行道上有名黑髮男子不停張望著門牌號碼，似乎是在確認地址。

墨里奇奧擺動著手臂，走進建築物的大門，並在跳上樓梯時，向門口的守衛朱塞佩・奧諾拉托打招呼。

「早安！」

「早安！大學士！」朱塞佩・奧諾拉托一邊掃地，一邊抬頭說道。

一九九五年三月二十七日早上，在得知墨里奇奧的死訊後，只有女傭看見派翠吉雅無法自拔地啜泣。她隨後便擦乾眼淚並打起精神，在她的卡地亞日記本裡大大地寫下希臘文的「天堂」（PARADEISOS）二字，並用黑筆將日期圈了起來。當天下午三點，派翠吉雅從她位在聖巴比拉廣場的公寓出發，走了幾個街區至威尼斯街三十八號，同行的是她的律師皮耶羅・朱塞佩・琶若迪，以及她的大女兒亞歷珊卓。派翠吉雅按響了墨里奇奧公寓的門鈴，表示要找正準備小睡片刻的寶拉・弗蘭希。

當天早上，安東涅塔才在墨里奇奧離家後不久找上門，並要見寶拉，安東涅塔說她到墨里奇奧辦公室要與他見面，但外頭卻不斷湧上大批的人群，她根本進不去。她立即衝去找寶拉，告訴她出事了。寶拉套上幾件衣物，便朝著對街跑去，她不斷地向前推擠，想穿過門口的大批記者。

「我是他太太！我是他太太！」寶拉上氣不接下氣地對著阻擋記者的憲兵大喊，憲兵隨即讓她通過，而就在她準備穿過寬敞的木門時，墨里奇奧的好友卡羅・布魯諾從人群中跑出來並拉走了她。

「寶拉，別進去。跟我來。」布魯諾沉重地說道。

「墨里奇奧出事了嗎？」寶拉問道。

「對。」布魯諾說道。

「他受傷了嗎？我想去找他。」兩人沿著公園離開時，寶拉一邊啜泣，一邊用盡全力地想掙脫布魯諾的手，隨後兩人到了帕萊斯特羅路與威尼斯街的十字路口。

「已經無能為力了。」布魯諾說道，寶拉難以置信地看著布魯諾。數小時過後，寶拉去了太平間見墨里奇奧。

「他躺在桌上，腹部朝下，臉轉向一側，除了太陽穴上有個小孔外，他看起來很好。他就是這麼棒，不論是在旅行或是在睡覺，他看起來總是很好，似乎從來沒有皺起臉或看起來老態龍鍾。」寶拉說道。

當天下午，米蘭的地方法官諾切里諾便開始審問寶拉，問她墨里奇奧是否有任何仇家。

「我唯一想說的就是一九九四年秋天時，墨里奇奧曾從他的律師佛朗西尼那裡得知，派翠吉雅曾對她的律師奧列塔表示，她想要殺了墨里奇奧。墨里奇奧有點擔心，幾經威脅後，佛朗西尼似乎比墨里奇奧更加憂心，他要墨里奇奧找方法保護自己，但墨里奇奧僅是一笑置之。」寶拉呆滯地說道。諾切里諾疑惑地揚起眉問道：「妳呢？夫人，妳有設法保護自己嗎？」

「沒有，我與墨里奇奧沒有簽署任何文件，也沒有任何經濟協議。如果你想問的是這些，那這就是答案，我們單純就是情感上的關係。」寶拉感覺自己受到了冒犯，冷淡地說道。

寶拉後來回到了威尼斯街的公寓，努力地想睡一下，而派翠吉雅在這時按響了門鈴，她說有重要的法律問題要討論，而家裡的傭人則拒絕了派翠吉雅的要求，並表示寶拉正在休息。亞歷珊卓頓時哭了起來，開口問道自己是否能留一件爸爸的羊絨毛衣作為念想，寶拉雖然拒絕接待派翠吉雅，但仍指示傭人拿一件毛衣給亞歷珊卓，亞歷珊卓感激地接過毛衣，將頭埋進其中，聞著爸爸的味道。

寶拉打電話給佛朗西尼，詢問自己該怎麼辦，但卻沒有得到任何的慰藉。佛朗西尼表示，寶拉只能不斷地退讓，因為墨里奇奧要他準備的關係合約仍在佛朗西尼的辦公室裡，而寶拉與墨里奇奧均未簽署，因此寶拉沒有權利要求墨里奇奧的任何財產，財產會全數交給墨里奇奧的女兒。寶拉只能盡快安排離開威尼斯街的公寓。

隔天一早，派翠吉雅又來了。而在她到之前，法院官員已先來查封了房子，因為「墨里奇奧．古馳的繼承人」早在前一天的早上十一點便向法院聲請了財產扣押。寶拉不敢置信地看著官員。

「昨天早上十一點，墨里奇奧．古馳才剛死幾個小時。」寶拉抗議道，想說服官員保留一個房間給他們，她說道：「我與我的兒子住在這裡，您覺得這麼短的時間內，我們能搬去哪裡呢？」

派翠吉雅的動作很快，但寶拉也有所準備。她與佛朗西尼聯絡過後，又另外打了幾通電話，接近傍晚時便來了許多搬家工人，將家具、燈飾、布簾、陶瓷和餐具全裝進停在威尼斯街三十八號前的三輛廂型車中。又過了一天，派翠吉雅的律師要求寶拉歸還所有的物品，但最後寶拉還是獲准留下了幾項物品，因為她表示那些東西本來就屬於她，其中包括一組派翠吉雅激烈爭搶的客廳綠絲綢布簾。

「我以母親的身分前來，而非太太的身分。」隔天早上官員陪同派翠吉雅進到威尼斯街三十八號時，她冷冷地對寶拉說道：「妳必須盡快離開，這裡以前是墨里奇奧的房子，現在開始就是他女兒的房子，妳到底還想帶走什麼？」

四月三日星期一的早上十點，一輛黑色的賓士載著墨里奇奧．古馳的棺木，停在聖卡羅教堂前的聖巴比拉廣場上；從派翠吉雅空中別墅的陽臺可以將教堂黃色的正面盡收眼底。四名送葬人員走下車，將棺木抬進教堂，此時還沒幾個人來哀悼。莉莉安娜與他的丈夫站在教堂外，看見棺木孤零零地被放在聖壇前，棺木上蓋著灰色的天鵝絨，天鵝絨上擺著三個灰色與白色相間的大花圈。莉莉安娜把手放到她丈夫的手臂上。

「我們進去陪墨里奇奧吧！我不忍心看他自己一個人在那裡。」她聲音顫抖地說道。

派翠吉雅安排了喪禮的大小事宜，而寶拉則待在家裡。那天早上，派翠吉雅扮演成完美的寡婦，她的臉上戴著黑色的太陽眼鏡並罩著黑紗，她身穿黑色的套裝，還戴上黑色的皮手套。她並沒有隱藏她的真實感受。

「作為一個人，我會說我很難過。但我個人不會這麼說。」派翠吉雅毫無敬意地對等待已久的記著們說道。

她與亞歷珊卓和阿萊格拉一同坐在所有哀悼者的最前面，亞歷珊卓和阿萊格拉也都戴著太陽眼鏡。全場不到兩百人，到場的朋友更是少之又少，來的有畢普・戴安娜、里娜・阿雷馬娜，以及基卡・奧利維蒂，全是義大利北部的工業貴族世家。多數友人選擇待在家中，深怕捲入墨里奇奧・古馳慘死的醜聞，按照義大利的習俗，死者友人會於當地報紙上刊出死訊，以表與已故者家人同在之意，然而基於相同原因也很少人這麼做。新聞上充斥著對於黑手黨式行刑的臆測，以及檯面下非法交易的猜想，也因此觸怒了布魯諾、佛朗西尼，和其他與墨里奇奧親近且深知他處事正直的友人。參加喪禮的多數人都是墨里奇奧以前的員工，他們都前來向他道別，其他還有記者和好奇的旁觀者。喬吉歐・古馳和他的太太瑪莉亞・皮婭以及喬吉歐的兒子古馳奧・古馳一同搭機從羅馬前來——古馳奧・古馳是為了紀念祖父而命名——他們坐在派翠吉雅身後好幾排的長椅。保羅的女兒派翠吉亞也同樣出席了，儘管墨里奇奧曾與保羅發生衝突，但墨里奇奧對她很好，在古馳出售給 Investcorp 前的幾年，墨里奇奧還曾聘用她進到古馳的公關部門。

「我們在此向墨里奇奧・古馳道別，也向世上所有和墨里奇奧相同不幸殞命的人道別。」牧師唐・馬里亞諾・梅洛說道，與此同時，兩名變裝的憲兵偷偷錄下了全程，並在短暫的儀式期間拍了好幾張照片，還仔細查看了出席名單以尋找關於殺手的可能線索。儀式結束後，黑色的賓士發動，並朝著聖莫里茲開去，派翠吉雅決定將墨里奇奧葬在那裡，而不與他的家人同葬於佛羅倫斯。

聖器守司安東尼奧難過地喃喃自語道：「現場的攝影機與好奇的旁觀者比朋友還多。」

「喪禮的氣氛與其說是傷感，更像是詭異。」《晚郵報》的社會專欄作家莉娜・索蒂斯觀察道，她惡質地表示殺手是否真的曾出現在喪禮上可被列為世紀之謎。索蒂斯更無情地評論說，儘管墨里奇奧名利雙收，卻未能真正地在有義大利金融與時尚之都的米蘭找到屬於自己的位置。

「墨里奇奧・古馳活在這座城市的陰影中，每個人都知道他的名號，但鮮少人真的認識他，他曾向朋友說道：『米蘭對我來說實在太現實了。』這個金髮碧眼的男孩做什麼都得心應手，但就是留不住真心愛他的女人，也搞不定冷漠現實的米蘭。」索蒂斯隔天在報導中寫道。

隔天，寶拉為墨里奇奧召開了一場記者會，地點位在鄰近莫斯科瓦街的聖巴爾多祿茂聖殿。

「你總知道如何贏得我們的心，但就是有人沒能像我們一樣愛你。這個人犯下的不只是一項罪孽，而是十項、二十項、五十項……項數多到就像今天到場的人數，因為在每個認識你的人的心中，都有這麼一部分死去了。」丹尼斯・勒・科迪爾讀了一小段訃聞。他是寶拉的表親，同時也是墨里奇奧的朋友。

幾個月後，派翠吉雅耀武揚威地搬進了威尼斯街三十八號，並抹去了寶拉的每一絲痕跡，而寶拉則回到前夫的大廈公寓中。派翠吉雅撕去了女兒房中花朵圖案的壁紙、搬走了天篷床，並以自己的品味重新布置——加入拋光過的威尼斯式住宅家具和印花面料，並將寶拉原先以酒紅色布置的小孩客廳改造成電視間，牆上塗滿了鮮豔的鮭魚色；派翠吉雅還從帕薩瑞拉精品街的空中別墅搬來了粉、藍和黃色相間的碎花沙發，以及與沙發搭配的流蘇飾邊布簾，還在一面牆上掛了自己的誇張油畫肖像，畫中的她有著一頭她渴望已久的棕色長捲髮。

樓下的一切她則盡力維持原封不動，儘管她還是賣掉了撞球桌，並把遊戲室改造成了客廳。晚上她會睡在墨里奇奧帝政式的大床上，早上則會聽著外頭因弗尼茲花園的孔雀叫聲醒來，並在起床泡澡後，穿上墨里奇奧的毛圈布浴袍。

「他是死了，但我卻就此重生。」派翠吉雅對一名朋友如此說道。

一九九六年初，她在新的卡地亞皮革日記本的封面內頁寫道：「很少女人能真正抓住男人的心，能占有者更是少之又少。」

第十六章

# 東山再起

一九九三年九月二十六日星期一的早上，這天是 Investcorp 正式持有古馳所有股份的第一個平日，但比爾・法蘭茲和一些公司高層卻杵在聖費德勒廣場的中庭面面相覷。他們被鎖在自己的辦公室外，不得其門而入。

原本法蘭茲與墨里奇奧談好交易條件，會給他時間搬走個人物品，並交代馬賽提在週末兩天要將公司顧好。

「從星期五晚上九點開始到星期一早上九點，這段時間我都安排了嚴密的保全。」馬賽提回想道。「我告訴保全絕對、絕對不能讓任何人在早上九點前進到公司裡。」

Inverstcorp 的負責人比爾・法蘭茲要古馳的高級主管在星期一早上到聖費德勒廣場報到，著手處理最急迫的財務人事問題。他們一行人於早上八點抵達古馳公司的大門，正想盡快處理公事時，保全卻將他們拒於門外。

「他們根本不管我們是不是 Investcorp 的人。」法蘭茲面露窘色地說道：「那些保全根本不聽我們的，結果我們只好在中庭開會！」

重建古馳的工程從那天早上開始，Investcorp 首先動用了一千五百萬美元的資金來抵銷最緊急的欠款。瑞克・史旺森計算後發現，包含上述的一千五百萬，這間公司總共需要約五千萬美元來清償債務才能繼續營運，面對這樣的缺口，Investcorp 迅速地挹注了一大筆資金。

「古馳集團的每一間公司都有自己的債務問題。」史旺森回憶道。「就好像一窩飢餓的雛鳥，每一隻都必須馬上餵食。」

即使法蘭茲是聖費德勒廣場五樓的常客，當他看到墨里奇奧的辦公室時還是忍不住驚嘆。他坐在墨里奇奧的古董座椅上，雙手拂過扶手前端精雕細琢的獅頭，環視著辦公室的一切，他簡直不敢相信，自己這樣成長於揚克斯且兒時替人除草賺取零用錢的教授之子，居然一手掌握了全世界知名的精品集團。

「我以前在大通曼哈頓銀行上班，常跟大衛・洛克費勒在他的辦公室見面，也曾拜會過各界大老和各國元首，但他們的辦公室都不如墨里奇奧的這間富麗堂皇。」法蘭茲接著說道。

這天是古馳開業以來首度不受古馳家族掌舵的日子，也是墨里奇奧四十五歲的生日，而比爾・法蘭茲在前一天也才剛過了四十九歲生日。

「對我們來說都是很重要的生日。」法蘭茲說道：「墨里奇奧拿到一億兩千萬美金，而我拿到古馳！」

隔天，法蘭茲搭火車抵達佛羅倫斯，在翻譯員的幫助下試圖安撫員工們的憤怒。這些不滿的員工們害怕 Investcorp 會撤除所有的內部產線，並將古馳變成一間大型採購公司，向外部供應商採購所有的商品。

大約一個星期前，法蘭茲邀請墨里奇奧參加古馳的股東會，正式確認領導權的移交。Investcorp與古馳雙方的高層組成了委員會，由Investcorp指定法蘭茲為主席，並授與他處理一切移交程序的權力。他們打算在中立的場所見面，於是便約在委任律師位於米蘭的辦公室。墨里奇奧和他的顧問又一次地被請進一間房間，而法蘭茲一行人則坐在另一間。最後法蘭茲實在受不了這樣荒謬的情形，他邁開步伐越過大廳，向墨里奇奧打了招呼。

「哈囉，墨里奇奧。」法蘭茲問候道，臉上帶著微笑。「我們沒道理假裝不認識吧？」

兩人握手時，墨里奇奧直視著法蘭茲的雙眼。「現在你知道騎這輛腳踏車是什麼感覺了。」墨里奇奧說道。

「要不要找時間一起吃個午餐呢？」法蘭茲問道。

「你再踩這輛腳踏車一陣子吧！」墨里奇奧平靜地說。「如果之後還想一起吃午餐，我們再一起吃午餐。」

後來，法蘭茲便再也不曾見到他了。

墨里奇奧的這場商場敗仗可以從好幾個面向來看，他繼承的事業是一塊燙手山芋，雖然他對古馳有新的展望，但他的能力不足以匯整資源，也不足以實現他的計畫。他對人際關係的態度深受他與父親之間的糾葛影響，使得他不斷地重蹈覆徹，無論在事業上或生活上，都無法找到真正能幫他的人。

「墨里奇奧的魅力無法擋，他有一呼百應的實力。」在古馳服務許久的成衣專員阿爾伯塔·貝勒瑞尼說道。「可惜的是，他不是穩紮穩打的人，他做事就像蓋房子不打地基。」

「墨里奇奧是個天才。」另一名資深員工莉塔．奇米諾也這麼說。「他的點子一級棒！只不過總是無法實現，墨里奇奧最大的缺點就是找不到對的幫手，身邊圍繞的都是錯的人。再加上他很感性，常常喜愛上身邊那些錯的人，等到回過神來時都已經太遲了。我想那些人玩世不恭的態度很吸引墨里奇奧，因為他知道自己永遠不可能那麼極端，所以就想尋求這種人的支持。」

「遇到對的人是很困難的。」馬賽提說道。「在現實生活中很少發生，而墨里奇奧的運氣又特別不好。較為理智的人不會接近他，而那些真的接近他的人又都待不久，一下子就會遍體鱗傷。」

「壓垮墨里奇奧的，是錢。」多姆尼科．狄索爾說道。「他爸魯道夫賺了很多錢，又很節儉，但魯道夫沒有教會兒子如何節省，因此墨里奇奧在口袋見底時就慌了。」

墨里奇奧的奮鬥是典型的膽小鬼賽局，也是義大利其他幾百間家族企業所面臨的困境，無論是否為時尚業，在進軍全球市場的道路上都必須被逼著加入遊戲。這些公司可能會在半路就被撞倒，或被大型的跨國公司輾過；若不想被淘汰出局，就需要引進新的資金或管理人才，但像古馳這種家族企業卻很難吸引並掌握這兩種最迫切需要的資源。

「業界裡有許多公司都很有潛力，但該事業卻從未起飛過，背後的原因都是創辦人還在掌權。」馬利奧．馬賽提說道。在Inverstcorp持有古馳後，他一直都在古馳工作。「這種人通常是想出好點子的天才，但他們的存在卻會讓點子無法實現。墨里奇奧推動了古馳的一切，同時也阻礙了很多事情。」

然而另一方面，在法國精品集團——路威酩軒擔任人資的康塞塔．蘭僑則表示：「要是沒有墨里奇奧的遠見，古馳不會有今天的成就。」一九八九年，當墨里奇奧想著要在全新的古馳裡追夢時，他便曾想將蘭僑從貝爾納・阿爾諾那裡挖角過來，因為她很擅長挖掘人才，並且還都讓他們繼續留在了路威酩軒集團。蘭僑聽了之後，認為墨里奇奧的願景很吸引人。

「他說服了道恩・梅洛，也幾乎說服了我。」蘭僑說道。「他就像阿爾諾一樣，是真正的夢想家，而夢想是推動公司向前最核心的元素。」

但兩人的境遇不同，阿爾諾身邊有像皮耶・戈德這樣忠誠又有能力的副手，但墨里奇奧卻從沒找到值得信任的得力助手，他的夢想也因此缺乏了穩固的基礎。創意端與管理端之間必須有穩固的連結，其他義大利時尚龍頭的經驗也都已驗證了這項勝利方程式。范倫鐵諾和傑卡羅・吉米迪、吉安弗蘭科・費雷和詹佛蘭柯・馬蒂奧利、喬治・亞曼尼和賽爾焦・加萊奧蒂，吉安尼・凡賽斯和哥哥桑托・凡賽斯都是很好的例子。在那些年裡，古馳副手位置的人一直來來去去，但始終沒有人能留下來幫助墨里奇奧實現他偉大的夢想。安德力亞・莫蘭特曾身負多職並幫助墨里奇奧開拓事業，內米爾・柯達在Investcorp的團隊也曾輔助墨里奇奧追逐夢想，直到再也無法維持下去。而多姆尼科・狄索爾待得最久，卻對墨里奇奧造成了最具毀滅性的打擊，然而，他也是日後真正在古馳撐下來的人。

墨里奇奧的律師法比歐・佛朗西尼一直是他最熱情的擁護者，他認為Investcorp實在太早將墨里奇奧踢出去。

「他們甚至不給他三年的時間去完成夢想。」佛朗西尼憤憤不平地說道。「一九九一年一月，墨里奇奧最初的成果得到了一些認可，但到了一九九三年九月，他們就要逼他賣掉古馳。」在墨里奇奧對抗Investcorp的這段過程中，佛朗西尼給了他很多建議，也和他的關係越來越好，不過他們彼此間的稱呼還是很正式。佛朗西尼仍然敬稱墨里奇奧為「大學士」，但只要一講到他的名字，佛朗西尼的眼睛就會一亮，並露出一個大大的微笑。現在他負責幫墨里奇奧的兩個女兒亞歷珊卓和阿萊格拉管理父親留下來的資產。

「我想幫她們守住墨里奇奧．古馳留給她們的一切。」佛朗西尼說道。「他是個傑出的人，不過那時他還沒準備好要進入殘酷的商場，當然他也練習不來，因為他很紳士，臉皮不夠厚。墨里奇奧．古馳是個徹頭徹尾正直的人。」

「我試過向他解釋，和堂兄弟們共事會比較好，而非面對強大的金融機構。墨里奇奧．古馳從一開始就不行了，因為他是單打獨鬥，他一個人掌管了百分之五十的股份，或者也可以說根本就是零。」佛朗西尼說道。

墨里奇奧或許是因為找不到強大的商業夥伴而葬送了夢想，但從他過去的人際關係和所屬的職位來看，這樣的結果也是其來有自。墨里奇奧身邊的人總是想從他的身上撈到好處——爸爸魯道夫想要他完全服從，伯父奧爾多想要個繼承者，前妻派翠吉雅想要名利，而Investcorp則想要與歐洲的頂尖公司打交道。墨里奇奧努力在家族企業中爭取掌握權的同時，那些來幫助他的人，真正在意的是自己在古馳能爬到什麼位置。

「身體健康、長相帥氣，又有一個舉世聞名的姓氏，還有一艘全世界最漂亮的遊艇，實在很難交到真心的朋友。」莫蘭特說道。「他身邊的人都汲汲營營地想間接得到媒體的曝光、想賺快錢，或想在與名流家庭攀上關係後帶來名聲。」

與此同時，法蘭茲踩著古馳這輛單車，他聘用了新的人資主管雷納多・里奇來幫他修補員工對管理層的不信任、縮減過剩的勞力、精簡營運的流程，並減少成本的支出。聖費德勒廣場的據點開張時，墨里奇奧設置了很多與佛羅倫斯據點相同的職位，其中有二十二名高階主管，法蘭茲後來裁掉了其中的十五名。他和里奇用最公平、公正的態度與工會協調，以免造成對立。如果工會內部將事件弄上全國頭版，就會使情況變得一發不可收拾，這對古馳的重組極為不利。義大利當時深陷失業率與勞工問題的泥淖，而工會則強大到能顛覆政府，並能要求私人企業做出極大程度的妥協。

「在這個節骨眼上，古馳的形象仍然是它的招牌。」里奇說道。「如果媒體開始責備我們開除員工，工會就可能火力全開並竭盡全力地對抗我們，如此就會演變成一場大災難。」

一九九三年秋天，正當古馳的管理團隊專注於降低成本之際，法蘭茲做了一個讓團隊大吃一驚的決定——他將古馳的廣告預算增加了一倍。古馳此時的銷售額已停滯了大約三年，且公司還在虧損。

「我們的產品很好，活動也不錯，我們應該把我們行銷出去，讓世人看看我們究竟在賣些什麼。」法蘭茲說道。

一九九四年一月，法蘭茲宣布古馳將於當年三月關閉氣派的聖費德勒總部，在這間墨里奇奧於四年前滿懷希望地打造的據點關閉後，公司總部將搬回佛羅倫斯。

也因此，一九九四年三月的時裝秀便是古馳在聖費德勒的最後身影。在這場時裝秀舉行之前，湯姆・福特與少數還留在公司的日本籍設計助理——年輕的袴着純一發現，他們兩人得扛起時裝秀所有的系列作品。

「沒有人想幫我們，因為他們都知道自己要被炒了。」純一回想道。「我們拚命地做到凌晨兩點，在清晨五點時把所有的衣服帶到時裝秀的現場。」那場時裝秀的亮點是陽剛風格的夾克搭配西裝，活動整體的迴響不錯，但沒有造成轟動。一星期後，古馳在聖費德勒的據點關上大門，只有一小批人跟著南下到了佛羅倫斯。

剩下的主管到了佛羅倫斯，坐在未經翻修過的辦公室，在陰暗骯髒的環境下互相攻擊，每個人都只想確保自己的位置不會被拔掉。能幫助公司繼續向前的事，他們根本沒做多少。

「員工都沮喪到了極點。」里奇說道，「已經有好幾個月的時間，他們都生活在可能拿不到薪水或公司可能倒閉的恐懼中。而後來，他們又要開始害怕 Investcorp 把他們炒魷魚。」

「公司整個停擺。」狄索爾補充道，他當時經常往返於佛羅倫斯和紐約之間。「管理階層根本變成另一個火藥庫，沒有人在做決定，每個人都擔心自己受人責怪。當時沒有商品、沒有定價、沒有文書處理器，也沒有竹節包，簡直太扯了！道恩・梅洛的確端出了一些不錯的包，但公司根本無法生產運送。」

一九九四年秋天，法蘭茲任命多姆尼科・狄索爾為營運長，請他全天留守在佛羅倫斯。

狄索爾當時整個人沮喪到了極點。他在古馳的美國分公司當了十年的執行長，更早之前還當過古馳的法律顧問好幾年。然而幾個月前，對於墨里奇奧是否該繼續執掌，狄索爾和 Investcorp 一樣投下了否決票——反對了這名當初將他拉進古馳的男人。而狄索爾的這一票也是後來 Investcorp 能掌控古馳的關鍵，不過他沒有向 Investcorp 要求回報。後來，遭到背叛的墨里奇奧耿耿於懷，因而不願意將欠狄索爾的錢還清，而 Investcorp 就在此情況下完成交易，也沒有幫狄索爾要回欠款。

「我們只對我們的投資者有責任。」埃里亞斯・哈陸克如此解釋道，「那是墨里奇奧和多姆尼科之間的私事。」

當 Investcorp 跳過狄索爾，任命比爾・法蘭茲為古馳高層委員會的主席時，狄索爾打電話給 Investcorp 的羅伯特・葛雷瑟，威脅要辭職走人。

「應該是由我來經營公司才對！不然我明天就走人！」狄索爾對著電話咆哮，「委員會上的其他人不是無能，就是貪汙！」

葛雷瑟非常景仰狄索爾，也很尊重他所付出的一切，他在電話另一頭安撫他的情緒，並給了他一些絕妙的建議。「多姆尼科，我知道你很失望。這個位置的確是該由你來做，我可是有向其他人推薦你的。不過我先以朋友的身分給你一些忠告，如果委員會的其他人真的無能或貪汙，你就先堅持下去吧！到最後你會越爬越高，其他人會看到你的價值。」

狄索爾接受了葛雷瑟的建議，並和一群他信得過且有默契的工作團隊一起從美國分公司搬到佛羅倫斯，然而狄索爾團隊面對的是一群憤怒且充滿敵意的佛羅倫斯員工。在這之前，墨里奇奧對狄索爾貶損的態度再加上最後的失望，種種態度都使他令人反感，從 Investcorp 的老闆柯達、資深員工，到佛羅倫斯的工人，每個人都討厭他。

「他們的態度好像是我們帶了美國的特種部隊過去，而那使佛羅倫斯的員工們極度不安。」瑞克・史旺森回憶道，「不過那是我們唯一能彌補管理層空洞的辦法。」

越來越多的人被裁員，再加上不習慣美國人帶來的工作模式，克勞迪奧・德以諾琴地和其他佛羅倫斯的工人都懷恨在心，這群人不服狄索爾的指令，也因而得到了「佛羅倫斯幫」的綽號。

「所有人都因為墨里奇奧而和狄索爾作對，他們恨透他了。」里奇說道。但狄索爾堅持下來了，有次他和克勞迪奧・德以諾琴地在工廠的停車場起了激烈的衝突，幾乎要打起架來，但在那之後，狄索爾就漸漸能接受這個對手了。

「我終於可以和克勞迪奧坐下來談談，請他向我解釋為什麼這樣做行不通。」狄索爾說道，「然後我發現我們主要是少了預期目標和決策。我們要不要買黑色的皮革？好，買吧！」狄索爾最終和德以諾琴地建立起信任關係，並將他升上生產管理主任的職位。

「你本來和我是敵對的，但現在我們變成朋友了。」後來他對德以諾琴地這麼說，他發現德以諾琴地在他粗獷的外表下，藏有一顆非常精明的頭腦。

「狄索爾是公司最大的資產。」塞弗林・溫德曼在好多年後如此說道，即使他始終感到不是滋味。「他就像是一棵楊柳，在遇風時就彎腰低頭，卻從來沒有折斷過。」狄索爾在經歷過魯道夫、奧爾多、墨里奇奧等古馳家族的領導，一直到 Investcorp 買下古馳，他曾在過程中被推開、被羞辱也被看輕，但他從不放棄，也不曾離開。

「多姆尼科・狄索爾才是唯一瞭解古馳、瞭解公司如何運作，且瞭解經營之道的人。」里奇說道，「狄索爾非常會鼓舞別人。」

「他總能讓事情成真。」馬賽提也認同這點，「他會從早到晚不停地工作，對其他人而言，他很令人頭痛，因為不管清晨、晚上或甚至是星期天，他都會打電話給你，他就是會做這種事的人。他的字典裡根本沒有休息這個詞，他還曾經同時開三場會議，並在不同的會議間來回奔波，對他來說，再多的會議廳都不嫌多。」

由於長期缺乏妥善經營，佛羅倫斯的辦公室變得有些破舊。法蘭茲布置了更新且更優雅的行政辦公室，並重新訓練技術支持人員和祕書——在這之前，許多員工都缺乏有效的行政和語言技能。

法蘭茲堅持每天都從辦公室走到工廠和工人們聊聊，看他們工作。

「我的職業生涯已經花太多時間在看不到也摸不到的金融服務上了。」法蘭茲說道，「所以我很喜歡看師傅們組裝皮包，看他們把一層又一層的皮革包在木架上，然後在皮革之間墊上幾張報紙。現在已經有人造纖維了，那種可能更好用，不過師傅跟我說他們都還是習慣用報紙，算是這行的傳統和懷舊情懷。他們存放了好多義大利的舊報紙，他們會小心翼翼地剪幾張下來夾在皮革之間。」

「我一取代墨里奇奧後，就不當 Investcorp 高層委員會的成員了。我的工作就是盡力地壯大古馳。」法蘭茲回憶道，「我成了古馳的信徒。」

過了很久之後，內米爾・柯達才意識到 Investcorp 又被古馳吸走了一個人才。隔年，他將法蘭茲調到東亞地區尋找新的投資機會。

「三個人陣亡。」柯達後來諷刺地說，他指的是保羅・狄米特魯克、安德力亞・莫蘭特還有比爾・法蘭茲。「我愛上了古馳。」他坦白地說道。「但我不想要我手下的人也這樣。我們在 Investcorp 做了幾十次、幾百次的交易，如果每簽下一份合約我就要少一個人才，那我的生意都不用做了！」柯達說道。

古馳的人資主管里奇後來裁掉了大約一百五十個人，但沒有造成工會太大的反彈。解決完裁員工作後，里奇向法蘭茲提議要開場派對。

「派對？」法蘭茲驚訝地倒抽一口氣。

「我提這個點子時每個人都在笑我，不過後來我們還是在卡薩利納辦了一場超大的派對，雖然感覺有點好笑，但那其實是在對所有人發出訊息。」里奇說道。一九八四年六月二十八日的晚上，他找來了外燴公司，並在工廠辦公室後的草皮設桌，邀請了大約一千七百五十個人，包括古馳的員工與供應商。這片草地曾在古馳家族的爭鬥中上演過皮包滿天飛的場面，但此時，所有人都盡情地享用著美味的歐式自助餐。

「那場派對重要得不得了。」阿爾伯塔・貝勒瑞尼說道，「這是一個向大眾宣布古馳回歸的訊息——古馳重拾根本，回到了佛羅倫斯！」

一九九四年五月，道恩・梅洛辭去了古馳創意總監的職位，重回波德夫・古德曼百貨擔任總經理，Investcorp 因而必須想辦法找人補她的位置。內米爾・柯達第一時間很想再找個大牌設計師，他想到吉安弗蘭科・費雷之類的人選，不過 Investcorp 的顧問和古馳的股東森卡・托克很快就讓他打消了這個念頭。

「我告訴他，古馳不只請不起費雷，而且當時任何有名的設計師都不會想來古馳。」托克說道，「沒有人想用自己的名聲冒這個險。」

梅洛推薦湯姆・福特，而即使他那時還年輕也沒什麼名氣，但托克和其他人都對他讚譽有加——個性陽光、理性、能言善道又靠得住，而且他早已一個人著手設計過古馳十一條產品線的所有系列產品！

「於是，湯姆・福特出現了。」森卡・托克回憶道，他在移轉的過程中持續幫助Investcorp。「在湯姆接手創意總監之前，古馳算不上是時尚大牌，但湯姆讓古馳躋身時尚大牌之列，當時沒人料到他這麼厲害。」托克說道。

當時的湯姆其實心力交瘁，也曾有過辭職的念頭。有四年的時間，他都照著墨里奇奧和道恩的想法來設計古馳的系列產品，而這使他灰心到快喘不過氣來。當時古馳的內部不斷爆發激烈的辯論——到底要如墨里奇奧堅持的「維持經典形象」，還是要來點不一樣的？嘗試比較流行的設計？

「墨里奇奧對一切都有他的堅持。」福特回憶道，「堅持古馳包是要設計給女性的，要圓、要是棕色、要有弧度，還要柔軟。我那時一直想做黑色的！」

「其他人在和我討論後都叫我離開。」福特說道。

在一趟前往紐約的旅途中，他甚至和其他幾名設計師一同讓一名打扮時髦的占星師為他們看占星圖。「離開古馳吧！這裡沒有你要的！」她這麼告訴福特。

經典或流行的爭辯越演越烈，狄索爾和福特悄悄達成共識——要走流行的路線。

「在評估過後，這條路的確有風險，但卻是唯一的出路。」狄索爾說道，「沒有人的衣櫃裡需要多一件的藍色西裝外套。」

待在這個重要但風華不再的奢華品牌好幾年，這是福特第一次擁有完全的設計自由。

「沒有人擔心產品會變成什麼樣子，因為當時的生意已經差到沒人在意要推出什麼商品了。我想怎麼做就怎麼做。」福特後來說道。

講到他在一九九四年十月推出第一個獨立設計的系列商品時，他還是有些難為情。他表示他大概用了一季的時間才甩掉梅洛和墨里奇奧的影響，並找回自己的設計美感。他在那場再度辦在米蘭展覽中心的時裝秀中，主打花盆圖案、女人味十足的圓裙，以及小馬海毛毛衣。這個靈感來自羅馬假期裡的奧黛麗・赫本，和現在線條鮮明的古馳風格大相逕庭。

「那簡直糟糕透了！」他後來承認道。

然而，風向突然間變了，全世界的古馳門市經理都馬上注意到了。

「墨里奇奧走人後的六個月內，日本人就來了。」曾在英國古馳任職的卡洛・馬格洛說道，「他們對古馳改觀了，一年半前他們都在買路易威登，但突然間他們開始買古馳！」

「需求直接飆升。」不久前從 Investcorp 加入古馳團隊的年輕主管約翰內斯・休斯也認同道，「架上一瞬間就掃空了。」墨里奇奧的堅持是對的，生產面的困局完全被疏通了。

狄索爾穿梭於佛羅倫斯城外的鄉間小路與托斯卡尼的山路，四處奔走，為了尋找古馳的供應商，他知道自己必須加快腳步。他已經說服原先對古馳失望的製造商回心轉意，還找來新的製造商一起合作，提供他們品質、產能與專屬權等誘因。狄索爾重建生產與技術流程，使整個系統重新步上軌道，並先行訂製一些長期受消費者歡迎的古馳產品。同一時間，福特改變了部分古馳的經典款式，其中一項是李察・林伯臣設計的大容量後背包，這款後背包有後背帶、竹節提把，以及竹製扣合的外袋。福特將容量縮小後所推出的迷你版擄獲了眾人的心，當狄索爾得知夏威夷古馳門市的的迷你包被搶購一空時，便撥了電話給德以諾琴地：

「克勞迪奧，我是多姆尼科。我想要下訂單，要做三千個迷你版的黑色後背包！」德以諾琴地一開始拒絕接單，但狄索爾堅持道：「不用擔心，訂這些是要給我自己的，就做吧！」

當時竹子供應商的存貨不夠，無法做古馳的招牌提把，古馳便額外找了新的供應商。同樣是由師傅們手工將竹子折彎，並拿著噴槍將竹子逐漸烤成優雅的彎曲角度。有一次，一大批竹節包的提把變回直的，導致許多門市和客人抱怨連連。後來師傅修好了這些皮包，並找到了更好的供應商，不久後，古馳開始一週生產兩萬五千個迷你後背包。

「當時迷你後背包的產量一天可以裝滿一卡車。」克勞迪奧．德以諾琴地回憶道，「我們靠所有人的努力——融合了美式與義式的方法和創意，成功達到這個產量。」他笑著說，「我們並沒有瞬間變成天才，不過我們應該比其他人想的還要不笨一點。」

從一九八七年起到這個時間點，Investcorp 在古馳已經投資了好幾億美元，卻還沒有給投資者任何報酬與回饋，他們原本期待著這筆交易會是他們歐洲頂級交易的絕佳戲碼，沒想到最終卻演變成長達七年的詛咒！扛著要向投資者交代的壓力，Investcorp 開始想方設法要卸下這個重擔。他們極盡所能地找方法退場，Investcorp 曾在一九九四年初期慎重考慮要將古馳和塞弗林．溫德曼的崑崙錶合併，但雙方始終無法達成共識，而溫德曼究竟該扮演什麼角色也討論不出結果，因而此項協議從未達成。一九九四年的秋天，Investcorp 向兩個可能有興趣的精品集團兜售古馳，分別是貝爾納・阿爾諾的路威酩軒集團，以及魯伯特家族的歷峰集團，歷峰集團的旗下有芳登精品集團、卡地亞精品、登喜路男裝、伯爵錶、名士錶等奢侈品品牌。即使一九九四年古馳的利潤已達三十八萬美元——近三年來首次轉虧為盈——但那些精品集團開出的價格還是比想像中低。Investcorp 想用不低於五億美元的價格兜售古馳，然而對方開的價格低了許多，大約落在三億至四億美元之間。

「當時大家都認為古馳一定還能擠出點東西來，但要擠多用力才行，誰知道呢？」托克回憶道。

柯達甚至認真考慮要詢問汶萊蘇丹是否有興趣買下整間古馳，因為他曾買了二十七組的同系列行李箱。

正當 Investcorp 思索著古馳該何去何從之際，湯姆・福特發揮他設計師的天賦，迅速地推出了幾款吸睛的設計。除了引發搶購潮的迷你後背包，他設計的木屐鞋也攫住了眾人的目光，銷量也很好。一九九四年十月，《哈潑時尚》雜誌將他的細高跟鞋評為：「百分百的魔性。」結果全世界填預購單的人多到滿出來，客人們都吵著要這款鞋。

「湯姆知道怎麼創造商品的熱潮。」他的前助理袴着純一說道，「每一季他都會設計出兩款好鞋和兩款好皮包。他的直覺很敏銳，總是在思考下一個該做的東西。」袴着純一回想起當年，福特一直給他的設計小組看老電影、雜誌撕下來的散頁以及二手市集的物品。他分享給大家看的是他心目中符合古馳的顏色、風格和圖案。他有時會突然走進辦公室，浮誇地把一疊疊的素材丟在他們的設計桌上，說道：「就是這個！這就是古馳需要的！」

「有些滿失敗的。」純一坦白地說道，「他的木屐鞋居然用上毛皮，看起來就像長毛的拖鞋，我們都快笑死了！」

「他非常、非常有野心。」純一繼續解釋道，「他想要出人頭地。我們在開會時，他會準備得好像要上電視一樣——穿著西裝，講話聲音非常響亮，你看得出來他是在提升自己的形象，一站到人群前面，他就火力全開。」

福特開始發展他自己的風格，一開始每季會有幾款熱銷商品成為亮點，到後來他為每一種商品類別所設計的系列產品都受到廣大的歡迎。他透過電影尋找靈感並和設計助理溝通想法，有時他會重複看一部電影好多遍，只為了讓自己沉浸在那部電影的氛圍。他開始問自己和設計團隊以下的問題：「穿這身套裝的女生是誰？她要去哪裡？她住什麼樣的房子？她開什麼樣的車？她養什麼樣的狗？」這個方法讓他創造出他自己的世界觀，也讓他在一次又一次的決策中，替古馳塑造了新的形象；這個過程對他來說可說是既興奮又辛苦。

福特也經常到處旅行，他總會到不同的城市尋找下一波可能的流行趨勢，也會派員工探訪世界各地的跳蚤市場與潮流商店。他每天晚上都會回到位於巴黎左岸的公寓，他和伴侶理查德·伯克利從米蘭搬到這裡。一直在時尚圈當記者的伯克利提供福特大量的消息，福特也因此知曉其他時尚大牌的走向，伯克利也持續追蹤名人的蹤跡和他們的衣著打扮，更會在香榭大道法雅客的無線電收聽站待上好幾個小時，幫福特尋找適合時裝秀的音樂。

「未來要發生的就在這裡。」福特說道，「你必須得活在你的時間裡，把感知這件事當成你的工作，接著化無形為具體。」

佛羅倫斯男裝貿易展的期間，福特在一場小型的時裝秀上推出他的第一款獨立男裝系列。這場秀辦在古馳頗具歷史意義、位於嘉黛耶街的大樓，在畫滿壁畫的天花板下舉行的時裝秀，該位置曾是古馳工匠製作皮包的場所。媒體記者坐在折疊椅上，看著模特兒走上伸展臺——這些肌肉猛男穿著明亮色系的緊身天鵝絨西裝，腳上金屬漆皮的莫卡辛鞋在燈光下閃閃發光，福特這時就知道中了！

「我忘不了多姆尼科的表情，他在身穿粉紅西裝的男模特兒走上伸展臺時大吃一驚。」福特後來說道，「他嚇了一大跳！那名模特兒穿著粉紅色馬海毛毛衣——那件毛衣非常緊——再配上天鵝絨長褲和漆皮鞋。多姆尼科的下巴掉了下來，完全嚇傻了。」

看著熱情鼓掌的媒體記者，福特看見了屬於他自己的機會。加入古馳四年來，他第一次走上伸展臺向所有人鞠躬行禮，臉上浮出一抹微笑，好像他剛好想到一個笑話要和大家分享似的。

「我被壓抑太久了。」福特回憶道，「墨里奇奧和道恩在的時候，他們根本不准我走到伸展臺前。因此後來我決定要把握自己的機會，我沒有問任何人的意見，畢竟那場秀是我做的，衣服也是我設計的——那是我感覺對的風格，所以我就走出去了。有時候在人生中，想要往前一步就必須把握機會。」

狄索爾嚇壞了，但時尚媒體樂壞了。隔天，狄索爾、他的夫人和他的兩個女兒一起前往義大利多洛米提山區的科爾蒂納丹佩佐滑雪，他們在途中興奮地讀著媒體對那場時裝秀讚不絕口的各種評論。

有了福特所做的一切，推動古馳往前的動能日益增強。一九九五年三月的古馳時裝秀上，媒體和買家在座位上彼此興奮地交頭接耳，人們都期待福特能在晶瑩剔透的水晶吊燈下再次給他們驚喜。這場秀舉辦的地點不是米蘭展覽中心的大廳，而是米蘭花園協會，是一間位於米蘭的庭園俱樂部。米蘭花園協會通常只為上流社交活動敞開大門，而非國際時尚界；二十三年前，全米蘭都在此見證了墨里奇奧和派翠吉雅的婚禮。時裝秀當晚，緊張的氣氛從高聳的落地窗外蔓延到裡頭的展廳，所有人都好奇福特會帶來什麼。福特找來了業界最搶手的製作人凱文·凱爾，還有許多頂級名模。

「當時要辦時裝秀、要找超級名模，還要找專業製作人，對我們來說可是件大事。」福特回憶道。

當房間暗了下來，充滿生命力的打擊音樂衝出音響，強烈的白色聚光燈打在伸展臺上。那一刻，名模琥珀·瓦萊塔充滿氣勢地走了出來，觀眾們驚呼連連，因為她的樣子根本是年輕的茱莉·克利絲蒂！瓦萊塔身穿萊姆綠的緞面襯衫，釦子幾乎開到肚臍，下半身則穿上低腰的藍色天鵝絨緊身牛仔褲，外面則搭上一件萊姆綠馬海毛大衣，腳上踩著全新紅莓漆皮的疊跟高跟鞋；她飄逸的秀髮些微地旁分，掛在眼前與脣上，閃爍著淡粉色。

「喔！這下可好玩了。」薩克斯第五大道百貨的商品經理蓋爾·皮薩諾心想著。觀眾們的讚嘆聲此起彼落，場館內的椅子隨著音樂輕輕地震動，臺上的名模在聚光燈下昂首闊步，一個比一個更美。

「火辣！超性感！」尼曼·馬庫斯百貨的時尚總監瓊·坎納說道，「這些名模就像是剛從某人的私人噴射機下來似的，穿這種衣服會讓你看起來過著非常刺激的生活，完全就是人生勝利組！」

性感而令人垂涎的美貌、天鵝絨的緊身喇叭褲、緞面襯衫與馬海毛外套……全世界的時尚雜誌封面和裡頭的跨頁都被福特的設計攻占。「性感得一派輕鬆，把所有觀眾都釘在座位上。」《哈潑時尚》如此寫道，而《紐約時報》的時尚專欄作家艾咪．史賓德更將福特稱作「新一代的老佛爺」，將福特比擬成那名在一九八三年成功改造香奈兒的德籍設計總監。

「從我開始設計這個系列時，我就知道會紅。」福特後來說道，「我用盡所有的心力，我知道自己已經找到對的路，而這改變了我的生涯。」

然而，福特一直等到隔天走進展銷廳，才意識到那場時裝秀有多成功。「你根本擠不進門！」他說道，「整間展銷廳都被塞滿，人群狂熱到了極點。客人一直出現，很多人都沒有預約，有些甚至沒來看時裝秀，但他們聽到消息後就全都趕來了。」

噴射機系列很快就進到了古馳的門市。伊莉莎白．赫莉以古馳的黑色漆皮靴，以及「壞女孩風」的人工皮草登場；一九九五年十一月，瑪丹娜在榮獲 MTV 最佳音樂錄影帶獎後，便穿著福特設計的絲綢襯衫加低腰牛仔褲套裝上臺領獎，而葛妮絲．派特洛以高貴的紅天鵝絨套裝出現時，也把粉絲迷到神魂顛倒。不久後，珍妮佛．提莉、凱特．溫斯蕾以及茱莉安．摩爾等明星，都被捕捉到身穿全套古馳的身影，許多頂級超模也都嚷嚷著要穿古馳的套裝。這時，湯姆．福特已經達到了他的目的。

「古馳的歷史非常光鮮亮麗。」他說道，「電影明星、坐噴射機的富翁，我想要汲取這種形象，推出一九九〇年代的版本。」

在這一場極其成功的系列作品後，福特接受了一連串媒體的訪問並出席了幾場餐宴，回到巴黎的家之後，他馬上倒頭就睡。

「我那時發燒又喉嚨痛，那是我在結束一場時裝秀後常有的症狀，所以我在床上躺了好幾天。」福特說道。在那之後，他打了電話給多姆尼科·狄索爾。

「多姆尼科？我是湯姆，我想跟你談談，麻煩你來巴黎一趟。」狄索爾感到憂慮，但還是答應了福特。

福特請祕書訂了一間高級但不算新潮的餐廳，在這裡談重要公事再適合不過了。福特勉強下床，換上正式的襯衫、長褲與夾克，甚至還打了領帶，接著便前往布里斯托飯店的餐廳和狄索爾見面。

狄索爾抵達位於飯店一樓的餐廳時，福特已經坐在後面的桌子等他，其實福特平常是不太去這種餐廳的。「除了我們，餐廳裡沒有其他客人。」福特回憶道，「餐廳裡穿著華麗的侍者們排列成一排站著，現場還有燭光、音樂和鮮花。」

狄索爾走過印有紅藍花紋的地毯，穿過鋪上亞麻桌巾的餐桌並朝餐廳後方走去，福特站起身來向他打招呼。一開始他們聊得有些尷尬，福特注意到狄索爾表現出的不自在，便露出他的招牌微笑，用誇張的語氣說道：「這個嘛，多姆尼科，我猜，你在想我今天到底是為了什麼才找你來這裡。」

「沒錯，湯姆，我是在想這件事。」狄索爾回答道，他轉了轉頭，想伸展緊繃的脖子。福特看得出他的緊張。

福特故意將手伸出去，放在狄索爾的手上。

「多姆尼科，你願意跟我結婚嗎？」

狄索爾瞪大眼睛看著他，說不出一句話來。

「他整個人呆愣著！」福特後來愉快地笑道，「他當時還不懂我的幽默感，我們才剛開始共事，他根本不知道我在幹麼。」

福特向狄索爾要求一份新的合約，還有加薪。

「我聯絡他是想要更多的報酬。」福特承認，說道：「我跟他說：『一切都已經改變了，我很想留在這裡，不過這是我需要的。』」福特沒有言明細節，只說：「我和公司的關係真的改變了。」

幾個星期後，墨里奇奧遭到槍擊。瑞克・史旺森在當天早上走進辦公室時，一名 Investcorp 的祕書告訴了他這個消息。

「我太震驚了，以至於當下完全無法動彈。」史旺森說道，「那是場悲劇！就好像是一名小男孩在人生最寶貴的時期過世了。對我來說，墨里奇奧一直都是那個要去糖果店的小孩。」

消息傳出來的時候，湯姆・福特正在佛羅倫斯的波納波尼路古馳門市樓上，坐在他的新設計工作室裡設計一九九六年的春季系列；比爾・法蘭茲和多姆尼科・狄索爾正在斯坎地其的辦公室工作；道恩・梅洛正在她紐約的頂樓公寓睡覺，直到她的朋友叫醒她並告訴她這個消息；安德力亞・莫蘭特剛從米蘭飛回倫敦，準備處理新的收購案，而內米爾・柯達則在他倫敦的家中，準備要去辦公室。全世界認識墨里奇奧的人都為此感到悲痛且困惑，這個男人給了他們機會發光發熱，卻迎來了這樣離奇且殘酷的結局。

古馳的公關部門費盡一切工夫想讓公司不受這個壞消息影響，並不厭其煩地向媒體記者解釋墨里奇奧已將近兩年沒有參與公司的事務，但米蘭的檢察官卡洛・諾切里諾依舊經常前往古馳的斯坎地其工廠——他會請古馳的祕書帶他到「王朝廳」，並在此仔細地研究文件，尋找墨里奇奧離奇死亡的原因，不過他在這裡什麼也沒找到。

Investcorp 開始躊躇，不曉得墨里奇奧的謀殺案所帶來的負面影響是否會影響公開上市的情況。隨著這場悲劇引起的軒然大波逐漸平息，Investcorp 後來便加速了上市工作。

Investcorp 瞭解，古馳需要有自己的執行長才能公開上市。一九九四年，柯達本想從外部找來經驗豐富的精品經理，卻因實在沒有適合的人選而作罷。他認為那些義大利人缺乏他想要的才能，而他也意識到，任何明智的主管都不會進來一間計畫出售的公司，於是柯達開始往古馳內部找——Investcorp 的幾名主管都相當欣賞事必躬親又自信滿滿的狄索爾，柯達的眼光於是聚焦在多姆尼科‧狄索爾身上。

「我們在周轉的期間看到了多姆尼科的潛力。」柯達說道，「他有決心又有能力，和湯姆‧福特的關係也不錯，他就是最棒的人選。」

一九九五年七月，Investcorp 將多姆尼科‧狄索爾提拔為古馳的執行長，他在古馳十一年的付出終於得以開花結果。不久後，這名古馳內部的頂尖企業家和首席設計師的衝突一觸即發。

升遷不久後的某一天，狄索爾順道參觀了斯坎地其的設計會議，而福特和他的助理當時正在研發新的皮包生產線。

「可以請你迴避一下嗎？」福特說道，而狄索爾驚訝地看著他。「我們正在工作，你在這裡我會沒辦法專心。我等等再跟你談。」

狄索爾轉身離去，而當福特結束會議後，憤怒的狄索爾便把他叫到樓上的辦公室。

「你居然敢把我逐出會議！」他斥責眼前這名來自德州的年輕人。「我是這間公司的執行長！你這樣不行！」

「當執行長可真了不起。」福特反脣相譏地說道，憤怒地回道：「但你闖進會議就是在破壞我在員工面前的威信。如果你想要我把系列作品做好，那就不要插手產品的事情！」

兩人之間的爭吵一直持續到下班離開前的停車場。

「去你的！」

「我才去你的咧！」

「去你的！」

「去你的！」

如今講到早期的那些衝突，福特和狄索爾都會一笑置之，但當時的那些爭吵確實劃清了專業領域界線。此外，過去不曾一起創業也沒有私人交情的兩人，卻能夠在日後建立起緊密的互信關係，在業界中實屬少見。

「從那之後，多姆尼科就非常尊重我的設計專業。」福特說道，「他知道我有我工作上的堅持，而他也知道這樣的堅持的確能收穫成果。他相信我，我也能感受到他的信任，因此我也完全相信他。」

狄索爾表示他不會嫉妒福特的設計專業，他對福特說：「你聽我說，我不會設計系列商品，我做的是經理，不是設計師。」

「我們能搭檔得這麼好的另一個原因是，我們都非常執著。」福特補充道，「他在乎的是如何建設公司並讓公司走得更穩健。我們兩個都非常、非常、非常堅持理念。」福特鏗鏘有力地說道，「我們會成功的，就是這樣！而且我們決不會屈就第二，我們只要當第一。這就是另一個我完全信任多姆尼科的原因，因為我知道他不會輸的，我願意把我的未來託付給多姆尼科，他在商場上一定會贏。」

許多觀察者批評狄索爾給了湯姆・福特太多的權力，認為這名創意總監會不惜犧牲古馳這塊招牌，並以辭職走人作為威脅來挾持整間公司。但事實上，公司的所有事務都在狄索爾的經理端與福特的創意端之間來回擺盪，並形成神祕的平衡。福特濫權妄為的謠言滿天飛，其中的斯隆街旗艦店事件甚至引發了好幾個月的聯想臆測——有一次，古馳將倫敦斯隆街的旗艦店重新翻修，而福特設計了新的門市概念，且過程中完全不准任何人插手此設計專案，但完成後卻因為不符合消防法規而必須從頭重做，多花的錢比最初的成本還要高上許多。相比之下，墨里奇奧以前被批評的鋪張浪費似乎也沒那麼嚴重了。

一九九五年的夏天，福特風靡全球的系列作品在門市上架，而古馳在秋季公開上市的準備工作也如火如荼地展開。Investcorp 選了摩根士丹利和瑞信兩間頂級的商業銀行來當主保薦人，並由史旺森監督整個準備過程、爬梳歷史金融資訊，以及籌組新的管理團隊。

一九九五年，古馳頭兩季的銷售額激增，比一九九四年同期成長了百分之八十七點一，超乎眾人的意料之外。直到年底，銷售額便突破了五億美元，這個數字大幅超越了前一年他們報給路威酩軒集團和芳登集團的預測數字。

「我還記得墨里奇奧以前常說：『等著看吧！銷量會暴增的！』接著大家都會在心裡偷笑，和他說：『銷量不會暴增，公司不是這樣運作的。』」史旺森回憶道，「結果，銷量真的像他說的一樣暴增了！」

當年八月，隨著秋季的首次公開募股即將來臨，過去曾出低價的芳登集團在最後一刻又找上了Investcorp，並表示他們要開價八億五千萬美元買下古馳，比他們一年前開的價格高出了兩倍。但新的問題來了——Investcorp是否要接受這個價格呢？或是要堅持公開募股？

Investcorp和顧問群討論了芳登的報價後，他們估算古馳的價值超過十億美元。「這可以賣更高的價格。」顧問說道。

一名處理公開募股的Investcorp資深主管打電話給柯達，那時柯達人在法國南部的遊艇上渡假。他接起電話，望向前方蔚藍海岸的海水，聽著這名主管重述這些消息。雖然Investcorp內部有很多人希望能直接將古馳賣給芳登，如此便能脫手並一勞永逸，但內米爾仍堅持自己的立場，他始終相信古馳的潛力無限。

「除非有人開價十億，否則我們不賣。」內米爾最後說道。

在批准公開募股之前，美國證券交易委員會需要詳細的金融文件才能起草招股說明書，古馳團隊於是在辦公室以外的地點祕密召開了幾次會議，以免員工知道這項計畫。

「其中一次開會是在佛羅倫斯郊外一間冷颼颼的古老城堡，不是什麼豪華的地點。」約翰內斯・休斯回憶道。他們一邊工作，壁爐中的火焰不停地跳動著，突然間一陣風吹進來，將紅通通的煤渣吹散一地，差點釀成火災。

「我們當時正和幾名全世界最重要的投資銀行家開會，結果房間突然煙霧瀰漫，所有人都一邊咳個不停，一邊狂罵髒話，我們只好抓著所有文件趕緊離開。」休斯笑著回憶道。後來古馳公開募股的當天，其中一名銀行家還戴著消防帽出席現場。

九月五號，Investcorp 宣布要讓古馳公開上市，並預計會將百分之三十的公司股份放上國際股市，剩下的百分之七十則持續由 Investcorp 掌握。下一步就是要準備路演活動，這是將古馳的股票賣給歐美投資銀行的必要行銷之路，這些銀行會在公司正式上市時於公開市場上交易。

Investcorp 知道國際金融分析師會不留情面地拷問狄索爾，因此他們幫狄索爾請了專業的教練練習，還幫他準備講稿。「我們不要有即興演出。」休斯回憶道。

公開募股前的最後一哩路，狀況還是發生了，使得狄索爾原本為期三週的練習時間只剩下兩天——美國證券交易委員會突然要 Investcorp 重寫古馳的招股說明書，而米蘭證券市場委員會則指出古馳最近的虧損，並拒絕讓古馳上市。「在歐洲上市非常重要。」休斯說道，他當時急著尋找其他願意接受古馳的歐洲股市，而在最後的緊要關頭，阿姆斯特丹泛歐交易所同意了。

「當時就像是在演義大利歌劇。」休斯後來說道，「一切都還沒準備好、都還行不通，全部亂成一團。但就在緊要關頭，一切突然準備就緒了，最後演出大成功！」

狄索爾的演講無懈可擊，而其他人也講述了他們在歐洲、亞洲與美國的古馳成功故事，投資者因此對古馳上市感到非常期待，Investcorp 於是將預估募股調高到百分之四十八。上市前一晚，主管們在紐約忙到深夜，調整募股最後的細節。上市的股價設在每股二十二美元，屬於預估範圍的高點，然而在他們確認了所有下單之後，才發現古馳募股被超額認購了十四倍！這對兩年前趴倒在地的古馳而言，實在是非常亮眼的表現。

一九九五年十月二十四日的早上，多姆尼科・狄索爾、內米爾・柯達、古馳和Investcorp雙方主管以及一些銀行家，一起走進紐約證券交易所這棟文藝復興建築的入口，門外的星條旗旁掛上了義大利國旗。

裡頭的景象令狄索爾驚訝不已——古馳的布條在交易廳上高高地掛起，一面巨大的電子看板上閃爍著「今日熱門股：古馳」的字樣。證交所一如往常地於九點三十開盤，而最後一刻要買古馳的單如潮水般湧入，一瞬間造成了混亂與騷動。十點零五分，交易漸漸恢復平穩後，古馳的股價從二十二塊飆升到二十六塊。狄索爾馬上致電給斯坎地其的古馳工廠，他請所有人到員工餐廳集合，並透過餐廳的喇叭，驕傲地宣布將給全世界古馳員工每人一百萬里拉（約六百三十美元）的分紅，餐廳頓時歡聲雷動。

一年之前，路威酩軒集團和芳登集團的高級主管不屑地認為古馳到一九九八年才會達到四億三千八百萬美元的銷售額，然而，古馳在一九九五年結算時，總營業額已達到了歷史新高的五億美元。

一九九六年四月，Investcorp第二次的募股比先前更加成功，古馳自創立以來已經過七十四年，這是古馳第一次成為股份完全公開發行的公司。三月時，福特推出了另一系列的作品並再次引發熱議——主打簡約的白色連身裙、性感的鏤空剪裁，再搭配上閃亮的G字型古馳腰帶，使得消費者為之瘋狂。此時的古馳由歐美的大小股東共同持股，可說是義大利的異類公司，因為在義大利的上市公司通常都是由股東聯合集團掌控，更不用說時尚產業中的大部分企業都還是私人公司。

狄索爾這名歸化美國的律師撐過古馳家族經營時的大風大浪，他知道接下來在帶領古馳航向未來的路上只會有更多的挑戰，而現在他得面對的就是只看利潤的股東以及全球股市。

「這就是人生，我們也只能好好表現。」那時他這麼說道，「我也可能被炒魷魚！」

Investcorp 在兩次募股之間賺進了二十一億美元，扣掉中間的支出後，淨賺了十七億美元。從 Investcorp 開始投資古馳算起，花了將近十年才等到古馳的狀況真正好轉，而最後也成為了 Investcorp 十四年來最壯觀也最意想不到的大豐收。

古馳漂亮地東山再起，上市的情形也令人驚豔，為其他的精品公司開通了一條往紐約股市的康莊大道，其中包括 DKNY 時裝、雷夫・羅倫馬球，以及同樣由 Investcorp 持有的薩克斯第五大道百貨。

古馳的上市產生了聚合效應，聚集了四散在國際股市的其他精品與時裝公司，並成為一個類股。在古馳上市前，已經上市的精品公司寥寥可數，且之間幾乎沒有關聯性——路威酩軒集團仍被大部分的人當作酒商；愛馬仕的股票流通性低，幾乎沒有引起注意；而義大利珠寶商寶格麗才剛上市，但是規模非常小，不足一億美元。

「古馳創造了這個類股。」休斯說道，「股市裡有二、三十億的資金，而古馳創造了群聚效應，投資人們開始注意到這一塊了。」

Investcorp 為了促進古馳的股票發行，便鼓勵大型的國際投資銀行指派特定分析師將古馳納入奢侈品類股中分析，就像是專攻航空、汽車或工程等類股那般。

Investcorp 開設了訓練課程，幫助這些分析師瞭解古馳的強項，以及其他的競爭者。忽然間，這些以前只關注成衣商與零售商的分析師，都坐在古馳時裝秀的保留席上，努力將時尚的品味融入他們的金融分析專業。他們發明了「時尚風險」這個術語，意思是平庸的系列作品給公司帶來的影響。他們也開始瞭解時尚公司的景氣循環，包括尋找供應商、運送、銷售、瞭解時裝秀評論和雜誌跨頁，以及好萊塢定裝師的重要性。

正當投資界研究古馳時，湯姆・福特更進一步地精簡了古馳的設計，讓形象變得更現代也更性感。他重塑了十一條產品線的風格，推出新的居家系列，該系列甚至還有黑色皮製寵物床和壓克力寵物碗。

他致力承襲古馳在一九六〇與一九七〇年代曾展現的粗獷風格，創造了一九九〇年代的狂野版本。他認為：「太強調高尚，最後就會無聊了！」因此他持續遊走於性感和粗野之間。

「我盡可能地將古馳往前推。」福特後來說道，「我不能再把鞋跟變得更高，或是把裙子變得更短。」一九九七年，《浮華世界》雜誌將福特的雙G丁字褲評為年度最性感的設計。當年一月的男士時裝秀上，福特大膽地讓男模特兒穿上丁字褲亮相，引起觀眾尷尬且害羞的低語；三月的女士時裝秀上，這條丁字褲也出現了。

「史無前例，一塊小到只有幾平方公釐的布料竟引起如此大的轟動。」《華爾街日報》對這條丁字褲下了這般評論，這條丁字褲在全世界的門市都被搶購一空，也帶動了其他普通產品的銷量。

福特眼看時機到了，便開始向好萊塢招手。一開始他先設法融入當地，他早就愛上拉斯維加斯這座城市，在他心目中，這裡的建築、生活方式與對當代文化的影響足以稱得上真正的「二十世紀代表城市」。他在拉斯維加斯置產，並拍攝了好幾次古馳的廣告宣傳，他也開始與演員混在一起，有些後來還和他變成了朋友。在一場讓全好萊塢都印象深刻的活動後，福特打響了自己的名號。他在聖莫尼卡機場的一間私人機庫中舉辦了精采的時裝秀、晚宴與通宵舞會，這場活動除了由古馳出資，還為重要的洛杉磯愛滋病研究防疫中心募得了破記錄的金額。福特的賓客名單彷彿奧斯卡獎的明星陣容，不過整場派對仍非常有他的風格，特別是穿梭於派對間炒熱氣氛的四十名舞者——下半身只穿古馳丁字褲，上半身則穿著巨大的壓克力方塊。

福特將古馳形象的每一部分都掌握在手中，不只是服飾配件的系列產品，還有新門市概念、廣告、辦公室格局、裝飾與員工制服，甚至連古馳活動中的鮮花擺設也要經過他的同意。古馳在米蘭發表「嫉妒」這款香水時，福特便把所有的東西都變成黑色——原先是大廳的場地，配合活動改裝成了優雅的餐廳，地板、天花板與牆壁全都漆成了黑色，甚至連菜單上的餐點也是！前菜、黑色義大利麵佐墨魚汁、黑色麵包棒全是黑色的，在透明的玻璃餐盤上，只有蔬菜點綴了一點顏色。

當福特終於重新設計完古馳在倫敦斯隆街上占地一萬四千平方英尺的旗艦展示店後，他讓門口的保全人員穿上黑色的古馳套裝並在頭上戴上耳麥，呈現經典的福特風格。旗艦店的門面材質是光滑的石灰岩與不鏽鋼，有著彷彿銀行金庫的氣勢；店內的大理石地面、壓克力圓柱與懸吊式燈箱則形成絕妙的舞臺背景，福特透過擺設將古馳的產品變成了舞臺上的明星。

福特甚至連參加時裝秀的模式都會控制比例，當其他的設計師在同一場時裝秀上用了不同的主題風格時，福特會考量到媒體、買家與消費者，他會將自己的系列作品減少至約五十套，並在一開始將最重要的三套送上臺。

「我在展示廳會有幾百套衣服。但現在，面對臺下的幾百臺寶麗萊相機，我只有二十分鐘的時間來向世界證明我的眼光。」福特說道。他會持續修改，並問自己：「我要傳達什麼訊息？我想說什麼？」他一決定好想傳遞的訊息，就會在時裝秀中用白色的聚光燈吸引觀眾的焦點。

「其他的時裝秀可能不太會用燈光來強調重點，這時你就會發現觀眾在看著他們的鞋子、上下左右地亂看，或看模特兒以外的其他人。我想要抓住觀眾所有的注意力。」福特解釋道，「我想要做出像電影般的品質，讓所有人都在同一時間看著同一個東西，如此我就可以控制他們的目光，讓他們看上、看下，讓他們同時發出『喔——哇——』的讚嘆聲！」

福特用清楚且聚焦的方式呈現服裝，這簡直幫了所有人一個大忙，媒體、買家與消費者等都能很容易地做抉擇，因為福特已經幫他們做好功課了。

另一方面，堅毅果決的狄索爾在經過一場重要的爭論後，重啟了古馳的香水授權談判，並在討價還價了無數次後，以一億五千萬美元的價格從身形削瘦的塞弗林・溫德曼手中買了古馳手錶製造商——塞弗林鐘錶股份有限公司。福特和狄索爾，這對新的設計師與商人搭檔被譽為伊夫・聖羅蘭的聖羅蘭和貝爾傑第二。

即使他們攜手締造了許多佳績，前方的路途依舊不簡單也不輕鬆。一九九七年九月，也就是《華爾街日報》將古馳評為「時尚迷與基金經理最著迷的精品牌」的前一個月，古馳連兩年飆漲的銷售額和股價突然間停滯不前，剛從亞洲回來的狄索爾非常不樂見這種情形。長年在日本遊客眼中是購物天堂的香港，其頂級飯店和餐廳都空無一人，而日本人愛去的夏威夷，其銷售量同樣也一落千丈。古馳有百分之四十五的生意來自於亞洲地區，而日本消費者在其他市場貢獻了更多銷售量，然而，儘管他們在一九九四年將古馳的銷量拉了回來，卻還是在三年後把錢收回口袋。

一九九七年九月二十四日，憂心忡忡的狄索爾預測下半年會成長得比想像中更慢。他是第一個警告亞洲市場危機的精品主管，在接下來的幾個月內，金融風暴將席捲整個國際市場。古馳的股價在一九九六年十一月衝高至每股八十美元，卻在幾個星期內暴跌了百分之六十，每股只剩三十一點六六元。

湯姆·福特那時擁有價值幾百萬美元的股票選擇權，他在看到古馳的股價跌到谷底時，不禁嚇得直打冷顫。他關起門來譴責狄索爾把前景講得太過負面且具體，使得古馳買斷塞弗林手錶的好消息完全被蓋過去。不過事後證明，狄索爾的警告的確在業界敲響了第一聲鐘，沒多久，普拉達、路威酩軒集團、環球免稅集團，以及其他許多公司都開始痛苦地抑制他們在亞洲的損失。

古馳低迷不振的股價意味著，古馳自上市以來，可能首次以二十億美元的價格被其他人收購。傳言指出其他的精品龍頭，如路威酩軒集團貝爾納·阿爾諾，這名以收購公司聞名的大戶正考慮買斷古馳。到了十一月，不管狄索爾再怎麼努力遊說，古馳的股東依舊否決了反惡意收購的機制——這項措施原本能限制股東，並規定無論持有多少股份，單一股東最多仍只能享有百分之二十的投票權。儘管目前所有的收購大王皆忙於鞏固自己的亞洲帝國，股東的決定仍使得古馳更加脆弱。

「那是股東們做出的決定。」狄索爾說道，他難掩失望的情緒。「我已經盡了我的責任。」

狄索爾撐過了古馳家族內鬥，成為帶領古馳開疆闢土的英雄，但他就如同所有的征服者，接下來仍必須為新的戰爭做好萬全的準備。

# 第十七章

# 逮捕歸案

亞歷珊卓・古馳頂著雜亂的深色頭髮，趁警方不注意時，將母親推進威尼斯街公寓寬敞的主臥室。在墨里奇奧去世的數月後，派翠吉雅便與兩個女兒一同搬入這棟豪華的公寓，並賣掉了位於帕薩瑞拉精品街樓上的空中別墅以支付公寓的租金。亞歷珊卓迅速地鎖上她們身後的門，將母親推至房間角落鋪滿大理石磚的牆前，她認為這裡不會有人聽見兩人的對話。

「媽！無論妳現在說什麼，我發誓我都會保密。」亞歷珊卓用氣音說道，她直盯著派翠吉雅，用雙手按住了嬌小母親的肩膀，而派翠吉雅的雙眼一下也沒眨。

「告訴我！如果是妳做的就告訴我！我真心誠意地向妳發誓，我絕不會告訴外婆希爾瓦娜或阿萊格拉。」亞歷珊卓說道，她的雙手越按越緊。

派翠吉雅看向大女兒蒼白的臉龐，瞬間便讀懂了女兒憂愁的藍色雙眸。數分鐘前，這雙眼仍靜靜地閉著並沉浸在夢鄉中。

一九九七年一月三十一日星期五的凌晨四點三十分，兩輛警察車停在威尼斯街三十八號拉下百葉窗的宮殿式建築前，深髮色的米蘭刑警隊隊長菲利浦・寧尼走下車，上前按下古馳公寓的門鈴——此處現已是派翠吉雅的住所，同住的還有亞歷珊卓、阿萊格拉、兩名家庭幫傭、名為羅阿那的可卡獵犬、一隻活潑多話的八哥、兩隻鴨子、兩隻烏龜及一隻貓。

「警察！開門！」寧尼朝著對講機說道，但未得到任何的回應，而宏偉的拱形木門仍舊緊閉著。按鈴多次依然無果後，寧尼怒不可遏，拿起手機直撥派翠吉雅的電話號碼。他很確定派翠吉雅就在家中，因為他的手下一路跟蹤派翠吉雅，而派翠吉雅在吃完晚餐後便直奔回家；他也猜想派翠吉雅一定還醒著，因為他從竊聽器得知派翠吉雅剛剛仍在與男友通話——她的男友雷納托·維諾那是一名在地商人，派翠吉雅都稱呼男友為「她的小泰迪」，他們兩人通話直到深夜三點三十分。派翠吉雅患有慢性失眠症，時常與朋友講電話至清晨，再睡至隔日的中午。

隨後，對講機另一頭終於傳來怪異的模糊聲音，寧尼還聽見背景有一陣焦躁的鳥叫。

「聽著！我是警察，開門！」寧尼直接明瞭地說道，幾分鐘後，睡眼惺忪的菲律賓裔幫傭打開厚重的門。寧尼與隨行的警員跟著幫傭穿過石地的庭院，踏上寬大的大理石階邁入古馳的公寓，眾人的腳步聲在清晨寂靜的空氣中迴盪。女傭領著一行人走到客廳，隨後便進房去找派翠吉雅。

派翠吉雅在幾分鐘後冷淡地走進客廳，面對清晨突如其來的不速之客。她穿著一身淡藍色的睡衣，看著客廳的眾多警官，派翠吉雅僅認得身材高大、頭髮金亮的憲兵賈恩卡洛·陶里亞帝，兩人曾在墨里奇奧遭謀殺後的審訊中照過面。距離墨里奇奧去世已經過了兩年，警方卻仍未找到嫌犯，派翠吉雅時不時就會聯絡她於警局中的線人以更新案子的調查進度，但近來線人均無所匯報。派翠吉雅對著陶里亞帝點頭示意，隨後盯著寧尼猛瞧，現在很明顯是由寧尼坐鎮指揮。寧尼首先表明了自己的身分，並拿出了自己的逮捕證。

「雷吉亞尼夫人，我現在得依謀殺的罪嫌逮捕妳。」寧尼的聲音如雷灌耳。寧尼作為資深的警探，致力於打擊米蘭不斷壯大的毒品交易，然而比起追蹤黑幫老大和攻堅廢棄的倉庫，站在派翠吉雅家中金碧輝煌的客廳感覺反而更使他感到緊張。寧尼直視著派翠吉雅毫無情緒的清澈雙眼。

「好的，我知道了。」派翠吉雅含糊地說道，滿不在乎地瞥了一眼寧尼手中的文件。

「妳知道為什麼我們會來抓妳嗎？」寧尼問道，他對派翠吉雅的沉著與冷靜感到吃驚。

「知道。因為我丈夫的死，對吧？」派翠吉雅淡淡地說道。

「夫人，我很遺憾，妳被逮捕了。請跟我們走。」寧尼說道。

亞歷珊卓在幾分鐘後驚醒，發現有兩名警員在她的房內，他們向她表示她的母親已遭逮捕，將被帶回偵辦。

「他們翻遍了我房內的所有東西，包括我的動物玩偶及電腦，然後他們就下樓了。」驚慌失措、焦躁不安的阿萊格拉在不久後與另一名警探過來會合。阿萊格拉在客廳內小聲地啜泣，寧尼則指示派翠吉雅換上外出的衣服並與他一同離開，亞歷珊卓於是跟在母親的身後，拉著母親進到臥室中。亞歷珊卓長得就像是年輕時的派翠吉雅，兩人相互凝視了一會兒，彷彿是彼此的倒影。

「我向妳發誓，亞歷珊卓。我發誓，我沒有那麼做。」在派翠吉雅說話的同時，一名警員已來敲門。派翠吉雅更衣時，一名女警在一旁監督，而其他警探則在公寓裡四處搜索，並扣押了一些文件和派翠吉雅的那本皮革封面的日記本。派翠吉雅走出房門時，所有人都用不敢置信的眼神盯著她，她竟全身上下穿戴了各式的金銀珠寶，披了一件落地的貂皮大衣，同時，她也將雙手的指甲修剪得乾乾淨淨，並拿了一個古馳的手提皮包。

「怎麼了？我準備好了！」她環視著目瞪口呆的眾人說道。

「我今天晚上就回來。」她轉身親吻女兒並輕聲說道。此時的派翠吉雅少了平常會畫上的深黑色眼線及睫毛膏，雙眼看起來特別無神，因此在走出家門時，她戴上了一副黑色的太陽眼鏡。

那一刻，寧尼對派翠吉雅的最後一絲同情都已煙消雲散，他領著眾人走下大理石臺階並穿過庭院，自言自語地說道：「她以為她是要去哪裡？化妝舞會？」

寧尼骨瘦如柴，臉上有著深色且銳利的雙眸及濃密的小鬍子，所有人都知道寧尼不僅是名堅忍不拔、務實嚴肅的警探，他還對這份工作很有熱忱。寧尼最常對付的是搬遷至米蘭的義大利南部的家族，這些家族會利用巴爾幹半島日漸興盛的毒品交易致富，他們多半是因為在家族鬥爭中失利，才會搬遷至北方找工作，並在後來發現以毒品賺錢又快又簡單。

寧尼晉升為米蘭警隊的長官後，他經常想起一個名為莫德斯托的西西里人，莫德斯托有一大家子要養，他早年經常在街頭巡迴表演手風琴，並派他的七、八個孩子去向路人討小費。不久後，莫德斯托賣掉了自己的手風琴，並開始追求更高報酬的工作，成為米蘭附近倫巴底區的藥頭。

寧尼同樣也來自義大利南部，他在塔蘭托外普利亞區的一座小鎮長大，小鎮就位於義大利半島靴子形狀的根部。小時候他深受犯罪小說與警察電影的吸引，專注於研究警探所用的技巧，他總會在家庭聚會時問兩名任職警察的親戚有關工作的問題，寧尼甚至還從羅馬的大學輟學並報考警察學校，還因此激怒了擔任海軍造船廠工人的父親。

「你瘋了嗎？你是想害死自己嗎？警察的工作可是非常危險。」寧尼的父親對著他大發雷霆。然而寧尼依然十分堅持，他對於成為警察充滿熱忱，同時他也希望自己能經濟獨立——家中的兩個年少的弟弟仍需要父親的扶養，寧尼討厭開口索要購買教科書的費用。父親最終還是同意了寧尼的決定，並於寧尼入學當天陪同他至羅馬。父親在入學一週後前去探望寧尼，在看到寧尼疲憊的神情後，便要寧尼立刻打包回家，然而寧尼卻不為所動。

「不要，我好不容易才進到這裡，而我也早就知道會很辛苦。除非校方把我踢出去，否則直至畢業那天我才會離開。」寧尼搖著頭對父親說道。

寧尼不僅撐過了警察學校的訓練，他甚至在正式開始工作前，就在從羅馬前往米蘭的火車上逮捕過犯人——當時一個年少的吉普賽人扒走了一名憲兵的東西，憲兵試圖逮捕吉普賽人並拿回自己的皮夾，然而吉普賽人又踢又叫，使憲兵束手無策。

「我來教你怎麼做。」寧尼輕描淡寫地對憲兵這麼說了一句，便猛然搶過吉普賽人的皮包，並將皮包往地上一扔。吉普賽人嚇了一跳，匆匆想拿回皮包，而寧尼便藉機將對方逮捕，取回了憲兵的皮夾。

寧尼並非每次都能輕鬆地將犯人逮捕歸案，他在米蘭負責處理卡拉布里亞區黑幫內的派系鬥爭，幫派內的薩瓦托・巴蒂與朱塞佩・法爾基幾乎是日日槍戰，然而寧尼仍靠著腳踏實地、膽大心細與施恩布德的方式贏得了同事及幫派的敬佩。光是一九九一年，寧尼和他的四名夥伴便成功逮捕了五百多人。寧尼會為逮捕歸案的人保留尊嚴，他深信即便是罪犯也該被尊重，他人道的做法不僅曾獲得一名危險大毒梟的稱讚，還曾讓他因此獲救——卡拉布里亞黑幫的老大薩瓦托・巴蒂在某次受審時，他望向法庭另一頭的寧尼說道：「寧尼，若非你以誠待人，你早已死於非命。」

警車疾駛過米蘭空蕩蕩的大街，而派翠吉雅則坐在後座，不久便抵達了聖塞波爾克羅廣場上的刑事局總部，聖塞波爾克羅廣場就位於證券交易所後方，歷史相當悠久，可回溯至古羅馬帝國時代。一般人應該很難想像刑事警局竟設於三層樓高的卡斯塔諾宮內——卡斯塔諾宮的建築最早建於文藝復興時期，環繞著中庭，其中三側有著典雅的拱形門廊。

寧尼和他的小隊領著派翠吉雅，穿過羅馬哈德良皇帝與涅爾瓦皇帝頭像間迂迴的鋪石通道，高高的橫梁上刻了一串明顯的拉丁文：「為了眾人的雅興與自我的寬慰。」另外還有一串古羅馬字寫道：「祝入內的人好運。」

寧尼將派翠吉雅交給他的左右手卡曼・蓋洛警探，蓋洛的身材矮胖，眼神深邃且溫柔，他帶著派翠吉雅走過蜿蜒的長廊，進到一間有著金屬辦公桌和檔案櫃的簡樸辦公室。在蓋洛將派翠吉雅登記入冊時，派翠吉雅瞥了一眼高牆上擋滿鐵桿的窗戶以及牆上的照片，照片中曾與黑幫對抗並慘遭謀殺的法官喬瓦尼・法爾科內和保羅・博爾塞利諾俯視著辦公室內的眾人。過了一會兒，希爾瓦娜、亞歷珊卓與阿萊格拉一同抵達，三人面容憔悴地進到了蓋洛的辦公室，寧尼也在門口現身，他盯著蓋洛桌前戴著金飾、披著皮毛、整個人閃閃發亮的派翠吉雅，突然感覺到一陣厭惡。

「我一直以來都會努力協助被我逮捕的人，然而當我看著她時，卻有種從未有過的感覺——我看見一個內心空無一物的女人，她只用身外之物來定義自己，並且自以為錢可以買下一切。我完全不想上前去與她交談，這是在我的職涯內從未發生過的事，雖然這也不是什麼值得驕傲的事。」寧尼後來說道。

寧尼的深色小鬍子不悅地豎了起來，他轉向希爾瓦娜。

「夫人，您的女兒以這樣的穿著打扮進入監獄實在不太合適，她身上有太多貴重物品了。」寧尼說道。

「都是她的東西，她想不想穿戴都由她決定，沒人可以干涉。」希爾瓦娜皺了皺眉，回應道。

「隨妳便，反正獄方在她抵達後便會全部沒收，絕不會讓她將那些東西都帶在身邊。」寧尼說完後便轉身走出門。

「我最好把這些東西都帶走。」希爾瓦娜倒吸了一口氣，將派翠吉雅笨重的金耳環、金塊和鑽石手鐲取下，接著又拉下女兒肩膀上的貂皮大衣套到自己的身上，再將手伸進古馳的手提包。

「妳到底都在這裡面放了些什麼？」希爾瓦娜一邊不悅地問女兒，一邊從手提包中拿出成堆的脣筆、化妝品和面霜。

「妳用不上這些的。」希爾瓦娜說道。派翠吉雅開始顫抖，蓋洛警探停下手邊的文書工作抬起頭，將自己綠色的休閒風衣外套遞給派翠吉雅，派翠吉雅欣然收下了。

「我覺得她很可憐，她已窮途末路。即便她盡力而為，仍走投無路。」蓋洛後來承認道，派翠吉雅在入獄後便將外套還給了他。

同日上午，涉嫌謀殺的其他四人也都在義大利附近遭到拘捕──派翠吉雅的老友皮娜・奧利耶瑪在那不勒斯附近的索姆馬韋蘇維亞納市鎮被一群便衣刑警逮捕，並遣送至米蘭；米蘭一間旅館的看門人伊凡諾・薩維歐尼和技工班奈狄托・塞勞洛也都被抓至聖塞波爾克羅廣場的刑事局；破產的餐廳經理歐拉奇奧・其卡拉早已因另外的毒品相關罪名關押於蒙扎郊區的監獄，並在隔日收到了訴訟通知書。聳動的新聞登上各報的頭版頭條──時隔兩年，墨里奇奧・古馳的前妻及其他四名看似不相干的同謀，因涉嫌謀殺墨里奇奧・古馳被捕。

兩個月前，墨里奇奧一案的調查仍毫無進展，米蘭檢察官卡洛・諾切里諾因此申請延長調查，然而卻依然未找到重大的線索。卡洛・諾切里諾悵然若失，直至一九九七年一月八日星期三，菲利浦・寧尼一如往常地工作至深夜，值夜班的警員突然通知有人打電話要找他。

「老大，有個人打來，但對方不願透露姓名。他表示有要事討論，且只願意與你談。」

這個時間點的刑事局總部全都漆黑一片，寧尼喜歡讓日光燈的光線從頭上灑下，他開了一盞桌燈並細讀桌上成疊的資料。他身邊環繞著他努力向警局爭取來的好幾臺電腦，以利他迅速完成行政簽核並加速工作進程。寧尼的辦公室牆上掛滿了他從業多年來獲得的二十多張獎狀、證書及牌匾，辦公室中央有張破舊的皮沙發，沙發兩側有兩張扶手椅，而沙發與扶手椅中間則有張矮茶几，茶几上放著他最珍愛的手工雕刻皂石西洋棋組，寧尼喜歡光滑的米色西洋棋在手中的觸感，他時不時就會邀請其他警員和他對弈，他深信這麼做能使思路保持清晰。

當晚寧尼在檢閱幾乎快結案的毒品案件資料，這項名為「歐洲行動」的調查起因於一名逍遙法外的義大利毒販，寧尼與他的團隊並未選擇立即逮捕毒販，而是選擇追蹤他的一舉一動，最後因此捕獲了遍布歐洲的二十多名毒販，並沒收了超過三百六十公斤的古柯鹼、十公斤的海洛因，以及一間槍砲倉庫——警隊在某次直搗毒窟，並從義大利北部的工程機具小公司地下挖出眾多毒品，錫製容器內裝滿了以塑膠袋包裝的古柯鹼，寧尼大為震驚。

寧尼闔上了「歐洲行動」的檔案夾，好奇誰會在這麼晚打給他。他請值夜班的警員將電話轉給他。

「寧尼嗎？」一陣低沉粗啞的嗓音傳來，猶如笨重的金屬門在水泥地上拖拉的聲響。

「是的，請問哪裡找？」

「我們得面對面談談，我有很重要的消息要告訴你。我會把自己知道的都告訴你。」沙啞的聲音說道，寧尼感覺事態相當急迫。

寧尼感到好奇且困惑，他問道：「你是誰？我怎麼知道自己能否相信你？我在外面可是有很多死對頭的，你至少要告訴我，你要講的事情與什麼有關吧！」

「如果我說是與古馳的謀殺案有關，你相信我嗎？」沙啞的聲音突然變得有點喘。

寧尼的精神為之一振，他的憲兵隊同僚長期以來都在調查這起神祕的謀殺案，卻遲遲未有斬獲，當地的檢察官卡洛・諾切里諾曾於一年前到瑞士調查古馳的商業往來，也未能發現任何線索。過去曾有謠言指出古馳參與投資了連鎖賭場，然而經諾切里諾證實，所謂的賭場不過是瑞士克萊恩蒙塔納附近豪華酒店內的小型遊戲中心，且一切都清清白白，沒有見不得光的勾當；自從古馳賣掉家族企業後，其餘的商業計畫都處於初始的階段。諾切里諾也曾飛往巴黎與德爾福・佐爾齊面談，佐爾齊同意在嚴格的看管下，回答檢察官有關噴泉廣場爆炸案的問題，也願意與諾切里諾聊聊古馳的貸款，佐爾齊肯定古馳已用他撿到的那四千萬美元將債務全數償還。諾切里諾於五月停止調查古馳的商業記錄，然而他卻也沒有其他的重大線索，後來寧尼便讀到諾切里諾決定延長調查的報導。

寧尼一直對古馳案很感興趣，古馳遇害的當天早晨，寧尼恰巧路過了古馳公寓的社區，並從警用頻道中聽到了凶殺案的消息。他於是請司機順路經過帕萊斯特羅路上的案發地點，在現場看到一群憲兵，他走向一旁並開始觀察命案現場——墨里奇奧・古馳陳屍在樓梯上，醫護及調查人員在他的身旁不停地來回穿梭，諾切里諾走進門廳後，將除了憲兵以外的閒人都趕走，平息了現場的騷動。接下來的幾個月，每次逮捕米蘭地下犯罪組織的成員，寧尼都會要手下詢問對方有關古馳案的消息，他認為凶手是職業殺手，且很有可能與米蘭的幫派和黑社會認識，然而每次向犯人問及此事時，對方都是聳肩或搖頭。過了幾個月後，寧尼逐漸認為凶手並非職業殺手，因此便從古馳私下的人際互動開始著手調查。

「寧尼先生，我好害怕。」電話裡的聲音焦躁不安地表示：「我知道是誰殺了墨里奇奧・古馳。」

「你能來我的辦公室嗎？」寧尼問道。

「不行，太危險了。你來阿斯普羅山廣場的冰淇淋店找我。」電話的另一頭說道，他說的是米蘭中央火車站東側廣場上的冰淇淋專賣店。

「我年約四十九歲，體格高壯魁梧，我會穿上紅色的外套……請務必獨自前來。」

寧尼猶豫片刻便答應道：「我半小時內會到。」

寧尼跳上車，腦子轉得飛快。寧尼要求司機停在阿斯普羅山廣場的幾個街區之外，隨後便下車徒步前往會面地點。漆黑的街道旁林立著一星級的飯店，全靠著妓女及尋求新生活的非法移民維生；寧尼抵達指定的冰淇淋店後，看見一名男子站在店外，這名男子身著羽絨內襯的外套，身形十分壯碩，外套的顏色在冰淇淋的霓虹燈招牌照射下看起來更像是螢光綠。他們兩人小心翼翼地向對方打招呼，開始繞著阿斯普羅山廣場中央的小公園散步，男子首先介紹自己名叫加百列・卡爾帕內塞，寧尼從沙啞的聲音確定對方就是電話另一頭的人。這名男子很明顯體重過重且身體不好，他走路緩慢、呼吸沉重，好學生性格的寧尼立即開始同情這名神祕人，並在幾分鐘之內就決定要相信對方。他指了指街尾的車和司機，邀請卡爾帕內塞一同回到辦公室，辦公室不僅溫暖且安全，還可以免於被廣場邊探頭探腦的閒雜人等干擾。

卡爾帕內塞舒服地陷入寧尼辦公室的皮革沙發中，對寧尼訴說著自己的來歷，而寧尼則把玩著他心愛的皂石西洋棋組裡的皇后。幾個月前，卡爾帕內塞與妻子放棄了先在佛州邁阿密、後在瓜地馬拉經營的義大利小餐館，一同搬回義大利——卡爾帕內塞的妻子罹患乳癌，而卡爾帕內塞自己則患有糖尿病，兩人的健康問題迫使他們回到國內，並靠著健保獲得妥善的治療。回國後，兩人找到暫時的便宜住處，他們待在阿斯普羅山廣場附近的一星級旅店，卡爾帕內塞不久後便與飯店的門房成為朋友，這名門房是飯店老闆的四十歲外甥伊凡諾·薩維歐尼。根據卡爾帕內塞的說法，薩維歐尼坐鎮在雅德里飯店狹長門廊最前端的桌子後方，掌握了來往飯店的人，他會透過飯店的單向透視玻璃門審視旅客，旅客則看不見他。他可以用桌下的按鈕決定是否放旅客進到飯店內，薩維歐尼短小精幹、雙頰下垂、脖子肥粗，他會將深色的捲髮用髮膠往後梳理，戴上金框眼鏡，並穿上廉價的深色西裝和他自以為時尚的淺粉色或桃紅色襯衫。卡爾帕內塞認為薩維歐尼應該是個好人，雖然薩維歐尼負債累累，且總是在動一些鬼腦筋以應付源源不絕的債主。薩維歐尼常將妓女偷渡到飯店內，並從妓女身上搜刮額外的費用，但正因為卡爾帕內塞從未打小報告，因此薩維歐尼心存感激，時常會讓卡爾帕內塞拖欠房費，或從飯店的酒吧偷幾瓶酒給卡爾帕內塞。

隨著卡爾帕內塞本就微薄的存款越來越少，且找到工作的希望也越來越渺茫，他開始活用自己的想像力。卡爾帕內塞編造了一個生動的故事，欺騙薩維歐尼自己曾是一名富有的毒梟，且遭到聯邦調查局等多國的執法機關通緝，他告訴薩維歐尼自己藏了毒品交易而來的好幾百萬全都在美國的帳戶，要等他解決法律問題後才有能力支付房費。

「等我的律師把問題都解決好，我就能好好報答你，我會連本帶利地感謝你的款待。」卡爾帕內塞把薩維歐尼唬得一愣一愣的，薩維歐尼因此讓相信他的阿姨露西安娜免費收留了這對可憐的夫婦好幾個月。薩維歐尼手上的毒品交易從未做大，因此他很希望卡爾帕內塞能帶他飛黃騰達。

卡爾帕內塞告訴寧尼，一九九六年八月的一個酷熱的晚上，他和薩維歐尼一同在街邊的小餐館抽著香菸並喝著啤酒，此時街上幾乎沒有車經過，緊閉門窗的公寓似乎正靜待著住戶結束暑期的傳統假期並返家，連附近的許多日租套房都大門深鎖；在這座荒蕪的城內實在無事可做，且天氣又熱到令人無法入眠，即便是在室內，空氣也又溼又熱。薩維歐尼往椅背一靠，深吸了一口萬寶路的菸，看向卡爾帕內塞並透露自己曾捲入一樁大事中，且這樁大事曾席捲過各大版面。說完，他開始打量著卡爾帕內塞的反應。

隨著兩人的關係越來越近，薩維歐尼開始告訴卡爾帕內塞一些事件的片段，並在最後丟下了震撼彈——刺殺墨里奇奧·古馳的殺手是由他一手安排。起初，卡爾帕內塞並不相信薩維歐尼所說的，因為卡爾帕內塞認為薩維歐尼不太聰明，且儘管薩維歐尼很會動鬼腦筋和大放厥詞，但卡爾帕內塞並不覺得薩維歐尼能聯繫上職業殺手。

「你以為你是誰？黑幫老大？」卡爾帕內塞隨口回應道。

「隨你怎麼想。」薩維歐尼說道。他一直想在卡爾帕內塞面前好好表現，因此他很失望自己的新朋友竟對自己提出質疑。往後幾週，薩維歐尼開始向卡爾帕內塞訴說謀劃與處決墨里奇奧·古馳的所有細節。

卡爾帕內塞大吃一驚，他從沒想過薩維歐尼會捲入如此嚴重的事端。在經過數週的內心掙扎後，卡爾帕內塞決定去找相關單位舉報薩維歐尼，他深知自己和太太會因此失去落腳處，但他也想著自己或許能因此獲得一些獎金。一九九六年的聖誕節前一天，卡爾帕內塞走到阿斯普羅山廣場上的電話亭，撥打法院大樓的電話號碼，他請接線生將電話轉給負責古馳案的檢察官。卡爾帕內塞一想到自己正在做的事情，心臟就砰砰作響，他一邊聽著電話另一頭的答錄機預錄內容，一邊緊張地撥弄著冰冷的金屬電話線，但遲遲沒有人接通電話。在等了五分鐘之後，他用完了身上的硬幣，只好掛上電話。幾天後，卡爾帕內塞再次撥打了相同的電話號碼，接線生則表示自己並不知道古馳案是由誰負責，因此卡爾帕內塞決定打給憲兵隊，然而接電話的人卻不幫他轉接，因為卡爾帕內塞不願意留下自己的真實姓名及撥電話的原因。一月初的某個晚上，卡爾帕內塞無聊地在雅德里飯店的電視間看電視，恰巧轉到一臺有關組織犯罪的談話性節目，而寧尼正是該集的與談人。卡爾帕內塞很喜歡寧尼直率的談吐與實際的評論，他立刻便認為寧尼就是他可以信任的人，於是他拎起電話簿找尋刑事局的電話號碼，接著來到廣場角落的電話亭。

卡爾帕內塞將謀殺故事的情節一五一十地告訴寧尼，的確只有參與者才有辦法瞭解得如此詳盡，寧尼因此確信卡爾帕內塞說的都是實話。

卡爾帕內塞告訴寧尼，是派翠吉雅・雷吉亞尼安排了謀殺墨里奇奧・古馳的計畫，並支付了六億里拉，相當於三十七萬五千元美金。派翠吉雅的老友皮娜・奧利耶瑪則扮演了中間人的角色，協助派翠吉雅與殺手間的金錢往來。皮娜去找了老友薩維歐尼，薩維歐尼則找來了五十六歲的西西里人歐拉奇奧・其卡拉，其卡拉在米蘭北部郊區的阿爾科雷市鎮開披薩店，薩維歐尼知道其卡拉欠了大量的賭債，毀了自己及家人的生活，因此亟需用錢。他們計畫讓其卡拉負責找殺手，並駕駛他兒子的綠色雷諾克里歐載著殺手逃逸，其卡拉原先為了這項計畫偷了一輛車，然而車卻突然不見蹤影，大概是又遭其他人偷走或遭警察扣押了！殺手名叫班奈狄托，他過去是住在其卡拉披薩店後面的一名技工，班奈狄托用一把七點六五口徑的貝瑞塔左輪手槍殺了墨里奇奧，槍上裝了襯有毛氈的金屬圓管作為滅音管，子彈則是從瑞士進口，武器於做案過後便被銷毀了。

案發過後的幾個月，派翠吉雅便入住威尼斯街的公寓，享受著墨里奇奧好幾百萬的豪宅，因為她握有兩個女兒——墨里奇奧繼承人們的扶養權。

卡爾帕內塞表示，做案的同夥們因而心生不滿，他們不滿自己為了點蠅頭小利而冒險犯難，真正的主使者卻能享盡榮華富貴，因此他們想逼迫派翠吉雅支付更多的錢。

寧尼一邊聽著，一邊轉動手中的皂石皇后棋了，在卡爾帕內塞說話的同時，寧尼的心中已開始有了盤算。

「你願意戴著監聽器回到雅德里飯店嗎？」寧尼對著發出氣音的卡爾帕內塞說道。

卡爾帕內塞心中雖百般不願意，仍點了點頭。寧尼深受卡爾帕內塞感動，即便卡爾帕內塞遭遇了種種的不幸，他仍展現出真誠及正義感，並發誓自己會在能力所及的範圍內協助他。寧尼為卡爾帕內塞找了新的住處、新的工作及新的衣服，並定期去探望卡爾帕內塞和他太太。

「寧尼，如果你覺得會有所斬獲，那就去做吧！」卡洛・諾切里諾勉強地對寧尼說道。兩人坐在法院四樓擁擠的檢察官辦公室內，寧尼向檢察官述說完卡爾帕內塞的故事，並開始說明自己的計畫。寧尼想要派一名臥底去引誘薩維歐尼和其他的同夥落入陷阱，而他也已經選定了年輕員警卡洛・科倫吉出任此次任務，卡洛的西班牙語相當流利，因為他的母親來自波哥大。卡洛會先假扮成麥德林販毒團的老練殺手「卡洛斯」，為了「出公差」才來到米蘭，而卡爾帕內塞則會將卡洛斯介紹給薩維歐尼，並提議卡洛斯將會是去「說服」那名夫人支付更多錢的最佳人選。米蘭的主任檢察官博雷利也同意讓寧尼去執行計畫，博雷利對諾切里諾說道：「如果是寧尼坐鎮，結果必定非同小可。」

寧尼的計畫非常順利。隔日，卡爾帕內塞邀請卡洛斯到雅德里飯店，並將卡洛斯介紹給皮膚黝黑的薩維歐尼。薩維歐尼緩慢地上下打量著對方，仔細地看著卡洛斯金色的捲髮、冰冷的藍眼睛、黑色的絲綢開領襯衫，以及脖子上沉重的金鍊子。

「早安。」卡洛斯說道，他伸出手向薩維歐尼打招呼，小指上的鑽戒閃著亮光。在他黑色的絲綢襯衫下，有兩支竊聽器貼在卡洛斯的胸膛，而寧尼小隊的警官們則在幾個街口外滿是錄音器材的警用廂型車上聽著。

「你住在哪？」薩維歐尼問卡洛斯，而卡爾帕內塞則負責翻譯。

「告訴你的朋友，我不想回答這種問題。」卡洛斯說道。薩維歐尼結結巴巴地道歉，並滿懷敬重地看著這名眼神冰冷的「哥倫比亞人」。

三人一同移步至電視間，以便更自在地談話，薩維歐尼還準備了咖啡。

「您要加多少糖？」薩維歐尼對卡洛斯問道，卡洛斯則假裝不懂義大利語，等著卡爾帕內塞翻譯。

卡爾帕內塞用西班牙語向卡洛斯解釋薩維歐尼想找他幫忙，而薩維歐尼則在一旁努力地想聽懂，三人結束談話後，卡爾帕內塞轉向薩維歐尼。

「薩維歐尼，別擔心，卡洛斯會幫你解決麻煩。儘管他看起來很年輕，但他確實是名職業殺手，萬中選一，麥德林的頂尖毒販都喜歡聘用他，他殺過不下百人，他就是可以好好教訓那名夫人的人。」卡爾帕內塞說道。

薩維歐尼露出笑容，頓時看起來神采奕奕。

「你何不打電話給皮娜告訴她這件事呢？」卡爾帕內塞問道。「我們得先走了，卡洛斯還有些事要做。」

薩維歐尼一躍而起，好大喜功的他現在既高興又感動。

「當然要打、當然要打！我知道卡洛斯先生很忙，你們要不要開我的車呢？然後今晚住在這裡，我請大家吃晚餐。」薩維歐尼說道，塞了一萬里拉到卡爾帕內塞的手中。

卡爾帕內塞開著薩維歐尼老舊的紅色四輪科爾多瓦，這輛由西班牙的喜悅汽車出產的熱門平價車，沿著盧利路駛離雅德里飯店，車上的兩人再三地看向後照鏡，以確認車後僅有警方的情搜車而無其他人跟蹤，卡洛斯輕聲地對著胸口貼著的竊聽器歡呼道：「夥伴們！我們出運了！快在這輛破車裡也裝滿竊聽器！」

回到聖塞波爾克羅廣場，寧尼的團隊開始在薩維歐尼的車內各處置入隱藏式竊聽器，並在儀表板後插入晶片以便用衛星追蹤車子的行蹤，所有嫌疑犯的電話也都遭到監控，寧尼的人手不分晝夜地守在聖塞波爾克羅廣場的中央竊聽站。

當天下午，薩維歐尼便打電話至皮娜在那不勒斯附近的姪子家，警方也確實地錄下了通話內容：「皮娜，請盡快趕來米蘭，我能解決我們的小麻煩了，我們得談談。」

隔天晚上，警方又錄到了另一次通話，是皮娜從那不勒斯打給派翠吉雅的通話。

「嗨，是我。妳有看到幾週前的那則新聞嗎？」皮娜問道。

「有，但我們最好不要在電話上談那件事，我們得見面才行。」派翠吉雅回應道。

一月二十七日，皮娜抵達米蘭，薩維歐尼開著他破舊的紅色科爾多瓦至機場接皮娜，而警方也透過衛星追蹤了薩維歐尼的移動路徑。儘管皮娜年輕時相當美豔，但如今將近五十一歲的她的臉上充滿風霜，金髮凌亂地披掛在肩膀上，且眼皮宛如一隻巴吉度獵犬般嚴重下垂，而長長的皺紋似乎已深刻在她的前額上。薩維歐尼駛往雅德里飯店附近的廣場，兩人在車停下後開始交談，警方的錄音膠捲再次轉起。

「天啊！」皮娜說道，她用那不勒斯的方言叫喚著耶穌基督之名，雙手緊緊地抓著身上灰色的薄雨衣。「幾週前我讀到他們要延長調查的報導時幾乎要暈過去！他們已經延長過一次，但在那六個月間還是一無所獲，他們手上究竟握有什麼？他們到底在想什麼？」

「沒事，放輕鬆！」薩維歐尼勸了勸皮娜，要她保持冷靜，並遞了根香菸給她，皮娜欣然接下。「他們什麼都沒有，只不過是照慣例辦事罷了。」薩維歐尼一邊幫皮娜點菸，一邊說道。

「我沒再打電話給你是因為我覺得我的電話被監聽了。我也覺得她已被人追蹤，如果有點風吹草動，一定要馬上告訴我，我會立刻出國，不然我們都會入獄。我朋友蘿拉說警方永遠都抓不到我們，但我們一定要非常小心，一步踏錯就會掉入萬丈深淵，大家都會亂成一團。」皮娜雙手緊握地說道。

「皮娜，聽著，我有件重要的事情要告訴妳。」薩維歐尼一邊點著自己嘴上的菸，一邊說道。「我遇到一個哥倫比亞人，完完全全就是個狠角色，妳真該瞧瞧他那雙冷酷如冰的眼睛！他殺過上百人，是卡爾帕內塞幫我們牽的線。妳看吧！我就知道讓他住免費的一定會得到回報。總之，那個男人可以幫我們處理那名夫人，他一定能讓她吐出更多的錢。」薩維歐尼吐著菸說道。

皮娜斜著眼看著薩維歐尼，車內的菸慢慢地從窗上開著的小縫隙飄了出去。

「你確定嗎？現在應該不是好時機，他們都延長了調查，我們就該低調一點，如果他們在追蹤她該怎麼辦？」

薩維歐尼皺眉並搖了搖頭。

「喔！皮娜，該是了結的時候了。妳每個月可都有收到錢，那我們其他人呢？」薩維歐尼抗議道。

「沒錯，每個月可觀的三百萬里拉，相當於一千六百美元，已經可以過上好生活了！但如果有天她改變心意呢？那我也就完了！你知道嗎？我跟你有同樣的想法，我們承擔了所有風險，而好處卻是她一人盡收，好吧！或許你是對的，我該再和她談談，告訴她：『每個合作的人都該分一杯羹。』」皮娜說道。

「如果她拒絕了我們的要求，我們就讓眼神冰冷的那個哥倫比亞人提著她的頭來給我們。」薩維歐尼插話說道。

接下來的幾天裡，警方的錄音膠捲轉個不停，錄下了派翠吉雅、皮娜和薩維歐尼間的所有對話。寧尼高興地笑出聲來，他錄到了薩維歐尼和皮娜談論做案過程的細節，也錄到了薩維歐尼與槍手班奈狄托・塞勞洛間的談話，還錄到薩維歐尼與皮娜講到負責載歹徒逃跑的司機其卡拉，現在他只需要錄到「那名夫人」涉案的證據就萬事俱備了。然而那名夫人非常聰明，儘管她時常與人通話，卻從未談及任何相關的內容。寧尼繼續等著錄音膠捲轉動，多年來的經驗告訴他不要因為調查中的一時斬獲就興奮過頭。

「如果引線已經埋好，最好就等炸彈自己引爆。我已設好所有的圈套，包括卡洛斯、監聽電話、車內監聽器……我們知道他們是誰，也知道他們都幹了些什麼，只等他們開口招供就好。」寧尼後來說道。

然而寧尼並未等到他期望聽到的內容。一月三十日，監聽站的一名人員打電話給寧尼。

「老大，我想你該聽聽這段。」監聽人員放出那天早上派翠吉雅與律師間的談話。

「這個家如今已烏雲密布。」律師不安地說道，然而當天兩人在電話中談論的不過是派翠吉雅欠了當地珠寶商的一些帳款。

「我們以為她已看穿我們的計畫，擔心她會就此逃出義大利，那我們就永遠抓不到她了。」寧尼後來說道。寧尼與諾切里諾及其上司開過緊急會議後，眾人決議已取得足夠的證據，因此決定要縮短調查時間，計畫於隔日破曉突擊逮捕。

一九九七年一月三十一日，員警將薩維歐尼帶至聖塞波爾克羅廣場的刑事局總部時，寧尼要人把薩維歐尼帶進他的辦公室。薩維歐尼一屁股跌坐在寧尼桌前的椅子上，雙手被銬在身體前面，寧尼要員警拿下薩維歐尼的手銬，他拿了一根菸給薩維歐尼，而薩維歐尼也收下了。

「你已經輸了。我們捷足先登，我們什麼都知道了。招供是你現在的唯一機會，如果你這麼做，事情就會簡單很多。」寧尼輕聲說道。

「我真的把他當朋友，我很確定就是他，他出賣了我、背叛了我。」薩維歐尼說道。他搖著頭，從口中吹出一口菸，他已經想到是卡爾帕內塞投靠了警方。

就在此時，敲門聲響起，寧尼抬頭便看見金髮碧眼的科倫吉警探。

「喔！快看誰來了！薩維歐尼，你的朋友來了！」寧尼調皮地笑著說道。

薩維歐尼轉過身，認出了眼神冷若冰霜的哥倫比亞人「卡洛斯」。

「喔不！卡洛斯！他們也抓到你了？」薩維歐尼脫口而出。

「嗨，薩維歐尼，我是科倫吉警探。」「卡洛斯」以標準的義大利語說道。

薩維歐尼雙手握拳擺在額頭上，低語道：「我真是個白痴！」

「如你所見，我們這次無懈可擊！你想聽聽自己說了些什麼嗎？我可以放給你聽，招供是你現在的唯一機會，如果你這麼做，法院一定會從輕量刑。」寧尼說道。

# 第十八章 出庭受審

一九九八年六月二號的早上，法官席右側的門在將近九點半時突然打開，五名戴著逗趣貝雷帽的女獄警護送著派翠吉雅走進米蘭地方法院的法庭，法庭內部座無虛席，不時傳來群眾的低聲議論。派翠吉雅一走進法庭，便有許多攝影記者和電視節目的攝影機朝她衝去，她一臉慌張，看起來就像是一隻在車燈前嚇呆的鹿。派翠吉雅的律師從前排的座位起身迎接她，其中一名律師身穿一襲綴有流蘇的黑色長袍，另一名則穿著鑲有荷葉邊的白色圍肩套裝。

墨里奇奧・古馳的謀殺案已經在法院開庭審理了好幾天，但派翠吉雅卻是在那個陰鬱的星期二早晨才初次在法庭現身。初審時，派翠吉雅選擇留在在聖維托雷監獄的牢房中，連最初的幾場審判都沒有參與，而她也因此喪失主張權利的機會。派翠吉雅曾短暫地與律師進行諮詢，她的律師是兩名聲譽卓著的刑事律師，其中一名是才能兼備的蓋塔諾・派雷拉，滿頭白髮的他將在這場審判結束前當選義大利的國會議員，另一名則是吉安尼・德多拉，皮膚總是晒成小麥色的他，擔任過許多頂尖企業家的辯護律師，包含曾出任義大利總理的媒體大亨西爾維奧・貝盧斯科尼。在派翠吉雅走上證人席為自己的立場辯護之前，兩名律師就曾不斷建議她要趕快到場，才能盡快適應法庭的氛圍。

法庭內，檢察官卡洛・諾切里諾身後坐了好幾排律師和記者，派翠吉雅直直地走過他們身旁，並在審判區的最後一張長椅上坐下。派翠吉雅身後有一群好奇的旁聽群眾，他們焦躁不安地擠在區隔當事人和公眾的及腰木製欄杆前，想找個更好的角度，派翠吉雅左方的記者們則透過她周圍藍帽守衛間的空隙窺視著她，同時在手上的記錄本潦草地記下她此次出庭的每一個細節。派翠吉雅珠光寶氣又自信不移的社交名媛形象如今已一點都不剩，進到法庭的那天，派翠吉雅已經將近五十歲，她面色蒼白又蓬頭垢面，早已沒了當年的風韻。派翠吉雅從沒經歷過如此眾目睽睽的情況，也未曾想過該如何面對，她未經梳理的深色短髮，四散在因為藥物而顯得臃腫的臉旁，派翠吉雅低頭看著自己的雙手，想要避開眾人的凝視。她不斷轉著右手腕上的一串淡綠色念珠，那是著名的療癒牧師米林哥贈送給她的，派翠吉雅的左手則戴著一支藍色的斯沃琪塑膠錶。儘管派翠吉雅在威尼斯街住處的衣櫥塞滿了精品套裝，以及成套的手提包和高跟鞋，但那天早晨她只穿了一件藍色的棉質長褲搭配Polo衫，還有一件藍白條紋相間的毛線衣。派翠吉雅一直都知道自己身材嬌小，因此她為自己的小腳套了一雙尖頭的白色皮製穆勒鞋，尺寸是四號，鞋跟則有十公分之高。

法院外有許多引擎聲隆隆作響的採訪車停在門口，隨時準備要轉播現場的實況。米蘭地方法院正面的白色大理石牆上方刻有「正義銘文」，莊嚴大氣的建築則是由馬切洛・皮亞森蒂尼所設計，皮亞森蒂尼是墨索里尼當政時期最重要的建築師之一，他為了建造這棟法院建築夷平了許多教堂、庭園和修道院，這間法院因此得以在東米蘭占地一整個街區。每天都有許多人熙來攘往地湧向法院，法院外停滿了腳踏車、機車和汽車，水泥階梯的上下也都擠滿了當事人，他們全都是來處理人生中的不如意。法院內部圍繞著主廳的樓道長達數公里，主廳有好幾支幾層樓高的柱子，蜿蜒的走廊串聯了大約六十五間法庭，這座卡夫卡式的法院迷宮中還有約一千兩百間辦公室。法院的正後方是聖母平安堂，正是二十六年前墨里奇奧與派翠吉雅結婚的教堂。

派翠吉雅和皮娜將在這場審判會面，但早在幾個星期前，義大利的報紙和電視臺就開始繪聲繪影地報導，他們稱派翠吉雅為「黑寡婦」，而即便皮娜宣稱自己並沒有任何超自然的力量，媒體也依舊替她冠上「黑女巫」的封號。皮娜在三月時（審判開始前兩個月）招供，打破了她堅守十五個月的沉默，皮娜說派翠吉雅透過一名獄友向自己暗中傳遞了一個訊息，訊息的內容是如果皮娜能一肩扛下謀殺墨里奇奧的罪名，那派翠吉雅將「讓她的牢房灑滿黃金」。這項提議冒犯到了皮娜，使她相當憤怒，皮娜當時只叫派翠吉雅去死，並通知自己的律師聯絡諾切里諾。

皮娜在三月時就已年滿五十二歲，當時她怒不可遏地說道：「我已經人老珠黃，還要在這裡關上好長一陣子！給我二十億里拉（約莫一百五十萬美金）對我有什麼好處？」

皮娜和派翠吉雅關押在聖維托雷監獄的女子舍房，聖維托雷監獄位於米蘭市中心的西方邊界，涉案的飯店門衛薩維歐尼、槍手嫌疑犯塞勞洛也一併被監禁在這裡，至於曾是披薩店主的其卡拉則被拘禁在米蘭城外的蒙查市。聖維托雷監獄在一八七九年建成時僅能收容八百名囚犯，現在監獄的灰牆中卻有將近兩千個人，監獄設施方面採用「賓州費城制」，該制度在監獄學專家之間久負盛名，整座監獄由一棟中控塔樓及四間呈放射狀的石造獄舍所組成，並形成一個星形。聖維托雷監獄的女性獄囚僅有一百名左右，全都被獨立拘留在一棟水泥平房建築中，這棟平房位於放射狀獄舍的兩側建築物之間，面對著主要的出入口。高聳的外牆環繞著整座監獄和戒備森嚴的塔樓，外牆上則有武裝警衛巡防，每天早上和下午，這些警衛會看著獄囚魚貫地進入操場運動，監獄外牆外則有米蘭絡繹不絕的車輛呼嘯在繁忙的街道上。聖維托雷監獄的入口就像是中世紀城堡的閘門，挑高的拱門和上層樓的窗戶由玫瑰色的石牆圍繞，入口主建物的上緣則綴有鋸齒狀的垛牆。

聖維托雷監獄儼然已經成為「坦根托波利運動」的象徵，該運動又名「淨手運動」，是義大利掃蕩貪腐醜聞的著名行動——為了要讓涉案人招認他們所提供或收受數百萬美金的回扣，主導淨手運動的法官們逮捕了許多如日中天的政治家和產業大老，並將他們關押進聖維托雷監獄，然而聖維托雷監獄是個龍蛇雜處的地方，監禁了許多毒梟和黑手黨分子，因此這些涉案人在審判前拘禁於聖維托雷監獄的做法，也引發了侵犯人民基本權利的疑慮，異議人士甚至指控，審判前拘禁的措施造成了兩名獄中的涉案政治家和實業家自殺。

律師們不斷努力向法院提出醫學和心理學上的主張，並強調派翠吉雅在腦瘤手術後出現了週期性的癲癇症狀，希望能讓派翠吉雅改用居家監禁的方式服刑；在聖維托雷監獄的每一天，都使派翠吉雅離那些她失而復得的華貴生活越來越遠。

派翠吉雅甫入獄時經常和獄友發生衝突，她說道：「獄友們認為我養尊處優，生活應有盡有，所以認為我應該為此付出代價。」其他女囚曾在團體運動時間時，在主操場譏笑派翠吉雅並朝她吐口水，還砸了一顆排球到派翠吉雅的頭上，派翠吉雅因此請求獄方讓她在休息時間時留在其他場地，而聖維托雷監獄的典獄長也答應了派翠吉雅的請求。典獄長是個通情達理的人，儘管監獄人滿為患，他也一直希望獄囚們能維持抖擻的精神。然而對於派翠吉雅想在牢房裝設冰箱的請求，典獄長卻沒有答應，派翠吉雅的母親希爾瓦娜會在週五時帶給她一些家常的肉餅和菜餚，派翠吉雅因而想安裝冰箱以儲藏這些食物，但當派翠吉雅提議在每一間牢房都放一個冰箱時，典獄長仍舊不為所動。派翠吉雅只能長嘆一聲，回到索然無味的監獄生活，待在禁菸的十二號牢房的灰牆裡看著電視，直至深夜。

派翠吉雅的牢房位於三樓，大小不超過六平方公尺，連七十平方英尺都不到，但卻設有兩組上下鋪和兩組單人床、一張桌子和兩張椅子，還有兩組放置在牆邊的衣櫃，整間牢房只剩中間一條狹窄的通道。牢房內部的角落有一扇小門，可以通往一間有著洗手槽和馬桶的狹小房間，另一個角落則有一組吃飯用的桌椅，監獄的管理人員每天都會將三餐裝進盤中，並透過鐵門的空隙送進牢房。派翠吉雅平時會側躺在她的下鋪床位，她還在自己的床位貼了一張畢奧神父的相片，著名的畢奧神父已經由教宗追封為真福者，後人也將他的形象廣泛運用於商業用途上。

派翠吉雅起初拒絕和同房獄友往來，包括一名因詐欺破產罪而遭判刑的義大利婦女丹妮拉，以及一名背負著性交易罪名的羅馬尼亞少女瑪莉雅。派翠吉雅獨自一人窩在行軍床的右下方角落，翻閱各式雜誌並撕下自己喜歡的穿搭圖片，而希爾瓦娜則盡其所能地寵溺派翠吉雅，她為派翠吉雅送來了許多晚禮服和華麗的睡衣，全都由雪紡綢和絲綢製成，此舉令獄友們心生嫉妒。希爾瓦娜甚至曾帶來護唇膏、面霜，還有派翠吉雅最喜歡的帕洛瑪・畢卡索淡香精。派翠吉雅寫了許多封真情流露的家書給女兒們，信封上的貼紙印著心型、花卉，以及派翠吉雅的全名——派翠吉雅・雷吉亞尼・古馳，她依舊拒絕放棄這個名號。派翠吉雅堅持自己年幼的女兒不應該和母親在監獄相遇，因此限制亞歷珊卓和阿萊格拉只能在聖誕節和復活節來探監。

派翠吉雅一週有兩次打電話回家的機會，獄警會護送她穿過長廊，使用走廊另一頭的橘色公共電話。聖維托雷監獄裡除了有圖書館、縫紉工作室和小教堂之外，還有一間獄方引以為傲的美髮沙龍，派翠吉雅每個月都會拜訪一次這間沙龍。經典獄長授權許可，由知名義大利美髮師西薩・雷瑞加茲負責照料派翠吉雅為了遮掩腦部手術傷疤而植入的頭髮。到了晚上，派翠吉雅經常受失眠所苦，因此她會閱讀漫畫書助眠，派翠吉雅無時無刻不在想著即將到來的審判。

皮娜擔心派翠吉雅會將罪行推到自己身上，因此首先開口招供，她指控派翠吉雅是這起凶殺案的幕後主使，並將來龍去脈向諾切里諾檢察官全盤托出，而皮娜的證詞也與薩維歐尼被捕當晚在寧尼警探辦公室的口供吻合。對此，諾切里諾感到十分滿意，雖然當初諾切里諾調查墨里奇奧的非法勾當時，花費兩年的時間依然一無所獲，然而到了一九九八年五月開庭審理派翠吉雅時，對她不利的證據卻已經堆積如山，一共裝了四十三個滿滿的紙箱。辯護律師特地花了一筆錢來影印所有的資料，書記則必須反覆推著金屬推車運送一箱又一箱的資料進出法庭。除了皮娜和薩維歐尼的自白，諾切里諾手上還掌握了派翠吉雅以及共同被告的通話內容逐字稿，全部內容多達數千頁。除此之外，還有來自朋友、僕人，以及認識這對古馳夫婦的靈媒及專業人士的證詞。一九九七年秋天，調查官甚至進入派翠吉雅的牢房搜索，找到了一份派翠吉雅在蒙地卡羅的銀行帳戶文件，文件代號「蓮花B」，這份文件記錄了數筆提款記錄，與皮娜及薩維歐尼聲稱收到的款項總和相符，且在數字欄的邊緣，有派翠吉雅的筆跡寫著皮娜的「皮」字。諾切里諾手上甚至有派翠吉雅用皮革裝訂的日記，因為警方早在當初逮捕她時就沒收這項證物。即便如此，諾切里諾仍無法讓派翠吉雅坦承涉案，這讓他心煩不已。

派翠吉雅坐在法庭後排座椅上，眼神茫然地掃視右前方的棕色鐵籠，這具鐵籠安裝在房間右側靠牆的位置，這是義大利法庭的標準設備。雖然義大利和美國一樣奉行無罪推定原則，但遭到暴力罪行起訴的被告必須在籠內旁觀審判過程。這場審判中，坐在籠內的是被指控為槍手的班奈狄托・塞勞洛，還有據稱負責駕駛逃逸車輛的歐拉奇奧・其卡拉，兩人將手臂垂在鐵桿上，掃視現場摩肩接踵的記者、檢察官，以及好奇的旁觀者。四十六歲的塞勞洛打扮得十分整齊，穿著古板的襯衫和夾克，深色頭髮顯然才剛經過修剪並梳理整齊，他怒目瞪視著眾人，眼神令人心神不寧。薩維歐尼在自白中指認塞勞洛為凶手，若將這點列入考量，諾切里諾有信心自己已經準備足夠的間接證據將塞勞洛定罪。但塞勞洛宣稱自己是無辜的，因為實際上沒有任何直接證據顯示他就是凶手。五十九歲、頭髮漸禿的其卡拉傾身站在一旁，尺寸過大的夾克鬆垮垮地掛在他的肩上，模樣彷彿掛在一支衣架上。這名破產的比薩商人在牢裡待了兩年，體重驟減近十三公斤，頭髮也都掉得差不多。金屬籠上方一排排的百葉磨砂玻璃窗，是整個房間裡唯一的通風管道，黑色大理石磚沿著牆面向上延伸高達二點五公尺，剩下的牆面和天花板則塗滿黯淡的粉飾灰泥。

派翠吉雅的眼神刻意避開皮娜，皮娜坐在她前面幾排的長椅上，頂著一頭紅髮新造型，身穿一件老虎圖樣的棉質毛衣。皮娜不時傾身和自己的律師保羅・特蘭尼低聲交談。保羅身形微胖，臉上掛著笑容，他習慣在辯護過程中揮舞自己的亮藍色眼鏡，他這副眼鏡曾在米蘭法院的其他律師之間掀起一股時尚熱潮。伊凡諾・薩維歐尼是雅德里飯店的門房，他面色凝重地癱坐在派翠吉雅右側的長椅上，身旁圍繞著許多男警衛，薩維歐尼一身黑色西裝、粉色襯衫，頭髮因抹了髮膠而反射著光澤。

一聲蜂鳴響起，原本充斥整間房間的嗡嗡低語便安靜下來。法官雷納托・盧多維奇・薩梅克大步走進法庭，一名陪審法官尾隨其後，兩人身穿司法官的標準白領黑袍；再來是六名平民陪審團成員及兩名候補成員，他們全都穿著正式，側背繪有紅、白、綠三色條紋的長肩帶，象徵義大利國旗。全體成員魚貫走進法庭前面架高的弧形木製審判臺後方，薩梅克法官及助理坐下後，陪審團成員在其兩側依次入座。薩梅克從鼻尖上的眼鏡投射出嚴厲的眼神，幾名法警引導現場的記者及攝影師離開法庭，因為實際審理流程禁止媒體參與。

「如果接下來再聽到任何電話鈴聲響起，電話的主人就必須離開法庭。」薩梅克說道，一邊怒目瞪視著臺下眾人，因為聽證會才剛要開始，就被手機鈴聲打斷。髮際線正逐漸後退的薩梅克身形精瘦，臉上的刻薄表情從一而終，毫無變化。薩梅克於一九八八年負責審理黑幫老大安傑洛・伊巴明諾達斯的案件，這名危險罪犯有一連串謀殺前科，當年在審理期間，位於聖維托雷戒備森嚴的地下碉堡法庭內發生了槍擊，而薩梅克也因為這起事件，搖身一變成為米蘭法律界的紅人。槍擊發生時，律師及法庭的工作人員們皆驚慌失措，躲在桌椅後方尋求掩蔽，薩梅克卻跳起來大喊肅靜，當下他是整間房裡唯一還站著的人。這場槍擊起源自蘇格蘭宗族成員之間的紛爭，最後導致兩名憲兵重傷。為了表示政府不會向暴力屈服，薩梅克僅只宣布短暫休息，當天下午就恢復開庭。

審理古馳命案期間，薩梅克保持既往雷厲風行的作風，一週開庭三天，並在休庭日召集陪審團檢視證據。根據義大利的司法系統，薩梅克將會和陪審團共同做出判決，因此他在審理過程中十分講求清楚明確。薩梅克無法忍受不夠一針見血的提問，或是虛應故事的回答，因此經常打斷問訊過程，親自質問證人，這在美國法庭前所未見。辯護律師們私底下將薩梅克與聖安博做比較——這名米蘭聖人宏偉的大理石浮雕高掛在審判臺後方的牆面上，屹立不搖。浮雕中，聖安博高舉的右手握著一條分成七岔的皮鞭，他大力揮鞭，讓兩名愚人跌倒在地。

接下來數週甚至數月，義大利人透過報紙和電視新聞密切關注古馳命案，一點小細節都沒錯過。各方報導的證詞，字裡行間述說著浪漫的愛情、夢想的破滅、權力、財富、奢華享受與嫉妒貪婪等種種，交織成一則傳奇故事。

古馳命案成了義大利版本的辛普森案，派翠吉雅的律師德多拉甚至曾私下感嘆道：「這根本不是謀殺案，與古馳家的故事相比，希臘悲劇根本相形見絀，淪為童話故事。」

要是說辛普森案凸顯了美國的種族分裂，那麼古馳案則展現了義大利的貧富差距。這場審判展現了雙方生活品質的差異，墨里奇奧與派翠吉雅絢爛奢靡的生活，和皮娜與三個同夥灰暗髒亂的環境形成強烈對比。

因此在檢方與被告方辯論前幾天，就有數百萬的義大利人津津有味地守在電視機前等待開庭。黝黑英俊的檢察官諾切里諾站在法庭左側，面對著法官以及一旁的電視機鏡頭，這臺攝影機由薩梅克批准使用，僅限於開庭與結案時進行拍攝。檢察官將派翠吉雅描繪成一個成天心神不寧、充滿仇恨的離婚女子，她冷血而堅決地策畫了殺夫行動，藉此得到丈夫數百萬美元財產的繼承權。

諾切里諾宏亮的嗓音在法庭上迴盪，他說道：「我會提出派翠吉雅・雷吉亞尼為了殺害墨里奇奧・古馳而分次付費的證據，包含首付以及尾款。」

派翠吉雅的辯護律師派雷拉與德多拉站在法庭的右側，並沒有否認派翠吉雅對於墨里奇奧抱持仇恨，承認她曾多次向親友提及對丈夫的不滿，但辯護律師將派翠吉雅塑造成一名多金但疾病纏身的女子，不幸淪為好友皮娜・奧利耶瑪的傀儡。他們表示派翠吉雅並非謀殺案真正的幕後黑手，皮娜才是安排謀殺並威脅派翠吉雅保持沉默的凶手。辯護律師提到，派翠吉雅在案發前所支付的一點五億里拉（約九點三萬美金）是她慷慨借給閨密的救助金，而後來付的四點五億里拉（約二十七點六萬美金）是皮娜反過來勒索派翠吉雅和她女兒的贖金。德多拉用他鏗鏘有力的男中音誇張地說道：「證據是派翠吉雅在一九九六年交付給米蘭公證處的信，內容僅有三行，上頭還有她的簽名。信中如此寫道：『派翠吉雅於一九九六年遭脅迫支付數百萬里拉，以換取自身與家人的安全。若遭遇任何不測，肯定是因為我知道殺害我丈夫的凶手，也就是皮娜・奧利耶瑪。』」

即使有德多拉簡練的辯護，以及派翠吉雅充滿絕望與無奈的信件，他們仍然不敵週二灰濛濛早晨裡受到的沉重打擊，也就是來自逃亡計程車司機其卡拉的證詞。即便其卡拉沒受過什麼教育、使用西西里方言自白，證詞裡還參雜錯誤的語法，辯護律師團的說詞仍在其卡拉所述說的離奇故事前不堪一擊，那是一段關於復仇公主派翠吉雅和一個窮光蛋其卡拉的故事。

戴著藍色帽子的獄警將其卡拉從法庭內的金屬籠中放了出來，領著他站到律師旁邊，其卡拉的律師是名年約四十出頭的年輕女性律師。他們是一對奇異的組合，魅力四射、功成名就的律師，以宏亮的嗓音、黝黑的秀髮與緊身的套裝吸引了法庭上眾人的注意，和站在一旁的其卡拉形成強烈對比。其卡拉彎腰駝背、面容憔悴，先是因為賭博欠債而毀了家庭，現在又面臨謀殺罪的指控，使家庭再次陷入危機。

他在法庭上張著無牙的嘴巴，描述著薩維歐尼那天來找他的情景。當時薩維歐尼提到自己知道一個想要殺丈夫的女人，起初其卡拉表示不感興趣，但對方第二天又跑來找他，他便答應了下來，前提是要收取高額佣金。薩維歐尼問他：「多少錢？」其卡拉便回答：「五億里拉（約三十一萬美金）！」他熱衷於自己所接下的任務，也享受來自他人的關注。「之後他們跟我說『好』，我就說那要先付一半，完事後再付另一半。」

其卡拉說在高利貸的緊迫威脅下，一九九四年秋天他從皮娜和薩維歐尼那愉快地收下了裝有一點五里拉（相當於九萬三千元美金）的黃色信封，但其實他並沒有擬定任何謀殺計畫。直到皮娜和薩維歐尼開始對他施加壓力，他為了爭取更多時間，所以撒謊表示他雇用的殺手已經遭到逮捕，為了犯案而偷的汽車也消失得無影無蹤。

其卡拉憔悴的身軀掛著鬆垮垮的夾克，一邊做著手勢，一邊說：「他們跟我要回錢的時候，我就跟他們說錢已經給別人了，拿不回來了。」

派翠吉雅原本一直坐在法庭最後一張長椅上，無精打采地聽著，此時卻忽然身體不適，一名戴著白色的帽子的護士手中拿著一個小皮包和注射器，匆匆跑到她的身旁，問她需不需要打針。派翠吉雅在腦部手術後一直持續服用控制癲癇的藥物，她的律師安排這名護士在庭審期間照顧派翠吉雅以防萬一，同時也希望這名白衣天使的出現有助於派翠吉雅的判決。

習慣扮演女強人的派翠吉雅拒絕注射，身子前傾，將衛生紙貼在臉上，低聲說道：「不用，不用了，我喝點水就好，謝謝。」

其卡拉還說到和派翠吉雅第一次見面的場景，而那次會面導致整起謀殺計畫變了調。其卡拉表示，直到一九九四年年底，派翠吉雅都只和皮娜聯絡，由皮娜將信息及金錢轉交給薩維歐尼和他，但因為遲遲沒有行動，一九九五年初派翠吉雅感到十分不滿，同時又擔心受騙，便主動與皮娜切斷關係，決定自己親自主導計畫。

其卡拉說道：「有一天下午，應該是一月底、二月初那段時間，因為我記得天氣很冷。那天下午門鈴響了，我打開門就看到薩維歐尼，之後我跟他一起下樓，他就小聲地跟我說派翠吉雅坐在車裡面。」

諾切里諾坐在法庭的左前方，發聲問道：「那你有詢問為什麼派翠吉雅會在車裡嗎？」

其卡拉回答：「沒有啊，我什麼都沒說就坐進了薩維歐尼的後座。前座坐著一個戴墨鏡的女人，她自我介紹說自己叫做派翠吉雅．雷吉亞尼。」其卡拉對檢察官表示，當時他就知道她就是想殺前夫——墨里奇奧．古馳的那個女人。其卡拉繼續說：「我坐進了後座，她轉過身問我收了她多少錢，錢到哪裡去了，還有我事情辦到什麼地步了。」

「我告訴他我收到一點五億里拉（相當於九萬三千元美金），原本已經找到殺手，但他們被補到了，所以我需要更多錢和時間。那時候她對我說：『如果給你更多錢，你必須向我保證你會完成這件事，因為時間所剩不多，他馬上就會出遊，而且一去就會去好幾個月。』」

其卡拉深吸一口氣，要求喝些水，說道：「然後我們就進入了重點。」他環顧了法庭，尋求發言的許可。

諾切里諾揮了揮手，舒服地靠在椅背上說道：「請繼續說。」

其卡拉繼續說：「她跟我說錢不是問題，問題是我能不能好好完成任務。然後我就問她，如果我自己來做這件事，萬一發生了什麼事怎麼辦？她告訴我，如果我不把她供出來，那我的牢房就會貼滿黃金。然後我又跟她說我有五個孩子，我毀了他們的人生，因為我把他們遺棄在大街上。她聽完後就跟我說：『我會給你很多的錢，多到夠你、你的孩子，甚至是你孩子的孩子都夠花用。』」

其卡拉抬起頭，請求庭上、檢察官和律師讓他可以接著說出自己想說的話。

其卡拉以緩慢的速度繼續說道：「我終於找到一個千載難逢的機會，可以彌補我親手搞砸的家庭和親子關係，所以從那個時刻開始我就決定要動手了。」他展開雙臂，說道：「我那時還不清楚我該如何或何時行動，但是我很清楚我這次一定會下手！」

幾週之間，皮娜每天都打給其卡拉，並以非常密集的頻率向其卡拉通知墨里奇奧的行蹤。其卡拉翻著白眼不耐煩地回憶，繼續說道：「墨里奇奧．古馳成為了我們每天對話的內容。」

其卡拉不確定自己是否能殺掉墨里奇奧，所以決定雇用他認識的一個小毒販作為殺手。法庭內，薩梅克在聽到後帶著質疑注視著他，諾切里諾也目瞪口呆，其卡拉仍舊否認殺手就是與他一同身陷囹圄的那個凶惡男子——班奈狄托．塞勞洛。其卡拉說因為真正的槍手還逃亡在外，所以自己不敢說出槍手的真名，雖然沒有任何人相信他的說辭，但是眾人也無計可施，因為在義大利，當被告站上應訊臺替自己辯解時，被告並沒有義務要說真話，也沒有義務要提供完全屬實、絕無半點虛假的真相。

三月二十六，星期日晚上，皮娜在得知墨里奇奧剛結束一場商務旅行而回到了紐約後，便打給其卡拉，將這個消息以一種隱晦的方式傳達，皮娜對其卡拉說道：「包裹已經送達。」

翌日早晨，其卡拉載著殺手一起到帕萊斯特羅街上等待墨里奇奧。

其卡拉說道：「我們等了約莫四十五分鐘，然後就看見墨里奇奧穿過威尼斯街，並沿著人行道向前走。」其卡拉說他當時瞥了一眼自己的手錶，時間是八點四十分。

其卡拉說道：「殺手問我：『就是這個傢伙嗎？』」

從皮娜給其卡拉的墨里奇奧肖像中，其卡拉認出那個在街上步履如飛的男人就是墨里奇奧。

其卡拉說道：「我和殺手說：『沒錯，就是他。』殺手隨即下了車並走向門口，裝作要查看門牌號碼的樣子，然後我就把車子開走，殺手也就是在那個時候動的手。」

他環顧了一下鴉雀無聲的法庭，繼續說道：「我什麼都沒有看到，也什麼都沒有聽到，因為我當時正在移車，殺手在動手後匆匆地回到車上，我就沿著策畫好的逃跑路線開車回到阿爾科雷市，殺手跟我說他應該也把門口的警衛殺掉了。之後我找了一處讓殺手下車，九點時我人已經到家。」

其卡拉出庭後，皮娜也在幾週後出庭應訊，她操著那不勒斯人拉著長音的腔調，以一種輕蔑的方式說明派翠吉雅要她策畫謀殺墨里奇奧的過程。

皮娜先前身穿的老虎圖樣毛衣，此時已經換成另一件大玫瑰圖案的毛衣，她說道：「我們以前情同姊妹，派翠吉雅對我無話不說。」她惱火地翻著白眼，繼續說道：「她想要親自動手，卻沒有那個膽量，所以她就根據自己那種根深柢固的義大利北方人的觀念，自然而然地認為我們這些南方人一定可以和『卡摩拉』搭上線。」皮娜說的「卡摩拉」指的是那不勒斯地區的黑手黨，但是皮娜在米蘭的舊識也就只有某名朋友的丈夫薩維歐尼而已，皮娜也描述了自己在米蘭協助派翠吉雅策畫犯罪時，派翠吉雅所帶來的緊迫壓力。

皮娜說道：「對於派翠吉雅來說，還沒得手的每一天都是在浪費時間。日復一日，派翠吉雅都讓我感到非常煎熬，所以我反過來折磨薩維歐尼，薩維歐尼又因此去為難其卡拉，我真的受不了她了！」

皮娜說在墨里奇奧遭到殺害後，自己的情緒一直處於崩潰狀態，不但心情日漸憂鬱，個性也開始變得神經質和偏執。在墨里奇奧告別式的幾天前，皮娜勉強讓自己沉住氣，並打給派翠吉雅。

皮娜在電話中說道：「所以說妳最近過得還好嗎？」

派翠吉雅語氣中帶有不容置疑的肯定，她說道：「很好，我過得很好，好到不能再更好，我的內心終於安穩下來，我和女兒們都感到很平靜，這件事情帶給我無與倫比的祥和及喜悅。」

皮娜對派翠吉雅說自己一直耿耿於懷，也因此感到憂鬱，現在不但一直在服用鎮定劑，也萌生自殺的念頭。

派翠吉雅平淡地說道：「皮娜妳得鎮定一點，不要大驚小怪！現在一切都結束了，妳只需要冷靜下來，表現得正常一點，還有不要人間蒸發就好。」隨後皮娜搬到羅馬，並靠著派翠吉雅每個月給她的三百萬里拉（約莫一千六百美元）過活。皮娜說那時她甚至忍不住找了一個派翠吉雅和自己的共同朋友傾訴。

皮娜在吐苦水時，那名朋友越聽越感到毛骨悚然，皮娜說道：「派翠吉雅花了錢，買到的卻是我心中的苦楚。」而「買到的卻是我心中的苦楚」這個措辭，也成為報紙的審判記錄和法庭內審理所探究的重點。

派翠吉雅一直大費周章地想要陷皮娜於謀殺的罪名，皮娜在審判過程中也常常因此發怒，甚至向庭上主張提出自發性陳述，藉此回擊派翠吉雅故入人罪的意圖。薩梅克同意皮娜的請求後，皮娜便起身控訴派翠吉雅的母親希爾瓦娜，並說希爾瓦娜其實知悉女兒的謀殺計畫，而且在墨里奇奧遭到殺害的幾個月前，希爾瓦娜便已與一個名為馬切洛的義大利人接觸，並由馬切洛的人脈聯繫上在米蘭不斷壯大的華人幫派，但是最後因為價錢談不攏所以什麼事都沒有發生。派翠吉雅遭到逮捕的幾個月後，諾切里諾曾收到派翠吉雅繼弟恩佐的自白文書，恩佐不但在文書中控訴希爾瓦娜與派翠吉雅是共犯關係，更指控希爾瓦娜為了確保自己父親雷吉亞尼的遺產無虞，在幾年前加速了他的死亡，長期有財務問題的恩佐曾經控告希爾瓦娜，並訴請取得雷吉亞尼的一大部分遺產，最後以敗訴的結果作收。對於繼子直指自己心狠手辣的種種指控，希爾瓦娜自然是大力駁斥，並說自己當時讓丈夫活得比醫生的預期還要多上好幾個月。義大利的媒體正大肆報導「奪命母女檔」的故事時，檢察官也針對希爾瓦娜面臨的控訴正式展開調查，雖然皮娜指稱希爾瓦娜涉案，但是最終並沒有查出任何結果，希爾瓦娜也不斷嚴正否認自己曾以任何形式參與墨里奇奧和丈夫的謀殺案件。

隨著審判的進行，法庭的旁聽群眾也漸漸組成一個小團體，由律師、記者、法務人員，以及好奇的圍觀者所組成。而在證人之中，有幾名證人的證詞讓群眾的情緒如波濤般此伏彼起，機警的門衛奧諾拉托因為此案，必須從家鄉西西里移居他方，群眾在他訴說謀殺案的第一手現場情形時，各個都感到不寒而慄，他也一併描述了自己拔槍抵禦的過程，以及從九死一生倖存下來的始末。曾任古馳家族管家的阿爾達·里齊則描述自己心焦如焚地打給派翠吉雅的經過，當時阿爾達在墨里奇奧遭到殺害的早晨打給派翠吉雅，卻只聽見電話那頭傳來大聲播放的古典音樂，以及派翠吉雅既平靜又漠然的應答，群眾各個都嘖嘖稱奇。墨里奇奧的靈媒安東涅塔·古莫敘述了自己替墨里奇奧抵禦邪靈，並向他保證他的商場決策穩當無虞的經歷。曾嘗試取得墨里奇奧的部分遺產卻未果的寶拉·弗蘭希，她與墨里奇奧的婚外情和兩人差點結婚的種種風流韻事，讓群眾聽得津津有味。派翠吉雅的新座位在前排的長椅上，她坐在自己的律師之間，雖然雙眼空洞無神的派翠吉雅在寶拉身處法庭的四小時間不停地盯著她，但是寶拉對派翠吉雅卻連瞧都不瞧一眼。即便在墨里奇奧過世時並沒有任何存續中的婚姻關係，但寶拉和派翠吉雅都在審判的過程中稱墨里奇奧為自己的「丈夫」，寶拉的手指和耳垂上都隱隱約約可以看見碎鑽閃現出的光芒，她身穿繡滿花紋的亞麻套裝，寶拉長年晒黑的雙腿在她說話時反覆地放下再交叉，不過法庭內所有人都將目光集中在她其中一隻纖細的腳踝，上面有一串黃金踝鍊隨著她腿部的動作招搖地擺盪著。

寶拉在作證後對法庭外的記者們表示：「被眾人淡忘就是對現在的派翠吉雅來說最好的結果。」

漫長的聽證會一路延續到夏季，警察和調查人員重現了案發經過，解釋案件初期警方受了誤導而將墨里奇奧的商業往來對象列為凶嫌，並講述兩年後由卡爾帕內塞和寧尼警探帶來的驚人調查進展。一名受僱於派翠吉雅的蒙地卡羅銀行家出面作證，身穿灰色西裝的他在法庭上描述自己如何親自將一袋袋現金送到派翠吉雅的米蘭公寓，而這筆錢正是派翠吉雅聲稱借貸給閨密的應急金。

皮娜請了兩名律師，其中一名是名叫保羅・特羅菲諾的那不勒斯人，他身材魁梧，有著油亮的齊肩長髮與開朗的溫暖笑容。他用低沉有力的聲音說道：「如果這筆錢真是貸款，那妳為何不直接用銀行轉帳？」

派翠吉雅毫不客氣反駁道：「我根本不知道銀行轉帳是什麼，我一直都是用現金進行交易。」

醫生敘述派翠吉雅的病情，律師逐條列舉她離婚協議的條款，而她的朋友則報復性地謾罵墨里奇奧的為人。證人逐一上臺作證，而派翠吉雅大部分時間就只是靜靜地在一旁聽，一邊默默地儲備精力。

七月時，派翠吉雅前往位於聖維托雷的沙龍，將頭髮整理得時髦有型，腳趾也塗上亮麗的指甲油，她穿著一身開心果綠的名牌西裝，沉著冷靜地面對為期三天的辯護，並在法庭上有條不紊地駁斥所有對她的指控。她重拾過往風采，再度變成那個驕傲、刻薄、自大、不輕易妥協的派翠吉雅，就連由法庭所指派的三名精神科醫師在觀察派翠吉雅後，都宣布她完全正常，有時甚至比諾切里諾還清醒。精神科醫師隨後將其診斷為自戀型人格障礙，不僅過度自我中心，並且極容易感到被冒犯，也會不實誇大面臨的問題，自我意識過度膨脹。或許她已經洗刷了內心的罪惡感？又或是她不願向女兒坦白自己殺了她們父親的事實？還是其實她說的是實話？難道皮娜已經從她手上取得事件的掌控權了嗎？精神科醫師很快就做出診斷。

一名作證的精神科醫師表示：「我們可以理解她這麼做的理由，但不代表可以寬恕她的作為。就算她被激怒，也還是無權殺人。」派翠吉雅在庭上講述了自己與墨里奇奧婚姻的前十三年是多麼幸福美滿，直到商業顧問的意見影響力大於自己時，原先幸福的日子便隨之瓦解。

派翠吉雅回憶道：「大家都說我們是世上最完美的一對，但魯道夫去世後，墨里奇奧不再只是奉行父親的命令，而是必須獨自決策，他也因此開始向許多商業顧問尋求意見。」

「那時的他就像是一個坐墊，誰坐在他身上，他就變成什麼形狀！」派翠吉雅滿臉厭惡地補充道。

她提及分居以及離婚協議，墨里奇奧每個月會給予她上億里拉，但派翠吉雅對自己心心念念的房地產卻沒有任何所有權。她咬牙切齒地說道：「他給我骨頭，這樣就可以自己獨占肥美的肉。」

派翠吉雅敘述了在他們離婚的前一天，她帶著兩個女兒來到了聖莫里茲別墅，卻發現大門緊閉，連門鎖也都遭到更換。

她在法庭上表示：「我有些不高興，因此打電話到警察局，他們想了辦法讓我進去，我進去後又換了新的鎖，接著打電話給墨里奇奧，問他是怎麼一回事。他卻說：『難道你不知道夫妻分居時，本來就會換鎖嗎？』當時我就告訴他：『好啊，那麼我現在也換了鎖，就看看誰有本事再把它們換掉！』」

派翠吉雅坦承，多年來，他對墨里奇奧的恨意膨脹成了一種執念。

諾切里諾問道：「為什麼？是因為他離開了你，和別的女人在一起嗎？」

短暫的沉默後，派翠吉雅輕聲說道：「因為我不再敬重他，他不再是我當初嫁的那個男人，他最初的理想願景全都變了調。」派翠吉雅接著說出她對墨里奇奧的種種事蹟感到詫異，包含他對待奧爾多的態度、他離家出走，以及最後生意的失敗。

「那妳為何要把他的每一通電話，還有每次他與妳女兒見面的事情都寫進日記裡呢？」諾切里諾逐一舉例：「七月十八日：阿墨來電，但很快就消失了；七月二十三日：阿墨來電；七月二十七日：阿墨來電；九月十日：阿墨出現；九月十一日：阿墨來電表示要和女孩們見面，我們小聊了一會兒；九月十二日：阿墨去看電影；九月十六日：阿墨來電；九月十七日，阿墨和女孩們在學校見了面。」

派翠吉雅無力地說：「也許……也許我沒有其他更重要的事好做。」

諾切里諾說：「從日記內容來看，墨里奇奧似乎並沒有拋棄家庭和女兒。」

派翠吉雅解釋說：「他有時會心血來潮，打電話給女兒們，跟她們說：『好，今天下午帶妳們去看電影。』接著女孩們就會在電影院前滿心期待地等待，但他卻遲遲不現身，晚上的時候才會再打一通電話來，跟她們說：『噢，寶貝們，我很抱歉，我不小心忘了。明天再帶妳們去好嗎？』這樣的情況一而再、再而三地惡性循環。」

諾切里諾問道：「墨里奇奧死亡那天，妳寫下『天堂』這個字，還有謀殺前十天，妳寫下『有錢能使鬼推磨』，妳又該怎麼解釋這些？」

派翠吉雅冷靜地回答：「自從我開始創作，就經常寫下感興趣的字句，僅此而已。」

諾切里諾繼續問道：「那麼妳在日記裡寫下的各種威脅，和妳寄給他的錄音帶，告訴他妳不會給他片刻安寧，又該怎麼解釋？」

派翠吉雅瞇起她的深色雙眸。

「假設今天你到一間診所看病，卻被醫生告知時日不多，而你的媽媽帶著你的孩子去找你丈夫求助時，他卻說：『我太忙了，沒時間。』孩子們只能眼睜睜看著你被推進手術房，他們根本不知道你是否還能活著出來。要是這些事發生在你身上的話，你作何感想？」

諾切里諾繼續追問：「那妳對他和寶拉．弗蘭希的關係有什麼看法？」

「每次我跟墨里奇奧說上話時，他都會表示：『妳知道嗎？我最近在跟一個女人約會，她和妳簡直是天壤之別。她不僅身材高䠷、金髮碧眼，而且總是小鳥依人跟在我身旁！』就我所知，他曾經和許多其他小鳥依人的金髮女人約會，而我與眾不同。」

「妳曾經擔心過他們會結婚嗎？」

「不曾，墨里奇奧告訴過我，即使有天我們離婚，他也不想要其他女人待在他身邊，就算是因為女方意外懷孕也不要。」

派翠吉雅聲稱自己在墨里奇奧死後數天，才得知整個謀殺計畫，而且皮娜正是告知她的人。當時兩人在外頭散步，她們在因弗尼茲花園停下了腳步，並在威尼斯街後觀賞紅鶴漫步穿越人工草坪。派翠吉雅在法庭上將對話內容娓娓道來。

「還喜歡我們送你的禮物嗎？墨里奇奧消失了，你現在自由了。但是別忘記我和薩維歐尼都身無分文，而你才是會下金雞蛋的母雞。」皮娜是派翠吉雅長達二十五年的好友，在阿萊格拉出生時幫助她、在墨里奇奧遠走高飛時支持她、在她動腦部手術時陪伴她，但現在派翠吉雅口中的皮娜，卻成了「傲慢蠻橫又粗鄙」的女人，甚至脅迫她和女兒支付五億里拉。

「我覺得很不舒服，我問她是不是瘋了，接著說我會去報警，她說如果我去報警，她就會出面指控我。她說：『大家都知道你曾經到處嚷嚷說要找人殺墨里奇奧。別忘了，已經死了一個人，再死三個人（意指派翠吉雅與她的兩個女兒）也沒什麼難的。』她要我付五億里拉息事寧人。」此時，皮娜坐在後方相隔幾排的位子，對派翠吉雅的證詞嗤之以鼻，攤開雙臂頻頻搖頭，臉上露出嫌惡的表情。

諾切里諾問：「你為什麼不反抗？為什麼沒有報警？」

派翠吉雅一臉不可置信的表情，彷彿答案非常明顯。「因為我害怕醜聞會一發不可收拾，就像現在這樣。」接著，派翠吉雅平淡地補充：「而且我早就期盼墨里奇奧的死好多年了，我覺得這個代價並不算太超過。」

諾切里諾接著提出墨里奇奧過世後數個月內，派翠吉雅和皮娜幾乎每天通話，她們曾一起搭乘克里奧爾號出遊，甚至到馬拉喀什渡假。

「妳與她的互動看起來像是關係親密的好友，而不像是遭到恐嚇威脅的樣子。」諾切里諾一語道破。

「皮娜跟我說電話一定都被監聽了，她警告我不可以透露出一絲緊張，她要我們像過往一樣正常互動。」派翠吉雅眼睛眨都沒眨一下地反駁道。

到了九月，希爾瓦娜出面為女兒辯護。她身穿棕色長褲和同色系的格紋夾克，一頭紅髮往後梳理整齊，露出前額。「派翠吉雅任憑皮娜擺布，從晚餐要吃什麼到要去哪裡渡假，一切都由皮娜決定，皮娜對她有完全的掌控。」希爾瓦娜彎曲粗糙的手指，擱在鑲銀的拐杖上，棕色雙眸黯淡無光。希爾瓦娜坦承自己曾經聽過派翠吉雅公然談論尋找殺手的事，但她當時並未放在心上。

「她會用閒話家常的口吻談論這件事，態度就像是問我要不要去喝杯茶一樣，所以我從來沒把那些話放在心上，真是悔不當初……」

法官薩梅克抬起雙眼，透過鏡片注視著希爾瓦娜。

「為什麼悔不當初？」他問道。

「因為我應該阻止她說這種蠢話。」希爾瓦娜回答。

「嗯……妳『悔不當初』的理由無法說服我。」薩梅克大聲說出內心的想法。

十月底時，諾切里諾進入結辯，他花費整整兩天鉅細靡遺地詳述整起審判過程。薩梅克摘掉閱讀用的眼鏡，身體向後靠在高背皮革椅，此時證人席已經淨空，電視轉播攝影機也已重回現場，將鏡頭鎖定在諾切里諾身上。

「被告派翠吉雅·雷吉亞尼堅決否認自己雇用殺手謀殺墨里奇奧·古馳。」諾切里諾說道，一字一句在挑高的法庭中迴盪著。「被告已經陳述她所認知的事實，宣稱皮娜・奧利耶瑪將這起謀殺作為『禮物』送給被告，並強迫被告支付佣金，以上是被告的抗辯內容。」

「但是以上的辯答並不可信。」諾切里諾輕聲說道，接著再次提高音量。

他對著法官和陪審團高聲喊道：「被告派翠吉雅・雷吉亞尼是一名高社經地位女性，其自尊受到丈夫的重創，唯有他的死能夠撫平創傷！」諾切里諾接著說：「在他死後，她提到自己感到十分平靜，甚至在日記中寫下『天堂』二字，這點令我們得以對她的內心世界略知一二。」最後，諾切里諾要求庭上判五名被告終生監禁，這是義大利法律中最嚴厲的懲罰。對此，派翠吉雅隨即展開絕食抗議。

派翠吉雅的律師進行結辯的那天，她的女兒亞歷珊卓和阿萊格拉首次來到法庭。兩名女孩和外婆希爾瓦娜緊緊依偎在後排座椅上，派翠吉雅則和律師群一同站在前排。

德多拉隨即開口，他顫抖的渾厚嗓音迴盪在偌大的房間。

他緩慢而莊嚴地宣布：「一名竊賊偷走了派翠吉雅目睹丈夫死亡的慾望，她擅作主張奪走了派翠吉雅復仇的機會，這名竊賊正與我們共處一室，她的名字是皮娜・奧利耶瑪！」

中場休息時，派翠吉雅走到法庭後方和女兒們親吻擁抱，自從她被逮捕的那天清晨起，她們只見過幾次面。她才將兩個女兒擁入懷中，擠滿法庭的狗仔隊相機立刻閃光燈四起，將她們緊緊包圍。女兒們輕輕撫觸派翠吉雅的臉頰，並遞給她一袋紅蘿蔔，儘管她仍在絕食抗議，她們希望她吃點東西。母女三人尷尬地低聲閒聊，假裝忽略圍觀的眾人，然而哪怕是希冀獲得任何一丁點的隱私，都早已被剝奪殆盡。

十一月三日是審判的最後一天，那天的天空、周遭的建築、甚至整條街似乎都染上一層灰濛濛的陰影，這是米蘭冬天常見的天氣。法官薩梅克早上九點半準時開庭，判決將在下午出爐，記者們一窩蜂湧出法庭，向總部回報最新進度，薩梅克則讓每名被告進行最後陳述。

派翠吉雅率先站起身，身穿伊夫・聖羅蘭的黑色套裝和綴有亮銀色布料的黑色人造皮連帽外套的派翠吉雅，希望話語能出自肺腑，所以決定將律師為她準備的聲明拋諸腦後。

她說道：「我發現我一直都太天真了，甚至是天真到愚蠢的地步。捲入此案實在非我所願，我全然否認我曾以任何方式參與這樁案件。」隨後她引述了一句格言，並說這句格言出自奧爾多・古馳之口，她說道：「永遠不要引狼入室，即便是一隻善意的狼，肚子也遲早會餓。」希爾瓦娜在見到派翠吉雅一邊拒絕念出律師的陳述，一邊我行我素的脫稿演出，不禁嘖嘖稱奇起來。

羅伯托・古馳和喬吉歐・古馳都各自在當晚的新聞看見了派翠吉雅的說詞，位於佛羅倫斯的羅伯托和身處羅馬的喬吉歐都氣炸了，因為派翠吉雅居然在如此無恥的說詞裡，用上他們父親的名諱。

時至傍晚，霧色漸添、煙雨瀰漫，整片天空開始朦朧起來。好幾臺採訪車開到法院門口，一批記者和攝影師進到法庭中，聖安博雕像的大理石眼睛帶著肅穆俯瞰著座無虛席的法庭。頭戴藍色貝雷帽的警衛護送派翠吉雅和四名共同被告進入法庭時，整間法庭傳來群眾的陣陣議論之聲，派翠吉雅在她的律師中間入座，瞪大的雙眼空洞無神，蒼白的皮膚粗糙如蠟。記者和攝影師互相推擠，想要爭取更大的空間，此時諾切里諾將一隻手放在陶里亞帝的手臂上，陶里亞帝是一名年輕警官，這三年來一直跟在諾切里諾身邊工作，深髮的諾切里諾向金髮的陶里亞帝靠近，快速地對他低聲說了一些話。

諾切里諾對陶里亞帝說道：「記得，不論發生什麼事都要控制好自己的情緒，不要意氣用事。」為了要找到這起謀殺案的真相，陶里亞帝已經投入整整三年的歲月，諾切里諾知道陶里亞帝很有可能會不由自主地過度激動，所以他才會提醒陶里亞帝。諾切里諾不希望陶里亞帝有任何過當的反應，不論是欣喜若狂或悲痛欲絕都一樣。

薩梅克的助理在人滿為患的法庭和法官辦公室之間往返，同時也成了群眾目光的焦點。案情的相關人員全在法庭內齊聚一堂，唯獨少了希爾瓦娜、亞歷珊卓，以及阿萊格拉，她們在聽完早上的被告結辯陳述後便去了恩寵聖母堂，恩寵聖母堂每天都有數以百計的遊客造訪，就是為了要一睹教堂內經過修復的《最後的晚餐》壁畫。她們三人在教堂裡點亮了三根蠟燭，第一根蠟燭是為了代表寬恕的聖埃斯博而點，而寬恕也是派翠吉雅一直希望能從她們三人身上得到的東西。其餘兩根蠟燭，則是為了派翠吉雅和墨里奇奧而點。亞歷珊卓希望能自己獨處，隨後便離開米蘭回到了盧加諾，亞歷珊卓於米蘭著名的博科尼大學隸屬的商學院就讀，也在盧加諾有自己的公寓，亞歷珊卓在臨走前塞了三張聖人肖像圖到自己的袖子裡，這三名聖人分別是聖埃斯博、露德聖母、和聖安東尼奧，亞歷珊卓試著要正常地出席課堂，但是自己的母親在法庭上的種種，以及眾多律師、陪審團和法官的畫面糾纏著亞歷珊卓，讓她根本沒有辦法好好專注在課業上，亞歷珊卓只好回到公寓住處，再看一遍她最喜歡的迪士尼《美女與野獸》影片，隨後開始禱告。

經過將近七小時的審酌，法官辦公室的門禁蜂鳴器於下午五點十分響起，薩梅克打開門大步走進法庭，陪審法官和六名陪審團成員跟隨在後，攝影記者和電視臺攝影師見狀紛紛擠上前，瘋狂地按著快門，此起彼落的快門聲在法庭內迴盪了好幾秒鐘。

薩梅克在宣讀判決結果之前，短暫地將目光從手上的白紙移開，抬頭掃視了一下旁觀的群眾。

「以義大利百姓之名……」

派翠吉雅・雷吉亞尼和其他四名同夥均以謀殺墨里奇奧的罪名遭判有罪。義大利法庭會在完成裁斷的同時決定刑期，薩梅克隨後宣讀各個被告的刑期，法院判處派翠吉雅・雷吉亞尼二十九年有期徒刑；歐拉奇奧・其卡拉二十九年有期徒刑；伊凡諾・薩維歐尼二十六年有期徒刑；皮娜・奧利耶瑪則判處有期徒刑二十五年，儘管諾切里諾要求將涉案人士全部科處終生監禁，但是最後卻只有殺手班奈狄托・塞勞洛受到無期徒刑的判決。旁觀的群眾在聽到判決結果後議論紛紛。

電視臺的攝影機此時全都對準派翠吉雅，她文風不動地站立著，死死地盯著薩梅克的臉，薩梅克宣讀她的判決時，派翠吉雅的雙眼用力眨了好幾下，她快速地低下頭，又馬上抬起頭，神色漠然地聽完薩梅克宣讀判決結果。薩梅克宣讀完畢後折起手中的紙張，再度掃視了整間法庭，隨後大步走出法庭。薩梅克走出法庭，時間是下午的五點二十分。

薩梅克和陪審團成員身後的門一關上，法庭內的群眾便湧向審判區，派翠吉雅此時縮在她的律師的黑袍之間，許多記者和攝影機擠向派翠吉雅並將她團團圍住。

派翠吉雅僅說了一句話便雙唇緊閉，不再發言，她說道：「時間會證明一切真相。」德多拉拿出一隻行動電話，播了一通電話到威尼斯街三十八號，希爾瓦娜和阿萊格拉正在那裡等待判決結果的通知。

薩梅克宣讀判決時，陶里亞帝情緒激動地氣血上湧，因為他從來沒有聽過買兇殺人的主謀被科處的刑期竟比殺手還要輕，陶里亞帝看向諾切里諾，強忍著心中的憤怒，快速地離開法庭，他同時在心中快速地計算——二十九年？這代表派翠吉雅．雷吉亞尼服刑約莫十二到十五年就有可能出獄，屆時她也才六十二至六十五歲，一念至此，辦理過許多謀殺案件的陶里亞帝感到頭暈目眩。

囂張跋扈的班奈狄托．塞勞洛在法庭的鐵籠中縱身跳起，並用雙手牢牢抓住鐵籠的欄杆，塞勞洛俯瞰下方的群眾，想找到自己的年輕妻子，人群中的她已經是一個新生兒的母親，此時早已泣不成聲。

塞勞洛對著人群喊道：「我早就知道會是這個結果，他們都以為自己揭露的是真相！除了大聲喊冤我無計可施，我也不過就是在牢籠裡關押的一隻猴子而已！」

儘管刑期甚苛，皮娜、薩維歐尼，以及其卡拉還是如釋重負般地吁氣長嘆，因為他們至少不必面臨終生監禁的結果，對他們來說一切都已經結束了。他們紛紛靠向他們的律師，低聲諮詢刑期實際上執行的情況，如果在獄中表現良好，他們可能不到十五年就得以假釋出獄。

薩梅克隨後提出本人親自撰寫的判決意見書，意見書中針對每一條刑期的形成理由做出詳細的說明，對於派翠吉雅的刑期，薩梅克一再強調派翠吉雅犯罪行為的惡性重大，不過他也認同派翠吉雅的自戀型人格障礙，對她行為時的辨識能力造成的影響，同時因為派翠吉雅的精神障礙，是由精神科醫師組成的鑑定團隊判斷確診，因此她二十九年而非無期徒刑的刑度具法律上的正當性。

薩梅克寫道：「墨里奇奧・古馳的前妻對他判處了極刑，派翠吉雅以金錢為對價，招攬了一組願意將自己的殺意付諸實行的犯罪成員。即便曾經年輕力壯、現已息止安所的墨里奇奧是兩人女兒的父親，更曾經是派翠吉雅的愛人，隨著她對墨里奇奧的仇隙與日俱增，派翠吉雅也漸漸失去了息殺之心。的確，墨里奇奧不是個完美無缺的人，他或許不是個特別積極的父親，更說不上是個無微不至的丈夫，但是對於派翠吉雅來說，墨里奇奧最十惡不赦的罪名，就是在兩人離婚時將她吃乾抹淨，派翠吉雅巨額的家產、享譽國際的名聲，以及伴隨名聲而來的社經地位、利益、奢華的物質生活和特別待遇等等，全都消失得一乾二淨。自始至終，派翠吉雅都沒有想過要放棄這些東西。」

薩梅克認為派翠吉雅的犯罪行為具有特別高度的嚴重性，舉凡派翠吉雅冗雜的犯罪計畫、帶有經濟利益的殺人動機、對於墨里奇奧和自己（透過女兒們的）情感連結的忽視，以及犯後派翠吉雅坦承感受到的灑脫以及平靜等情緒，都可以證明派翠吉雅犯行的嚴重程度。

薩梅克更指出，派翠吉雅的人格障礙始於失落的夢想和落空的期望，他寫道：「派翠吉雅人生中有很長一段時間都和父親佛南多・雷吉亞尼在一起，因為兩人的生活相當富足，所以派翠吉雅也沒有任何人格異常的跡象，但是一旦這個心理穩定機制遭到破壞，她的思想和行為也開始嚴重悖離社會通念下可以容忍的行為標準，並進一步展現出悖反法律規範的意識。」薩梅克又寫道：「派翠吉雅．雷吉亞尼僅僅因為他人不甚尊重自己的意願、不願執行自己的野心，或是不欲實現自己的期望，就犯下極端暴力的罪行，沒有任何低估行為重大惡性的空間。」

墨里奇奧．古馳並不是為了自己的所作所為而死，而是死於他的名聲和財富等身外之物。

威尼斯街公寓的粉紅牆面客廳中，有一幅滿版的派翠吉雅油畫肖像，希爾瓦娜在肖像前一張鼓鼓囊囊的沙發裡焦慮地搖頭晃腦，畫中的派翠吉雅有著清澈的棕色眼睛，朝著母親頭頂後方看去。

「二十九年，二十九年……」希爾瓦娜一遍又一遍地說著，彷彿重複這些話語就可以撤銷派翠吉雅的刑期一樣。想要安慰外婆的阿萊格拉給了希爾瓦娜一個擁抱，隨後打電話通知身處盧加諾的亞歷珊卓判決結果。阿萊格拉將電話掛斷後，有許多親朋好友和派翠吉雅在聖維托雷的專屬社工都致電關心，屋內的電話因此不斷響起。

希爾瓦娜又抱了抱阿萊格拉，隨後振振有詞地說道：「我可沒有二十九年可以蹉跎，該是時候停止哭泣了，明天早上九點半我們就去找派翠吉雅，我們得想辦法讓她出獄。」

古馳在派翠吉雅被判有罪的當週，在全球各間分店的櫥窗展示了一組閃閃發亮的手銬，不過事後古馳的發言人向各界說明，展示手銬的時間點與派翠吉雅的判決僅是「剛好」有所呼應而已。

# 第十九章

# 收購大戰

一九九九年一月六號星期三早上，多姆尼科·狄索爾和妻子伊蓮娜二人回到兩人在騎士橋的連棟別墅，夫婦二人剛剛結束和兩個十幾歲的女兒在科羅拉多州的滑雪假期，並從紐約連夜搭上跨洋班機回到倫敦，兩人回到家後便上床就寢，希望能趁著晌午時分多休息一些。

儘管古馳的生產部門一直在斯坎地其，且公司的總部名義上依舊位於阿姆斯特丹，但是狄索爾和福特於一九九八年秋季就將古馳的總部辦公室遷移至倫敦。此次遷移的五年前，比爾·法蘭茲就曾經將古馳在聖費德勒的總部遷回佛羅倫斯，並認為公司緊要的目標就是將總部和營收命脈整合起來，不過五年下來這個目標早已情隨事遷，因為公司實在找不太到前往佛羅倫斯的人才，所以狄索爾和福特都認為將總部辦公室遷移至倫敦會為古馳帶來正面的效益，古馳的總部若遷往倫敦，將有利於公司招攬頂級的國際專業經理人。再者，福特本人對倫敦心嚮往之，他認為欣欣向榮的倫敦是孕育新生趨勢的時尚之都，巴黎雖然一直都很別致，但是福特卻對巴黎沒有什麼歸屬感，他自己也承認此事，福特說道：「我已經準備好要去一個能用自己的語言溝通的城市了！」狄索爾的妻子伊蓮娜得知總部辦公室要遷移後樂不可支，因為伊蓮娜一直都很想搬離佛羅倫斯。對於總部要遷移至倫敦的決定，公司內部起初有些疑慮和爭論，不過最後也隨著時間消散。狄索爾時常得前往佛羅倫斯，所以他仍在佛羅倫斯留了一間辦公室，而拜總部遷移之賜，福特得以跟自己的倫敦設計團隊會合。福特此前和助理一直在佛羅倫斯和巴黎之間通勤，這對福特來說既不方便也沒有效率，因此他在古馳的主要辦公室和自己家中都安裝了視訊會議的設備，讓福特隨時隨地都能開會討論配件和服裝的設計進度，雖然福特自己也知道這些設備價值不菲，但只要能省下時間、精力和通勤的辛勞，這些錢對福特來說就花得非常值得。

那天早晨狄索爾一反常態地想在進辦公室前小睡片刻，他的辦公室位在距離舊龐德大道店幾步之遙的格拉夫頓街上，那裡是古馳暫時租來辦公的場地。狄索爾估計那天將會風平浪靜，更遑論古馳所有的義大利商店都因主顯節而公休一天。自一九九八年六月以來，這是狄索爾第一次感到心情放鬆，因為去年六月，古馳的敵對時裝公司普拉達宣布他們已經購買古馳百分之九點五的股份，並成為古馳持有最多股份的單一股東，不過普拉達在持股數達到百分之十以前便不再購買古馳的股份，普拉達的法人代表也參與了古馳最近一次的股東大會選任經理人的過程，所以狄索爾認為古馳目前仍然安全無虞。

普拉達於一九九八年夏季第一次對外界宣布取得古馳的股份時，不僅震驚了整個時尚界，也讓狄索爾大驚失色，有些人認為普拉達的公司規模比古馳還小，也幾乎沒有涉入經營權爭奪的經驗，因此推測普拉達是某間大公司的馬前卒。不過幾個月過去，也未見普拉達有任何動靜，狄索爾推論普拉達不僅銀彈不足，也沒有財力更雄厚的盟友來幫助他們併購當時市值超過三十億美金的古馳。

然而，在名為帕吉歐・貝爾特利的托斯卡尼人，與普拉達首席設計師繆西婭・普拉達同時也是馬利歐・普拉達的後人結婚後，脾氣暴躁又固執的貝爾特利在短短十年多內便扭轉局面，讓普拉達從奄奄一息的行李箱製造商，不僅躋身國際時裝與飾品的巨頭之列，更成為古馳競爭最激烈的對手。曾經身為古馳供應商的貝爾特利相當熱愛托斯卡尼的皮革製品工藝，也因此他對於古馳新管理階層主導的擴張行動相當惱怒，也很不滿古馳對各地製造商的控制越來越嚴格。普拉達將企業總部及設計團隊都集中在米蘭，製造部門則位於阿雷佐附近的泰拉諾瓦，距離佛羅倫斯約莫一小時車程，後來古馳和普拉達都得開始要求供應商簽訂獨家供應合約，才能確保產量充足，同時起到遏止副廠件和仿冒品的效果。對於古馳侵門踏戶的行為，心中有數的貝爾特利自然是相當不滿，性格火爆的他盛怒時的脫序行為廣為人知，貝爾特利也因此成為時尚圈中許多荒誕軼事的主角，曾有車輛違規停在普拉達的預留車位，貝爾特利一怒之下便砸碎了該車輛的車窗，這件事情也變成米蘭人茶餘飯後的話題。貝爾特利還有一事曾躍上新聞版面，過去有名女子途經普拉達辦公室旁的人行道時，突然有一個手提包從一扇上懸窗飛出並擊中該名女子，貝爾特利隨即衝出辦公室，並不斷地向女子賠罪，同時承認自己是因為一時氣憤才將手提包扔出窗外。

貝爾特利在古馳重整旗鼓之際，竭盡所能地大肆批評這個源自佛羅倫斯的競爭對手，他先是直指道恩・梅洛自命清高，又指摘福特剽竊那些為普拉達帶來成功的商品設計，貝爾特利所言非虛，因為普拉達確實是黑色尼龍手提包的先驅，該款手提包後來引發同行爭相效仿，古馳也不例外。貝爾特利也相當景仰路威酩軒集團的董事長貝爾納．阿爾諾，並希望自己能如路威酩軒集團一般，透過收購時裝和精品公司來擴展普拉達的規模。

貝爾特利說道：「阿爾諾利用準確的金融投資，隻手打造出一個精品帝國，一樣的事情我不認為苦幹實幹的企業家精神就不能做到。」所以貝爾特利後來執行建立帝國的第一場收購計畫時，古馳就首當其衝，狄索爾也對於普拉達這個新股東非常頭痛，貝爾特利則是從中感受到一股惡趣味，他打電話給狄索爾，建議兩個集團應該要在特定領域彼此合作，像是尋找實惠的黃金店鋪，或是媒體購買等等，並享受彼此合作所帶來的「協同效應」。

狄索爾斷然拒絕了貝爾特利，他說道：「帕吉歐，這不是我的公司，我得向董事會報告，我沒有辦法和你一起做這塊大餅。」

古馳陣營對普拉達發動的攻擊漠然置之，並以「大餅」的代號稱呼普拉達，一名古馳的員工將一大綑老人使用的繃帶寄給狄索爾，這款常見於義大利藥局的繃帶用於治療關節炎與風溼病，繃帶品牌名稱與貝爾特利的姓氏相同，狄索爾將繃帶貼在一張巨大的手寫「加油」賀卡上，卡裡寫道：「我們只怕用上這種貝爾特利！」狄索爾將這張卡片展示在他常去的斯坎地其主管辦公室中。

受到亞洲金融危機的影響，古馳的股價在秋季時下跌至約莫三十五美元，心有不甘的貝爾特利看著投資項目貶損，但也沒有繼續買進，時至一月，亞洲市場景氣回暖，投資分析師也看好古馳未來的獲利，古馳的股價因此重新回到一股超過五十五美元的價格。狄索爾放心地吁了一口氣，他認為這樣的價格已經高到足以嚇阻投機客，古馳的危機應該是暫時解除了。

該日，狄索爾夫婦剛剛就寢，正準備好要睡午覺時，家中的電話就響起，電話的另一頭是狄索爾在倫敦的助理康斯坦絲·克萊因，她的聲音相當緊張，她快速說道：「狄索爾先生，很抱歉打擾你，但此事刻不容緩。」

狄索爾往另一間房間移動，並對翻著白眼的伊蓮娜說道：「親愛的，不好意思，我得接一下這通電話，我馬上就回來。」伊蓮娜實在太清楚丈夫的工作習慣，因此她不予置信地搖搖頭，轉過身自顧自地睡去。

直到當晚將近夜半時分，伊蓮娜才見到精疲力竭又心力交瘁的狄索爾拖著身體回到家中，他經歷了自己在古馳的十四年以來最千鈞一髮的一天。

克萊因那天致電狄索爾是為了要通知伊夫·卡塞勒打來了一通緊急電話，身為路易威登董事長的卡塞勒是貝爾納·阿爾諾信任的左右手，為人精明的阿爾諾已經五十多歲，當前擔任路威酩軒集團精品集團的總裁。狄索爾與卡塞勒的關係非常友好，他們常常會互相詢問時尚產業的趨勢，但是這通電話來得如此緊急，狄索爾因此感到心神不寧，他當下就知道卡塞勒此次致電絕非只是為了要聊天而已。

狄索爾從隔壁的房間回電給卡塞勒，事實證明他想的沒錯，這名法籍總裁告訴狄索爾路威酩軒集團已經取得古馳超過百分之五的普通股，並將於當天下午發表聲明。卡塞勒以安撫的聲音告訴狄索爾，阿爾諾對於古馳過去幾年所創下的壯舉印象深刻，因此決定「以消極而友善的方式」取得古馳股份。

狄索爾掛上電話，恐懼得動彈不得，過去幾個月的夢魘成了現實。首先，路威酩軒集團是世界上最龐大的奢侈品集團，其次，獲利極高的路易威登品牌本身就是古馳的直接競爭對手。過去幾年，路易威登都採取和古馳一模一樣的經營策略，包括聘請年輕時髦的美國設計師馬克・雅各布斯設計全新的成衣系列產品，以及在香榭麗舍大道開張光鮮亮麗的旗艦店，高調銷售新產品。

等待大樓翻新期間，為了持續辦公，古馳暫時租下格拉夫頓街奶油色的三層辦公室，而當天下午，狄索爾人在這間辦公室裡準備和阿爾諾的副手展開對談。這位法籍律師名叫皮耶・戈德，他身形高大，有雙銳利的藍眼睛和一頭灰黑夾雜的頭髮，舉手投足充滿高雅的氣息。皮耶來自路威酩軒集團總部，地點就在巴黎凱旋門隔壁，大樓裡的辦公室全都鋪著灰色吸音地毯。戈德在電話中複述卡塞勒的話：「這只是一筆被動型投資。」

狄索爾最後決定開門見山地問道：「不好意思，皮耶，你們到底持有多少股份？」戈德聲稱自己不知道確切的數字，狄索爾此時便知道自己麻煩大了，他默默對自己說：「完了，刺激的來了。」

狄索爾打給摩根士丹利，卻發現自己信任的銀行家詹姆斯・麥克阿瑟從下一週開始就要到澳洲休假一年。狄索爾解決問題的方式是和忠誠的夥伴或下屬合作，前一年夏天和普拉達發生糾紛時，狄索爾就是全權交給麥克阿瑟處理，現在少了了這名得力助手，狄索爾不禁感到絕望不已。麥克阿瑟打給自己的法籍老闆尋求支援，幾分鐘後，四十二歲的麥可・薩烏伊就到古馳辦公室按門鈴。

狄索爾問候薩烏伊，並試著掩飾自己緊張的情緒。這名英俊又精明的投資銀行家專攻敵意併購案件。他在狄索爾辦公室內由湯姆・福特精心挑選的伊姆斯躺椅上坐下，開始向狄索爾報告他所知關於阿爾諾的一切。

阿爾諾生於法國鄉村，他是建築大亨的兒子，年輕時便拋棄了鋼琴演奏家的身分，進入法國的軍事和工程菁英學校——巴黎綜合理工學院，並於一九八一年前往美國協助擴展家族房地產事業。阿爾諾離開法國的主因是社會黨的法蘭索瓦・密特朗當選總統，然而這趟出走帶給他新的觀點，他學會了一套和過往不同且更有效率的生意模式。阿爾諾於一九八四年回到法國，並用一千五百萬的家產買下當時搖搖欲墜的國有紡織企業布薩克，而透過這次收購，他意外延攬到才華洋溢的克里斯汀・迪奧。從那時起，阿爾諾在短短十年內就成為奢侈品市場的紅人，旗下掌握了許多知名設計師，包括紀梵希、路易・威登、還有克里斯汀・拉克魯瓦；另外他也收購了酒商品牌凱歌、酩悅、香檳王、軒尼詩還有伊更堡，以及香水品牌嬌蘭，及彩妝品牌絲芙蘭。

薩烏伊說道：「路威酩軒集團是阿爾諾的心血，他事必躬親，毫無疑問他就是老大。」

但是阿爾諾所到之處家破人亡、抹黑造謠、強迫退休等事件不斷，法國媒體因此給他取了許多負面的綽號，例如：他將美國文化的強勢作風和手段帶進溫文儒雅的法國企業界，批評者稱呼他為「魔鬼終結者」或是「穿羊絨外套的狼」。阿爾諾身形高瘦、四肢修長，有著鷹鉤鼻、薄唇以及日漸灰白的頭髮，有人因為他彎曲的眉毛酷似比利時卡通《丁丁歷險記》的主角而稱他為「丁丁」。雖然阿爾諾有時也會表現出孩子氣和古怪的一面，但他冷酷無情的形象仍然揮之不去。阿爾諾雖然不喜歡交際應酬，但他日漸壯大的權力，仍然使他成為巴黎政商名流圈的一員，眾人都渴望討好阿爾諾以及他的第二任妻子——來自加拿大的鋼琴演奏家海倫・穆西爾。海倫與阿爾諾於一九九一年結婚，她曾在報導中讀到他的冷血事蹟，並對此感到困惑不已，因為在她眼中，他既迷人又寵溺家人，在家中也是個好父親，經常騰出時間哄至少其中一個孩子睡覺（他們一共有三個孩子）。

但薩烏伊口中的阿爾諾卻不是慈父形象：「他聰明絕頂、出手迅速，而且時時刻刻都在算計，他就像是能夠預想二十步棋的西洋棋選手。」薩烏伊解釋說，阿爾諾的作風是逐漸增加賭注，以「陰魂不散」的方式慢慢掌控整間公司。薩烏伊相信阿爾諾正打算對古馳這麼做，雖然他可能會給目標企業現存的管理階層嘗點甜頭，但一旦股權到手，他通常會將他們剷除乾淨。阿爾諾曾經和路易威登前董事長亨利・雷凱米爾結為同盟，但日後卻將亨利驅逐出公司，衝突越演越烈，時任法國總統法蘭索瓦・密特朗甚至在全國電視轉播的演講中譴責兩方，並要求法國證券交易所介入調查案情；阿爾諾也曾在四年內開除六名迪奧資深管理高層，讓公司陷入更大的震盪之中。

一九九七年，薩烏伊也在另一場知名歐洲企業戰爭中仔細觀察阿爾諾的戰略，當時路威酩軒集團持有相當股份的健力士酒廠挺身反抗阿爾諾，打算與英國食品集團大都會公司合併。法國媒體推測即便阿爾諾無法否決併購案，他還是可以賣掉自己在健力士的股份，換得七十億資金來收購其他品牌。

《世界報》寫道：「這筆錢足以買下路易威登的競爭對手——義大利奢侈品品牌古馳」。這樣的文章在當時掀起不少臆測，謠言也隨之甚囂塵上。阿爾諾最後和大都會達成協議，兩間公司合併後成為大型飲品集團帝亞吉歐，一開始路威酩軒是最大股東，持有帝亞吉歐高達百分之十一的股份，不過日後路威酩軒選擇降低持股比例。

阿爾諾與健力士角力之前，就曾經為了爭取DFS環球免稅店的所有權而打一場硬仗，這也更加強化了阿爾諾冷血侵略者的形象，而戈德則會擔任阿爾諾每場戰役的外交大使。曾出版過迪奧傳記的作家瑪莉法蘭斯・波契納在撰寫有關阿爾諾的書時如此評論：「阿爾諾負責謀略，戈德則負責整合資源。」

自從阿爾諾在一九九四年錯過古馳，他一直懊惱無比，認為那是個完全錯誤的決定。那一年他正忙著處理一九九〇年剛完成合併的路威酩軒集團，其中包括不少財務問題。

戈德在路威酩軒集團頂樓的小型透明會議室接受訪問時承認：「我們當時還有其他更重要的事。現在大家都對古馳讚譽有加，但當年的情況可是一團糟，資金很有可能周轉不靈。」

阿爾諾致力於復興自己的品牌，並與備受關注的新世代設計師合作，透過強而有力的宣傳活動成功為克里斯汀・迪奧、紀梵希，以及路易・威登博得大眾目光，甚至進一步撼動了法國時尚產業，路易威登也一躍成為市面上最成功的品牌。路威酩軒集團逐漸在法國時尚圈取得主導權，阿爾諾將版圖擴大至其他國家似乎也就是意料之內的事。在這之前，法國奢侈品品牌圈僅將義大利視為供應地，根本不能和法國品牌相提並論，但隨著古馳、普拉達異軍突起，以及亞曼尼等其他品牌的名聲越來越響亮，阿爾諾也逐漸將義大利時尚品牌視為潛在的收購對象與合作夥伴。

阿爾諾麾下的人力資源經理康塞塔・蘭僑為公司累績許多人脈，更是墨里奇奧・古馳曾試圖聘請的人才。儘管這名金髮碧眼的高級主管出生於義大利，但她大部分職業生涯都在美國與法國渡過。她細數了過去幾年阿爾諾為路威酩軒集團僱用的新設計師，並語氣堅毅地說道：「我們需要和義大利建立連結是不爭的事實，這不僅與古馳有關，更是關乎路威酩軒集團在歐洲奢侈品業的領導權。」

一九九七年，所有人都期待阿爾諾對古馳有所行動時，他卻依然不為所動，原因是當時他正將心力投注於其他地方——一個是健力士和大都會兩大酒商的合併案，另一個則是新收購卻遭逢亞洲金融風暴嚴重打擊的DFS環球免稅店。

一九九八年，隨著亞洲市場逐漸恢復穩定，阿爾諾終於將目光投向了古馳。那一年裡，路威酩軒集團的巴黎總公司悄悄收購古馳股份，最終累積了近三百萬股。

「要是他這麼想要這間公司的話，那就全給他好了！」多姆尼科．狄索爾一邊氣急敗壞地在薩烏伊前來回踱步，一邊如此說道。「我還是出海去悠哉好了，反正我的老婆早已厭倦了這一切，我也想多陪陪我的女兒們。」

狄索爾是古馳的倖存者，他清楚意識到自己瀕臨一個全新的新挑戰，但他不確定自己是否想要接下戰帖。

薩烏伊直盯著著狄索爾的雙眼，並深呼吸說道：「多姆尼科，這是一場即使擁有過人的決心也不能保證勝利的戰役，我也曾經歷過，你必須擁有強烈的求勝心。」

狄索爾在薩烏伊對面的伊姆斯躺椅上躺了下來。他知道自己別無選擇，他不能就此一走了之。

「好吧，麥可，我們該怎麼做？」狄索爾雙手一攤並說道：「雖然我從沒打過企業收購戰，但我清楚知道策略。」薩烏伊拿了一張紙和一支筆，問道：「多姆尼科，告訴我，公司有哪些防衛措施？」

隨著和狄索爾的談話，薩烏伊瞭解到公司內部保護措施不足。古馳最多就是在公司遭到併購時，為最珍貴的兩名員工湯姆・福特和狄索爾本人準備「金色降落傘」，也就是所謂的「補償協議」，希望藉此大幅增加對方收購成本，迫使其放棄。金融巨頭摩根士丹利團隊將這些條款稱作「多姆、湯姆炸彈」或是「人肉毒藥條款」，都是目標公司抵禦敵意收購的一種措施。若是有股東持股累積至百分之三十五，這些條款便會允許福特離開古馳，並將手中可觀的股票選擇權兌現，此外，若是狄索爾辭職，條款也允許福特在一年後離開；狄索爾的條款則保有更多彈性，若有任何單一股東掌控公司有效控制權，古馳內部的執行長則可退出公司。

兩天後，位於格拉夫頓街的古馳三樓會議室正式啟動作為最新的作戰中心。狄索爾召集一小群古馳的高階主管，作為接下來幾週、甚至幾個月的戰隊成員。其中一名是狄索爾的老友，也是古馳的總法務顧問——艾倫・塔托，同時也是十六年前在威尼斯，魯道夫交付自己大衣的親信。狄索爾從位於華盛頓州的派博律師事務所挖角了塔托，並請他在古馳擔任全職法務顧問。另一名是公司的財務總監——鮑伯・辛格；四年前，狄索爾曾和他一同在古馳首次公開募股的路演上並肩作戰，促使股票成功發行。此外，曾在 Investcorp 任職並支持狄索爾的瑞克・史旺森也是作戰小組的一員。塔托、辛格、史旺森，以及其他成員不僅是才華洋溢的專業人士，也全都是忠誠的部屬，狄索爾知道自己可以仰賴他的隊友們。薩烏伊在憂心忡忡的高級主管群面前說出了古馳目前僅有的選擇：要不和阿爾諾談判，不然就只能找一個願意合併的救星，合力抵抗阿爾諾。

古馳的所有權爭奪戰引起了時尚界與商界的關注，由狄索爾和公司高級主管、律師、銀行家組成的小組與阿爾諾抗爭，狄索爾背水一戰，使出渾身解術，最後出奇制勝，這場攻防戰是阿爾諾從業十五年以來前所未見。雖然阿爾諾和古馳之間的交手僅是歐洲企業合併浪潮的其中一場小型收購戰，但對古馳事業體而言，卻是一大分水嶺。從一間佛羅倫斯在地皮件小店到跨國時尚企業，古馳正式完成蛻變，也難怪業界地位崇高的大老會對古馳虎視眈眈。一九九八年古馳的營業額突破十億美元大關，而這項創舉和公司虧損數千萬美金的那年僅僅隔了五年。

一月的那個星期三對於狄索爾而言，阿爾諾向他發出了戰帖，企圖搶奪全球其中一間最受矚目的奢侈品品牌的領導權。當時的狄索爾確實想花更多時間與家人相聚，駕駛自己那艘長一米九二的全新帆船「彈弓號」，所以原本已經開始萌生退休的想法，但短短的幾小時內，阿爾諾的戰帖又將他猛地拉回了現實。

狄索爾坦承：「我已經做好要退休的準備，但我不會任憑其他人將我踢出這間公司。我不會到處挑釁惹事，但若是有人先挑起了戰火，那我絕對會反擊到最後一刻。」而他也確實做到了這件事。

狄索爾歷經了古馳所有大大小小的挑戰——先是成為家族派系之爭的第一線人員，後來又成為Investcorp擊垮墨里奇奧的關鍵人物。他在這些過程中樹立了不少敵人，以及不滿他的作為的批評者，反對者將他描繪成無情、市儈、自私自利的人，並會用一些技巧，將自身和公司利益串連起來，以彰顯自己的無私奉獻。狄索爾也是古馳歷史上變化最大的一個人物，多年來，他從一個溫順、笨拙、衣衫不整的中尉蛻變成一個指揮穩健、伶牙俐齒的執行長。狄索爾登上富士比雜誌一九九九年二月刊的封面，照片上的他雙眼堅毅銳利，鬍子也是修剪得無可挑剔，而當期雜誌的主題就是「品牌營造師」的故事。

狄索爾輔助魯道夫和奧爾多對抗、為奧爾多反抗保羅獻策，還幫助墨里奇奧抗衡奧爾多及其堂兄弟。在Investcorp和墨里奇奧的紛爭中，狄索爾展現果斷的決策手腕，並在經過多年的努力與鮮少的認可後，Investcorp終於承認其貢獻並予以獎勵。面對阿爾諾的戰帖，狄索爾準備好要和路威酩軒集團在自己擅長的法務領域正面交鋒，而他精深淵博的法律知識無疑就是最強而有力的武器，他也沒日沒夜地為這場戰役做足準備。狄索爾忿忿不平地表示：「阿爾諾這傢伙根本就是個不請自來的不速之客！」

薩烏伊和律師團鉅細靡遺地審議過古馳的章程後，發現公司的規章打從制定時，就容有其他公司收購古馳的可能性，所以Investcorp在一九九五年想要退出古馳的經營時，其實只要找到願意收購的買家便能省去許多麻煩。但是章程中的這些條款也讓古馳門戶大開，公司因此面臨外在敵意併購的風險。

為了找出所有能夠阻擋潛在入侵者的手段，狄索爾於一九九六年建立「馬西默專案」，古馳的銀行家和律師可謂是手段出盡，他們試圖重整古馳的股權結構，也想過要將古馳和包含露華濃在內的其他公司部分或全部合併，但最後卻徒勞無功，直到一九九七年，古馳在股東會上提案，試圖限制持股超過百分之二十的股東所能行使的表決權，最後卻遭到股東會駁回，古馳在那之後便無計可施，陷入黔驢技窮的境地。

湯姆・福特回憶道：「我們只能引頸受戮，等待某間企業來併購古馳，大家的意志都很消沉。」

普拉達於一九九八年夏天取得古馳的股份後，狄索爾和福特甚至找上槓桿收購的翹楚亨利・克拉維斯，希望能自己買回公司的其他股份，不過他們隨即發現槓桿收購不僅所費甚鉅，也會為公司帶來巨大的風險，因為槓桿收購可能會引來出價比財務買家更高的策略性買家，進而引發兩者之間的競價大戰。

在古馳一月份的男裝秀上，湯姆・福特讓面如白霜的模特兒抹上如鮮血一般紅豔的唇膏，模特兒在電影《驚魂記》的主題曲伴隨之下，踩著強勢的步伐走下伸展臺，與此同時他們像吸血鬼德古拉一般齜牙咧嘴，彷彿在向阿爾諾說道：「給我滾！」男裝秀後的隔天，薩烏伊致電路威酩軒在倫敦的銀行家，並說道：「這是正式的警告，不要再繼續招惹我們了！」

一月十二日，喬治・亞曼尼在米蘭舉辦男裝秀，令人意想不到的是，阿爾諾當天竟然以驚喜嘉賓的身分現身會場，記者和時尚界狗仔見到阿爾諾後蜂擁而上，阿爾諾的出席和媒體對他的追逐，象徵時尚與精品市場局勢的劇烈轉變，至少在那一刻，明星的光環已然黯淡，而商人則成為明星一般閃耀的存在。當時阿爾諾和亞曼尼承認雙方正在商談合作的細節，他們二人又一次震驚了時尚界，這項消息也顯示阿爾諾強大到可以拿下市場上最大的獵物，進一步鞏固他到處吞噬敵人的大白鯊形象。不過雙方討論到最後都沒有任何結果，甚至在亞曼尼與狄索爾和福特幾場鮮為人知的對話中，也都一無所獲。雙方原先計畫將各自的公司合併成時裝和飾品兼具的超大型時尚強權，然而，這個想法最後仍胎死腹中。

亞曼尼的男裝秀後，整個時尚圈和商界都對阿爾諾充滿敬畏，因為他們看著阿爾諾在一月間閃電出擊，以迅雷不及掩耳的速度從市場和私人投資機構取得古馳大量的股份。貝爾特利在一月中就將自己持有百分之九點五的古馳股份賣給阿爾諾，他總共從中獲得一億四千萬美金，興高采烈的貝爾特利稱此次交易為自己帶來「令人歡欣鼓舞的收益」，「大餅」的這名執行長也在一夕之間成了同業眼中的天才。

貝爾特利的夢想是建立起第一間以義大利工業為基礎的精品集團，並成為引領該集團的掌舵者。他出賣古馳持股後的九個月間，貝爾特利也採取進一步行動，試圖打下實現夢想的基石。德國設計師吉爾．桑達以高品質和極簡主義的設計風格聞名，貝爾特利開始購買吉爾．桑達和澳洲設計師海穆特．朗同名品牌的股份，股份數量大到足以取得兩間公司的控制權。一九九九年秋季，貝爾特利與路威酩軒聯手，買下源於羅馬的飾品企業芬迪的大部分股份，這項交易神不知鬼不覺地瞞過了古馳，當時也因此引發了一場讓雙方爭得你死我活的股份競買戰。至此，奢侈品產業不再只關乎產品的質地、設計的風格、顧客的交流，和商店的氛圍等等，還多了你死我活的企業鬥爭，這樣凶殘的競爭也彰顯了奢侈品業者所面臨的嚴峻風險。

時至一九九九年一月底，阿爾諾擁有的古馳股份已經來到嚇人的百分之三十四點四，市值估計高達十四點四億美元。路威酩軒宣布開始持有古馳的股份後，古馳的股價在三個星期間暴漲了將近百分之三十，國際媒體也對雙方的一舉一動緊跟不放，甚至連見過許多經營權爭奪的《紐約時報》都是如此，他們稱這樁事件為「最扣人心弦且高潮迭起的事件，日後必會在時尚產業掀起驚濤駭浪」。

阿爾諾希望能透過一些人脈關係，來緩和一下自己淩厲的手段，他不只藉由伊夫．卡塞勒來向狄索爾表達善意，更透過狄索爾在哈佛認識的老友比爾．麥格恩來傳遞友好的訊息。麥格恩在巴黎上班，他替紐約的佳利律師事務所工作，而該事務所也是路威酩軒委託的法律事務所之一，戈德和麥格恩常常聊天，透過這些對談，戈德認為阿爾諾和古馳一定有機會能一團和氣地達成協議。

阿爾諾動作頻頻之際，狄索爾也拚死拚活地尋找能解救古馳的白衣騎士，也就是尋找另一間友好的公司作為擊退路威酩軒進犯的夥伴，狄索爾至少與九間可能救援古馳的公司會談，最後卻沒有人願意出手，只要是腦袋清楚潛在買家，就不會想要與看似已經是路威酩軒囊中物的公司合併。更令人絕望的是，似乎只要狄索爾滿懷希望地聯繫一個新的潛在夥伴，阿爾諾便會再迅速地從古馳剩餘的股份中買走一部分。

狄索爾甚至一度在奮力拯救公司的過程中，後悔自己當初讓貝爾特利吃了閉門羹，他神態消沉地說道：「我們根本就像聖經中的大衛在對抗歌利亞一樣。」相比狄索爾，阿爾諾則是面帶笑容，因為他即便身處巴黎奧什大街上以玻璃圍封的簡樸總部，還是能夠知道狄索爾的每一個舉動，阿爾諾微笑著，說道：「拒絕狄索爾的那些公司後來都聯絡了我們。」

狄索爾會在晚上與妻子伊蓮娜討論公司正面臨的問題，曾經擔任國際商業機器公司高階主管的伊蓮娜，相當清楚商場上的運作模式，不過她仍然保有自己崇高的道德情操，伊蓮娜勸狄索爾去做古馳「該做的事」，而不是去做對於狄索爾「最有利的事」。

狄索爾雖然憤怒，卻也無可奈何地答應與阿爾諾會面，不過狄索爾對阿爾諾可沒有任何善意，兩邊商談將近一週才敲定會面的時間和地點，阿爾諾希望會議以私人飯局的方式進行，狄索爾則選擇了一個商務會面的場所。

阿爾諾後來打趣地說道：「我請他和我一起享用午餐，他卻叫我去摩根士丹利。」

一月二十二日，會議在摩根士丹利的巴黎辦公室舉行，因為阿爾諾和狄索爾都事先排練過，所以這場會面顯得生硬又照本宣科，兩名執行長則在會議期間不斷打量對方。受法國教育的阿爾諾才智過人，是個藉由併購起家的商業巨頭；羅馬出身的狄索爾則堅忍不拔，受過哈佛大學教育的他學習起來往往一點就通。

薩烏伊也參加了這場會議，他說道：「他們的性格完全相反，阿爾諾非常拘謹，不會表現出隨興的樣子；狄索爾則較為自然，他喜歡說話，行事也直截了當。」

阿爾諾先是大力讚賞狄索爾和福特，又說自己購買古馳的股份並非出於敵意，阿爾諾認為路威酩軒可以帶給古馳許多好處，也希望路威酩軒在古馳的董事會上能有一席法人代表董事的位置，因此敦促狄索爾好好考慮自己的提議。狄索爾認為這當中存在利益衝突而拒絕了阿爾諾，因為舉凡古馳的銷售部門、行銷部門，以及運輸部門的資料，到公司可能發動的併購行動和新的經營方針，路威酩軒都可能毫不費力地透過自己的法人董事取得這些機密文件，狄索爾一想到這樣的可能性就頭皮發麻，他告訴阿爾諾，若阿爾諾不停止購買古馳的股票，就得出價買下整間公司。

狄索爾害怕阿爾諾在沒有以合理價格，向古馳股東提出買下全部股份之前，就購足可以有效控制公司的股份數。通常當併購公司持有目標公司大量股份達一定比例後，就必須要向目標公司的股東提出買下整間公司的要約。此機制即為公開收購要約，雖然紐約證券交易所並沒有替併購公司設下必須發動公開收購要約的股份比例門檻，但是大部分在美國掛牌上市的公司都會在章程中設下反併購的措施，古馳有掛牌上市的阿姆斯特丹證券交易所，也同樣沒有必須公開收購要約的股份比例門檻，但是在英國、德國、法國和義大利等其他歐洲國家，全都通過相關的反併購法規範，令併購公司在持股比例達到法定要求後，負有必須向目標公司公開收購要約的義務。古馳發現他們落入孤立無援的境地，因為古馳的章程沒有設計防衛機制，公司想要建立起應對併購的手段也遭到自家的股東表決駁回，掛牌上市的兩間證券交易所更沒有特別為併購公司設限，如此一來，古馳只能自己一肩扛起抵禦外侮的千斤重擔。

狄索爾想讓阿爾諾就此知難而退。

薩烏伊回憶道：「一開始雙方都表現得相當友善，狄索爾甚至在參加第二場會議時帶了一個古馳的手提包要送給阿爾諾的妻子。」狄索爾承諾會提供阿爾諾兩席古馳的董事席次，前提是阿爾諾的表決權必須要受到限制，從原本的百分之三十四點四降到百分之二十，不過阿爾諾到了第三場會議便拒絕了這項提議，並威脅狄索爾和董事會成員如果不乖乖就範就要對他們展開法律訴訟。到了最後，雙方都感到非常沮喪。二月十日，阿爾諾為了要指派一名路威酩軒的法人代表進入古馳的董事會，便去信古馳主張自己身為股東的權益，請求古馳召集股東臨時會，狄索爾因此怒火中燒。

後來戈德說道：「我們當時相信這項提議理應受到古馳的歡迎。」戈德說路威酩軒當時從外界提名了一名與公司毫無瓜葛的董事候選人，而且比起原先提議的三個席次，路威酩軒只向董事會要求一個法人代表名額，戈德說道：「我們已經展現出相當程度的善意。」

然而，狄索爾在私底下調查後得知，有名路威酩軒的高階主管向古馳的一名法人股東表示，路威酩軒想在董事會裡有自己的「眼線」，以為未來取得古馳的控制權預做準備，狄索爾氣急敗壞，他可完全沒有引狼入室的意願。

狄索爾說道：「我開始覺得他們自始至終都沒有想過要好好出價買下整間公司。」

二月十四日星期日，古馳的主管和銀行家將公司的可用之兵，集結到格拉夫頓街上的小會議室，自普拉達一個月前開始購入古馳股份後，名為史考特・辛普森的律師就一直在為古馳出謀劃策。辛普森任職於紐約一間實力雄厚的世達法律事務所，並在該事務所的倫敦辦公室工作，以專精於企業併購爭奪戰而聞名，辛普森為古馳研究出的防守策略雖然有些迂迴，也伴隨著風險，但是辛普森認為此時或許就是這樣的險招才能派上用場，這套尚未在荷蘭法院出現過的案件守備方略，圍繞著紐約證券交易所的法規漏洞展開，他想讓古馳透過員工認股計畫，對公司員工發行大量股票，進而稀釋阿爾諾的持股比例，雖然員工認股計畫不會讓阿爾諾的持股就此消失，但是卻能削減阿爾諾依持股比例所能行使的表決權。有了員工認股計畫作為底牌，狄索爾最後一次找上阿爾諾，希望能讓他簽署一份禁止購入古馳股份的書面「維持現狀」契約，或是提出一個買下整間公司的合理價格。二月十七日，古馳的傳真機一行一行地印出阿爾諾的答覆，那是一封信，要求古馳對路威酩軒董事會提供簽署維持現狀契約的「正當理由」，若是先前的狄索爾，或許就不願多生事端，但是現在狄索爾目標明確且態度強硬，他讀過阿爾諾傳真來的信件後暴跳如雷。

狄索爾咆哮道：「維持現狀的理由？他想要理由？」

「我今晚就會給他一個理由！」

二月十八日，阿爾諾答覆後的翌日早晨，狄索爾打出了他的第一張牌。古馳宣布公司將執行一項員工認股計畫，並會對員工發行股數為三千七百萬的新股，這些新股立刻將阿爾諾的持股比例稀釋至百分之二十五點六，也就此削弱他的表決權。

薩烏伊說道：「他開始享受與對方鬥法的過程，非得贏得這場爭奪戰不可。」

消息一出的當下，阿爾諾和戈德根本對古馳的員工認股計畫一無所知，在路透社頁面出現這則驚人消息時，戈德還特別多看了一眼，而阿爾諾則是在紐約的飯店房間透過傳真得知這個消息後，命令戈德馬上向他報告現況，戈德回覆阿爾諾的答案是「古馳此次的員工認股計畫顯然違反紐約證券交易所的規範」，他對大批致電詢問自己看法的記者們也使用了同一套說詞。阿爾諾準備購入古馳股份之前，就曾和路威酩軒的紐約律師團確認過相關法規，紐約證券交易局不允許任何上市公司發行超過資本額百分之二十的新股，不過路威酩軒緊急致電紐約證券交易所後，才發現一個古馳方的律師已經知曉的事實，那就是發行新股超過百分之二十的上市公司若是外國公司，則紐約證券交易所的相關法規將無適用餘地，而應透過外國公司的本國法律定之。古馳的總部位於阿姆斯特丹，荷蘭法規並無設定發行新股的資本比例上限，古馳自然不受上述紐約證券交易所的規定限制。

戈德後來承認：「我們看見這些凶狠的手段時確實大驚失色，大量由古馳控制的無主虛擬股份突然出現，而且這些新股的數量與路威酩軒的持股數量恰好相同，這絕對不會是巧合。」

古馳留給路威酩軒的另一個驚喜在發布員工認股計畫後出現，在一份提交給美國證券交易委員會的文件中，古馳揭露了一系列的公司條款，允許湯姆·福特和多姆尼科·狄索爾於公司控制權發生變動之際離開古馳，這樣一來狄索爾和福特的組合便成為古馳最具價值的資產之一，如果兩人離開公司，那古馳的併購價值將會大幅降低。古馳堅稱公司的律師老早就通知路威酩軒這些措施的存在，但是對於這些允許古馳的「夢幻團隊」出走時，並且得以帶走價值數百萬美金認股權的黃金降落傘條款，路威酩軒聲稱他們並不知情。

阿爾諾做出反擊，他對古馳提起法律訴訟，企圖撤銷古馳員工認股計畫的同時，也控告古馳的高層使用不法手段。路威酩軒官方指控狄索爾之所以主張公司推選的董事與古馳間存在利益衝突，僅僅是為了將公司保留給自己的藉口。一個星期後，阿姆斯特丹的法院將路威酩軒的持股，以及員工認股計畫的新股全數凍結，古馳的命運再次掌握在法院的手裡，不僅公司的股份遭到凍結，管理階層也都四面楚歌，面臨法律責任。雖然荷蘭的法院法官諭示雙方本於誠信原則進行談判，但是兩邊陣營都已經傷痕累累，也對彼此感到憤怒，談判因此難以進行。狄索爾也控告長年臂助阿爾諾的美國律師詹姆斯．萊柏，並對法國媒體表示萊柏是一名法西斯主義者，狄索爾要大家不要再相信阿爾諾說的任何話。

薩烏伊回憶道：「商場上的鬥爭後來轉變成難以化解的私人恩怨。」

雙方的仇隙日益加深，狄索爾開始常態性地在格拉夫頓街辦公室做通盤的保全檢查，只為了確保公司裡沒有任何隱藏式攝影機。有些手段甚至活像犯罪電影才會出現的情節，湯姆．福特在他和伯克利保留的巴黎公寓外發現一個男人睡在車裡，福特相信那名男子是紐約的克羅徵信社派來的私家偵探，因為據傳克羅徵信社就是阿爾諾委託來跟蹤福特的公司。

阿爾諾也不屈不撓地發動攻勢，並開始在他的砲彈外裹上一層糖衣，他直接向湯姆．福特釋出和解的訊息，想要離間福特和狄索爾之間的關係，同時試著將這名德州佬招攬進路威酩軒的陣營，因為倘若狄索爾在古馳經營權變動後照著章程的條款離開公司，阿爾諾還能找到另一名經理人來代替狄索爾，但是若福特也一起離開，那古馳的企業形象也將跟著一落千丈。

一名路威酩軒的高階主管針對阿爾諾的策略做出評論，他在一場與記者的電話會議中說道：「外面滿坑滿谷的都是生意人，但是出類拔萃的設計師卻是鳳毛麟角。」

隨後阿爾諾派了一名福特的法國記者朋友與福特在米蘭共進晚餐，直到餐敘進行到一半時，福特才發現這位朋友其實是代表阿爾諾而來，他最後同意在用完餐後致電阿爾諾。

阿爾諾後來說道：「福特幾乎用了所有管道與我通信，但就是不願意直接聯絡我。」幾週後，福特終於同意與阿爾諾在莫希曼餐廳共進午餐，莫希曼餐廳是位於倫敦的高級招待會所，墨里奇奧在十年前流亡倫敦時就布置過餐廳內的古馳包廂，並用上了他的招牌綠色面料和氣宇不凡的帝政風格家具。兩人預定共進午餐的當天，本應是祕密會面的午宴卻躍上《金融時報》的杏黃色封面，當期雜誌更揭露福特的認股權囊括約莫兩百萬股，根據當時的古馳股價，這些股份的市值大約八千萬美元。福特毫不猶豫地將洩漏消息的責任歸咎於路威酩軒，並取消了當天的午宴。路威酩軒努力地想利用福特拆散他與狄索爾的組合，最後卻讓兩人的關係更加緊密。

雖然員工認股計畫為古馳爭取了不少時間，但這個措施是否能派上用場仍掌握在荷蘭的法院手裡，更不要說員工認股計畫也難以改變古馳抵抗其他公司併購的根本問題，在路威酩軒頻頻出招的當口，古馳還是需要找到拯救他們的白衣騎士。

一九九八年六月，身價淨值約六十六億美元的法蘭索瓦・皮諾居於《富比士》

全球富豪榜排名第三十五名，儘管多姆尼科·狄索爾從沒聽過皮諾的名號，但皮諾卻是法國最有錢的富豪之一。出生於諾曼第的皮諾，在六十二歲時成功將家族的小鋸木廠一舉變成歐洲最大的非食品零售集團，集團的名號「巴黎春天集團」也在法國變得家喻戶曉，皮諾旗下的品牌包括春天百貨公司、電器用品批發商法雅客，以及雷都郵購公司，至於皮諾所擁有的海外知名資產則有佳士得拍賣行、框威鞋業以及新秀麗行李箱。某天，皮諾照慣例正與一名摩根士丹利的銀行家聊天，當對方偶然間提到古馳時，皮諾馬上便豎起耳朵仔細聽，他已經想著要跨足精品業好一段時間了。古馳的紐約第五大道店至今仍保持自奧爾多·古馳流傳下來的暗色大理石與玻璃配合的裝潢風格，皮諾在短暫造訪該店後，便安排自己與多姆尼科·狄索爾會面。三月八日，兩人在摩根士丹利位於倫敦梅費爾區的別墅碰面，狄索爾滔滔不絕地開始發表招攬盟友的演說，這套說辭狄索爾已經準備地淋漓盡致，卻在此前遭到無數可能成為盟友的企業婉拒，演說的內容是關於狄索爾和福特如何在近五年，將古馳銷售額從兩億美金提升到十億美金，不過狄索爾也說自己和福特都知道將古馳銷售額帶向十億美金的方法，不足以將公司帶向二十億美金，因此狄索爾對皮諾說兩人的夢想是讓古馳蛻變為一間多品牌的企業，而皮諾想聽到的正是這句話。

皮諾想起從前家族鋸木廠發跡的過程，他笑著點了點頭，說道：「我喜歡自己一手打造的東西，這是一個建立國際集團的好機會。」

皮諾並未完成高中學業，但是傳統的法國成功人士應該要擁有的事物，皮諾都應有盡有，他握有自己的酒廠、可供掌控的媒體，以及良好的政商關係，甚至和法國總統賈克·席哈克有深厚的友誼，現在皮諾想要強勢攻入阿爾諾的地盤，而古馳給了他這個機會。

皮諾說道：「這是一場只容得下兩個人的交易，路威酩軒目前已經用繩索緊緊套住古馳的咽喉，古馳現在命懸一線，他們成為路威酩軒的分支只是時間的問題。」

三月十二日，皮諾邀請狄索爾和福特前往自己在巴黎第六區的別墅共進午餐，與會的有皮諾手下的兩名資深主管，分別是擔任巴黎春天集團執行長的賽吉・懷恩伯格以及特助派翠西雅・巴比贊。皮諾的公寓布置得富麗堂皇，還有馬克・羅斯科、傑克遜・波洛克和安迪・沃荷的畫作，以及亨利・摩爾和巴勃羅・畢卡索的雕刻作品。眾人置身於這些令人驚豔的現代藝術收藏中享用烤魚午餐，狄索爾和福特在飯局中漸漸喜歡上皮諾率直、實事求是，以及開明的性格，不過兩人也覺得皮諾的性格與他在商場上縱橫捭闔的處事風格實在是大相逕庭。

福特回憶道：「我很喜歡他的眼睛，我們兩人一拍即合。」福特相當佩服皮諾能在傾聽和尊重資深主管們意見的同時維持權威，他說道：「其中一名主管甚至糾正了他的說詞。」

懷恩伯格同意福特的說法，他說道：「福特和皮諾確實一見如故。」高䠷的懷恩伯格是一名思路清晰的主管，十年前放棄了大好前程的公部門職涯來到皮諾麾下，並幫助皮諾將他併購的各種公司整合成一個運作順暢的集團。

懷恩伯格說道：「我們很快便打成一片，這和交際手腕無關，而是大家都意氣相投。」

這股融洽的氣氛促成了一場雙方的銀行家看過最迅速且最艱難的談判，由於時限相當短暫，皮諾將談判的期限設定在三月十九日，也就是法院諭知古馳和路威酩軒重啟談判的日子，如果古馳和皮諾不能在一週內達成協議，那麼這場交易將付諸流水。

幾人享用午餐後，當天晚上雙方的律師團和投資銀行家，便開始敲定古馳和皮諾結盟的相關事宜，如此絕密的交易照慣例會將當事人以代號稱呼，古馳的代號是「黃金」，皮諾的代號是「鉑金」，而阿爾諾的代號則是「黑金」。

一間位於米羅梅斯尼爾大道的隱密商旅，成為他們不定期的會面地點，這間小商旅既沒有客房服務也沒有用餐區，雙方的主管會悄聲無息地從後門進出。狄索爾雖然在談判時對於價格及控制權的條件不斷討價還價，但他其實也害怕皮諾會因此打退堂鼓，不過另一方面，皮諾自己打的其實是另一副如意算盤，皮諾私下邀請狄索爾和福特前往倫敦的多徹斯特酒店會面，皮諾希望能在兩人同意的情況下，一同買下賽諾菲美妝集團，並在併購賽諾菲美妝集團後，將該集團交給古馳來營運，賽諾菲美妝集團擁有赫赫有名的精品設計品牌伊夫・聖羅蘭，以及眾多的香氛品牌，而阿爾諾早在聖誕節前就因為價格太過高昂而拒絕買下賽諾菲美妝集團。

福特在聽到後開心地大喊道：「我們怎麼會不願意！」狄索爾此時正對福特投以一個「我們到底攤上了什麼事？」的眼神，福特繼續說道：「我們願意！伊夫・聖羅蘭可是世界第一的品牌！」

福特一直以來都大受伊夫・聖羅蘭的產品影響，尤其是他所設計的那些帥氣又不失性感的女用西裝及禮服，還有在設計中展現出的波西米亞風格，更是受到伊夫・聖羅蘭七〇年代作品的啟發。一想到福特和狄索爾這個夢幻組合能和伊夫・聖羅蘭合作，會議室裡的眾人都感到興奮不已。

古馳首先僥倖逃脫路威酩軒的血盆大口，到現在主導自家公司與白衣騎士的結盟交易，情勢在一週內扭轉。古馳在這樁交易中的估值高達七十五億美元，且實際上有三十億美元將匯入古馳的戶頭，同時古馳也得到邁向多品牌精品集團的第一塊拼圖。

三月十九日的早上，皮諾和古馳在鎂光燈的閃爍下，宣布雙方令人出乎意料的結盟關係，法蘭索瓦・皮諾將投資古馳三十億美元，並取得百分之四十的股份（後來增持至百分之四十二），其中包含皮諾剛剛以十億美元買下的賽諾菲美妝集團。雙方的協議中將購買古馳股份的價格訂為每股七十五美元，相較於古馳近十日的股市交易價格有百分之十三的溢價，協議也要求古馳發行三千九百萬股的新股給皮諾，如此一來，這樁鉅額的驚天交易將使阿爾諾的持股比例，從百分之三十四點四減少至百分之二十一，並成功地將他排除在決策圈之外。古馳同意將董事會的規模從八人增加至九人，並提供皮諾的集團四席董事席位，而在古馳為了擬定未來併購方向所新成立的五人策略委員會中，古馳也對皮諾釋出三個委員席缺。狄索爾和福特都歡天喜地地表示雙方能建立起這樣的夥伴關係簡直是「一場美夢成真」，他們對記者表明古馳曾拒絕阿爾諾的那些條件，若提出的對象換成皮諾，古馳都願意配合，不只因為巴黎春天集團不是古馳的直接競爭者，更是因為古馳能就此成為創造奢侈品業新氣象的基石，而不單單是併入像是路威酩軒那樣的大集團，最後淪為某個企業的分支。皮諾也答應了古馳的所有條件，並簽署一份承諾自身持股不會超過百分之四十二的維持現狀契約。

古馳和巴黎春天集團的交易案登上各大報章媒體之際，阿爾諾正在巴黎郊外的歐洲迪士尼渡假區對一群路威酩軒的主管訓話，他得知消息後匆匆地結束行程，急忙返回距離園區一小時路程的巴黎。阿爾諾的兩名資深主管——藍眼睛的戈德和臉部線條稜角分明的萊柏，預定在下午一點於克拉斯那波斯基飯店與古馳的法務長艾倫·塔托會面，但是兩人在會面前不久就已經在下榻的阿姆斯特爾飯店得知了交易案的消息。

萊柏無奈地問戈德：「我們現在該怎麼辦？」

戈德咬牙切齒地答道：「我們按照預定的時間赴約。」

塔托在飯店樓上的會議室與戈德和萊柏會面時，兩人希望能知道古馳和皮諾交易案的一些細節，但卻遭到這名古馳的高階主管婉拒，這個動作簡直是在兩位路威酩軒主管的怒火上澆油。

戈德正色說道：「一場會議想要成功，有三項必要條件，與會者的態度必須謙和有禮，討論必須毫無保留，行事必須基於誠信，」他在古馳的高階主管紛紛轉身離開時繼續開罵道：「今天早上顯然你們一項都沒有做到，我覺得相當遺憾。」當天下午，戈德和萊柏在奧什大街上辦公大樓的頂樓會議室與阿爾諾會合，前一天在路威酩軒於巴黎舉辦的分析師大會上，阿爾諾堅稱自己沒有想要買下整間古馳的意圖，但是現在半路殺出與古馳結盟的皮諾，阿爾諾知道自己只剩兩條路可以走，要不繼續在一間對自己沒有好感的公司裡做一個無計可施的少數股東，不然就想辦法直接買下古馳。阿爾諾當天下午就對古馳提出了他的價格——每股八十一美元，整間古馳的估計價值因此超過八十億美元，對於六年前幾乎面臨破產的古馳來說，這實在是一個天文數字。

狄索爾聽到阿爾諾出價的消息時，他正在巴黎旅館中的會議室裡和一名記者講電話，說明古馳與皮諾之間的協議，狄索爾得知消息後匆匆忙忙地結束訪談，並開始喊道：「我就先講到這裡！就這樣！我先不說了！」阿爾諾似乎終於照著狄索爾的要求行事，他最後還是提出了買下整間古馳的要約。

阿爾諾的出價最終徒勞無功。他提出買下整間公司的附加條件，是要求古馳與皮諾終止結盟關係，不過古馳團隊多謀善斷，確保了古馳與皮諾的協議不可動搖，各項交易也四平八穩地完成。阿爾諾隨後繼續出價，並將購買價格提高至每股八十五美元，根據一些報導，阿爾諾提出的併購價格甚至一度來到每股九十一美元，整間古馳的估值雖然因此達到將近九十億，但是阿爾諾仍是一無所獲，因為古馳的董事會拒絕了阿爾諾的每一個收購要約，理由是阿爾諾的要約既非無條件，也不是真正意義上地想要買下整間古馳。阿爾諾發動新一波的法律訴訟，他想要阻擋古馳與皮諾之間的交易。五月二十七日，在阿姆斯特丹商事法院一間綠色牆面的法庭裡，五名身穿黑袍的法官在碧翠絲女王的肖像下，決議維持古馳和巴黎春天集團的協議，雖然員工認股計畫在此前遭到法院撤銷，但是這個毫無先例的毒藥策略成功替古馳爭取到寶貴的時間，讓古馳得以找到拯救公司的白衣騎士。狄索爾在法院決議結果出爐後立刻致電湯姆·福特，讓此時正在洛杉磯接受獎項的福特一併接到這個好消息，隨後狄索爾便指揮部屬準備舉辦慶功宴。慶功宴當晚，古馳團隊成員在一艘遊艇上歡慶勝利，雖然大家早已疲憊不堪，但是此刻他們如釋重負，情緒更是歡欣鼓舞，逼退路威酩軒的古馳團隊開心地彼此敬酒，派對的遊艇就這樣在阿姆斯特丹的運河上緩緩漂流。

阿爾諾和戈德回到奧什大街上以玻璃和大理石建造的商業大樓，試圖重整旗鼓的兩人，儘管勉強地承認他們的策略有誤，但是他們也不願意就此退出，即便此時依照常理，默默拋售古馳的股份會是對阿爾諾而言最好的選擇，但是固執的阿爾諾還是決定維持現狀，並相信在長遠後的未來情勢將會照著他想要的方向發展。

當時戈德說道：「我們哪都不會去。」他笑著暗示路威酩軒會隨時準備為了保護自身的利益出擊，他說道：「我們可以作壁上觀，這種看著別人為我們工作的機會可不是天天有。如果古馳出了任何紕漏，那麼我們就會跳到第一線去質疑。」然而，到了兩千年中期，路威酩軒似乎就開始想要從古馳的持股中退場了。

對於多姆尼科·狄索爾來說，古馳和路威酩軒的戰爭直到一九九九年七月才真正結束，當時古馳在阿姆斯特丹舉辦的年度股東大會中任命董事，儘管路威酩軒極力反對，還是有好幾名常見的古馳公司派人士當選董事。

狄索爾說道：「所有獨立股東都支持我們的決定，對我來說那才是戰爭真正的終點，阿爾諾認為他可以主宰整個宇宙！現在他落敗了！」

與此同時，路威酩軒的確如戈德所說，時時監視著狄索爾的一舉一動，先是非議公司與皮諾的協議，後來又質疑古馳要透過賽諾菲美妝集團併購伊夫·聖羅蘭的計畫。阿爾諾也質疑古馳和巴黎春天集團的結盟方式存在技術上的缺失，主張兩方結盟的各項交易總共漏繳了三千萬美元的公司稅。古馳主動為自己辯護，表示公司的律師團已經查明，並確認古馳不需要負擔那些稅務，這些節省下來的稅金也等同維護了公司股東的權益，古馳同時表示，即便那些稅金真的是公司應負的義務，相較於三十億的交易也算不上是大問題，公司也就此巧妙地擺脫了阿爾諾的指控。雖然阿爾諾可謂是枉費心機，但是他也的確向古馳傳達出一個訊息，那就是阿爾諾將無時無刻地盯著狄索爾的每一個決定，阿爾諾對外宣稱對於賽諾菲這個控制伊夫．聖羅蘭的香氛品牌來說，六十億法郎（約莫十億美金）的價格實在是太高了，身為古馳持股比例第二大的股東，只要阿爾諾可以證明該筆交易將危害全體股東利益，那麼他便可以對古馳的交易造成威脅。阿爾諾自己在十二月時就沒有買下賽諾菲，因為他確實認為這間企業的價格實在太過高昂。

除了阿爾諾，狄索爾還得與另外兩個法國人鬥法，其中一名是伊夫．聖羅蘭已經六十八歲的董事長暨共同創辦人皮爾．貝爾傑，總是神采奕奕的貝爾傑在二〇〇六年簽署了一份機密合約，讓他在面對一些出乎意料的決議時擁有否決的權利，貝爾傑可不想就此在公司內邊緣化，更不想讓外來者進入伊夫．聖羅蘭位於巴黎馬索大街的聖地，那是一間外觀看來高深莫測的普魯斯特風豪宅，裡頭有許多懸掛綠色窗簾和枝形吊燈的寬敞廳院，以及一些設計工作室和辦公室。

貝爾傑緩慢而嚴肅地說道：「這棟建築和裡面的辦公室都不容侵犯！這個地方主宰了整個精品時裝業的脈動與發展。」

談判桌另一端的多姆尼科．狄索爾態度也一樣強硬，狄索爾和湯姆．福特都堅持要能夠完全控制伊夫．聖羅蘭，否則就免談。

另一名狄索爾必須要應付的法國人是他自己的救世主及新盟友——法蘭索瓦．皮諾，法蘭索瓦已經透過自己的控股公司「阿提米斯股份有限公司」取得了伊夫．聖羅蘭，但是他卻心急如焚地想要趕快將伊夫．聖羅蘭移轉給古馳。

狄索爾說道：「我非常艱辛地和公司最大的股東談判！我們得找到一個能讓古

馳完全掌握伊夫・聖羅蘭的方法，而且這樁交易也必須要獲得董事會其他成員的認可。」

一名常駐米蘭的奢侈品產業顧問，同時也是奢侈品品牌業務發展與營銷戰略的諮詢公司 InterCorprate 的資深副總裁——阿曼多・布契尼長期觀察著古馳，對於這次的伊夫・聖羅蘭併購案也有所評論，他說道：「湯姆・福特和多姆尼科・狄索爾團隊的強項，在於他們能夠利用產品設計、媒體形象，以及概念商店來引導出一個品牌的最大美感和價值，如果他們沒有大展身手的空間和自由，那真的會非常可惜。」

正當情況陷入膠著之際，皮諾展現風度，提出了一個折衷的方案，他將會透過自己的投資公司阿提米斯買下伊夫・聖羅蘭，而古馳則負責購入剩下的品牌。除了伊夫・聖羅蘭以外，賽諾菲還有化妝品品牌香邂格蕾，以及梵克雅寶、奧斯卡・德拉倫塔、祈麗詩雅和芬迪等等一系列的香氛品牌。伊夫・聖羅蘭內部其實已經分為兩個部門，高級時裝部分仍由伊夫・聖羅蘭本人設計，至於伊夫左岸的女性和男性成衣則分別是由年輕的阿爾伯・艾波尼茲和海迪・斯里曼負責，由此可見，伊夫・聖羅蘭最終正式拆分成兩間公司似乎是一件順理成章的事情。皮諾在最後一刻帶來的解方滿足了所有人的需求，伊夫・聖羅蘭和皮爾・貝爾傑以七千萬美元的慷慨價格將伊夫・聖羅蘭品牌的完整控制權賣給狄索爾和福特，同時保有兩人在精品服裝部門的設計與行政的權限，該部門約有一百三十名員工，雖然年營業額約莫四千萬法郎，但是卻長期赤字，為了達成更大規模的交易，皮諾最後同意買下這間財政虧空的公司。

狄索爾表示：「我為人很低調，但有些頑固的人會誤以為我是軟弱，但我絕非軟弱，道理很簡單，因為我很清楚自己需要什麼。」

過去的幾個月裡，狄索爾展現了自己的談判能力。當時羅馬的品牌芬迪引起了一場激烈的競購戰，該品牌因長型手提包而成為飾品市場裡的新寵兒，這款於一九七七年所設計的多功能皮包一上市便引發搶購熱潮。芬迪公司由阿黛勒・芬迪所創立，並由她膝下五個熱情洋溢的女兒及家族所控制。隨著有意收購者的喊價逐漸增加，報價開始飆升，遠超出當時業界內奢侈品品牌的平均價位，包含羅馬書珠寶商寶格麗，以及美國德克薩斯州太平洋投資集團在內的競購者都紛紛退出。狄索爾對控制股權喊出一點三兆里拉的價碼，折合美元約六點八億，看著其他競爭對手離場，他以為這次的交易已勝券在握，但隨後芬迪長期皮製品供應商——普拉達的執行長帕吉歐・貝爾特利卻帶著一點六兆里拉（八點四億美金）的報價單來到現場參與競購。狄索爾渴望順利買下芬迪，因為他認為這間公司和古馳的基底不相上下，他和福特大可利用這間義大利皮草、皮革和配飾公司來創造奇蹟。狄索爾將報價提高至一點六五兆里拉（約八點七億美金），隨後貝爾特利送出了震撼彈，史無前例地與路威酩軒集團結盟擊退古馳，喊出了超過九億美金的價錢，比芬迪所預設的最低售價高出了三十三倍之多。在當時的業界中，二十五倍的售價便會被視為高價出售，而芬迪的交易更是直接衝擊了市場價值，狄索爾也感受到自己最大的兩個敵人結盟來與自己抗衡。儘管如此，狄索爾還是回去董事會進行商討。

他告訴董事會：「我們可以擊敗普拉達和路威酩軒集團聯手所出的價格，但在我看來，他們實在是做得太過火了。」狄索爾曾對芬迪家族的條件提出一些異議，其中包括保障其年輕家族成員與配偶的工作權。「我可以善待他人，但我不能向任何人保證他們的工作機會，這已經無關家族事業，人人都必須有所作為來爭取工作。」

儘管古馳在芬迪的競購案慘遭滑鐵盧，但狄索爾仍從中獲得兩個好處——一是確立了他作為一個強硬談判者的形象。若是沒有他想得到的東西，他大可從談判桌上調頭就走。二是削弱了阿爾諾對於古馳支付賽諾菲太多錢的論點，這次的競購案也稍稍緩解了那筆交易所帶來的壓力。

一九九九年十一月十五日，古馳宣布成功收購了賽諾菲美妝集團，附帶一併接收了歷史悠久的伊夫・聖羅蘭，《國際先驅論壇報》的資深記者蘇西・曼奇斯將這項交易稱為「時尚界最閃耀的獎盃」。談判過程中，向來口無遮攔的貝爾傑竟願意退讓並表示：「我唯一想做的事就是保護伊夫・聖羅蘭，至於其他想一展行銷、溝通能力的人，那就讓他們來吧。我們創造了高品質的服裝品牌，但對於行銷實在不在行。」

這場伊夫・聖羅蘭併購案裡，古馳不僅邁出了成為多品牌集團的第一步，還成功收購了業界的老字號。十一月十九日，古馳宣布收購了位於義大利波隆那名為薛吉歐・羅希的小型奢侈品鞋廠，以一千七百九十億里拉（約一億美金）的價格收購該公司百分之七十的股份，而羅希家族則持有剩餘百分之三十的股份。日後古馳也持續進行多項所有權交易，其中包括了二〇〇〇年五月對法國高級珠寶商寶詩龍進行收購。

二〇〇〇年一月，湯姆・福特除了有古馳的職務以外，還身兼了伊夫・聖羅蘭的創意總監。福特是在趕往在巴黎舉行的高級訂製服裝秀的路途中，接獲了職務任命的消息，而其實早在去年十一月，就有消息指出古馳總部已經選擇了年輕的新興人才，三十六歲的古馳銷售總監——馬克・李擔任伊夫・聖羅蘭精品的執行總監。馬克・李的任命宣布後，許多業界人士甚至都不太知道這個溫柔、靦腆的男人究竟是何方神聖，就連古馳內部都還沒將他的來歷介紹準備好。加入古馳之前，馬克・李曾在薩克斯第五大道、范倫鐵諾、亞曼尼和吉爾・桑達任職過，並以低調、認真的工作態度贏得同事們的讚賞。福特在古馳的任務是將輝煌不再的伊夫・聖羅蘭重新帶回大眾的視野裡，而馬克・李則負責成衣、香水與飾品的品牌管理，其中包括一百八十七項產品授權。

隨著奢侈品界品牌彼此關係的劇烈變動，兩名聰明伶俐的美國人年輕人接下了法國時尚界中最引人注目且神聖的工作。所有人都猜測著——福特會請誰來設計伊夫・聖羅蘭的衣服？還是福特會親自操刀？如果真是如此，那他還會繼續為古馳設計嗎？雖然從各方面來看，聰穎有才華的年輕人會為業界注入新的想法，並將時尚、設計、生活融為一體，但他真的有能力做到這一切嗎？

古馳曾歷經過席捲奢侈品界的併購整合浪潮，手中也仍持有一份願望清單，期望未來能將清單上的公司納入旗下，但狄索爾始終堅信核心問題在於創造力，而非企業的規模大小。

狄索爾說道：「我和湯姆的都是管理品牌的人，我們認為自己的工作就是查漏補缺。畢竟我們不是投資銀行家，因此當我們評估一間公司時，心中的想法並不單純只是『我們買下這間公司吧』，而是『我們該如何讓這間公司變得更好』。」福特和狄索爾的確不是什麼投資客，他們也沒有造就古馳品牌的強悍佛羅倫斯商人血統，但他們帶來了品牌價值、堅忍不拔與勇往直前的精神，而正是這些因素不斷推動古馳成為國際企業。

八十年的歷史長河裡，古馳在關鍵時刻開闢了一片新天地。二代與三代接班者之間的訴訟事件博得了眾人目光，並揭開了私人企業的神祕面紗；同時古馳在義大利奢侈品領域所獲得的優越成就也同樣備受眾人矚目。一九五〇年代，奧爾多將古馳帶進了美國紐約，成為最早在紐約立足的義大利品牌之一，到了六、七〇年代，古馳更占了一席之地，成為風格與地位的象徵。八〇年代。墨里奇奧邀請了一名資深金融合作夥伴入股，並簽署一項聯商業計畫，成為業界最早開始這麼做的其中一個始祖。九〇年代初，古馳再次引領風潮，墨里奇奧透過聘雇道恩·梅洛和湯姆·福特，將美國的設計和行銷人才引入了歐洲的核心奢侈品品牌。九〇年代後期，在Investcorp的引導下，古馳在時尚與奢侈品業界進行了有史以來最成功的首次公開募股。九〇年代末，狄索爾先後經歷了亞洲經濟崩盤與業界最為激烈的收購挑戰，並透過前所未有的防禦策略，與穩健的合作關係在各項困難中大獲全勝。古馳與路威酩軒交手前，遲遲沒有與收購相關的規範，直到兩大企業經歷併購風波後，歐盟才制定了與收購要約相關的法規。最後，在新世紀來臨之際，哈佛商學院決定對古馳的成功進行詳細的案例研究。

負責這項研究的大衛·約菲教授表示：「我對這間義大利公司相當感興趣，它不僅在業界與國家有著廣大的影響力、內部歷經過劇烈的變化，而且受到廣泛消費者的認可。」

俄國小說家托爾斯泰曾於《安娜·卡列尼娜》寫道：「幸福的家庭都是相似的，但不幸的家庭卻各不相同。」古馳式的世代恩怨則在會議室、法庭和全球報紙頭版上大肆上演。塞弗林·溫德曼說過：「古馳的故事是每個家族最佳的前車之鑑。古馳家族的腥風血雨雖然悲愴，但未嘗不是維繫一個王朝的負面教材。」假設今天事情的結局不同呢？要是古馳家族更加團結，那今天的古馳會不會就只是一個沒沒無聞、一成不變的家族企業，日復一日地生產紅綠條紋的雙G購物包或棕色竹節皮包呢？如果墨里奇奧・古馳和他的親戚們截然不同，實現了自己的願景，那古馳會不會像愛馬仕一樣，擁有受人矚目的商品，且沒有如煙火般爆炸性的醜聞，這樣的古馳會不會也能成為一個毫無爭議且受人敬重的奢侈品公司呢？每當有爆料刊登在報紙頭條時，古馳家族都會羞愧難當，但又有誰能否認醜聞確實為古馳起了宣傳作用、增添了品牌的魅力、讓這個名字充滿吸引力與時尚感，甚至促使古馳股價上漲，最後導致古馳家族的分崩離析。正是這些魅力再加上古馳商品的風格與高品質，顧客眼中的古馳才會顯得如此獨樹一幟。畢竟之前六、七〇年代的顛峰時期，古馳主打的就是黑色和棕色的手提包，或是義大利樂福鞋和行李箱；而如今儘管湯姆・福特安排時裝秀、好萊塢明星和光鮮亮麗來宣傳品牌，黑鞋和手提皮包仍是全球古馳的第一熱銷產品。

面對古馳的魅力究竟從何而來的問題時，羅伯托・古馳毫不猶豫地回答：「公司即家族，家族即公司。公司問題才會造成分裂，並不是家族問題。」他先是提到保羅希望提供年輕買家低價系列的創作與授權，後來又提到墨里奇奧將古馳推向高級消費市場的雄心壯志以及所帶來的犧牲。羅伯托說道：「如果你的經理人和家族成員是同一人時，那解決問題便會難上加難。」歷經各種曲折離奇的事件後，證明血緣遠比公司政治更加重要，奧爾多・古馳甚至在他兒子保羅將古馳告上法庭時，為他提供經濟援助。

古馳的產品成為身分地位象徵的同時，公司和古馳家族也贏得了底下工匠的心。儘管市場變化多端、家族紛爭不斷，多年來工匠依舊對古馳忠誠。一名資深員工表示：「這就像毒品一樣，一點一滴地溶進你的血液裡。你開始瞭解產品、瞭解工匠時，你就會看見公司的潛力，在內心感受到一股力量，並對自己能為這間公司效勞感到自豪。這很難解釋究竟是怎麼一回事，但信不信由你。」

深深吸引消費者的是，古馳在每個行李箱和手提包的背後有血有肉的家族故事。古馳的故事象徵著歐洲許多家族與個人在創立和發展事業時所面臨的困境。如今大多數的人都面臨一個典型的難題——他們為了成功而付出的代價，往往是放棄自己的公司。隨著全球競爭越發激烈，業界內的整合併購也就越常見。若是經營公司的家族或個人希望能挺過經濟困境，那就必須透過專業管理技術、加入企業聯盟，或是出售公司所有權。

相較於古馳的高調，其他人選擇默默與命運對抗。范倫鐵諾在一九八八年決定將羅馬時裝店賣給義大利 Hdp 集團，還在宣布出售的新聞記者會上優雅地逝去臉上的淚水。伊曼紐爾．溫家羅在一九九七年決定將位於巴黎的時裝店賣給義大利菲拉格慕家族時，也同樣以熱切的握手來了結這筆交易。時間再拉近一些，德國設計師吉爾．桑達忍痛將公司控制權轉交至義大利品牌普拉達手上，希望藉由他人的專業管理，使自己一手創造的公司得以壯大到僅憑一己之力無法做到的地步。羅馬的芬迪家族成功壓下內部的紛爭醜聞，同時對正在觀望的有意收購者釋放出售消息，最後同意將控制權出售給由普拉達和路威酩軒所建立的聯盟。

由於墨里奇奧未能用強勢、務實的計畫來實現自己對古馳的願景，古馳演變成家族與專業、財務管理之間的紛爭。然而墨里奇奧娶了一個強勢、務實的女人，這也導致了往後他遭逢暴力的命運。墨里奇奧因理想願景驅使而向前，但卻又被自己的性格所束縛。他最終因沒能為制定的夢想打下堅實的經濟基礎，而無法達成心之所嚮之事。儘管如此，他還是為多姆尼科・狄索爾和湯姆・福特鋪平了前方的道路，他們才得以順利將商業手段和風格融合為一，並將權力、尊嚴與形象緊密結合在一起，再創古馳的品牌魅力。歷經轉型之後，古馳也重新成為奢侈品市場的領導者。

回過頭來看，這個成功的公式似乎顯而易見，但是否能被他人複製呢？「我不這麼認為，成功裡必有他人無法仿效的關鍵祕訣。這就像是在拍攝一部好萊塢電影，就算你有一部偉大的劇本並找齊所有合適的演員，也不代表能成為票房保證，有時可以一舉成名，有時卻乏人問津。」備受敬重的《國際先驅論壇報》評論家蘇西・曼奇斯如此說道。

如今獲得豐厚報酬的古馳家族既悲喜參半又苦不堪言，因為以他們姓氏為名的公司仍持續主導著商業與時尚新聞，而他們僅能在一旁觀望，不得插手。喬吉歐・古馳和瑪莉亞・皮婭定居於羅馬，並經常前往佛羅倫斯，因為他們在那裡收購了一間頗負盛名的佛羅倫斯皮具製造商 Limberti，如今是古馳其中一家供應商，喬吉歐和自己的大兒子古馳奧在那一起並肩工作。古馳奧的親家屬於佛羅倫斯附近中型城市普拉托裡一個富有的紡織製造家族，而他是第四代接手人中最富冒險犯難創業精神的人，他先是於一九九〇年以自己的名義開始皮具生意，並在一九九七年開始經營名為 Esperienza 的領帶系列。他在 Limberti 做全職工作時，與古馳公司在法律問題上有多次交鋒，涉及的問題從名字的使用到房地產都有。

那些對於古馳持續壯大而感到難以忍受的其他家族成員，大多生活在米蘭和羅馬間相對默默無名的地方，喬吉歐的兒子亞利山卓曾問自己的母親奧莉塔：「這種酸楚苦澀的感受會消失嗎？」

羅伯托・古馳仍住在佛羅倫斯，在墨里奇奧將公司賣給 Investcorp 之後，他就在當地創立了自己的皮具企業——佛羅倫斯之家。佛羅倫斯之家專門製造古老的傳統手工皮包與配件，在離古馳不遠的托納波尼路開了一間店，並分別在東京和大阪設置辦事處。羅伯托的妻子德魯席拉和六個孩子裡的五個——卡西莫、菲利波、烏貝托、多米蒂拉和佛朗西斯科，也全在這間公司上班，第六個孩子瑪麗亞・奧林匹婭選擇當修女。每當羅伯托談起手工製作皮包和工匠時，他的眼神總會閃爍著光芒。

羅伯托・古馳表示：「我將所學發揮至淋漓盡致，既然我學會這門手藝，那就沒人能將技術從我身上奪走，我也會繼續沿著這條路走下去。」

其他古馳家族的人都選擇過好自己的人生。奧爾多和布魯娜的女兒派翠西雅分別在棕櫚灘和加州都有住所，她也經常前去羅馬看望享受寧靜生活的母親。保羅的小女兒派翠吉亞曾在一九八七年到一九九二年期間，在墨里奇奧的帶領下為古馳奉獻心力，如今她住在佛羅倫斯郊區一棟綠葉成蔭的別墅裡，專心經營畫家的事業，而她的姊姊伊莎貝塔則是一名家庭主婦，同時也是兩個孩子的母親。

墨里奇奧的前妻派翠吉雅上訴失敗後，便在米蘭聖維多堂的監獄裡過著度日如年的日子，她試圖忘記過往，卻也無法展望未來。她的母親希爾瓦娜住在威尼斯街的寬敞公寓裡，經常抽空去探視派翠吉雅，每週五還會帶去她最愛吃的肉餅。二〇〇〇年二月，檢察官卡洛・諾切里諾悄悄地結束希爾瓦娜的案件——她曾涉嫌加速丈夫佛南多・雷吉亞尼死亡，並知曉或協助派翠吉雅謀殺墨里奇奧的計畫。現在，希爾瓦娜負責照顧派翠吉雅和墨里奇奧的女兒，她會定期去看訪正在盧加諾唸大學商學院三年級的亞歷珊卓，並與阿萊格拉一同住在威尼斯街的公寓裡，阿萊格拉和她的父親一樣在米蘭攻讀法律。儘管生活開銷龐大，但女孩們還是將墨里奇奧的遊艇克里奧爾號保留了下來，每年都會前往聖特羅佩參加帆船賽以紀念自己的父親。她們也會在克里奧爾號悠哉享受假期，或是搭乘遊艇去拜訪歐洲菁英人士，例如摩納哥的阿爾伯特王子。亞歷珊卓和阿萊格拉認為自己的父親墨里奇奧就像彼得・潘，是個永遠不願長大的男孩。

亞歷珊卓回憶道：「他很喜歡玩，以前他會和阿萊格拉踢好幾小時的足球，然後才筋疲力盡地回到家，繼續玩電玩遊戲。他熱愛法拉利、一級方程式賽車、麥可・傑克森，也喜愛毛茸茸的填充娃娃。有一年聖誕節，他帶了一隻巨大的紅色鸚鵡給我，當時他還按響了門鈴，一邊學鸚鵡的聲音說話。他總會親自把禮物交到我們的手上。」

但他並非時時刻刻都在女兒的左右。

亞歷珊卓說道：「某幾個月裡我們每天都可以和父親說上六次話，接著他就會消失得無影無蹤，四、五個月後才又出現。他時而溫柔溫暖，時而靜默冰冷。但我堅信，即便他和母親有這麼多的爭執，總有一天他們遲早會和好。」曾有人這麼說過，父母能為孩子們所做最重要的事，就是相愛。

寶拉・弗蘭希和兒子查利住在威尼斯街以北幾個街區裡的公寓，那是她第二任丈夫留給他們的十二層公寓。豪華寬敞的客廳裡，擺放著絨布軟墊和精美的古董，還掛著曾經和派翠吉雅一起爭辯過的綠色絲綢窗簾，每張桌子和架子上都擺放著墨里奇奧的照片。

或許所有和墨里奇奧相關的人裡，最因他的離去而感到空虛的人就是他忠誠的司機——路易吉．皮洛瓦諾。路易吉退休後獨身一人，每天都會花時間緬懷墨里奇奧。他每天都會從位於蒙查北邊郊外的家中驅車前往米蘭，到他們的老地方走走看看，像是墨里奇奧和魯道夫在蒙佛提街住過的十層公寓，他也會繞去蒙特拿破崙大街，因為一九五一年魯道夫在這裡創立的米蘭第一間古馳店鋪，至今仍在古馳新旗艦店旁營業。路易吉也會開車經過墨里奇奧曾在庫薩尼路住過的拿破崙住宅區，並在風光明媚的日子裡，把車停在帕萊斯特羅路，在賈丁尼公園裡滿是細沙的步道上散步，公園對面就是墨里奇奧曾經辦公的窗戶，也是他去世的那個門口。四年過去了，路易吉還沒去貝貝爾餐館吃過午餐。那是一間家庭式餐館，有墨里奇奧最愛吃的佛羅倫斯牛排，在他被槍殺前一週，他還帶過亞歷珊卓和阿莱格拉來這裡吃過午餐。

路易吉走進貝貝爾餐館一邊用餐，一邊和老闆聊天時，順手推了推臉上的玳瑁殼框眼鏡，就像當初墨里奇奧會做的行為一樣。事實上，路易吉的眼鏡就是墨里奇奧的眼鏡。一條記憶之河在路易吉的腦海中緩緩流淌，他想起墨里奇奧小時候的模樣，想起墨里奇奧的第一輛車，想起墨里奇奧早期的戀人，想起墨里奇奧和派翠吉雅的關係——也是所有麻煩的開端，那是段凌亂錯誤的歲月。有幾次路易吉會把自己料理的雞湯拿去送給發高燒的墨里奇奧，在墨里奇奧孤獨的世界裡照顧老闆的健康，他也常常會和墨里奇奧分享在當地熟食店買到的烤鴨；他們經常一起旅行，足跡遍布佛羅倫斯、聖莫里茲、蒙特卡羅與羅馬等地。

路易吉回憶說道：「墨里奇奧很孤單。完全、全然、從根本上的孤單。對他來說，他只有路易吉。在一個又一個的夜裡，我會離開自己的妻兒，只為了去陪伴他。這對他來說實在太難熬了，對任何一個人都是，但誰又想承認呢？」

墨里奇奧的葬禮上，路易吉失去控制，歇斯底里地痛哭失聲，在一旁的兒子甚至帶著譴責的目光對他說：「爸爸，媽媽過世的時候你都沒哭得這樣傷心。」

路易吉定期會去位於蘇維塔山上的瑞士小公墓看望墨里奇奧的墓，這裡是派翠吉雅與女兒們一起決定埋葬他的地點，就在墨里奇奧生前最鍾愛的聖莫里茲莊園下。路易吉也會順道去拜訪其他古馳家族成員的墓，包含奧爾多、巴斯克、魯道夫、亞歷珊卓、格莉瑪妲、古馳奧和艾伊妲，他們一起葬在佛羅倫斯郊外的薩菲亞諾公墓。

把焦點拉回佛羅倫斯，羅伯托還在他那間能夠俯瞰阿諾河的辦公室裡，為古馳的失利責怪墨里奇奧，他同時也指責派翠吉雅，但卻從不提及她的名字。羅伯托認為是外人嫁入了家族，而破壞了家族精心安排的微妙權利平衡。「是什麼火種點燃了野心之火？是什麼大火燒毀了理智、道德、尊重、專注和無盡的財富？要是有人有這種雄心壯志，那他身邊需要一個人能把這一絲野心壯大成火焰，而不是用水澆滅！」

羅伯托語重心長地說道：「古馳家族是個強大的家族，我希望他們所有的過錯都得以受到寬恕，畢竟人非聖賢，誰不犯錯呢？我不想批評他們的錯誤，也不想接受，但我實在沒辦法忘記這些錯誤。人生像是一本厚重的書，我的父親教會我鼓足勇氣翻到下一頁，就像他常常對我說的：『別再糾結。忍不住就哭出來，但出手不要停下來。』」

當現實跟不上慾望膨脹的速度時，古馳家族就被迫翻開新篇章。從家族和公司分道揚鑣的那一刻起，整個家族就走上了痛苦而悲慘的道路，而公司則開始從混亂中脫身，獲得前所未有的成功。如今，隨著古馳奢侈品集團的發展，新的故事也持續著，古馳持續吸引新人奉獻心力，好讓品牌的魅力得以延續。從管理單一品牌過渡到吸納人才以營運多個品牌，同時還必須記取歷史所帶來的教訓，這才是古馳集團當前要開始面臨的挑戰。

古馳奧·古馳（右）於一九〇四年左右與雙親加布里埃爾及艾琳娜合影。© Gucci

工匠們在嘉黛耶街的工廠工作。© Gucci

少時出演電影的魯道夫·古馳。
© Martinis/Croma

圖左為一九三一年的珊卓瑞福，本名亞歷珊卓·溫克豪森，其餘二人為同出演《那三個法國女孩》的菲菲·多爾賽和約拉·達弗里爾。© Farabolafoto

巴斯克（左）、魯道夫·古馳（右）與訪客於 Gucci 羅馬分店的手提包櫃位前合影。© Martinis/Croma

巴斯克、奧爾多和魯道夫·古馳搭機前往紐約。© Martinis/Croma

巴斯克與奧爾多·古馳於紐約合影。© Martinis/Croma

魯道夫・古馳於蒙特拿破崙大街的米蘭分店服務客人。© Farabolafoto

年幼的墨里奇奧・古馳與朋友在聖莫里茲滑雪。© Martinis

蘇菲亞・羅蘭踏出康多堤大道的羅馬分店。© Farabolafoto

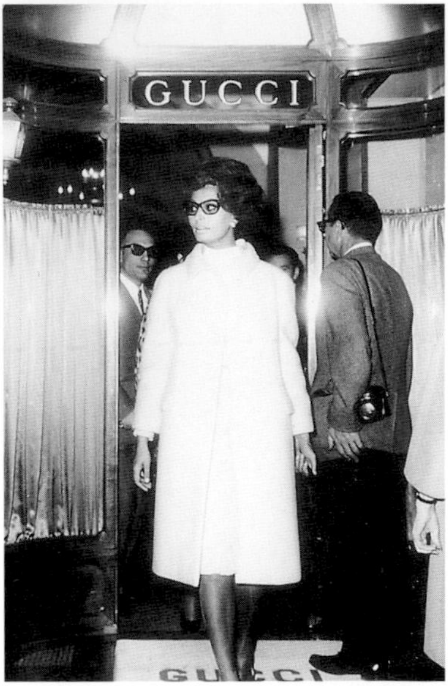

一九七九年背著賈姬包的賈姬·歐納西斯。一九九九年賈姬包重新上市，雙 G 圖樣的款式銷量立即達六千個的新高。© Farabolafoto

保羅·古馳。
© Edelstein/Grazia Neri

墨里奇奧與派翠吉雅·雷吉亞尼
於美滿婚姻期間的合影。
© Pizzi/Giacomino Foto

墨里奇奧、阿萊格拉、亞歷珊卓及派翠
吉雅。© Rotoletti/Grazia Neri

墨里奇奧・古馳於一九九〇年在米蘭辦公室與魯道夫和古馳奧的照片合影。© Art Streiber

竹節包。© Gucci

湯姆・福特與道恩・梅洛於兩人最喜歡的米蘭餐館 Alle Langhe 合影。© Davide Maestri

墨里奇奧・古馳和寶拉・弗蘭希於一九九四年在威尼斯街公寓的客廳。
© Massimo Sestini/Grazia Neri

一九九五年三月二十七日，墨里奇奧・古馳的屍體從帕萊斯特羅路的大宅大門抬出。
© Farabolafoto

阿萊格拉・古馳、派翠吉雅・雷吉亞尼及亞歷珊卓・古馳於墨里奇奧・古馳的喪禮。
© Farabolafoto

墨里奇奧死後，在家中的派翠吉雅。© Palmiro Mucci

Gucci 的前創意總監湯姆・福特。
© Gucci

Gucci 的前總裁多姆尼科・狄索爾。© Gucci

超模琥珀·瓦萊塔於一九九五年參與Gucci 三月的時裝秀，Gucci 因此時裝秀再次火紅。© Gucci

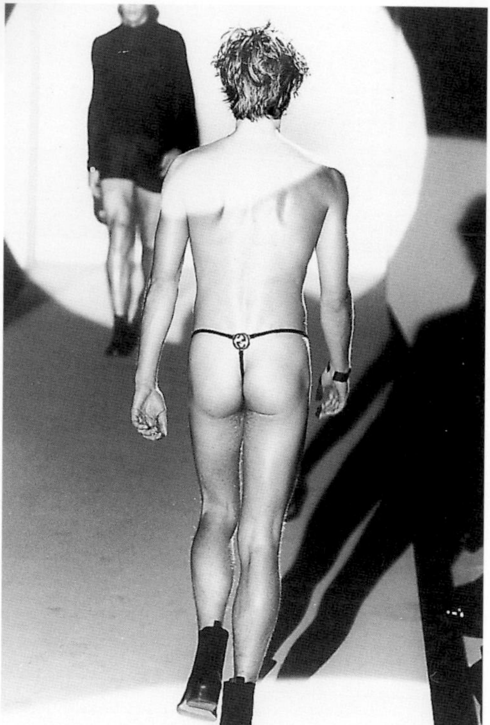

Gucci 於一九九七年一月的男裝系列推出 G 字樣的丁字褲。
© Giovanni Giannoni

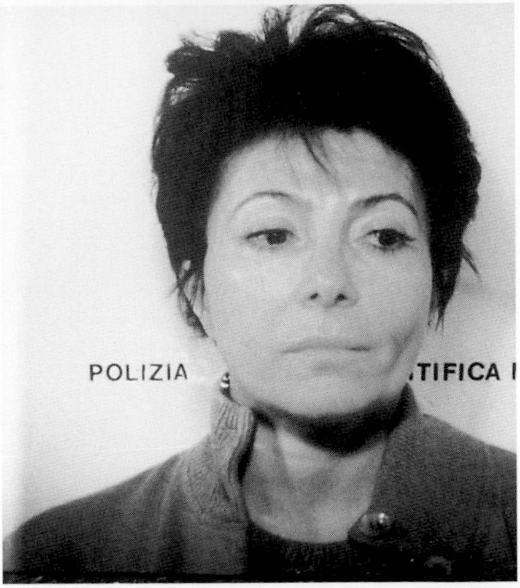


遭到逮捕的派翠吉雅・雷吉亞尼。
© Farabolafoto

人稱「黑女巫」的皮娜・奧利耶瑪及其律師。© Farabolafoto

墨里奇奧謀殺案的被告槍手班奈狄托．塞勞洛及車手歐拉奇奧．其卡拉於法庭上。© Farabolafoto

由左至右依序為庭上的亞歷珊卓．古馳、阿萊格拉．古馳、希爾瓦娜．雷吉亞尼、派翠吉雅．雷吉亞尼及派翠吉雅的律師蓋塔諾．派雷拉。© Farabolafoto

亞歷珊卓·古馳於一九九八年登上義大利《Sette》週刊的封面，該期刊名為「無人有權評斷我們」。
© Armando Rotoletti

阿萊格拉·古馳坐在威尼斯街公寓中她媽媽的肖像畫前。© Rotoletti/Grazia Neri

古馳家族——由左至右依序為喬吉歐、墨里奇奧、羅伯托、奧爾多、亞利山卓、保羅、伊莎貝塔、派翠吉雅、古馳奧和魯道夫（最前方）。© Gucci

# 後記

《GUCCI》一書出版已屆二十年，時至今日，古馳家族和他們創辦的古馳時尚集團仍不斷為人們帶來啟發、激奮和驚豔，以下記述這二十年來古馳集團和家族發生的重大事件。

## 古馳家族事記——派翠吉雅·雷吉亞尼

二〇一〇年的某個溫暖夏夜，米蘭精品購物區中央的聖巴比拉廣場上，計程車司機大衛接到一通叫車電話，他隨即前往一間商店舉辦的私人開幕典禮，並將兩名身穿小禮服的女子載離現場，兩人告訴大衛她們要去聖維托雷的「後面那邊」。大衛在驅車途中越想越不對勁，因為位於市中心旁的聖維托雷是市立監獄的所在地，他可不記得監獄後面有任何的住家或是商店。

不出大衛所料，兩名女子讓大衛在監獄的圍牆旁停車，哨塔底下的兩扇小門架著許多監視器。其中一名女子在計程車後快速地脫下晚禮服，丟進袋子並交給她同行好友，隨後又迅速套上一件獄用的連身衣，隨即就下車走向哨塔下的其中一扇門，而留在車上的女子則吩咐大衛稍等，以便目送她的好友走進監獄。

車內的女子解釋，剛剛走進監獄的正是六十一歲的派翠吉雅·雷吉亞尼，她因買兇謀殺自己的前夫墨里奇奧·古馳而於一九九八年被判處有期徒刑二十九年，如今派翠吉雅已服刑超過十年，獄方允許她在受監管的情況下短暫外出，而她的朋友必須確保派翠吉雅安全返回監所。

派翠吉雅在入監後幾年間，漸漸找到在聖維托雷的生活節奏，她開始在監獄內的庭園栽種花草，也在獄方的准許下養了一隻名叫班比的寵物貂。派翠吉雅年邁的母親希爾瓦娜・巴比里每個星期都會來看望她，而在她被判決時還只是青少年的兩個女兒——亞歷珊卓和阿萊格拉也都會來探監。

二〇一一年秋天，派翠吉雅拒絕假釋，因為假釋意味著出獄後必須從事兼職工作，這個決定轟動一時，據傳當時她是這麼說的：「我活到這把年紀從來沒有工作過，我此時又何必去工作呢？」

由於派翠吉雅在獄中表現良好，因此整整二十九年的刑期她僅服了十六年，最後便於二〇一四年出獄。墨里奇奧謀殺案的其他共犯如皮娜・奧利耶瑪等人也接連出獄，唯獨被法院判處無期徒刑的殺手班奈狄托・塞勞洛，仍在最高警戒級別的監獄中服刑。

派翠吉雅甫出獄，便有狗仔隊在精品購物區「米蘭金三角」中央的蒙特拿破崙大街上拍到她，當時的派翠吉雅正散著步，而她的寵物鸚鵡波爾則站在她的肩膀上。電視臺經常在城市中尋找派翠吉雅的蹤影，並隨時準備好湊上前提問，有次記者問她：「派翠吉雅，妳為什麼要找殺手槍殺墨里奇奧・古馳？為何不自己射殺他就好？」派翠吉雅打趣道：「我的視力不好，我怕自己動手會射偏！」

二〇一四年，原先不想工作的派翠吉雅為了換取假釋而改變心意，她出任時尚品牌 Bozart 的顧問職，並從寵物鸚鵡波爾身上得到靈感，以彩虹色調設計了一系列的手提包和珠寶，該系列公開展示時，會場附近甚至還有古馳選在同一天所舉辦的時裝秀。

派翠吉雅在出獄後便搬到米蘭市中心的聖巴納路上與母親同住，距離當年她出庭接受謀殺案審判的法院僅有咫尺之遙。派翠吉雅的財務狀況也正式陷入赤貧，每個月僅靠政府不到五百歐元（約四百美元）的補助度日，而她與母親的關係也不如以往，派翠吉雅表示兩人很少說話，也不會一起用餐。

希爾瓦娜於二〇一九年四月過世，但她一直很擔心派翠吉雅會在自己過世後揮霍遺產，因此於生前向法院聲請選任遺產管理人，專職監督派翠吉雅處分財產的狀況。派翠吉雅於二〇一六年向《衛報》記者表示，自己在出獄後第三天就「看到屋裡有個男人拿著我母親指稱我沒有能力管理遺產的信」。

後來派翠吉雅告訴《今日報》：「我母親提出聲請的背後動機是愛——不過她愛的不是我，而是她的錢。要不是錢財生不帶來、死不帶去，她肯定一分錢都不會留下。」

提及在聖維托雷服刑的那段期間，派翠吉雅不僅沒有絲毫怨言，還將監獄暱稱為她的「維托宅」，她在接受《衛報》採訪時指出：「我的母親真的很難相處，有時我真希望自己還在維托宅裡，不用每天遭受我母親毫無理由的斥責。」

派翠吉雅和女兒的關係也每況愈下，亞歷珊卓和阿萊格拉現居瑞士，兩人都已結婚並育有兒女，派翠吉雅說自己和她們並不常見面。二〇一八年秋天，亞歷珊卓和阿萊格拉向瑞士的法院請求免除派翠吉雅贍養費的給付，這筆持續終生的贍養費是在一九九三年墨里奇奧和派翠吉雅離婚時達成的承諾，金額大約是每年一百萬瑞士法郎，根據媒體報導，亞歷珊卓和阿萊格拉積欠派翠吉雅的費用約達兩千六百萬瑞士法郎，其中包含派翠吉雅在服刑期間的未付款項。義大利的二審法院認為派翠吉雅請求逐年給付贍養費有其理由，該裁判已上訴至義大利最高法院，目前尚未做出裁定。

派翠吉雅決心要彌補過錯，她於二〇一九年十一月接受義大利電視節目訪問時表示，自己動用母親留下來的遺產補償了在槍擊案中被擊中手臂的門衛朱塞佩・奧諾拉托，而由於墨里奇奧遭殺害時的女友寶拉・弗蘭希也對法院提出告訴，因此派翠吉雅也說想給她一些錢，派翠吉雅說道：「我想要做對的事情。」

派翠吉雅說自己向女兒們協議放棄每年的贍養費給付，但希望可以按月領取一筆生活費，並能每年使用墨里奇奧在聖莫里茲的房產「青鳥之家」一個月；由於女兒們仍保有克里奧爾號的所有權，因此她也請求能時不時到這艘歷史悠久的帆船上看看，同時也要求多一些和兒孫的相處時間。

## 古馳集團事記——重獲新生

此時此刻，古馳集團在義大利設計師亞歷山德羅・米歇爾獨具匠心的領導下大放異彩，米歇爾曾是集團工作室的助理，二〇一五年，他在資深創意總監芙莉妲・吉安尼倉促離職後接任總監職位。出身羅馬的米歇爾是福特和狄索爾於二〇〇二年雇來負責手提包項目的設計師，他為古馳開創出一種不限性別的新浪漫風格，並一舉擄獲評論家和顧客的心。《紐約時報》的時尚評論家凡妮莎・費德曼因此將古馳譽為「或許是近五年來最具影響力的品牌」，而《華盛頓郵報》的評論家羅賓・吉芙漢則在訪問中表示：「他真的很能掌握社會對於性別定義的轉變，也適時反映了時下擁抱差異的趨勢。」

二〇二〇年五月二十五日，當時義大利因應新冠肺炎疫情已實行了三個月的封鎖措施，米歇爾在自己的羅馬工作室舉辦了一場影音記者會，宣布古馳計畫會將每年五場的時裝秀刪減至兩場，同時也將漸漸淡化男裝與女裝之間的區別。

米歇爾緩緩地揮著手中的黑色大扇子說道：「我們需要一些喘息空間，才能讓繁複的時裝體制重獲新生。」

多年來，每年九月到十月及二月到三月都會有長達四周的時裝秀，一路不間斷地從紐約到倫敦乃至米蘭及巴黎，壓得時尚產業喘不過氣。同時，在全球遭遇新冠肺炎疫情使得商家紛紛倒閉、品牌供應鏈斷鏈、廠房被迫停工且利潤率一落千丈之際，再加上產業長期的守舊，更改時裝的展示方式已成為各間時尚集團的當務之急。

米歇爾在疫情隔離的頭幾個月寫了一系列的日記，古馳將日記選錄後取名為「靜默隨筆」（Notes from the Silence）並發布到網路上，日記中寫道：「以四季來劃分時裝實在過時，我想開創出新的時裝出品節奏，一個更接近我心中呼喚藝術的步調，為了寫下新猷，我們會將一年的秀場次數改為兩次。」

宣布精簡過後的時裝秀時程後，米歇爾使古馳又一次地成為產業中的領頭羊，因為在其他品牌因應疫情而臨時變更時裝秀計畫之際，唯有古馳第一個站出來對制度做出最根本的改變。

創辦近一個世紀的古馳又會如何在五十多年間第三次大放異彩呢？

## 湯姆多姆二人組引退

湯姆．福特和多姆尼科．狄索爾僅在古馳留任至二〇〇〇年代初期，他們在業界的主管級設計團隊中，被時尚媒體公認為有史以來表現最佳的組合，並暱稱他們為「湯姆多姆二人組」——他們兩人花不到十年便將古馳從不賺錢的佛羅倫斯皮件商，搖身一變成為公開發行股票的跨國精品集團。

湯姆．福特將「性感能賣錢」的設計理念推升至前所未有的地步，二〇〇三年，古馳舉辦了一場充滿爭議的春裝發表會——合作的模特兒卡門．凱斯將陰部的毛髮修剪成字母G的形狀，而當時活動的攝影師則是如今已名譽掃地的馬力歐．泰斯提諾。（泰斯提諾於二〇一八年遭控訴性騷擾，儘管他否認一切控訴，他的時裝攝影師生涯仍就此終結。）

福特也因為伊夫．聖羅蘭「鴉片」系列香水的平面廣告引起軒然大波——參與拍攝的模特兒是童書作家羅納德．達爾的孫女蘇菲．達爾，這名來自英國的豐滿尤物在廣告看板的圖片中躺臥於黑絲絨布料上，撇除她身上穿戴的少許金飾、臉上的綠色眼影及一雙聖羅蘭的高跟鞋外，她可以說是一絲不掛。

一九九九年，法國籍資本家法蘭索瓦．皮諾對古馳伸出援手，使古馳成功防止了路威酩軒集團總裁貝爾納．阿爾諾所發動的敵意併購，事後法蘭索瓦鼓勵湯姆和多姆尼科仿效阿爾諾的策略，將古馳打造成眾多品牌簇擁的精品帝國。福特和狄索爾因而開始扶助和重振集團內的弱勢品牌，像是巴黎世家和寶詩龍這些幾乎要被放棄的公司都受到了古馳集團的扶助，同時也開始資助新品牌進駐，他們從路威酩軒旗下的精裝品牌紀梵希下手，將紀梵希的史黛拉．麥卡尼及亞歷山大．麥昆兩間公司重金引進古馳集團。湯姆和多姆尼科的一系列操作也讓時尚店商「Net-a-Porter」的娜塔莉・馬斯內大讚福特是「時尚界的節律器」。

然而資深的湯姆多姆二人組終究無法和古馳白頭偕老，兩人在將瀕臨破產的古馳轉變為年銷售額近三十億美元的精品巨擘後，便與控制古馳的巴黎春天集團展開一系列棘手（最終卻沒能達成共識）的合約談判，而當時巴黎春天集團已由皮諾的兒子法蘭索瓦—亨利・皮諾接棒營運。

福特和狄索爾在談判進行超過一年之際，仍然堅持要主導集團的設計及管理事務，然而，時任的巴黎春天集團執行長賽吉・懷恩伯格則表示，基於股東的權益考量，公司無論如何都無法答應兩人的請求。

二〇〇三年秋天，福特和狄索爾宣布他們將於二〇〇四年四月離開古馳，巴黎春天集團的股價應聲大跌，但古馳集團的銷售量卻同時激增，因為兩人即將離職的消息使得眾多愛好者開始大量購入古馳的時裝，只為了要買到福特的最後一批設計。

倫敦品牌諮詢公司 Interbrand 的顧問麗塔・克利夫頓則表示：「古馳這次不成功便成仁，若想成為一個強大的品牌，就要能撐過這種經營權轉移的時刻。」

福特後來表示自己從沒想過會離開古馳，並提及自己當時「大受打擊」，他計畫就此從時尚界引退，開始追求自己長久以來的電影製片夢想。

「我的生活原先安排得非常緊湊，離開公司後連自己是誰都不知道了，當時的我不太適應這種狀態。」福特於二〇一六年接受《時人》編輯傑斯・卡格爾採訪時說道：「我的行程表有好幾頁空白，我花了好久的時間才找到吸引我的製片計畫。」

不過湯姆和多姆尼科的夥伴關係也面臨全新的挑戰——二〇〇五年，兩人才離開古馳僅僅一年，福特便說服狄索爾協助自己開創湯姆・福特同名品牌。狄索爾當時說道：「你想創立新品牌？我都已經決定要退休了，我已經累得要死，什麼都不想做啦！」湯姆答道：「你在想什麼，我們必須找點事做才行！」

福特和狄索爾先從販賣香水和眼鏡的通路做起，分別找了雅詩蘭黛和義大利眼鏡製造商 Marcolin 合作。兩人穩健地開始擴展品牌項目，舉凡男裝、系列女裝、美妝以及飾品等等，幾乎涉足了每一種品項。他們估計事業的零售額可達二十億美元，可謂新的時尚精品帝國，旗下還擁有許多直營商店，從紐約到上海等世界各地的城市都設有專櫃。

二〇一〇年，福特在麥迪遜大道上的旗艦店舉辦了一場小型的時裝秀，展示自己的女裝系列設計，還找來碧昂絲、達芙妮・吉尼斯和蘿倫・赫頓等明星擔任模特兒。

狄索爾目前和妻子伊蓮娜居住在他們建於南卡羅萊納海岸的夢幻豪宅，除了與湯姆・福特一同開創的事業外，狄索爾也是蘇富比拍賣行的董事長，同時也在義大利西服商傑尼亞擔任董事。

二〇〇五年，福特創立了自己的製片公司「黑色回歸」，並執導出兩部獲獎電影——第一部獲獎電影《摯愛無盡》於二〇〇九年上映，劇情採自克里斯多福・伊舍伍的小說，由柯林・佛斯及茱莉安・摩爾擔綱演出；而二〇一六年出品的《夜行動物》則是一部風格黑暗的驚悚片，由福特執導並擔任監製，並找來艾美・亞當斯和傑克・葛倫霍領銜主演。福特手上還有兩部電影尚未完成，不過他拒絕透露任何細節，並表示他目前將注意力都放在精品事業上。

二〇〇九年，福特與雜誌編輯蒂娜·布朗討論到他的時尚和電影事業時表示：「大家可能認為我會維持一貫的風格，但實際上我對精品和電影的態度大不相同。假設我的電影事業沒有成功，不知道人們會不會因此對我的設計另眼看待。」

二〇一二年九月二十三日，福特和交往已久的伴侶理查德·伯克利（兩人現已結婚）迎來他們的第一個兒子亞歷山大·約翰·伯克利·福特。福特和伯克利平常稱兒子為傑克，並想方設法地讓傑克免於鎂光燈的紛擾，但福特曾分享過傑克喜歡發光的球鞋和黑色的衣著。福特原先住在洛杉磯的白沙灣住宅區，這棟房產是由享譽盛名的建築師理察·諾伊特拉所建造，福特於二〇一九年以兩千萬美元出售住家，現在福特、伯克利和傑克住在洛杉磯一棟擁有九間臥室的豪宅，這棟豪宅在以三千九百萬美元的價格轉手給福特以前，是由加州名媛貝西·布魯明代爾所有。

二〇一九年六月，福特受到美國時裝設計師學會提名，繼設計師黛安·馮·佛絲登柏格之後接任主席，他上任後的要務就是拯救因新冠肺炎疫情而飽受摧殘的時尚產業。福特與《時尚》雜誌主編安娜·溫特合作，開辦「同線共濟」（A Common Thread）活動，為受到疫情影響的時尚界企業募款，並給他們說出品牌故事的機會；福特個人也發動了好幾項計畫支持近期的「黑命關天」（Black Lives Matter）運動。

## 後福特時代的古馳

二〇〇五年，法蘭索瓦·皮諾的兒子法蘭索瓦—亨利·皮諾正式接管巴黎春天集團，並於二〇一三年將公司更名為開雲集團。在小皮諾的帶領下，集團的經營方向從一般零售業轉向經營奢侈品品牌為主，並在改革的過程中將春天、法雅客等獲利較差的零售商剔除。小皮諾也改變了公司對集團品牌的管理方針，由於湯姆．福特在任時設計師擁有的權力過重，因此小皮諾決定將決策權慢慢交還給古馳和集團內的其他品牌。

也因此湯姆多姆二人組離開古馳後，巴黎春天集團便決定不再找設計明星接任，而是從現有的設計團隊中尋找人選。集團最後任命三名設計師接管古馳的品牌設計，分別是負責飾品設計的芙莉妲．吉安尼、職司女裝的亞歷姍卓．法基內蒂，以及掌管男裝部門的約翰．雷。

然而，由於大眾普遍認為法基內蒂的設計乏善可陳，因此她僅做了兩季便離職，而約翰．雷隨後也因為個人原因辭去工作，到了二〇〇五年，只剩下吉安尼還掛著古馳設計總監的名銜——吉安尼曾在羅馬時裝企業芬迪擔任設計師，她於二〇〇二年以飾品設計師的身分加入古馳，並在福特和狄索爾麾下工作，當時她曾屢次向福特提案想將經典的花卉圖騰以系列手提包的方式重新推出，卻遭到福特拒絕。她在接任總監後將此想法付諸實行，並首次將花卉圖騰運用在男裝系列上，這些復刻系列非常暢銷，但眾多時尚評論家卻不太買單。

二〇〇八年，小皮諾找來帕崔茲奧．狄馬科擔任古馳的執行長，狄馬科是時尚界經驗老到的行政主管，他成功使古馳旗下的義大利皮件品牌寶緹嘉重獲新生，而狄馬科進入古馳後的最大挑戰，就是要在二〇〇八年金融海嘯的肆虐之下，在低迷的精品市場中帶著古馳繼續前進。

狄馬科洋洋灑灑地準備了一百五十頁的企劃書，並與法蘭索瓦－亨利．皮諾在倫敦安排了一場三小時的會面解釋未來的品牌計畫。狄馬科在一場採訪中提到：「整項計畫就只有一個破口，那就是芙莉妲。」

吉安尼早有耳聞狄馬科對她的產品不甚滿意，因此，兩人在吉安尼位於佛羅倫斯辦公室首次會面時，她就已經準備得面面俱到。吉安尼先是帶著約一百八十公分高的狄馬科到一座短腳沙發上坐著，隨後便拿出專案資料，向他展示了自己的設計及對於品牌的願景，兩人從商標、品牌，到精品都無所不談。他們一根接著一根地抽著菸，思維不斷交流碰撞，最後這場會面持續了整整八小時，並再次催生出一個由設計和管理專才組成的古馳團隊。一年後，兩人的情誼在某次到上海出差時迅速升溫，狄馬科說道：「我愛上了芙莉妲，她就是我的真愛。」二〇一三年，吉安尼在古馳秋裝發表會的兩週後生下女兒格蕾塔，並與狄馬科在二〇一五年結為夫妻，由於范倫鐵諾裡有許多設計主管都是吉安尼的好朋友，因此她在婚禮上穿的也是由范倫鐵諾出品的淡粉色婚紗。

事實證明，狄馬科先前對於吉安尼設計的質疑是有先見之明的，吉安尼的時裝秀多年來評價都是毀譽參半，而銷量不錯的花卉系列也沒能獲得時尚媒體的青睞。古馳集團的銷量成長趨緩，就連在精品市場蓬勃發展的中國也是如此，原先瘋搶古馳產品的中國消費者，如今開始轉往那些不以品牌為賣點的商品。雖然古馳的營業額占開雲集團年營收的三分之一，但集團中其他如伊夫·聖羅蘭和寶緹嘉這樣的中小品牌，銷售量的成長幅度都開始超越古馳。

二〇〇九年，《華盛頓郵報》的時尚評論家羅賓·吉芙漢在古馳的春裝系列評論中寫道：「曾經震動時尚界的古馳已風采不再，簡直已成了那種急急忙忙、大肆叫賣手提包和鞋款的二流公司，只為了滿足那些重品牌而不重品味的消費者。」

二〇一四年十二月，開雲宣布將撤換這對執行長和設計總監的組合，《紐約時報》認為這則消息是「自二〇〇四年湯姆·福特和多姆尼科·狄索爾離開古馳以來，最轟動的人事大地震」。小皮諾則表示此次異動是希望能替古馳「帶來新能量」。

狄馬科在佛羅倫斯的員工餐廳與所有人感性道別，全體職員都收到一封多達三千字的親筆書信，狄馬科在信中譴責自己的敵人真是些「可惡的侏儒」。《紐約時報》後來將狄馬科的書信刊出，當中他寫下一句話：「理想的聖殿還沒建成就得離開，這實在非我所願。」

狄馬科於二〇一五年一月一日解職，取而代之的是精品界的老將馬可·畢薩力，他在接任執行長前已是古馳集團旗下時裝及皮件部門的主管。至於吉安尼則暫時留任，並會於二月下旬發表女裝系列後離職。

然而吉安尼卻在一月九日遭到開除，並在警衛的陪同下離開公司大樓，她也因此沒能在二月展示自己最後的系列設計。

所有人都開始在猜測究竟誰會接下古馳的這份誘人工作，部分時尚界新秀也開始嶄露頭角，像是曾任路威酩軒旗下巴黎時裝商紀梵希設計總監的理卡多·提西，或是任職於開雲集團旗下品牌伊夫·聖羅蘭的海迪·斯里曼都在大眾的討論之列。不過小皮諾的決定卻讓時尚界跌破眼鏡，他選任吉安尼的助理設計師亞歷山德羅·米歇爾接任總監，理由是米歇爾展現出的品牌設計理念和學識水平極度優異，小皮諾因此決定放手讓米歇爾試試看。

小皮諾說道：「能向市場展現創意的精品品牌才能在二十一世紀生存，不過能展現創意的不是品牌，而是一顆充滿想像力的心，因為創造力是人類才獨有的特質。」

小皮諾早期在法國商業界的形象就是個多金的花花公子，特別是在他與退役超模琳達・伊凡吉莉絲塔以及演員莎瑪・海耶克分別生下私生子後更是如此。小皮諾與莎瑪結為夫妻後，他才成功扭轉形象，順利將開雲集團轉變為市值高達八百七十億美元的精品集團——開雲於二〇一九年的營收便達到了近一百九十億美元。

芙莉妲被解僱後五天，米歇爾便舉辦了自己的第一場展示會，這場秀與古馳先前的風格大相逕庭，但大膽的嘗試卻擄獲了評論家的心——會場中的一名男模身穿別著女式蝴蝶結的紅色上衣，腳踩休閒風的露趾涼鞋出場，隨後許多女模則穿著各式色彩鮮明的西裝走上舞臺。眾多模特兒也在臺上展示自己滿手的戒指（米歇爾偏愛如此），而接著出場的毛皮襯邊滑扣莫卡辛鞋也在亮相後大賣。當天米歇爾也秀出許多跨越性別的設計，包含一件紅色的透明蕾絲上衣，還有一套領口和袖子都鑲著襯邊的上衣。

二〇一九年十月，《瀟灑》雜誌以「男人味」為主題出刊，並表示：「當年那場秀讓米歇爾躋身時尚界最具煽動力的設計師之流，男裝設計也確實因為米歇爾的出現發生翻天覆地的變化，從當年那些怪異卻唯美的樣式看來，米歇爾近五年種種打破框架的設計也實在不令人意外。」

儘管米歇爾重新讓集團站穩腳步，但古馳仍問題不斷。傳聞指出古馳為了規避義大利的稅負，從二〇一一年到二〇一七年都透過一間瑞士公司轉移公司利潤，也因此驚動義大利稅局單位。二〇一七年末，古馳在米蘭和佛羅倫斯的辦公室都遭到義大利警方搜查，開雲集團最終於二〇一九年五月同意以十二點五億歐元（折算美元約十四億）與稅局達成和解。

## 永誌紀念

二〇〇九年十月，位於佛羅倫斯郊外的巴加札諾市鎮，奧爾多的么兒羅伯托·古馳在山麓間的自宅中過世，享壽七十六歲。

二〇二〇年二月，墨里奇奧時代的創意總監道恩·梅洛於紐約過世，享壽八十八歲。梅洛是當年少數能從零售領域一路高升至領導的女性，她最終成為紐約精品百貨商波道夫·古德曼的董事長，於一九八九年短暫跳槽至古馳並於一九九四年回歸。梅洛的設計帶有一股低調的優雅，《紐約時報》記者露絲·拉芙拉認為她的美學風格「為美國時尚設計的演進翻開新的篇章」。二〇一九年六月，由約翰·帝夫尼替梅洛撰寫的職涯傳記《黎明升起：精品零售女王道恩·梅洛的故事》（*Dawn: The Career of the Legendary Fashion Retailer Dawn Mello*）出版，湯姆·福特在序言中表示：「她極富遠見，從各種面向看來都是領先時代的存在。」

二〇二〇年六月，投資銀行Investcorp創辦人內米爾·柯達逝世於法國昂蒂布，享壽八十三歲。總部位於巴林的Investcorp於一九八〇年代買下古馳的一半股份，並在與墨里奇奧合作後買回他手上的股份，最後推動古馳的掛牌上市。柯達生前領導Investcorp長達三十年，除了投資古馳以外，也主持了精品百貨薩克斯第五大道及蒂芙尼公司等品牌的投資案，直至二〇一九年，Investcorp累積的資產管理規模已超過三百億美元，並在紐約、倫敦和孟買等城市都有辦公處。《華盛頓郵報》則認為柯達是「波斯灣地區的私募基金之父」。

## 一切都很古馳

創辦多年的古馳先盛後衰，最後又東山再起，而古馳家族也從相親相愛到反目成仇，到了最後依舊爭吵不休。古馳這個字不知不覺成了當代語彙使用的一部分，時至今日，「一切都很古馳」即表達一切順利、沒問題以及心安等含意。

一如《華盛頓郵報》的評論家吉芙漢所言：「古馳是個純正的義大利品牌，可以說是時尚的傳奇，一直都能與美好生活、有錢成功、雍容華貴劃上等號。」

自古馳奧・古馳於一九二二年創辦至今，古馳不僅正在歡慶一百週年，且毫無疑問地將繼續在時尚產業屹立不搖。

# 謝辭

許多人願意因為本書而和我分享他們與古馳公司以及古馳家族打交道的經歷，我非常珍惜這些人對我的信任；他們與古馳過從甚密，很感謝他們掏心掏肺地將那些刻骨銘心的情感和難以忘懷的思緒與我分享。促成本書的關鍵人物包含古馳的前執行長多姆尼科・狄索爾以及前設計總監湯姆・福特，福特在一九九八至二〇〇〇間答應接受一系列不間斷的訪問，而古馳的前設計總監道恩・梅洛也花了許多時間在紐約、米蘭和巴黎等地接受我的訪談，描述她在墨里奇奧・古馳身邊工作時的點滴。安德力亞・莫蘭特為書中角色的刻劃，提供了許多背景資訊和入木三分的解析，而Investcorp董事長內米爾・柯達則重新細數了自己轟轟烈烈的過去，以及如何在發展古馳時跟著墨里奇奧一起做夢，並在雙方一起完成夢想的過程中痛苦地承認古馳已然前途渺茫。先前擔任Investcorp高階主管的比爾・法蘭茲也慷慨地分享經驗、獻出時間和介紹人脈，讓我得以接觸到更多的相關人士，他們也用自身的觀點讓Investcorp和古馳的故事更加豐富。現在任職於古馳的瑞克・史旺森先前曾是Investcorp的員工，他利用珍貴的趣聞和具體的事實和數據，生動完整地勾勒出Investcorp與墨里奇奧・古馳之間的故事全貌，古馳的財務長羅伯特・辛格則認為這段歷程是讓古馳人盡皆知的關鍵。還有許多Investcorp的前任主管也幫助了本書的內容，包含保羅・狄米特魯克、羅伯特・葛雷瑟、埃里亞斯・哈陸克、約翰內斯・休斯以及森卡・托克等人。同時，我也得感謝賴瑞・凱斯勒和喬・克羅斯蘭以及他們的團隊。

佛羅倫斯的時尚產業史學家奧羅拉・菲奧倫蒂尼在鉅細靡遺的研究後，一點一滴建立起的古馳檔案庫可謂無價之寶，舉凡從國家檔案庫發掘出的官方檔案，到從顧客身上收集來且具有歷史意義的經典手提包，甚至到地方工匠的銷貼記錄，菲奧倫蒂尼都不吝分享她的研究成果。古馳在世界各地的新聞辦公室也在朱利亞・馬斯拉的帶領下，不亦樂乎地幫我找尋歷史文件、圖像以及統籌大量的採訪時程，同時又不失效率。克勞迪奧・德以諾琴地分享了他對古馳產品端和製作端與眾不同的觀點，而但丁・法拉利則是讓我知曉了過去古馳的運作模式，另外還有許多未出現在書頁間的人們，也都和我訴說了他們獨特的經歷。

我特別感謝羅伯托・古馳，因為儘管在他對家族的記憶中，有許多寧願遺忘也不願回想的故事，但是他仍舊盡全力地配合。喬吉歐・古馳提供了我一些家族企業和他的父親奧爾多的圖像資料，而保羅・古馳的女兒派翠吉亞則解答了我心中的一些疑問。

我曾經請求前往米蘭的聖維托雷監獄採訪派翠吉雅・雷吉亞尼・馬丁內利，雖然義大利監獄官方拒絕了我的請求，但是派翠吉雅仍願意從她的牢房中與我通信，同時她的母親希爾瓦娜也不厭其煩地回答我的提問。寶拉・弗蘭希也幾次邀請我去她家，與她一同追想她與墨里奇奧渡過的那些歲月。

墨里奇奧忠實的助手——某種程度上也像家人般保護他——莉莉安娜・科倫坡和司機路易吉・皮洛瓦諾都是難能可貴的好人，本書中最珍稀的資訊和回憶都是來自於他們。曾嘗試幫助墨里奇奧的律師法比歐・佛朗西尼也樂在其中，他不但分享了準確的資訊，也讓我瞭解熱情的墨里奇奧背後脆弱的一面。塞弗林・溫德曼長達數小時的回憶過程，使我得以將他和奧爾多及其他人的個性刻劃得更加立體，而奧爾多・古馳雇用的第一名公關專家羅根・賓特利・萊斯納則推心置腹地傾述她全部的人生故事和喜怒哀樂。

恩莉卡・皮禮向我述說了她在古馳家族工作超過二十年來最珍藏的回憶，直到現在，她仍與古馳的家族成員關係甚篤。

至於派翠吉雅・雷吉亞尼謀殺罪嫌的調查及審判過程，前任刑警警長菲利浦・寧尼、檢察官卡洛・諾切里諾和賈恩卡洛・陶里亞帝以及雷納托・盧多維奇・薩梅克法官等人都幫助我瞭解了事情的始末，並協助我理解繁複的義大利司法體系，而我的同事兼好友達米安諾・洛維諾則成了我在板凳上聆聽長達數小時的證詞時，不可多得的一名逗趣夥伴。

如果沒有我的經紀人艾倫・萊文和我的編輯貝蒂・凱利這兩名出色的女性看中古馳故事的魅力，這些經驗也不可能集結成冊，他們在一路上的影響及支持都非常寶貴。

我想謝謝我的父母大衛・福登和莎莉・卡森，他們不斷給予我鼓勵，也要感謝我母親在編輯上的諸多建議。同時我也要感謝我的丈夫卡米洛・弗蘭基・斯卡塞利，他促使我跨出寫這本書的第一步並認同我的努力，而我們的女兒茱莉亞也學會了同理我的付出。

我的摯友亞歷山德羅・格拉西幫我準備了如家一般舒適的辦公室讓我寫這本

書，我也要特別感謝世界各地的好友及同事，在我到各座城市採訪時收留我：紐約的艾琳・達斯平和瑪麗娜・盧里；倫敦的安妮和蓋伊・柯林斯、康斯坦絲・克萊因、凱倫・喬伊斯和馬可・弗朗西尼；巴黎的珍妮特・奧扎德、格雷戈里・維斯庫西和佩妮・霍納，也感謝泰麗・阿金斯、麗莎・安德森、斯特凡諾、李安・博托盧西、弗蘭克・布魯克斯、奧瑞莉亞・福特和托馬斯・莫蘭一路上的協助與鼓勵，同時也要謝謝我的助手基亞拉・巴比耶里和瑪西亞・提西奧幫我打下採訪的逐字稿。羅馬的美聯社社長丹尼斯・雷德蒙特和弗朗西斯卡・斯佩里利蒂參議員竭盡全力地安排我與派翠吉雅・雷吉亞尼面談，而人在巴黎的瑪麗・法蘭西・波克納也針對兩名法國商人貝爾納・阿爾諾和法蘭索瓦・皮諾提供了我精闢的見解。感謝我的前雇主帕特里克・麥卡錫及菲雀爾德出版社讓我請假寫書，還要感謝梅利莎・科米托和格洛里亞・斯普里格斯帶我迅速且愉快地瀏覽相關照片及檔案。最後，謝謝我在曼荷蓮學院的恩師們——卡羅琳・科萊特、理查德・約翰遜、馬克・克雷默和瑪麗・楊，我才知道寫作可以是一種生活方式。

## 受訪者

卡羅・巴奇（Carlo Bacci）
阿爾伯塔・貝勒瑞尼（Alberta Ballerini）
大衛・班柏（David Bamber）
希爾瓦娜・巴比里・雷吉亞尼（Silvana Barbieri Reggiani）
塞爾焦・巴西（Sergio Bassi）

奧雷里亞諾・貝內代蒂（Aureliano Benedetti）
羅根・賓特利・萊斯納（Logan Bentley Lessona）
帕吉歐・貝爾特利（Patrizio Bertelli）
卡爾洛・博尼尼（Carlo Bonini）
喬治・波娃（George Borababy）
阿曼多・布契尼（Armando Branchini）
卡羅・布魯諾（Carlo Bruno）
理查德・伯克利（Richard Buckley）
蘿柏塔・卡索（Roberta Cassol）
莉塔・奇米諾（Rita Cimino）
莉莉安娜・科倫坡（Liliana Colombo）
奧爾多・科波拉（Aldo Coppola）
彼拉爾・克雷斯皮（Pilar Crespi）
恩里柯・庫奇亞尼（Enrico Cucchiani）
安東涅塔・古莫（Antonietta Cuomo）
維托里奧・戴亞羅（Vittorio D’ Aiello）
吉安尼・德多拉（Gianni Dedola）
克勞迪奧・德以諾琴地（Claudio Degl’ Innocenti）
拉斐爾・德拉・瓦萊（Rafaelle Della Valle）
多姆尼科・狄索爾（Domenico De Sole）

保羅・狄米特魯克（Paul Dimitruk）
麗莎・法特蘭（Lisa Fatland）
弗朗哥・菲拉莫斯卡（Franco Fieramosca）
奧羅拉・菲奧倫蒂尼（Aurora Fiorentini）
史蒂芬妮雅・佛羅倫薩（Stefania Fiorentini）
但丁・法拉利（Dante Ferrari）
妮可・菲舍利斯（Nicole Fischelis）
威廉・法蘭茲（William Flanz）
湯姆・福特（Tom Ford）
寶拉・弗蘭希（Paola Franchi）
法比歐・佛朗西尼（Fabio Franchini）
卡曼・蓋洛（Carmine Gallo）
佛朗西斯科・吉塔迪（Francesco Gittardi）
鮑伯・葛雷瑟（Bob Glaser）
皮耶・戈德（Pierre Godé）
喬吉歐・古馳（Giorgio Gucci）
古馳奧・古馳（Guccio Gucci）
派翠吉亞・古馳（Patrizia Gucci）
羅伯托・古馳（Roberto Gucci）
奧莉塔・古馳（Orietta Gucci）

袴着純一（Junichi Hakamaki）
埃里亞斯・哈陸克（Elias Hallak）
約翰內斯・休斯（Johannes Huth）
瓊・堪納（Joan Kaner）
克萊爾・肯特（Claire Kent）
內米爾・柯達（Nemir Kirdar）
李察・林伯臣（Richard Lambertson）
康塞塔・蘭僑（Concietta Lanciaux）
伊蓮娜・勒維特（Eleanore Leavitt）
卡洛・馬格洛（Carlo Magello）
塞德里克・梅諾利亞（Cedric Magnelia）
瑪麗亞・曼妮蒂・法羅（Maria Manetti Farrow）
馬利奧・馬賽提（Mario Massetti）
道恩・梅洛（Dawn Mello）
蘇西・曼奇斯（Suzy Menkes）
南多・米利奧（Nando Miglio）
安德力亞・莫蘭特（Andrea Morante）
阿爾貝托・莫莉妮（Alberto Morini）
菲利浦・寧尼（Filippo Ninni）
卡洛・諾切里諾（Carlo Nocerino）

朱塞佩・奧諾拉托（Giuseppe Onorato）
卡洛・奧爾西（Carlo Orsi）
路易・帕加諾（Luigi Pagano）
蓋塔諾・派雷拉（Gaetano Pecorella）
安妮塔・彭索蒂（Anita Pensotti）
吉安・維托里奧・皮隆（Gian Vittorio Pilone）
弗蘭卡・平佐坦（Franca Pinzauti）
恩莉卡・皮禮（Enrica Pirri）
蓋爾・皮薩諾（Gail Pisano）
路易吉・皮洛瓦諾（Luigi Pirovano）
卡拉梅洛・皮斯托內（Carmello Pistone）
瑪莉法蘭斯・波契納（Marie-France Pochna）
派翠吉雅・雷吉亞尼・馬丁內利（Patrizia Reggiani Martinelli）
但丁・拉扎諾（Dante Razzano）
雷納多・里奇（Renato Ricci）
雷納托・盧多維奇・薩梅克（Renato Lodovici Samek）
佛朗哥・薩沃雷利（Franco Savorelli）
羅伯特・辛格（Robert Singer）
香朵・斯賓斯卡（Chantal Skibinska）
艾咪・史賓德（Amy Spindler）

約翰・斯托津斯基（John Studzinski）
克里斯蒂娜・舒伯特（Cristina Subert）
瑞克・史旺森（Rick Swanson）
波特・坦斯基（Burt Tansky）
薩爾沃・特斯塔（Salvo Testa）
賈恩卡洛・陶里亞帝（Giancarlo Togliatti）
森卡・托克（Sencar Toker）
皮特洛・特拉伊尼（Pietro Traini）
保羅・特羅菲諾（Paolo Trofino）
艾倫・塔托（Allan Tuttle）
佛朗哥・烏杰裡（Franco Uggeri）
多米尼加・凡南地（Dominique Vananty）
賽吉・懷恩伯格（Serge Weinberg）
塞弗林・溫德曼（Severin Wunderman）
麥可・薩烏伊（Michael Zaoui）

# 參考書目與筆記

## 史實重建

我透過公開的第一手資料重建環繞古馳家族的對話及事件，考察當事人對事件的直接記憶，或對當時周遭言論的回憶；人物的內在想法全出自當事人的親友或其他可靠的記錄，同時我也詳查了當時的情境及當事人的心境；許多段年代不太久遠的生動對話均是我與當事人對談時所記錄。

## 歷史背景

為了如實重現古馳家族與事業的過往，我不只參考了兩本書和許多新聞，也與古馳家族的成員、古馳集團現職及過往雇員，以及專家學者再三考證。多數有關古馳奧・古馳早年的事蹟都取自傑拉德・麥奈特所著的《古馳：分裂的家族》（*Gucci: A House Divided*），由西奇維克與傑克森出版社於一九八七年於倫敦出版，並由唐納・凡音出版社於紐約同年出版。另一本義大利作品《最後的古馳》（*L'Ultimo dei Gucci*）同樣提供許多有用的資料，該書於一九九七年時由米蘭的馬可・特羅佩亞出版社出版，作者為安傑洛・佩戈里尼和墨里奇奧・托爾托雷拉。而魯道夫・古馳的個人記錄片《我生命中的電影》則留下許多古馳家族的寶貴歷史時刻，該片由魯道夫・古馳親自指導及製作，現保存於羅馬奇尼奇塔。

時尚史學家奧羅拉・菲奧倫蒂尼在重建古馳舊檔方面功不可沒，她發現了許多關鍵資料，包括於佛羅倫斯商會找到足以證實古馳最初創建的文件。此前的公司傳記和新聞報導都記載古馳早成立於一九〇八年左右，隨著公司不斷壯大，原為個人獨資企業的古馳，便因奧爾多、烏戈和巴斯克首次合夥而於一九三九年變更為家族企業。隨後烏戈在奧爾多堅持下出售了手中的股份，魯道夫因而得以加入合夥。公司於戰後變更為義大利有限公司，因為相較於股份公司，規模較小的有限公司對資本額的要求較低且呈報的彈性也較大，直到一九八二年才變更為股份公司。至於早期於佛羅倫斯經營的相關資料則記載於義大利佛羅倫斯工會於一九九五年十一月出版的《佛羅倫斯的歷史商店》（*I Negozi Storici a Firenze*）。

佛羅倫斯帕里昂路及新葡萄園路的兩間古馳店鋪的確切開業日期、開店順序及地址都已查無資訊，羅伯托・古馳記得第一間店是開在帕里昂路上，幾年後才在新葡萄園路上開了第二間店；然而菲奧倫蒂尼卻表示，至關重要的首間古馳店鋪應是位於新葡萄園路七號，隨後遷店多次，最後才落腳於四十七到四十九號，也就是現在范倫鐵諾與亞曼尼精品店的所在位置，而於帕里昂路上的應只是古馳家族早期開業不久時的一間小工廠。古馳於康多堤大道的羅馬分店直至一九六一年才遷移至如今所在的康多堤大道八號。

## 派翠吉雅・雷吉亞尼・馬丁內利

派翠吉雅的故事多數擷取自我與派翠吉雅・雷吉亞尼私下通信的內容，同時我也多次訪談希爾瓦娜・雷吉亞尼、派翠吉雅和墨里奇奧的共同友人，以及莉莉安娜・科倫坡——莉莉安娜・科倫坡為墨里奇奧生前的祕書，並在墨里奇奧死後擔任派翠吉雅的私人助理。派翠吉雅受審時應法官雷納托・薩梅克要求提供的精神鑑定報告也刻劃了她的童年，因為派翠吉雅曾數次向精神病醫生提及。一九九八年三月二十五日和二十八日的義大利日報曾刊登派翠吉雅撰寫的《古馳間的對決》手稿片段，內容講述她與古馳家族的互動，手稿雖廣為流傳於義大利出版社之間，卻從未出版。

### 保羅數案

保羅數案在華盛頓特區派博律師事務所的一份內部簡報中一目瞭然，喬治・波娃協助查找了每起案件的關鍵問題的相關資料，而公開的法院判決書中也有許多保羅數案的資料。

### 公司財務和經營歷史

Investcorp 內部於一九九一年針對古馳發表了「詳盡的備忘錄」，裡頭詳盡地記錄了公司背景、時程與圖表，古馳於一九九一年至一九九五年最完整的財務及商業資訊則全收錄於古馳於一九九五年首次募股和一九九六年再次發行的公開說明書中。

### 參考書目與其他資料來源

Lisa Anderson,"Born-again Status: Dawn Mello Brings Back Passion and Prestige to the Crumbling House of Gucci,"*Chicago Tribune*, January 15, 1992, 7:5.

Lisa Armstrong,"The High-Class Match-Maker,"*The Times,* April 12, 1999.
Judy Bachrach,"A Gucci Knockoff,"*Vanity Fair,* July 1995, pp.78–128.
Isadore Barmash,"Gucci Shops Spread Amid a Family Image,"*The New York Times,* April 19, 1971, 57:4, p.59.
Amy Barrett,"Fashion Model: Gucci Revival Sets Standard in Managing Trend-Heavy Sector,"*The Wall Street Journal,* August 25, 1997, p.1.
Logan Bentley,"Aldo Gucci: The Mark That Made Gucci Millions,"*Signature,* February 1971, p.50.
Nancy Marx Better,"A New Dawn for Gucci,"*Manhattan Inc.,* March 1990, pp.76–83.
Katherine Betts,"Ford in Gear,"*Vogue,* March 1999.
Nan Birmingham,"The Gift Bearers: Merchant Aldo Gucci,"*Town & Country,* December 1977.
Carlo Bonini,"I Segreti dei Gucci,"*Sette,* no.45, 1998, p.22.
"Brand Builder: How Domenico De Sole Turned Gucci into a Takeover Play,"*Forbes Global,* February 8, 1999.
Holly Brandon,"G Force,"*GQ,* February, 2000, p.138.
Holly Brubach,"And Luxury for All,"*The New York Times Magazine,* July 12, 1998.
Brian Burroughs,"Gucci and Goliath,"*Vanity Fair,* July 1999.
Marian Christy,"The Guru of Gucci,"*The Boston Globe,* May 19, 1984,"Living,"p.7.
Ron Cohen,"Retailing Is an Art at New Gucci 5th Ave. Unit,"*Women's Wear Daily,* June 2, 1980, p.23.

Glynis Costin,"Dawn Mello: Revamping Gucci,"*Women's Wear Daily,* May 29, 1992, p.2.

Ann Crittenden,"Knock-Offs Aside, Gucci's Blooming,"*The New York Times,* June 25, 1978, III, 1:5.

Spencer Davidson,"Design,"*Avenue,* October 1980, pp.99–101.

Ian Dear,"200 Years of Yachting History,"*Camper & Nicholson's Ltd.1782–1982,* as reprinted in *Yachting Monthly,* August 1982.

Denise Demong,"Gucci: The Poetic Approach to Business,"*Women's Wear Daily,* December 22, 1972, p.1.

E. J. Dionne,"Repairing the House of Gucci,"*The New York Times,* August 11, 1985, III, 5:1.

Carrie Donovan,"Fashion's Leading Edge: Bergdorf Goodman, Resplendent in Crystal and Cloaked with Tradition, Strikes a New and Unexpected Pose as the Fashionable Women's Mecca,"*The New York Times Magazine,* September 14, 1986, p.103.

Hebe Dorsey,"Gucci Seeking a New Image,"*International Herald Tribune,* October 21, 1982, p.7.

—— ,"Gucci Puts an Even Better Foot Forward— in New Moccasin,"*International Herald Tribune,* July 26, 1968, p.6.

Victoria Everett,"Move over Dallas: Behind the Glittering Facade, a Family Feud Rocks the House of Gucci,"*People,* September 6, 1982, pp.36–38.

Camilla Fiorina,"Sergio Bassi,"*YD Yacht Design* by Yacht Capital, December 1988, pp. 82–86.

Bridget Foley,"Gucci's Mod Age,"*W,* May 1995, p.106.

—— ,"Ford Drives,"*W,* August, 1996, p.162.

Sara Gay Forden,"Gucci Is Expecting Break-Even Results Despite Sales Drop,"*The Wall Street Journal,* November, 14, 1991, second section, p.2.

—— ,"Banks Putting Big Squeeze on Gucci Chief,"*Women's Wear Daily,* April 26, 1993, p.1.

—— ,"Gucci Denies Financial Straits,"*Women's Wear Daily,* April 27, 1993, p.2.

—— ,"Bringing Back Gucci,"*Women's Wear Daily,* December 12, 1994, p.24.

—— ,"Gucci on Wall Street: Launching Pad for Worldwide Growth,"*Women's Wear Daily,* November 2, 1995, p.11.

—— ,"Gucci's Turnaround: From the Precipice to the Peak in 3 Years,"*Women's Wear Daily,* May 2, 1996, p.1.

—— ,"Prada Using Star Status to Expand on the Global Stage,"*Women's Wear Daily,* February 15, 1996, p.1.

Robin Givhan,"Gucci's Strong Suit,"*The Washington Post,* May 5, 1999, C1.

Lauren Goldstein,"Prada Goes Shopping,"*Fortune,* September 27, 1999, pp.83–85.

Adriana Grassi,"The Gucci Look,"*Footwear News,* April 28, 1966.

Robert Heller,"Gucci's $4 Billion Man,"*Forbes Global,* February 8, 1999, pp.36–39.

Lynn Hirschberg,"Next. Next. What's Next?"*The New York Times Magazine,* April 7, 1996, pp.22–25.

Thomas Kamm,"Art of the Deal: François Pinault Snatches Away Gucci from Rival LVMH,"*The Wall Street Journal,* March 2, 1999, p.1.

Sarah Laurenedie,"Le Grand Seigneur,"*W,* January 2000.

Suzy Menkes,"Fashion's Shiniest Trophy, Gucci Buys House of YSL for ＄1 Billion,"*International Herald Tribune,* November 16, 1999, p.1.

Russell Miller,"Gucci Coup,"*The Sunday Times,* p.16.

Sarah Mower,"Give Me Gucci,"*Harper's Bazaar,* May 1995, p.142.

John Rossant,"At Gucci, *La Vita* Is No Longer So *Dolce,"Business Week,* November 23, 1992, p.60.

Barbara Rudolph,"Makeover in Milan,"*Time,* December 3, 1990, p.56.

Galeazzo Santini,"Come Salire al Trono di Famiglia,"*Capital,* December 1982, pp.12–20.

Eugenia Sheppard,"Sporting the Gucci Look,"*International Herald Tribune,* July 25, 1969, p.12.

Mimi Sheraton,"The Rudest Store in New York,"*New York,* November 10, 1975, pp.44–47.

Michael Shnayerson,"The Ford That Drives Gucci,"*Vanity Fair,* March 1998, pp.136–52.

Amy Spindler"A Retreat from Retro Glamour,"*The New York Times,* March 7, 1995, p.B9.

Angela Taylor,"But at Gucci You'd Think People Had Money to Burn,"*The New York Times,* December 21, 1974, 12:1.

Lucia van der Post,"Is This the Most Delicious Man in the World?"*How to Spend It, The Financial Times,* issue 35, April 1999, p.6.

Constance C. R. White,"Patterns: How LVMH May Make Its Presence Felt at Gucci, Now That It Controls 34.4% of the Stock,"*The New York Times,* January 26, 1999, fashion section, p.1.

Teri Agins. *The End of Fashion: The Mass Marketing of the Clothing Business.* New York: William Morrow and Company, Inc., 1999.

Salvatore Ferragamo. *Salvatore Ferragamo, Shoemaker of Dreams.* Florence: Centro Della Edifini Srl., 1985 (from original publication, 1957).

Nadège Forestier and Nazanine Ravai. *Bernard Arnault: Ou le gout du Pouvoir.* Paris: Olivier Orban, 1990.

Gerald McKnight. *Gucci: A House Divided.* London: Sidgwick & Jackson, 1987, and New York: Donald I. Fine, Inc., 1987.

Angelo Pergolini and Maurizio Tortorella. *L'Ultimo dei Gucci: Splendori e Miserie di una Grande Famiglia Fiorentina.* Milan: Marco Tropea Editore, 1997.

Marie-France Pochna. *Christian Dior.* New York: Arcade Publishing, 1996.

Stefania Ricci."Firenze Anni Cinquanta: Nasce La Moda Italiana,"in *La Stanza delle Meraviglie: L'Arte del Commercio a Firenze dagli sporti medioevali al negozio virtuale.* Florence: Le Lettere, 1998, pp.78–87.

Hugh Sebag-Montefiore. *Kings of the Catwalk: The Louis Vuitton and Moët Hennessy Affair.* London: Chapman, 1992.

Britain's Channel Five documentary produced by Studio Zeta: *Fashion Victim: The Last of the Guccis,* November 1998.

Charlie Rose, PBS, interview with Tom Ford on December 28, 1999.

# 中英詞彙對照表

| | |
|---|---|
| *60 Minutes* | 《60 分鐘時事雜誌》 |

## A

| | |
|---|---|
| A&W Root Beer | 艾德熊麥根沙士 |
| *A Single Man* | 《摯愛無盡》 |
| Acapulco | 阿卡普科 |
| Adele Fendi | 阿黛勒・芬迪 |
| Adriana | 阿德瑞娜 |
| Aga Khan | 阿迦汗 |
| Agatha Christie | 阿嘉莎・克莉絲蒂 |
| Aida Calvelli | 艾伊妲・卡爾維利 |
| Alan Cleaver | 艾倫・克利弗 |
| Alber Elbaz | 阿爾伯・艾波尼茲 |
| Albergo Londres et Suisse | 德朗德瑞斯酒店 |
| Alberta Ballerini | 阿爾伯塔・貝勒瑞尼 |
| Alberto Morini | 阿爾貝托・莫莉妮 |
| Alda Rizzi | 阿爾達・里齊 |
| Aldo Coppola | 奧爾多　科波拉 |
| Aldo Gucci | 奧爾多・古馳 |
| Alessandra Facchinetti | 亞歷姍卓・法基內蒂 |
| Alessandra Gucci | 亞歷珊卓・古馳 |
| Alessandra Winklehaussen | 亞歷珊卓・溫克豪森 |
| Alessandro | 亞利山卓 |
| Alessandro Grassi | 亞歷山德羅・格拉西 |
| Alessandro Michele | 亞歷山德羅・米歇爾 |
| Alessi | 艾烈希 |
| Alexander Cochran | 亞歷山大・考區朗 |
| Alexander John Buckley Ford | 亞歷山大・約翰・伯克利・福特 |

| | |
|---|---|
| Alexander McQueen | 亞歷山大・麥昆 |
| Alexis Barthelay | 艾力士・百特麗 |
| Alfa Romeo | 愛快羅密歐 |
| Allan Tuttle | 艾倫・塔托 |
| Allegra | 阿萊格拉 |
| Alta Moda | 艾塔莫達時裝秀 |
| Alyssa | 艾麗莎 |
| Ambasciatori movie house | 安巴夏特利電影院 |
| Amber Valletta | 琥珀・瓦萊塔 |
| Amstel Hotel | 阿姆斯特爾飯店 |
| Amy Spindler | 艾咪・史賓德 |
| Andrea Morante | 安德力亞・莫蘭特 |
| Andrew | 安德魯 |
| Andy Warhol | 安迪・沃荷 |
| Angelo Epaminonda | 安傑洛・伊巴明諾達斯 |
| Angelo Pergolini | 安傑洛・佩戈里尼 |
| Anglo American Manufacturing Research | 英美開發研究公司 |
| Anita Pensotti | 安妮塔・彭索蒂 |
| *Anna Karenina* | 《安娜・卡列尼娜》 |
| Anna Magnani | 安娜・麥蘭妮 |
| Anna Oxa | 安娜・奧克薩 |
| Anna Sui | 安娜・蘇 |
| Anne and Guy Collins | 安妮和蓋伊・柯林斯 |
| Annibale Viscomi | 漢尼拔・維斯科米 |
| Anthony R. Conti | 安東尼・R・康帝 |
| Antinori | 安蒂諾里家族 |
| Anton Mosimann | 安東・莫希曼 |
| Antonello Bucciol | 安東內洛・布切 |
| Antonietta Cuomo | 安東涅塔・古莫 |
| Apennine | 亞平寧山脈 |
| Aristotle Onassis | 亞里斯多德歐・納西斯 |
| Armando Branchini | 阿曼多・布契尼 |
| Arnold J. Ziegel | 阿諾・J・齊格爾 |
| Art Leshin | 亞特・勒辛 |
| ascending rooms | 上升房間 |
| *Auntie Mame* | 《歡樂梅姑》 |

| | |
|---|---|
| Aurelia Forden | 奧瑞莉亞・福特 |
| Aureliano Benedetti | 奧雷里亞諾・貝內代蒂 |
| Aurora Fiorentini | 奧羅拉・菲奧倫蒂尼 |
| Avon Products, Inc | 雅芳集團 |

# B

| | |
|---|---|
| B. Altman & Company | 班・奧特曼百貨 |
| Bagno del Covo | 科沃公共澡堂 |
| Bahrain Holiday Inn | 巴林智選假日飯店 |
| Balenciaga | 巴黎世家 |
| Balmain | 寶曼 |
| Barbara Alberti | 芭芭拉・阿爾貝蒂 |
| Barney’s | 巴尼斯百貨 |
| Baron Levi | 利維男爵 |
| Barry Goldwater | 貝利・高華德 |
| Barry Schwartz | 貝利・施瓦茲 |
| Bartolini Salimbeni | 巴托利尼 - 薩林貝尼家族 |
| Basile | 巴吉雷 |
| Bebel’s | 貝貝爾餐館 |
| Benedetto Ceraulo | 班奈狄托・塞勞洛 |
| Benetton | 班尼頓 |
| Benito Mussolini | 貝尼托・墨索里尼 |
| Beppe Diana | 畢普・戴安娜 |
| Bergdorf Goodman Inc. | 波道夫・古德曼百貨 |
| Bernard Arnault | 貝爾納・阿爾諾 |
| Bettc Davis | 貝蒂・黛維斯 |
| Betty Dorso | 貝蒂・多爾索 |
| Betty Kelly | 貝蒂・凱利 |
| Beverly Sills | 貝弗利・希爾斯 |
| Bloomingdale’s | 布魯明戴爾百貨公司 |
| Blort | 布洛特 |
| Bice | 貝切餐館 |
| Biedermeier | 畢德麥雅風格 |
| Bill Blass | 比爾・布拉斯 |
| Bill Flanz | 比爾・法蘭茲 |

| | |
|---|---|
| Bill McGurn | 比爾·麥格恩 |
| Biuzzi | 波茲 |
| Bob Glaser | 鮑伯·葛雷瑟 |
| Bob Singer | 鮑伯·辛格 |
| Bob Krieger | 鮑伯·克瑞格 |
| Bologna | 博洛尼亞 |
| Bonwit Teller | 邦威特·特勒百貨 |
| Borelli | 博雷利 |
| Boucheron | 寶詩龍 |
| Boussac | 布薩克 |
| Braghetta | 布拉吉塔 |
| Brenda Azario | 布蘭達·阿扎里 |
| Breguet | 寶璣 |
| Brianza | 布里安札 |
| Bruna Palumbo | 布魯娜·帕倫博 |
| Buitoni | 堡康利 |
| Bulgari | 寶格麗 |
| Burt Tansky | 波特·坦斯基 |
| Byblos | 畢伯勞斯 |

## C

| | |
|---|---|
| Caffè Giacosa | 賈可薩咖啡廳 |
| Caffè Greco | 古希臘咖啡館 |
| Calabria | 卡拉布里亞區 |
| *California Suite* | 《加州套房》 |
| Callaghan | 卡拉漢 |
| Calvin Klein | 卡爾文·克雷恩 |
| Camillo Franchi Scarselli | 卡米洛·弗蘭基·斯卡塞利 |
| Carmen Kass | 卡門·凱斯 |
| Camper & Nicholson | 坎伯與尼可森 |
| *Capital* | 《資本雜誌》 |
| Capri | 卡布里島 |
| Capucci | 卡普奇 |
| Carla Fendi | 卡拉·芬迪 |
| Carlo Bacci | 卡羅·巴奇 |

| | |
|---|---|
| Carlo Bonini | 卡爾洛　博尼尼 |
| Carlo Bruno | 卡羅·布魯諾 |
| Carlo Buora | 卡洛·布奧拉 |
| Carlo Collenghi | 卡洛·科倫吉 |
| Carlo Magello | 卡洛·馬格洛 |
| Carlo Nocerino | 卡洛·諾切里諾 |
| Carlo Orsi | 卡洛·奧爾西 |
| Carlo Sganzini | 卡羅·斯甘齊尼 |
| Carol Alt | 卡洛·艾德 |
| Caroline Collette | 卡羅琳·科萊特 |
| Carmello Pistone | 卡拉梅洛·皮斯托內 |
| Carmine Gallo | 卡曼·蓋洛 |
| Carter Hawley Hale | 卡特·霍利·霍爾 |
| Cartier | 卡地亞 |
| Cassano d'Adda | 阿達河畔卡薩諾 |
| Casteldaccia | 卡斯泰爾達恰鎮 |
| Cathy Hardwick | 凱西·哈德威克 |
| Cattani | 卡坦尼家族 |
| Cedric Magnelia | 塞德里克·梅諾利亞 |
| Ceil Chapman | 塞爾·查普曼 |
| Cem Cesmig | 賽姆·切斯米 |
| Cesare Ragazzi | 西薩·雷瑞加茲 |
| Chanel | 香奈兒 |
| Chantal Skibinska | 香朵·斯賓斯卡 |
| Charles de Gaulle | 戴高樂 |
| Charles Revson | 查爾斯·雷夫森 |
| Charly | 查利 |
| Chase Manhattan | 大通銀行 |
| Chaumet Paris | 尚美巴黎 |
| Château d'Yquem | 伊更堡 |
| Chiara Barbieri | 基亞拉·巴比耶里 |
| Chicca Olivetti | 基卡·奧利維蒂 |
| Chloé | 蔻依 |
| Choichiro Motoyama | 石垣山本 |
| Christian Dior | 克里斯汀·迪奧 |
| Christian Lacroix | 克里斯汀·拉克魯瓦 |

| | |
|---|---|
| Christie's | 佳士得 |
| Chiana Valley | 琪雅納谷地 |
| Cinema Manzoni | 曼佐尼劇院 |
| Cirò | 奇羅小鎮 |
| Cinzano | 琴夏洛 |
| Claire Kent | 克萊爾・肯特 |
| Claire McCardell | 克萊爾・麥卡狄爾 |
| Clara Petacci | 克拉拉・貝塔奇 |
| Clark Gable | 克拉克・蓋伯 |
| Claudio Degl'Innocenti | 克勞迪奧・德以諾琴地 |
| Cleary, Gottlieb, Steen & Hamilton | 佳利律師事務所 |
| Club dei Giardini | 賈丁尼俱樂部 |
| Commissione Nazionale per le Società e la Borsa | 國家公司和證券交易所委員會 |
| Concetta Lanciaux | 康塞塔・蘭僑 |
| Constance Klein | 康斯坦絲・克萊因 |
| Converse | 框威鞋業 |
| *Corriere della Sera* | 《晚郵報》 |
| Corso Matteotti | 馬特歐堤大道 |
| Corso Monforte | 蒙佛提街 |
| Cosimo | 卡西莫 |
| Cosimo Auletta | 科西莫・奧列塔 |
| Cristina Subert | 克里斯蒂娜・舒伯特 |
| Cuneo | 庫尼奧省 |
| Curzio Malaparte | 庫爾齊奧・馬拉帕特 |

## D

| | |
|---|---|
| *Daily News* | 《紐約每日新聞》 |
| Damiano Iovino | 達米安諾・洛維諾 |
| *Damned Tuscans* | 《該死的托斯卡尼人》 |
| Dane Hall | 戴恩樓 |
| Dante Ferrari | 但丁・法拉利 |
| Dante Razzano | 但丁・拉扎諾 |
| Daphne Guinness | 達芙妮・吉尼斯 |
| Dawn Mello | 道恩・梅洛 |
| David Bamber | 大衛・班柏 |

| | |
|---|---|
| David Cameron | 大衛・柯麥隆 |
| David Forden | 大衛・福登 |
| David Rockefeller | 大衛・洛克費勒 |
| David Yoffie | 大衛・約菲 |
| De Chirico | 德・奇里訶 |
| *Death on the Nile* | 《尼羅河謀殺案》 |
| Delfo Zorzi | 德爾福・佐爾齊 |
| Denis Le Cordeur | 丹尼斯・勒・科迪爾 |
| Dennis Redmont | 丹尼斯・雷德蒙特 |
| Diageo | 帝亞吉歐 |
| Diana Vreeland | 黛安娜・佛里蘭 |
| Dolce & Gabbana | 杜嘉班納 |
| Dom Perignon | 香檳王 |
| Domenico De Sole | 多姆尼科・狄索爾 |
| Domenico Salvemini | 多姆尼科・薩爾威米尼 |
| Dominique Vananty | 多米尼加・凡南地 |
| Domitilla | 多米蒂拉 |
| Don Giovanni | 唐・喬凡尼 |
| Don Mariano Merlo | 唐・馬里亞諾・梅洛 |
| Don Pasquale | 唐・帕斯夸勒 |
| Donald I. Fine | 唐納・凡音出版社 |
| Donatella Versace | 唐娜泰拉・凡賽斯 |
| Dorchester Hotel | 多徹斯特酒店 |
| Drusilla Cafferelli | 德魯席拉・卡法雷莉 |
| Dukes London | 公爵酒店 |
| *Dynasty* | 《朝代》 |

# E

| | |
|---|---|
| Edward Stern | 愛德華・司澄 |
| Edwin Goodman | 愛德溫・古德曼 |
| Eileen Daspin | 艾琳・達斯平 |
| Eleanor Roosevelt | 艾蓮納・羅斯福 |
| Eleanore Leavitt | 伊蓮娜・勒維特 |
| Elena | 艾琳娜 |
| Elias Hallak | 埃里亞斯・哈陸克 |

| | |
|---|---|
| Elizabeth Hurley | 伊莉莎白・赫莉 |
| Elizabeth Taylor | 伊莉莎白・泰勒 |
| Ellen Levine | 艾倫・萊文 |
| Emanuel Ungaro | 伊曼紐爾・溫家羅 |
| Emerald Coast | 翡翠海岸 |
| Emilia-Romagna region | 艾米利亞和羅馬涅區 |
| Emilio Pucci | 艾米里歐・璞琪 |
| Engadine valley | 恩嘎丁山谷 |
| Enrica Pirri | 恩莉卡・皮禮 |
| Enrico Caruso | 恩里科・卡羅素 |
| Enrico Cucci | 恩里柯・庫奇 |
| Enrico Cucchiani | 恩里柯・庫奇亞尼 |
| Enzo | 恩佐 |
| Enzo Stancato | 恩佐・史坦卡托 |
| Eugenia | 尤吉妮亞 |
| Eugenia Sheppard | 尤珍妮亞・謝帕德 |
| Extra Beat | 多拍號 |
| *Eye* | 《眼球》 |

# F

| | |
|---|---|
| Fabio Franchini | 法比歐・佛朗西尼 |
| Fabio Simonato | 法比奧・西蒙納托 |
| Fade to Black Productions | 黑色回歸製片公司 |
| Fairchild Publications | 菲雀爾德出版社 |
| FNAC | 法雅客 |
| Farrah Fawcett | 法拉・佛西 |
| Fasci di Combattimento | 法西斯戰鬥團 |
| Federated Department Stores | 美國聯合百貨公司 |
| Felice Paolo Isnardi | 費禮斯・保羅・伊斯納迪 |
| Fellini | 費里尼 |
| Fendi | 芬迪 |
| Fernando Reggiani | 佛南多・雷吉亞尼 |
| Fernando Sergio | 費南多・塞吉歐 |
| Ferragamo | 費拉格慕 |
| Fiat | 飛雅特 |

| | |
|---|---|
| Fiat Cinquecento | 飛雅特五〇〇 |
| Fifi D'Orsay | 菲菲・多爾賽 |
| Filippo | 菲利波 |
| Filippo Argenti | 菲利浦・阿根蒂 |
| Filippo Ninni | 菲利浦・寧尼 |
| Fiorio | 菲羅 |
| *Finalmente Soli* | 《最後一個人》 |
| *Financial Times* | 《金融時報》 |
| Firestone | 泛世通公司 |
| Flavio Scala | 佛拉維奧・史卡拉 |
| Florence Chamber of Commerce | 佛羅倫斯商會 |
| folletto rosso | 紅精靈 |
| Fordham University | 福坦莫大學 |
| Foro Bonaparte | 波拿巴特廣場 |
| Franco Uggeri | 佛朗哥・烏杰裡 |
| François Mitterrand | 法蘭索瓦・密特朗 |
| François Pinault | 法蘭索瓦・皮諾 |
| Francesca Scopelliti | 弗朗西斯卡・斯佩里利蒂 |
| Francesco | 佛朗西斯科 |
| Francesco de' Medici | 法蘭西斯科一世・德・麥地奇 |
| Francesco de'Nerli | 佛朗西斯科・納里 |
| Francesco Gittardi | 佛朗西斯科・吉塔迪 |
| Franca Pinzauti | 弗蘭卡・平佐坦 |
| Franco Fieramosca | 弗朗哥　菲拉莫斯卡 |
| Franco Savorelli | 佛朗哥・薩沃雷利 |
| Franco Solari | 法蘭科・索拉利 |
| Francois-Henri Pinault | 法蘭索瓦－亨利・皮諾 |
| Frank Brooks | 弗蘭克・布魯克斯 |
| Frank Dugan | 法蘭克・杜甘 |
| Frank Sinatra | 法蘭克・辛納屈 |
| Franzi | 弗蘭西 |
| Frette | 弗雷特 |
| Frida | 芙莉達 |
| Frida Giannini | 芙莉妲・吉安尼 |

# G

| | |
|---|---|
| Carpanese | 加百列・卡爾帕內塞 |
| a Forte | 凱碧歐拉・福特 |
| lle | 加布里埃爾 |
| no Pecorella | 蓋塔諾・派雷拉 |
| Pisano | 蓋爾・皮薩諾 |
| tzine | 葛拉辛 |
| lleria Passarella | 帕薩瑞拉精品街 |
| alleria Vittorio Emanuele | 埃馬努埃萊二世拱廊 |
| Gauguin | 高更 |
| Gemma | 蓋瑪 |
| Genny SpA | 珍妮集團 |
| Geoffrey Beene | 杰弗里・比尼 |
| George Borababy | 喬治　波娃 |
| George Hamilton | 喬治・漢彌爾頓 |
| Georgetown | 喬治城 |
| Gerald McNight | 傑拉德・麥奈特 |
| Gerani family | 杰拉尼家族 |
| Gladstone bag | 格萊斯頓包 |
| *Glamour magazine* | 《魅力》雜誌 |
| Gloria Spriggs | 格洛里亞・斯普里格斯 |
| Gian Vittorio Pilone | 吉安・維托里奧・皮隆 |
| Gian Zanotta | 吉安・札諾塔 |
| Giancarlo Giammetti | 傑卡羅・吉米迪 |
| Giancarlo Togliatti | 賈恩卡洛・陶里亞帝 |
| Gianfranco Ferré | 吉安弗蘭科・費雷 |
| Gianfranco Mattioli | 詹佛蘭柯・馬蒂奧利 |
| Gianni Agnelli | 吉亞尼・阿涅利 |
| Gianni Dedola | 吉安尼・德多拉 |
| Gianni Versace | 吉安尼・凡賽斯 |
| Gibson, Dunn & Crutcher | 格信律師事務所 |
| Gina Lollobrigida | 珍娜・露露布莉姬妲 |
| Giorgio Armani | 喬治・亞曼尼 |
| Giorgio Cantini | 喬吉歐・坎提尼 |
| Giorgio Gucci | 喬吉歐・古馳 |

| | |
|---|---|
| Giotto | 喬托 |
| Gipsy Kings | 吉普賽國王合唱團 |
| Giovan Battisti Giorgin | 喬吉尼・巴提斯塔・喬凡 |
| Giovanni Battisti | 喬凡尼・巴迪斯帝 |
| Giovanni Colombo | 喬凡尼・科倫坡 |
| Giovanni Falcone | 喬瓦尼・法爾科內 |
| Giovanni Panzarini | 喬凡尼・潘薩里尼 |
| Giovanni Vitali | 喬凡尼・維塔利 |
| Giulia | 尤利亞 |
| Giulia Masla | 朱利亞・馬斯拉 |
| Giulio Savio | 朱利奧・薩維奧 |
| Giuseppe Falchi | 朱塞佩・法爾基 |
| Giuseppe Onorato | 朱塞佩・奧諾拉托 |
| Giuseppe Sena | 朱塞佩・塞納 |
| Givenchy | 紀梵希 |
| *Gone With the Wind* | 《亂世佳人》 |
| *GQ* | 《瀟灑》 |
| Grace Kelly | 葛雷斯・凱莉 |
| Graziano Bianchi | 格拉齊亞諾・畢安其 |
| Gregorio Dati | 格雷戈里奧・達蒂 |
| Gregory Peck | 葛雷哥萊・畢克 |
| Gregory Viscusi | 格雷戈里・維斯庫西 |
| Grimalda | 格莉瑪妲 |
| Groupe Artémis S.A. | 阿提米斯股份有限公司 |
| Guardia di Finanza | 義大利財政衛隊 |
| Gucci | 古馳 |
| Gucci Parfums SpA | 古馳香水公司 |
| Guccio Gucci | 古馳奧・古馳 |
| Guerlain | 嬌蘭 |
| Gwyneth Paltrow | 葛妮絲・派特洛 |

# H

| | |
|---|---|
| *Harem* | 《後宮》 |
| *Harper's Bazaar* | 《哈潑時尚》 |
| Harrods | 哈洛德百貨 |

| | |
|---|---|
| Hebe Dorsey | 希貝・多希 |
| Hedi Slimane | 海迪・斯里曼 |
| Helmut Lang | 海穆特・朗 |
| Hennessy | 軒尼詩 |
| Henri Racamier | 亨利・雷凱米爾 |
| Henry Kravis | 亨利・克拉維斯 |
| Henry Moore | 亨利・摩爾 |
| Herbert Hoover III | 赫伯特・胡佛三世 |
| Herbert von Karajan | 赫伯特・馮・卡拉揚 |
| Herman Bergdorf | 赫爾曼・波道夫 |
| Hermès | 愛馬仕 |
| Hélène Mercier | 海倫・穆西爾 |
| Hotel Adry | 雅德里飯店 |
| Hotel Cervo | 切爾沃酒店 |
| Hotel de la Ville | 德拉威樂飯店 |
| Hotel du Cap | 伊甸豪海角酒店 |
| Hotel Duca | 杜卡飯店 |
| Hotel Gallia | 加利亞酒店 |
| Hotel Krasnapolsky | 克拉斯那波斯基飯店 |
| Hotel Pierre | 皮埃爾酒店 |
| Hotel Villa Cora | 科拉別墅酒店 |
| House of Florence | 佛羅倫斯之家 |
| House of Savoy | 薩伏依家族 |

# I

| | |
|---|---|
| I. Magnin & Company | 艾瑪格寧百貨 |
| I. Miller | 米勒鞋店 |
| Ian Falconer | 伊恩・福克納 |
| IBM | 國際商業機器公司 |
| *Il Cinema nella Mia Vita* | 《我生命中的電影》 |
| il fiorentino spirit bizzarro | 奇異的佛羅倫斯精神 |
| *Il Messaggero* | 《信使報》 |
| Infuso | 伊弗索歐 |
| Ingrid Bergman | 英格力・褒曼 |
| Invernizzi garden | 因弗尼茲花園 |

| | |
|---|---|
| Ira Niemark | 艾拉・尼馬克 |
| Irvine | 加州爾灣 |
| Irving Penn | 歐文・佩恩 |
| Ischia | 伊斯基亞島 |
| Ivano Savioni | 伊凡諾・薩維歐尼 |

# J

| | |
|---|---|
| Jackie Onassis | 賈姬・歐納西斯 |
| Jackson Pollock | 傑克遜・波洛克 |
| Jacqueline Bouvier | 賈桂琳・鮑維爾 |
| Jacques Chirac | 賈克・席哈克 |
| James Leiber | 詹姆斯・萊柏 |
| James McArthur | 詹姆斯・麥克阿瑟 |
| James Garner | 詹姆斯・葛納 |
| Janet Ozzard | 珍妮特・奧扎德 |
| Jennifer Puddefoot | 珍妮佛・帕德弗 |
| Jennifer Tilly | 珍妮佛・提莉 |
| Jess Cagle | 傑斯・卡格爾 |
| Jil Sander | 吉爾・桑達 |
| Jim Kimberly | 吉姆・金百利 |
| Joan Collins | 瓊・考琳絲 |
| Joan Kaner | 瓊・堪納 |
| Johannes Huth | 約翰內斯・休斯 |
| John Bardon | 約翰・巴爾頓 |
| John Ray | 約翰・雷 |
| John Kennedy | 約翰・甘迺迪 |
| John Studzinski | 約翰・斯托津斯基 |
| Johnnie Walker | 約翰走路 |
| Joseph Alioto | 約瑟・阿利奧托 |
| Joseph Magnin | 約瑟・瑪格寧 |
| Julia | 茱莉亞 |
| Julianne Moore | 茱莉安・摩爾 |
| Julie Christie | 茱莉・克利絲蒂 |
| Junichi Hakamaki | 袴着純一 |
| Juvenia | 尊皇 |

## K

| | |
|---|---|
| Karen Joyce | 凱倫・喬伊斯 |
| Kate Winslet | 凱特・溫斯蕾 |
| Katefid AG | 凱特費股份有限公司 |
| Katharine Hepburn | 凱瑟琳・赫本 |
| Keith Varty | 凱斯・瓦提 |
| Kevin Krier | 凱文・凱爾 |
| Kirkuk | 基爾庫克 |
| Krizia | 祈麗詩雅 |

## L

| | |
|---|---|
| L. J. Hooker | 萊斯里・約瑟・胡克 |
| La Caravelle | 卡拉維爾酒店 |
| *la dolce vita* | 《生活的甜蜜》 |
| *La Nazione* | 《國家報》 |
| *La Repubblica* | 《共和國日報》 |
| La Spezia | 拉斯佩齊亞 |
| *La vita è bella* | 《美麗人生》 |
| Lago di Como | 科莫湖 |
| Lago Maggiore | 馬焦雷湖 |
| Lancetti | 蘭切蒂 |
| Lancia | 蘭吉雅 |
| Lane Bryant | 萊恩・布賴恩特 |
| Larry Kessler | 賴瑞・凱斯勒 |
| Lauren Hutton | 蘿倫・赫頓 |
| Laurence Harvey | 勞倫斯・哈維 |
| Lee Abraham | 李・亞伯拉罕 |
| LeeAnn Bortolussi | 李安・博托盧西 |
| Les Copains | 萊・卡門 |
| Ligurian beach | 利古里亞海灘 |
| Ligurian port | 利古里亞港 |
| Liliana Colombo | 莉莉安娜・科倫坡 |
| Lillie Langtry | 莉莉・蘭特里 |
| Lina Rossellini | 麗娜・羅塞里尼 |

| | |
|---|---|
| Lina Sotis | 莉娜・索蒂斯 |
| Linda Evangelista | 琳達・伊凡吉莉絲塔 |
| Lisa Anderson | 麗莎・安德森 |
| Lisa Fatland | 麗莎　法特蘭 |
| Loafers | 樂福鞋 |
| Logan Bentley Lessona | 羅根　賓特利　萊斯納 |
| Louis Vuitton | 路易威登 |
| Luciano Pavarotti | 盧奇亞諾・帕華洛帝 |
| Luciano Soprani | 盧西亞諾・索普拉尼 |
| Lugano | 盧加諾市 |
| Luigi Maria Guicciardi | 路易吉・馬利雅・貴契亞迪 |
| Luigi Pagano | 路易吉・帕加諾 |
| Luigi Pirovano | 路易吉・皮洛瓦諾 |
| Lungarno Guicciardini | 圭洽迪尼濱河路 |
| LVMH (Moët Hennessy Louis Vuitton) | 路威酩軒集團 |

# M

| | |
|---|---|
| Maddalena Anselmi | 馬達萊娜・安塞爾米 |
| Madison Avenue | 麥迪遜大道 |
| Madonnina | 馬多尼納 |
| *Maledetti Toscani* | 《瑪雷戴提・托斯卡尼》 |
| *Manhattan* | 《曼哈頓》 |
| Manolo Verde | 馬諾羅・韋爾德 |
| Manualife Plaza | 宏利投信 |
| Marc Jacobs | 馬克・雅各布斯 |
| Marcella Caracciolo | 瑪雷拉・卡拉喬洛 |
| Marco Bizzarri | 馬可・畢薩力 |
| Marco Franchini | 馬可・弗朗西尼 |
| Marco Tropea Editore | 馬可・特羅佩亞出版社 |
| Marcello Piacentini | 馬切洛・皮亞森蒂尼 |
| Maria Manetti Farrow | 瑪麗亞・曼妮蒂・法羅 |
| Maria Martellini | 瑪麗亞・瑪媞里妮 |
| Marie Savarin | 瑪莉・薩瓦林 |
| Marie-France Pochna | 瑪莉法蘭斯・波契納 |
| Marina Luri | 瑪麗娜・盧里 |

| | |
|---|---|
| Marina Palma | 瑪莉娜・帕爾瑪 |
| Maria Pia | 瑪莉亞・皮婭 |
| Maria-Olympia | 瑪麗亞・奧林匹婭 |
| Mario Camerini | 馬利歐・卡麥里尼 |
| Mario Casella | 馬利歐・卡塞拉 |
| Mario Massetti | 馬利奧・馬賽提 |
| Mario Prada | 馬利歐・普拉達 |
| Mario Testino | 馬力歐・泰斯提諾 |
| Mariuccia Mandelli | 瑪魯琪亞・曼德利 |
| Mark Kramer | 馬克・克雷默 |
| Mark Lee | 馬克・李 |
| Mark Rothko | 馬克・羅斯科 |
| Martinelli | 馬丁內利 |
| Mary Young | 瑪麗・楊 |
| Marzia Tisio | 瑪西亞・提西奧 |
| Maurice Rentner | 莫里斯雷特服飾公司 |
| Maurizio D'Ancora | 墨里奇奧・德安科拉 |
| Maurizio Gucci | 墨里奇奧・古馳 |
| Maurizio Tortorella | 墨里奇奧・托爾托雷拉 |
| McCann Erickson | 麥肯埃里克森廣告公司 |
| McKinsey & Company, Inc. | 麥肯錫顧問公司 |
| Melissa Comito | 梅利莎・科米托 |
| Mennen | 梅嫩公司 |
| Mercatelli | 墨卡德里花店 |
| Metropolitan Tower | 紐約大都會大廈 |
| *Mi Manchi* | 〈想你〉 |
| Michael Merritt | 麥可・梅里特 |
| Michael Zaoui | 麥可・薩烏伊 |
| Mila Schön | 米拉・舍恩 |
| Millfield Stables | 米爾菲爾德馬廄 |
| Milton Gould | 彌爾頓・郭德 |
| Milva | 米爾娃 |
| Mimi Sheraton | 米米・謝拉頓 |
| *Mirabella* | 《米拉貝拉》 |
| Miligno | 米林哥 |
| Miriam Altman | 米莉安・奧爾特曼 |

| | |
|---|---|
| Missoni | 米索尼 |
| Miuccia Prada | 繆西婭・普拉達 |
| Modesto | 莫德斯托 |
| Modigliani | 莫迪利亞尼 |
| Moët et Chandon | 酩悅 |
| Mosimann's | 莫希曼餐廳 |
| Montecatini | 蒙泰卡蒂尼 |
| Montedison | 蒙特迪森 |
| Morgan Stanley | 摩根士丹利 |
| Murano glass | 穆拉諾玻璃 |

# N

| | |
|---|---|
| Nancy Reagan | 南西・雷根 |
| Nando Miglio | 南多・米利奧 |
| Naomi Leff | 娜歐密・列夫 |
| National Cathedral | 國家大教堂 |
| Negroni | 尼格羅尼調酒 |
| Neil Simon | 尼爾・賽門 |
| Neiman Marcus | 尼曼・馬庫斯 |
| Nelson Doubleday | 尼爾森・杜布爾德 |
| Nemir Kirdar | 內米爾・柯達 |
| Nicole Fischelis | 妮可・菲舍利斯 |
| Nicola Risicato | 尼可拉・里斯卡多 |
| Nina Ricci | 蓮娜・麗姿 |
| *Nocturnal Creatures* | 《夜行動物》 |
| Norman Schwarzkopf | 諾曼・史瓦茲柯夫 |

# O

| | |
|---|---|
| Oliver Richardson | 奧立佛・理查森 |
| Oltrarno | 奧特拉諾區 |
| Olwen Price | 歐文・普萊斯 |
| Olympic Tower | 奧林匹克大廈 |
| Orazio Cicala | 歐拉奇奧・其卡拉 |
| Orcofi | 奧科菲 |

| | |
|---|---|
| *Ordinances of Justice* | 《正義法令》 |
| Orietta Mariotti | 奧莉塔・馬里奧蒂 |
| Oro crocodillo | 金鱷魚 |
| Oshkosh | 奧斯科施 |
| Oscar de la Renta | 奧斯卡・德拉倫塔 |
| Oswestry | 奧斯沃斯特里 |

# P

| | |
|---|---|
| Padre Pio | 畢奧神父 |
| Palazzo Castani | 卡斯塔諾宮 |
| Palazzo Negri | 格里宮公寓 |
| Palazzo Pitti | 彼提宮 |
| *Panorama* | 《全景》雜誌 |
| Paola Franchi | 寶拉・弗蘭希 |
| Paolo Borsellino | 保羅・博爾塞利諾 |
| Paolo Gucci | 保羅・古馳 |
| Paolo Traini | 保羅・特蘭尼 |
| Paolo Trofino | 保羅・特羅菲諾 |
| *Paradise in a Jar* | 《瓶中樂園》 |
| Parmigiani | 帕米吉雅妮 |
| Parsons School of Design | 帕森設計學院 |
| Partito Nazionale Fascista | 國家法西斯黨 |
| Patricia Barbizet | 派翠西雅・巴比贊 |
| Patrick McCarthy | 帕特里克・麥卡錫 |
| Patrizia Reggiani | 派翠吉雅・雷吉亞尼 |
| Patrizio Bertelli | 帕吉歐・貝爾特利 |
| Patrizio di Marco | 帕崔茲奧・狄馬科 |
| Patton, Boggs & Blow | 派博律師事務所 |
| Patty Pravo | 派蒂・帕佛 |
| Paul Dimitruk | 保羅・狄米特魯克 |
| Paul Woolard | 保羅・伍拉德 |
| Pauline Trigère | 寶琳・崔格 |
| Penny Armstrong | 佩妮・阿姆斯壯 |
| Penny Horner | 佩妮・霍納 |
| *People magazine* | 《時人雜誌》 |

| | |
|---|---|
| Perry Ellis | 派瑞・艾力斯 |
| Peter Duchin | 彼得・鄧琴 |
| Peter Sellers | 彼得・塞勒斯 |
| Philip Buscombe | 菲利浦・布斯科姆 |
| Philip C. Semprevivo | 菲利普・C・桑普雷維瓦 |
| Phillip Miller | 菲利普・米勒 |
| Piazza Belgoioso | 貝爾焦約索廣場 |
| Piazza della Repubblica | 共和廣場 |
| Piazza di Siena | 錫耶納廣場 |
| Piazza Goldoni | 哥爾多尼廣場 |
| Piazza San Babila | 聖巴比拉廣場 |
| Piazza San Sepolcro | 聖塞波爾克羅廣場 |
| Piazza Santo Spirito | 聖靈廣場 |
| Piazza Verzaia | 弗賽亞廣場 |
| Piero Giuseppe Parodi | 皮耶羅・朱塞佩・琶若迪 |
| Pierre Bergé | 皮爾・貝爾傑 |
| Pierre Cardin | 皮爾・卡登 |
| Pierre Godé | 皮耶・戈德 |
| Pietro Traini | 皮特洛・特拉伊尼 |
| Pilar Crespi | 彼拉爾・克雷斯皮 |
| Pina Auriemma | 皮娜・奧利耶瑪 |
| Pirelli | 倍耐力 |
| Place Vendôme | 芳登廣場 |
| Porto Cervo | 切爾沃港 |
| Porto Rotondo | 羅通多港 |
| Porto Santo Stefano | 聖托斯特凡諾港 |
| Prada | 普拉達 |
| Prell | 綠寶 |
| Prince Rainier of Monaco | 蘭尼埃三世 |
| Printemps department store | 巴黎春天集團 |
| Procacci | 普羅卡其酒吧 |
| Profumeria Inglese | 英國香水專賣店 |
| *Psycho* | 《驚魂記》 |
| Pucci | 璞琪 |

# R

| | |
|---|---|
| R. J. Reynolds Tobacco Company | 雷諾茲煙草公司 |
| Rafaelle Della Valle | 拉斐爾・德拉・瓦萊 |
| Ralph Lauren | 雷夫・羅倫 |
| Raul Gardini | 勞爾・加迪尼 |
| Rebecca Moses | 雷貝嘉・莫塞斯 |
| Red Skelton | 雷德・斯克爾頓 |
| Redoute mail-order catalog | 雷都郵購公司 |
| Renzo Rossellini | 倫佐・羅塞里尼 |
| Renato Lodovici Samek | 雷納托・盧多維奇・薩梅克 |
| Renato Ricci | 雷納多・里奇 |
| Renato Venona | 雷納托・維諾那 |
| Revlon | 露華濃公司 |
| Riccardo Tisci | 理卡多・提西 |
| Richard Buckley | 理查德・伯克利 |
| Richard Johnson | 理查德・約翰遜 |
| Richard Lambertson | 李察・林伯臣 |
| Richard Tyler | 理查德・泰勒 |
| Richemont | 歷峰集團 |
| Rick Swanson | 瑞克・史旺森 |
| Rina Alemagna | 里娜・阿雷馬娜 |
| Ristorante Doney | 多尼餐廳 |
| Rita Cimino | 莉塔・奇米諾 |
| Rita Clifton | 麗塔・克利夫頓 |
| Rive Gauch | 伊夫左岸 |
| road show | 路演 |
| Roald Dahl | 羅納德・達爾 |
| Robert Berry | 羅勃特・貝瑞 |
| Robert Glaser | 羅伯特・葛雷瑟 |
| Roberta Cassol | 蘿柏塔・卡索 |
| Roberto Benigni | 羅貝托・貝尼尼 |
| Roberto Gucci | 羅伯托・古馳 |
| Roberto Poli | 羅伯托・波利 |
| Roberto Rossellini | 羅伯托・羅塞里尼 |
| Robert Singer | 羅伯特・辛格 |

| | |
|---|---|
| Robin Givhan | 羅賓・吉芙漢 |
| Rodolfo | 魯道夫 |
| Roger & Gallet | 香邂格蕾 |
| Roman Catholic College of Castelletti | 卡斯特雷提大學 |
| Ronald Reagan | 隆納・雷根 |
| Rose Marie Bravo | 蘿絲・瑪麗・布拉沃 |
| Rosemary McGrotha | 羅斯瑪麗・麥克格羅 |
| Rosita Missoni | 羅西塔・米索尼 |
| Rossellini | 羅塞里尼 |
| *Rotaie* | 《軌道》 |
| Royal Poinciana Plaza | 鳳凰木廣場 |
| Rubelli | 盧貝里 |
| Rupert family | 魯伯特家族 |
| Rusper | 魯斯珀 |
| Ruth La Ferla | 露絲・拉芙拉 |

## S

| | |
|---|---|
| Saddam Hussein | 薩達姆・海珊 |
| Safilo Group | 霞飛諾集團 |
| Saint Albans Episcopal Church | 聖奧爾本斯主教堂 |
| Saint Ambrose | 聖安博 |
| Saint Moritz | 聖莫里茲 |
| Saks Fifth Avenue | 薩克斯第五大道百貨 |
| Sala Bianca | 白廳 |
| Sala Dynasty | 薩拉王朝 |
| Sally Carson | 莎莉・卡森 |
| Salma Hayek | 莎瑪・海耶克 |
| Salvatore Batti | 薩瓦托・巴蒂 |
| Salvatore Ferragamo | 薩瓦托・菲拉格慕 |
| Salvatore Riina | 薩瓦托・里伊納 |
| Salvo Testa | 薩爾沃・特斯塔 |
| Sammy Davis, Jr. | 小山米・戴維斯 |
| Samsonite luggage | 新秀麗行李箱 |
| San Casciano | 聖卡夏諾 |
| San Frediano entrance | 聖弗雷迪亞諾入口 |

| | |
|---|---|
| San Marco College | 聖馬可學院 |
| San Vittore jail | 聖維托雷監獄 |
| Santa Maria delle Grazie | 恩寵聖母堂 |
| Sandra Ravel | 珊卓瑞福 |
| Sanofi Beauté | 賽諾菲美妝集團 |
| Santa Lucia | 聖塔露西亞餐館 |
| Santa Maria della Pace | 聖母平安堂 |
| Santa Margherita | 聖瑪格麗塔 |
| Santa Trinità Bridge | 天主聖三橋 |
| Santo Versace | 桑托・凡賽斯 |
| Sarah Bernhardt | 莎拉・伯恩哈特 |
| Sardinia | 薩丁尼亞島 |
| Sasseti | 薩塞蒂家族 |
| Savio Tung | 薩維奧・藤 |
| Savoy Hotel | 薩伏伊飯店 |
| Scandicci | 斯坎地其鎮 |
| Scarlett O'Hara | 郝思嘉 |
| scarnitura | 削薄 |
| *Scene* | 《現場》雜誌 |
| Scott Simpson | 史考特・辛普森 |
| Sencar Toker | 森卡・托克 |
| Sephora | 絲芙蘭 |
| Serge Weinberg | 賽吉・懷恩伯格 |
| Sergio Bassi | 塞爾焦・巴西 |
| Sergio Galeotti | 賽爾焦・加萊奧蒂 |
| Sergio Rossi | 薛吉歐・羅希 |
| Severin Montres Ltd. | 塞弗林鐘錶股份有限公司 |
| Severin Wunderman | 塞弗林・溫德曼 |
| Shah Karim Aga Khan | 阿迦汗四世 |
| strega piri-piri | 霹靂女巫 |
| Sheree McLaughlin | 席麗・麥勞琳 |
| Sherry Netherland Hotel | 荷蘭雪梨酒店 |
| Shrewsbury | 什魯斯伯里 |
| Sidgwick & Jackson | 西奇維克與傑克森出版社 |
| Sidney Poitier | 薛尼・鮑迪 |
| Silvana Barbieri | 希爾瓦娜・巴比里 |

| | |
|---|---|
| Silvia Giacomini | 希爾維亞・賈科米尼 |
| Silvio Berlusconi | 西爾維奧・貝盧斯科尼 |
| Sir Henry Irving | 亨利・歐文爵士 |
| Skadden, Arps, Slate, Meagher & Flom | 世達法律事務所 |
| Smithsonian Institution | 史密松學會 |
| Società dei Giardini | 米蘭花園協會 |
| Sollicciano jail | 索利契諾監獄 |
| Somma Vesuviana | 索姆馬韋蘇維亞納市鎮 |
| Sophia Loren | 蘇菲亞・羅蘭 |
| Sophie Dahl | 蘇菲・達爾 |
| Spanish Steps | 西班牙階梯 |
| Spini Feroni | 斯皮尼 - 費羅尼家族 |
| Splendide Royal | 斯普萊德皇家飯店 |
| St. Regis Hotel | 聖瑞吉酒店 |
| Stavros Niarchos | 斯塔夫羅斯・尼阿喬斯 |
| Stefania Fiorentini | 史蒂芬妮雅・佛羅倫薩 |
| Stella McCartney | 史黛拉・麥卡尼 |
| Stephen Slowik | 史蒂芬・斯洛維克 |
| Steve McQueen | 史提夫・麥昆 |
| Story Hall | 斯托利樓 |
| Stuart Speiser | 斯圖亞特・史佩塞 |
| Strozzi | 斯特羅齊家族 |
| Sussex | 薩塞克斯 |
| Suvretta | 蘇維塔 |
| Suzy Menkes | 蘇西・曼奇斯 |
| Swatch | 斯沃琪 |

## T

| | |
|---|---|
| Tai | 戴 |
| Tangentopoli | 「坦根托波利」運動 |
| Teri Agins | 泰麗・阿金斯 |
| Terni | 特爾尼城 |
| the Creole | 克里奧爾號 |
| the Excelsior | 易克斯爾飯店 |
| the Grand | 葛蘭德大飯店 |

| | |
|---|---|
| *he judgement of Paris* | 《巴黎的審判》 |
| The May Department Stores Company | 五月百貨公司 |
| the Order of San Sepolcro | 桑賽波爾克羅會 |
| the Splendide | 斯普萊迪德飯店 |
| Thomas Cook & Sons | 托馬斯庫克 |
| Thomas Moran | 托馬斯・莫蘭 |
| *Those Three French Girls* | 《那三個法國女孩》 |
| Tiepolo | 提也波洛 |
| Tiffany | 蒂芙尼 |
| Timberland | 添柏嵐 |
| Tina | 緹娜 |
| Tina Brown | 蒂娜・布朗 |
| Tippi Hedren | 黛碧・海倫 |
| *Together in the Dark* | 《共度黑夜》 |
| Tom Ford | 湯姆・福特 |
| Tony Curtis | 湯尼・寇蒂斯 |
| Torre di Pisa | 比薩斜塔餐館 |
| Toselli | 托塞里 |
| Toto Russo | 托托・魯索 |
| *Town & Country* | 《城與鄉》雜誌 |
| Traina-Norell | 特雷納諾列爾服飾公司 |
| Trattoria Bagutta | 古巴塔餐廳 |
| Trussardi | 楚薩迪 |
| Tullia | 圖利雅 |

## U

| | |
|---|---|
| Ubaldo Nannucci | 烏巴度・南努奇 |
| Uberto | 烏貝托 |
| Ugo | 烏戈 |

## V

| | |
|---|---|
| Valentino | 范倫鐵諾 |
| Van Cleef | 梵克雅寶 |
| Van Gogh | 梵谷 |

| | |
|---|---|
| Vanessa Friedman | 凡妮莎・費德曼 |
| Vanguard International Manufacturing | 世界先進製造公司 |
| Vasco | 巴斯克 |
| Vendôme Luxury Group | 芳登精品集團 |
| Verona | 維洛納 |
| Veuve Clicquot | 凱歌 |
| Via Condotti | 康多堤大道 |
| Via Del Parione | 帕里昂路 |
| Via delle Caldaie | 嘉黛耶街 |
| Via della Camilluccia | 德拉木強路 |
| Via della Vigna Nuova | 新葡萄園路 |
| Via dei Giardini | 賈丁尼路 |
| Via Durini | 杜里尼路 |
| Via Giovanni Prati | 喬凡尼布拉提街 |
| Via Monte Napoleone | 蒙特拿破崙大街 |
| Via Tornabuoni | 托納波尼路 |
| Via Vittor Pisani | 維托里奧・皮薩尼街 |
| *Viaggio in Italia* | 《遊覽義大利》 |
| Villa Bagazzano | 巴加扎諾別墅 |
| Villa Bellosguardo | 貝羅斯瓜爾多別墅酒店 |
| Villa Borromeo | 博羅梅奧酒店 |
| Vincent Broderick | 文森・布羅德里克 |
| Vira | 維拉號 |
| Visconti | 維斯康堤 |
| Vittoria Orlando | 維多利亞・奧蘭多 |
| Vittorio Accornero | 維多里奧・亞內羅 |
| Vittorio D'Aiello | 維托里奧・戴亞羅 |
| Vittorio Emanuele di Savoia | 維托里奧・埃曼努埃萊・迪・薩伏伊 |
| *Vogue* | 《時尚》雜誌 |

# W

| | |
|---|---|
| Walter Loeb | 華特・洛布 |
| Weisberg and Castro | 韋斯伯格與卡斯楚 |
| West Felton | 西費爾頓 |
| William Conner | 威廉・康納 |

| | |
|---|---|
| William Flanz | 威廉・法蘭茲 |
| William R. Chaney | 威廉・R・錢尼 |
| Winston Churchill | 溫斯頓・邱吉爾 |
| Woody Allen | 伍迪・艾倫 |
| *Women's Wear Daily* | 《女裝日報》 |

## Y

| | |
|---|---|
| Yola D'Avril | 約拉　達弗里爾 |
| Yorktown Heights | 約克城高地 |
| Yul Brynner | 尤・伯連納 |
| Yves Carcelle | 伊夫・卡塞勒 |
| Yves Saint Laurent | 伊夫聖羅蘭 |
| Yvonne Moschetto | 伊馮娜・莫謝托 |

## Z

| | |
|---|---|
| Zamasport | 扎馬斯博德 |
| Zegna | 傑尼亞 |